矿物材料系列丛书

杨华明　总主编

矿物材料制备技术

严春杰　主编

赵啟行　左小超　副主编

科学出版社

北京

内 容 简 介

矿物材料制备技术是一门多学科的交叉、渗透与融合、综合性很强的应用技术，也是矿产资源开发利用技术之一。本书围绕先进矿物材料制备技术的发展趋势，重点介绍了矿物材料高效、高值、绿色、低成本制备技术；矿物材料工艺流程的简短化和智能化；矿物材料形态、粒度和性能的精准控制；矿物材料组构、加工、性能和用途一体化。全书共 10 章，主要内容包括矿物材料的分散技术、提纯技术、超细技术、分级与分离技术、混合与成型技术、烧结技术、表面改性技术、调控技术及结构/功能复合技术。

本书可作为材料科学与工程、矿物材料工程、绿色矿业、矿物加工工程、无机非金属材料工程等学科和专业的教材或主要教学参考书，同时亦可供相关专业科研人员及矿物材料领域有关工程技术人员、企事业管理人员参考。

图书在版编目（CIP）数据

矿物材料制备技术/ 严春杰主编. —北京：科学出版社，2023.10
（矿物材料系列丛书/杨华明总主编）
ISBN 978-7-03-075543-8

Ⅰ. ①矿… Ⅱ. ①严… Ⅲ. ①矿物-材料制备 Ⅳ. ①P57

中国国家版本馆 CIP 数据核字（2023）第 084977 号

责任编辑：杨新改 / 责任校对：杜子昂
责任印制：徐晓晨 / 封面设计：东方人华

科学出版社 出版
北京东黄城根北街 16 号
邮政编码：100717
http://www.sciencep.com
北京中科印刷有限公司 印刷
科学出版社发行 各地新华书店经销
*
2023 年 10 月第 一 版 开本：720×1000 1/16
2023 年 10 月第一次印刷 印张：22
字数：430000
定价：118.00 元
（如有印装质量问题，我社负责调换）

丛 书 序

矿物材料是人类社会赖以生存和发展的重要物质基础，也是支撑社会经济和高新技术产业发展的关键材料。结合《国家中长期科学和技术发展规划纲要》《国家战略性新兴产业发展规划》等要求，为加快推进战略性新兴产业的发展，亟需将新型矿物功能材料放在更加突出的位置。通过深入挖掘天然矿物的表/界面结构特性，解析矿物材料加工及制备过程的物理化学原理，开发矿物材料结构、性能的表征与测试手段，研发矿物材料精细化加工及制备的新方法，推进其在生物医药、新能源、生态环境等领域的应用，实现矿物材料产业的绿色、安全和高质量发展。

"矿物材料系列丛书"基于矿物材料制备及应用中涉及的多学科知识，重点阐述矿物材料科学基础、加工及制备方法、结构及性能分析等主要内容。丛书之一《矿物材料科学基础》基于矿物学、矿物加工、材料、生物、环境等多学科交叉，全面介绍矿物学特性、矿物材料构效关系及其应用的基础理论；丛书之二《矿物材料制备技术》从典型天然矿物功能材料的制备技术出发，重点介绍天然矿物表面改性、结构改型、功能组装等精细化功能化制备功能矿物材料的方法；丛书之三《矿物材料结构与表征》阐述矿物材料表/界面及结构特性在其制备及应用中的重要作用，介绍天然矿物、矿物材料表/界面及结构特性的相关表征技术；丛书之四《矿物材料性能与测试》介绍天然矿物、矿物材料及其在各领域应用中涉及的主要性能评价指标，总结矿物材料应用性能的相关测试方法；丛书之五《矿物材料计算与设计》主要介绍矿物材料计算与模拟的基本原理与方法，阐述计算模拟在各类矿物材料中的应用。丛书其他分册将重点介绍面向战略性新兴产业的生物医药、新能源、环境催化、生态修复、复合功能等系列矿物材料。

本丛书总结和融合了矿物材料的基础理论及应用知识，汇集了国内外同行在矿物材料领域的研究成果，整体科学性和系统性强，特色鲜明，可供从事矿物材料、矿物加工、矿物学、材料科学与工程及相关学科专业的师生以及相关领域的工程技术人员参考。

杨华明

2023 年 6 月

前　言

矿物材料被广泛应用于能源、化工、环境、建材等传统产业以及生物医药、航空航天、电子信息等高新技术产业领域。矿物材料是国民经济和社会发展的重要原材料，也是战略性新兴产业的支撑材料。由于天然矿物材料组分及结构多样，种类繁多且含多种杂质，开发新的制备技术是矿物材料功能化改性制备高性能材料的必由之路。而且，技术创新和产业升级对矿物材料的表面、结构、功能化改性与调控提出了更高的要求。

本书以矿物材料制备及改性技术为主线。在结构上，按照矿物材料分散、提纯、超细、分级与分离、混合与成型、烧结等技术到表面改性、调控及结构/功能复合制备先进功能材料顺序编写。在内容上，突出矿物材料改性技术与构建新型功能材料的有机结合，尽量做到理论与实际应用的密切结合，反映矿物材料改性技术的最新研究进展。在关系上，首先介绍矿物材料的基本概念及研究现状，有助于理解矿物材料的制备及改性技术原理，系统总结矿物材料在物理化学作用下分散、提纯、超细、分级与分离的技术方法，着重介绍矿物材料的混合与成型及烧结技术要点，最后强调矿物材料表面改性、化学改性、结构调控及结构/功能一体化复合技术。本书利用矿物加工、材料科学、化学等多学科知识，将矿物材料加工的原理、方法与技术相结合，系统总结矿物材料的制备及功能化改性技术。因此，本书可作为矿物材料等相关专业本科生、研究生的教材，也可作为相关行业科研工作者的参考书和工具书。

本书由严春杰、赵啟行、左小超共同编写。全书共 10 章，其中，第 1、6、7 章由严春杰教授执笔，第 2、5、9、10 章由赵啟行执笔，第 3、4、8 章由左小超执笔。本书由严春杰教授统稿，赵啟行负责全书的整理工作。

本书出版得到了中国地质大学（武汉）研究生精品课程与教材建设项目的资助，感谢纳米矿物材料及应用教育部工程研究中心、中国地质大学（武汉）各位领导与老师的大力支持与帮助！本书内容引用了一些前人的文献和观点，并列出了相应参考文献，在此对前人的贡献致以最诚挚的谢意；如有遗漏，表示最诚恳的歉意。由于本书所涉及的领域较广，内容又涉及许多复杂的问题，加之作者水平有限，书中难免存在纰漏及不足之处，恳请读者批评指正。

作　者

2023 年 6 月

目　录

第1章 绪 论

矿物材料制备技术是地球科学中地球物质领域的基础及应用学科，是"矿物学、岩石学、矿床学"、"矿物加工工程"与"材料科学"三个学科的交叉、渗透与融合，是一门综合性很强的应用技术，也是矿产资源开发利用技术之一。

截至 2020 年底，中国已发现矿产 173 种[1]，其中，能源矿产 13 种、金属矿产 59 种、非金属矿产 95 种、水气矿产 6 种。中国已成为矿种齐全，总量丰富的资源大国，矿产资源储量居世界第三位。但我国矿产资源人均占有量远远低于世界平均水平，在 45 种主要矿产资源中，我国人均储量居世界第 80 位，仅为世界平均水平的 58%。矿产资源的开发利用支撑了我国 70%以上的国民经济运转[2]。随着经济建设的快速发展，中国已经成为全球能源和重要矿产资源第一消费大国[3]，多种大宗和关键金属矿产对外依存度居高不下，部分矿产供应安全已越红线，直接影响全球矿产品价格波动，威胁国家经济安全。因此，为了保障我国经济快速发展，确保国家经济安全，应加大矿产资源储备，提升、改进采矿选矿技术，加快装备智能化，提高资源利用率和保护环境，优化传统产业结构和升级换代，并高值和高效利用矿产资源。

2021 年，国家发展和改革委员会制定了《"十四五"循环经济发展规划》，提出坚持节约资源和保护环境的基本国策，遵循"减量化、再利用、资源化"原则，着力建设资源循环型产业体系，加快构建废旧物资循环利用体系，深化农业循环经济发展，全面提高资源利用效率，提升再生资源利用水平，建立健全绿色低碳循环发展经济体系，为经济社会可持续发展提供资源保障。该规划也明确了矿产资源可持续发展的目标。

2021 年，自然资源部发布了《全国矿产资源节约与综合利用报告(2020)》，报告中建议"十四五"时期，要坚持节约资源和保护环境的基本国策，坚持节约优先、保护优先、自然恢复为主的方针，适应新时代要求，以矿业权人勘查开采信息公开公示为基础，以矿产资源安全和环境保护为目标，健全矿产资源合理利用与保护管理制度，全面节约和高效利用指标体系和长效机制基本建立。力争用 5 年左右的时间，基本构建形成"调查监测数字化、梯级利用标准化、技术推广常态化、监管服务信息化、配套政策系统化"的矿产资源节约与综合利用新格局，推进资源全面节约和高效利用，为加快推进自然资源领域生态文明建设提供保障。要落实节约集约战略，推进矿产资源规模化开采；以资源综合效益为核心，整体提高矿产资源综合利用水平；建立部门内外统筹协调机制，强化激励约束政策合力；发挥现代化信息技术手段和平台，推进智能矿山建设；推进政府执政效能建设，健全资源保护利用监督管理。该报告是我国矿产资源领域在"十四五"时期的指导方针。

2020 年 9 月 11 日，习近平总书记在科学家座谈会上指出：希望广大科学家和科技工作者肩负起历史责任，坚持面向世界科技前沿、面向经济主战场、面向国家重大需求、面向人民生命健康，不断向科学技术广度和深度进军。矿物材料属于基础应用大宗材料，通过制备技术的改进，转化为"四个面向"的科技创新能力，实现矿物材料领域跨越式发展。

总之，以矿产资源有效利用为目的的矿物材料制备技术是国家矿产资源安全和经济安全的技术保障之一。在当今资源为王时代，尤其是俄罗斯和乌克兰战争惊扰了全球市场，美国政府更是宣布运用战时法案，将锂矿、镍、钴、锰等纳入战时物质储备，开启全球"抢矿"模式。因此全面提高矿产资源利用效率，保障战略性矿产资源安全，减少关键矿产对外依存度，大幅提升选矿技术显得尤为重要。矿物材料制备技术的任务是：优化传统产业和产品结构，培育壮大新材料产业，实现低碳可循环发展，促进矿产资源供给高端化和绿色化，将我国资源优势转化为市场优势和经济优势。

1.1 基 本 概 念

1.1.1 矿物与岩石

矿物(mineral)是天然产出的单质或化合物，具有一定化学成分和内部结构的固体，是组成岩石和矿石的基本单元。截至 2019 年年底，全球已发现并经国际矿物学协会新矿物和矿物命名委员会批准有效独立矿物达 5575 种[4]。在矿物中绝大多数属于晶质矿物，只有极少数为非晶质矿物。由人工方法合成的与天然矿物类同的单质或化合物，称为合成矿物。矿物原料和矿物材料是极为重要的天然资源，被广泛应用于国民经济众多领域。

岩石(rock)是天然产出的具有一定结构的矿物集合体，是构成地壳和上地幔的主要组分。按成因，可分为岩浆岩、沉积岩和变质岩。岩浆岩是由高温熔融的岩浆在地表或地下冷凝所形成的岩石，也称火成岩或喷出岩；沉积岩是在地表条件下由风化作用、生物作用和火山作用的产物经水、空气和冰川等外力搬运、沉积和成岩固结而形成的岩石；变质岩是由早期形成的岩浆岩、沉积岩或变质岩，由于其所处地质环境的改变经变质作用而形成的岩石。地壳表面以沉积岩为主，约占陆地面积的 75%。

1.1.2　材料科学与矿物材料学

材料科学是研究材料的组成与结构、合成与制备、性能和使用效能四者之间关系与规律的一门科学[5,6]。组成(成分)与结构、合成与制备、性能和使用效能被称为材料科学或材料科学与工程的"四要素"，这一概念也得到了国内外同行的广泛认同[7,8]。

矿物材料是以矿物为主要组分的材料，是可直接或间接使用的固体物质，包含材料和矿物岩石的特征。矿物材料学的研究始于 20 世纪 80 年代，对于矿物材料学的概念，我国学者有不同的观点。

吴季怀等[9]认为，矿物材料学是研究矿物材料的组成与结构、形成与加工、性能和使用效能四者之间关系与规律的一门科学。

邱冠周等[10]认为，矿物材料学有广义和狭义两种解释。广义的矿物材料学是指研究利用各种天然的或合成物质通过一定的加工工艺而制作出能为工农业生产、国防建设和人民生活所需的无机非金属材料的一门学科。狭义矿物材料学是指从矿物岩石学的角度来研究无机非金属物质在各种环境中被加工改造和被制作成各种材料的科学。

沈上越等[11]认为，矿物岩石材料学是一门应用学科，它以矿产资源的有效利用为目的，从矿物学和岩石学角度出发，利用天然矿物、岩石及其深加工产物研制和开发新型无机非金属材料，改造传统材料；其研究对象包括与矿物应用有关的所有无机非金属材料；研究内容不仅包括制品及其原料的成分、结构、性能和制备工艺，也包括这些制品及其原料与人类、环境的相互协调关系。并认为，用材料科学的观点与方法去研究开发非金属矿物与岩石的各类功能的科学称为矿物岩石材料学，或称矿物岩矿材料工艺学(简称岩矿材料工艺学)，它比通常所说的"非金属矿开发与利用"的内涵要深刻得多，"非金属矿的开发与利用"只强调非金属矿的深加工技术，即超细提纯改性；矿物岩石材料工艺学既包括了深加工技术，也特别强调材料的复合、材料的现代合成技术及其机理。

彭同江[12]认为，矿物材料指从天然矿物和岩石本身的物理化学性质出发，经过对原料(主要是非金属矿)适当加工处理，形成的直接使用或制造有用物件所使用的物质。

郑水林[13]提出非金属矿物材料，认为其以非金属矿物或岩石为基本或主要原料,通过深加工或精加工制备的具有一定功能的现代新材料。非金属矿物材料具有以下特征:①原料或主要组分为非金属矿物或经过选矿或初加工的非金属矿物;②非金属矿物材料没有完全改变非金属矿物原料或主要组分的物理、化学特性或结构特征;③非金属矿物材料是通过深加工或精加工制备的功能性材料,不能直接应用的原矿和初加工产品不属于非金属矿物材料的范畴。

汪灵[14]认为矿物材料学是研究矿物材料的组成与结构、制备与合成、性能和使用效能以及矿物原料性质与特点等五要素及其相互关系和规律的一门学科。矿物材料学最重要、最鲜明的特征是,它不仅具有材料科学属性或材料共性,同时具有矿物科学属性或矿物个性。除此之外,矿物材料学还有如下特征:①矿物材料学是以矿物资源开发利用为主要任务的学科;②矿物材料学是一门新兴的交叉学科;③矿物材料学是一门理工结合、理论与实际相结合的学科;④矿物材料学是以天然矿物与人工矿物并重的学科;⑤矿物材料学以矿物材料为研究对象,吸取和综合了矿物科学、材料科学及岩石学等学科之长,在研究思路和研究方法以及测试分析与表征技术等方面开辟了新的途径,这是学科的交叉与融合的必然结果。

廖立兵认为矿物材料应强调"六要素",即矿物原料、组织结构、性质、合成/制备、使用效能和理论及工艺设计[15],而且要体现"矿物原料"的中心地位,即"矿物原料"对其他五要素有重要影响,"理论及工艺设计"要素同时与其他五要素有关系,并将"岩石矿物材料""矿物岩石材料""矿物材料"等术语均统一称为"矿物材料"。

杨华明[16]认为矿物材料学是一门研究矿物材料的组成与结构、形成与加工、性能和使用效能四者之间关系与规律的一门科学,是矿物学、矿物加工学、材料学、冶金科学的交叉学科,特别是与矿物学有着天然的联系。

总之,矿物材料学是研究矿物材料(天然或合成)的组构、加工、性能和用途四要素之间关系和规律的学科。主要内容包括:揭示矿物材料结构与性能的构-效关系;新技术、新工艺和新装备在矿物材料加工中的应用;开发矿物材料功能;提升使用价值、拓展应用领域等。

1.1.3　矿物材料学的四要素

矿物材料学的四要素是组构、加工、性能和用途。

矿物材料的组构:包含组成(化学成分)与结构两个部分,是决定材料性能和应用的主要因素。组成是指构成材料物质的原子、分子及其分布,包括主要化学成分含量和微量元素含量;结构是指组成原子、分子的结合形式、状态和空间分布，包括原子与电子结构、分子结构、晶体结构、相结构、晶粒结构、表面与晶界结构、缺陷结构等[14]。

矿物材料的加工：包含材料的制备与合成，是采用一定的工艺技术方法，实现由原料向材料的转化，或者促使原子、分子结合而构成材料的物理化学过程。

矿物材料的性能：包含材料的物理性能和化学性能，组构决定矿物材料的性能。

矿物材料的用途：直接用于生活或生产的矿物材料，是使用效能的通俗说法。矿物材料的性能决定应用领域、应用范围和应用条件等。

矿物材料的组构、加工、性能和用途四者之间有着强烈的相互依赖关系。

1.2　矿物材料加工与制备技术

1.2.1　材料加工技术发展史

材料加工技术的发展和矿物材料制备技术的发展紧密相关。材料加工技术的发展就是人类物资文明的发展史，从石器时代、青铜器时代、铁器时代、蒸汽时代、信息时代到现在的智能时代都伴随着材料的发展和矿物加工技术的进步。材料加工技术有着悠久的历史，并承载着强烈的新时代气息。迄今为止，材料加工技术发生了五次革命性的变化[17,18]。

第一次革命：公元前 4000 年，人类从漫长的石器时代进入青铜器时代。以铜的熔炼技术和铸造技术的出现为契机，掌握了自然资源加工的技术，使用的工具由石器进化到金属，产生了第一次材料加工技术的革命。人类的生产和社会活动也因此产生了一次质的飞跃。

第二次革命：公元前 1350～前 1400 年前，人类从青铜器时代进入铁器时代。以炼铁技术和锻造技术为代表的材料加工技术的出现和发展，促成了人类历史上的第二次材料加工技术革命。工具与武器得到飞跃发展，生产率水平大幅度提高。

第三次革命：公元 1500 年前，人类从铁器时代进入合金化时代(蒸汽时代)。以高炉技术、金属精炼与合金化为代表的材料加工技术的出现，促进了钢结构、蒸汽机、机床、合金等领域的发展。

第四次革命：20 世纪初期，人类从合金化时代进入合成材料时代(信息时代)。以酚醛树脂、尼龙等塑料合成技术、陶瓷材料制备技术为代表的材料加工技术的出现，促进了航空航天技术、陶瓷材料、信息技术、新材料等领域的发展，为人类现代文明作出了巨大的贡献。

第五次革命：20 世纪 90 年代，新材料设计与制备技术时代(智能时代)。出现了资源-材料-制品界限模糊化，性能设计与制备技术一体化，促进了生物工程、环境工程、可持续性和太空时代的发展。

纵观材料加工技术的发展史，每次材料加工技术的变革都带来了社会巨大的进步以及人类物资文明的快速发展。因此，发展材料的先进制备、加工技术显得尤为重要。

1.2.2 矿物材料制备技术

矿物的用途很大程度是依赖矿物自身的物理性质，矿物的物理性质又取决于其自身的化学成分和结构。根据化学成分和结构的特点，通过物理方法或化学方法或物理化学的方法可将矿物加工成功能材料。

矿物性质与用途：在国民经济中，矿物的物理性质有着广泛的应用，例如利用高硬度的金刚石(C)作为研磨、抛光和切割材料，而低硬度的石墨(C)作为固体润滑剂；利用石英的压电性在电子工业中作为振荡元件；利用重晶石的高密度作为钻井泥浆的加重剂；利用高岭土的烧结性和耐火性可制备陶瓷；利用膨润土吸附性和吸水性可以制备猫砂，用于吸附异味和湿气；利用白钨矿在紫外光照射发荧光的特点达到鉴定、找矿和选矿的目的；利用电气石的热电性和压电性可制备天然负离子发生器。利用矿物具有不同方向解理的特征可以制备不同维度的纳米矿物材料，如链层状结构的凹凸棒石和海泡石沿{110}方向具有中等解理易剥离成一维纳米材料；层状结构的高岭石、滑石和云母等沿{001}方向具有极完全解理易剥离成二维纳米材料，而石墨和辉钼矿等沿{0001}方向具有极完全解理也易剥离成二维纳米材料；方解石具有菱面体完全解理易剥离制备成菱面体三维纳米材料。

成分与加工技术：根据成分的特点和元素赋存状态可采用不同的选矿方式。如铝土矿(硬水铝石、一水铝石和三水铝石)化学式为 $AlO(OH)$ 和 $Al(OH)_3$，通过煅烧将水去除，就可以得到 Al_2O_3；离子型稀土矿通过离子交换的方式就可以把吸附在黏土矿物表面的稀土离子交换出来，达到选矿的目的；磁铁矿(Fe_3O_4)和赤铁矿(Fe_2O_3)都是含铁的矿物，但前者具有强磁性，后者仅具有弱磁性，根据磁性就可以分离它们。

矿物加工也称选矿，即将矿石中有用矿物和脉石分离得到精矿的过程，主要为化工、冶金等提供合格的原料，而不涉及由矿物资源加工成材料。尽管矿物加工是一个成熟的行业，为了获得更大的经济效益、减少环境污染和实现绿色矿山建设，矿物加工技术一直在不停地技术创新和变革，特别是在矿物加工理论、新技术、新工艺、新装备以及提高"三率"方面有重大进展和突破。

传统材料的生产、改性、提高生产效率、降低成本及延长服役寿命等常规方法已经不能满足快速发展的高新技术对材料性能越来越高的要求。

矿物材料制备技术：研究矿物材料的组构特征；采用物理、化学或物理化学的加工方法，将矿物直接制备成功能材料，强调新技术、新工艺和新装备的应用；改善、优化矿物材料的性能，如颗粒尺寸控制，改性、掺杂等技术赋予相应的功能等；矿物材料的高效、高值、绿色和循环应用。为传统矿物加工行业的技术升级和新型功能材料的制备提供新技术和新方法。具体方法包括：提纯、超细、精细分级、表面改性、结构改型、多元复合、功能组装、成型、烧结和合成等。

近年来，人工智能技术和机器学习已经成为材料制备技术的研究前沿方向和热点领域。先进矿物材料制备技术的发展方向为：①高效、高值、绿色、低成本制备技术；②工艺流程的简短化和智能化；③形态、粒度和性能的精准控制；④组构、加工、性能和用途一体化。

当今和未来新材料主要应用领域：电子信息材料、新能源材料、碳纤维材料、纳米材料、航天材料、先进复合材料、先进陶瓷材料、生态环境材料、新型功能材料(含高温超导材料、磁性材料、薄膜、功能高分子材料等)、生物医用材料、高性能结构材料、智能材料、新型建筑及化工新材料等。

1.3　矿物材料制备技术的现状概述

1.3.1　表面负载

功能体在矿物表面负载研究较多的是无机功能粒子，它在克服因无机纳米粒子团聚而影响材料性能的问题上，是一条可行而有效的途径。由于制备机理和工艺条件不同，不同的制备方法可以得到表面性能和结构差异很大的负载型复合材料。常用方法主要有：浸渍法、溶胶-凝胶法、共沉淀法、离子交换法、水热合成法等，为了得到表面负载效果更好的复合材料，也有将多种制备方法结合起来。

1. 浸渍法

浸渍法是最常见矿物材料功能化的制备方法，主要用于制备表面功能组分含量较低的复合材料。将硅酸盐矿物浸泡在含有功能组分溶液中，来实现功能粒子表面负载的操作称为浸渍。该方法简单实用、前驱体选择性广，但煅烧过程中前驱体分解迅速，晶粒大小难以控制，会导致活性物种分散性较差。该方法多用于功能粒子在沸石、凹凸棒石类等多孔道矿物表面的负载。

2. 溶胶-凝胶法

溶胶-凝胶法的基本原理是：用含高化学活性组分的化合物作前驱体，在液相下将这些原料均匀混合，并进行水解、缩合化学反应，在溶液中形成稳定的透明溶胶体系，溶胶经陈化胶粒间缓慢聚合，形成三维网络结构的凝胶，凝胶网络间充满了失去流动性的溶剂，形成凝胶。凝胶经过干燥、烧结固化制备出分子乃至纳米亚结构的矿物功能材料。Zhang 等[19]用溶胶-凝胶法制备了 Fe(Ⅲ)掺杂蒙脱石(MMT)/TiO$_2$ 复合材料用于光催化降解苯酚，与 TiO$_2$ 相比，复合材料的能带宽度较窄，光致发光强度较低，Fe/MMT/TiO$_2$ 具有较好的光催化降解苯酚的性能。

3. 共沉淀法

共沉淀法是指在矿物材料溶液中含有两种或多种阳离子，它们以均相存在于溶液中，向溶液中加入合适的沉淀剂，经过阳离子和沉淀剂之间发生沉淀反应后，可得到各种成分均一的沉淀，同时附着在矿物材料上。该方法是制备含有两种或两种以上金属元素氧化物复合矿物材料粉体的重要方法，沉淀热分解得到高纯纳米粉体材料。共沉淀法在矿物功能材料制备工艺中的优点主要为：一是通过溶液中的各种化学反应可以直接得到化学成分均一的纳米粉体材料；二是容易制备粒度小且分布均匀的纳米粉体材料，上述粉体材料可以通过负载方式与矿物材料相结合。该方法在比表面积较小、表面交换离子能力不强的矿物负载中研究较多，如云母、高岭石等。Wang 等[20]采用共沉淀法合成了一种 Ce 掺杂的磁性 NaY 沸石吸附剂，对 Sb(Ⅲ)和 Sb(Ⅴ)均能保持良好的吸附性能。

4. 离子交换法

离子交换法是溶液中的离子与具有离子交换能力的矿物载体接触，并与矿物材料结构中的某种或某几种离子进行交换的作用，形成含活性组分的载体，然后经洗涤、烘干、焙烧等工艺，制备复合型矿物功能材料。Salmas 等[21]采用离子交换法将 Cu 和 Ti 负载到蒙脱石上得到一种抗菌材料。该方法主要适用于具有较好吸附性和离子交换性能的硅酸盐矿物，如蒙脱石、凹凸棒石、海泡石、硅藻土等。

5. 水热合成法

水热合成是指在温度为 100～1000℃、压力为 1 MPa～1 GPa 条件下，利用水溶液中物质化学反应所进行的合成，在亚临界和超临界水热条件下，由于反应处于分子水平，反应性提高，因而水热反应可以替代某些高温固相反应，反应一般在特定类型的密闭容器或高压釜中进行。Fatimah 等[22]采用水热合成法以蒙脱石为原料制备了 ZnO/SiO$_2$ 多孔异质结构的光活性纳米复合材料，用于光催化降解甲基紫。研究发现，该复合材料作为光催化剂，其物理化学特性得到了极大改善，从而提高了光催化降解甲基紫的活性。研究发现，不同的合成方法和锌含量对该复合材料的比表面积、孔分布和带隙能有很大的影响。研究发现，制备的该复合材料具有优异的光催化活性和可重复使用性，在高浓度下可获得较高的降解效率。在进行五个光降解周期之后，活性没有明显变化。

1.3.2　功能体在孔道层间的组装

使用表面负载方法能够实现功能粒子在矿物表面负载，同时也会将其组装到矿物的孔道或层间，这种情况主要出现在层间距较大、孔道系统发达的矿物中，如蒙脱石、高岭石、沸石等。除了以上方法，功能粒子在孔道及层间组装的方法还有以下两种。

1. 固体扩散法

Saothayanun 等[23]用固体扩散法将层状碱钛酸盐与碱金属卤化物在室温下发生固相离子交换，在室温和环境压力下，用玛瑙研钵和杵将层状碱钛酸盐和碱金属卤化物的混合物研磨 15 min，碱金属盐的用量相当于层状碱钛酸盐的阳离子交换容量。反应在一定温度控制下，当使用粒径较小的钛酸酯时，反应在较短的时间内完成。另一方面，无论钛酸盐的粒径大小，Cs$_2$Ti$_5$O$_{11}$ 的离子交换所需时间都比 K$_2$Ti$_4$O$_9$ 短，这表明钛酸盐中的层间阳离子扩散速度更快，层间电荷密度更低。

2. 化学镀法

化学镀，也称为自催化镀，是一种无需使用外部电源即可镀制材料的方法。化学镀法的过程是在无电流的情况下，先将矿物载体表面预处理，使之形成具有自催化活性的中心，然后与将要负载的功能粒子发生置换或氧化还原反应，从而获得一种功能复合矿物材料。Zhang 等[24]将 Co 纳米颗粒组装在埃洛石纳米管(HNTs)表面，通过化学镀法制备了一维磁性 Co-HNTs，尺寸为 3～7 nm 的钴纳米颗粒均匀地沉积在纳米管表面，同时提出了磁性纳米粒子在埃洛石纳米管表面上的沉积机理。

1.3.3　有机功能体与层状硅酸盐的插层复合

有机聚合物与层状硅酸盐的复合方式主要是将有机聚合物通过插层方式插

入硅酸盐的层间,将无机矿物材料的刚性、尺寸稳定性与聚合物的韧性、易加工性等完美结合起来,并赋予其相应的功能,从而获得性能优异的矿物-聚合物复合材料。

1. 插层聚合法

插层聚合法是通过原位嵌入或反应手段设计与合成同时具有某些无机和有机双重性能的新型矿物功能材料的制备方法。插层聚合法最初用于对有机物与硅酸盐矿物复合的研究,也称原位插层,即先将小分子的单体插入硅酸盐片层中,再原位聚合,将片层剥离分散,得到聚合物-层状硅酸盐纳米复合材料(PLSN)。Acharya 等[25]用插层聚合法以过二硫酸铵为氧化剂,通过插层在蒙脱石通道内的单体氧化聚合制备聚对苯二胺/蒙脱石(PPDA/MMT)复合材料,发现复合材料的直流电导率高于原始聚合物的电导率,在宽频率和温度范围内进行阻抗谱以研究电荷传输机制,在电导率形式框架下分析的数据表明,高温和低温区域的不同传导机制。

2. 溶液共混插层法

溶液共混插层法是高分子链在溶液中借助于溶剂而插层进入无机矿物材料层间,然后采用挥发除去溶剂,从而获得高分子纳米材料与无机矿物材料的复合功能纳米材料。溶液共混法要求有合适的溶剂能同时溶解聚合物和分散层状硅酸盐。其过程为:先将聚合物配制成一定浓度的溶液,在一定温度下,将其与已经有机化处理的矿物分散液混合。在溶剂作用下,聚合物能插层于硅酸盐片层间,经干燥处理后,即可得到 PLSN。目前,能较好用于溶液插层的聚合物大多为极性聚合物,这是因为其能较方便地得到聚合物的溶液,并能与层间插层处理剂较好地作用。由于在制备过程中需要使用大量的溶剂,待插层结束后,又要除去这些溶剂,大量的溶剂不易回收,对环境不利,因此,该方法的发展和工业化应用也受到一定的限制。Elsherbiny 等[26]用溶液共混插层法制备了壳聚糖/蒙脱石(CS/MMT)纳米复合材料:将 1.0 g CS 溶于 50 mL 乙酸(0.2 mol/L)中,在室温下连续搅拌 12 h,得到均质溶液(溶液 A);将 1.0 g Na^+-MMT 在 50 mL 蒸馏水中溶胀。并将该悬浮液缓慢添加到溶液 A 中,在水溶液中 60℃下持续搅拌 12 h。将所得复合物过滤并用蒸馏水洗涤以除去乙酸残留物,最后在烘箱中 40~50℃的温度下干燥 24 h,即可制得 CS/MMT 纳米复合材料。

3. 熔融插层法

熔融插层法是指在其玻璃化温度以上静态退火状态下或熔融温度以上,在剪切力作用下聚合物直接插入层状硅酸盐片层之间,从而得到插层型或剥离型

PLSN。Nassar 等[27]用熔融共混插层法制备了蒙脱土/聚苯乙烯纳米复合材料，研究了流场（剪切和/或伸长）对聚合物/黏土纳米复合材料插层的影响。用双螺杆挤出机对不同分子量的 3 个等级与氨纶改性蒙脱石复配，研究了其力学性能变化。

4. 机械化学插层法

机械化学法中反应主要发生在固相之间，是不需任何溶剂的环境友好型插层方法，具有过程简单、高能量以及低成本等显著特点。Elhadj 等[28]采用实验室规模的行星球磨机，将高岭土 KGa-1b 与尿素干磨，制备了高岭石-尿素插层材料。用水冲洗高岭石-尿素插层可形成 0.84 nm 的高岭土水合物，并且当在研磨过程中使用高浓度的尿素时，高岭石的剥落/分层效率更高。

1.3.4　硅酸盐矿物基功能复合材料的应用

1.3.4.1　生态环境功能材料

1. 抗菌材料

抗菌材料是指自身具有杀灭或抑制微生物功能的一类新型功能材料，主要作用是抑制和杀死材料表面微生物繁殖和滋生蔓延，切断有害微生物传播源。在自然界中有许多物质本身就具有良好的杀菌或抑制微生物的功能，如部分带有特定基团的有机化合物、一些无机金属材料及其化合物、部分矿物质和天然物质。以天然多孔硅酸盐矿物为载体的抗菌材料的研究是一个重要发展方向，主要是利用矿物具有微孔道结构和离子交换性能的天然特性以及无毒无害、成本低的优势，如蒙脱石、凹凸棒石、累托石和硅藻土等。目前主要有以矿物为载体负载 Ag 型、Cu 型、Zn 型等离子或氧化物的无机抗菌基元材料（包括它们之间的复合离子），这些抗菌剂有负载在矿物表面的，也有通过离子交换吸附于矿物层间或孔道中。Simona 等[29]制备了 MMT-Ag 生物复合多层膜，在所有测试时间间隔内均表现出优良的抗真菌活性，并且在培养 72 h 后，MMT-Ag 生物复合多层膜仍表现出对白色念珠菌细胞发育的杀菌活性，且对 HeLa 细胞发育没有任何显著毒性。Wu 等[30]将溴化十六烷基吡啶（CPB）加入蒙脱石-氧化石墨烯（GM）载体中，制备的 GM-CPB 比纯 GO（氧化石墨烯）-CPB 材料具有更高的 CPB 负载率，并且 GM 基体比 GO 基体有更低的细胞活性。Liu 等[31]将 Co 掺杂的纳米 ZnO（Co-ZnO）修饰在酸化凹凸棒石上，具有最低抑菌浓度为 3 mg/mL 的优良抗菌性能，酸化后的凹凸棒石能有效抑制纳米粒子的聚集，其形态对细胞有物理穿刺作用。

2. 调湿材料

调湿材料的概念是由日本的西藤首先提出来的，它是能依靠自身的吸放湿特性感应所调空间空气的湿度变化，自动调节空气相对湿度的功能材料。将有机高分子材料通过一定的方式与无机矿物进行复合，可制备出具有高湿容量、高吸放湿速度的新型复合调湿材料。胡明玉等[32]制备了泥炭藓/硅藻土复合调湿材料，该材料在潮湿天气下对黄曲霉菌、宛氏拟青霉、出芽短梗霉均有一定的压制效果，在复合 MgO 后可以大大提高对黄曲霉菌的抑制效果。而胡明玉制备的泥炭藓/硅藻土与 TiO$_2$ 复合光催化调湿材料[33]既可以有效降解甲醛，又可以起到调湿的作用，能将小室内甲醛浓度控制在 0.06 mg/m^3，去除率达到 89.1%的同时，能有效地将小室内的相对湿度控制在 58% RH 左右。

3. 产生负离子材料

空气中的负离子具有降尘、灭菌、净化氡及生理保健等功能。电气石就是一种能产生负离子的硅酸盐矿物，它通过与纳米 TiO$_2$、稀土氧化物等物质复合处理后，具有更好地释放负离子性能。Wang 等[34]用球磨法将石墨烯掺杂到电气石中，当石墨烯含量(质量分数)为 0.5%时，复合材料的负离子释放性能比纯电气石高 1.9% 以上，石墨烯的复合减小了电气石的带隙。Wang 等[35]将 2% 电气石粉末加入到聚对苯二甲酸乙二醇酯(PET)后，在摩擦条件下复合材料平均释放 5100 粒子/cm^3，远高于平均释放 200 粒子/cm^3 的纯 PET。

1.3.4.2　催化功能材料

催化材料是一种能够加速反应的速率而不改变该反应的标准吉布斯自由焓变化的一类物质，将催化剂附着在多孔硅酸盐矿物上，能够增加催化剂的反应面积、提高降解污染物的能力。Li 等[36]采用包覆法制备了酸性蒙脱石/堇青石催化剂，在最佳反应条件下，催化过氧化氢异丙苯的裂解过程转化率可达 100%，并且催化苯酚时具有 99.8%的选择性。Fatimah 等[37]制备了 ZnO/蒙脱石光催化剂，该催化剂具有较低的带隙能，并且蒙脱石基体让催化剂具有吸附能力，在 ZnO/蒙脱石对亚甲基蓝有光催化和光化学降解过程中，吸附能力的增加导致了更快的光降解。Yu 等[38]制备的 Co$_3$O$_4$/凹凸棒石复合材料，是活化过氧单硫酸盐(PMS)降解抗生素磺胺甲噁唑(SMX)的优良催化剂，相比纯 Co$_3$O$_4$，复合材料表现出更高的催化活性。

1.3.4.3　光功能材料

光功能材料是指在外场(电、光、磁、热、声、力等)作用下，利用材料本身光学性质(如折射率或感应电极化)发生变化的原理,去实现对入射光信号的探测、调制以及能量或频率转换作用的光学材料的统称。按照具体作用机理或应用目的之不同,尚可把光功能材料进一步区分为电光材料、磁光材料、弹光材料、声光材料、热光材料、非线性光学材料以及激光材料等多种。稀土有机配合物的发光性能优良,热、化学稳定性较差,而无机基质材料具有良好的光、热和化学稳定性,尤其是层状、多孔等有组织的刚性无机载体能改变客体分子的结构和化学微环境。因此,通过将有机光活性配合物客体分子插入层状硅酸盐二维纳米片层间,自组装成有序超分子纳米团簇复合物,可显著影响客体分子的发光性能。这类研究最多的层状硅酸盐是蒙脱石。Li 等[39]制了一种基于硅光子晶体/纳米蒙脱石的新紧凑型光调制器,用纳米蒙脱石电流变液填充孔洞,该器件具有高消光比(接近−40 dB)和小尺寸(约 10 μm)的特点,非常适合用于光子集成电路。de Paiva[40]用双螺杆挤出机制备了聚丙烯-蒙脱石有机黏土纳米复合材料,不同用量的蒙脱石导致复合材料具有不同程度的透明度。Xie 等[41]制了一种 CdTe(碲化镉)/CTA-MMT(十六烷基三甲基铵-蒙脱石)纳米复合膜,发光强度明显大于 CdTe/Na-MMT,并且在 100°C 温度下退火 10 h 后表现出了优异的发光稳定性,为利用量子点-无机纳米复合材料制备发光器件等光电器件提供了新的思路。

1.3.4.4　导电功能材料

导电材料是指专门用于输送和传导电流的材料,一般分为良导体材料和高电阻材料两类。将导电粒子负载组装或将导电聚合物插入硅酸盐矿物层间,能充分利用矿物的结构特性,制备出片状、纤维状、棒状、粒状等各种形貌的导电颗粒,极大地降低导电材料的成本,改善导电材料的应用性能。Bukhari 等[42]将高岭土加入到导电多孔碳化硅陶瓷中,成功降低了陶瓷的烧结温度,并加入石墨和锰氧化物,在保持机械性能的同时降低了电阻率。该陶瓷在 35%高岭土、20%石墨、10%锰氧化物的条件下 1200°C 低温烧结可以获得 $6.5×10^{-1}$Ω·cm的电阻率和 43.5 MPa 的抗弯强度。Anwar 等[43]在 SiC-高岭土-Ni 体系研究中发现,高岭土向莫来石的转变增强了力学性能,让其抗折强度达到了 54 MPa。Kulhankova 等[44]制备了聚苯胺/蒙脱土复合材料,MMT 颗粒的存在使得复合材料的电导率比纯聚苯胺样品有显著提高,并且具备极高的电各向异性,而且PANI/MMT 薄膜在 450～650 nm 范围内有选择透过性。

1.3.4.5　磁性功能材料

磁性材料一般是指能对磁场作出某种方式反应的材料,其一直是国民经济、国防工业的重要支柱和基础,广泛应用于电信、自动控制、通信等领域。

目前矿物基磁性材料主要以负载型研究居多。Jiang 等[45]用 HCl 对凹凸棒石表面改性后，采用共沉淀法将 Fe_3O_4 负载到凹凸棒石上，制备了 Pal@Fe_3O_4 一维纳米复合材料，该材料在室温下具有超顺磁性，在偏光显微镜(POM)作用下可以形成明显的液晶相，这些特性可以在无机液晶材料、生物化学传感器、油墨涂料、光电材料等功能材料领域得到广泛应用。

1.3.4.6　电磁屏蔽与吸波功能材料

电磁屏蔽与吸波功能材料是指能吸收或者大幅减弱其表面接收到的电磁波能量，从而减少电磁波干扰的一类材料。随着电子工业的高速发展，电磁干扰和辐射已成为威胁人类生存安全的第四大公害。Ramoa 等[46]通过熔融混合工艺制备了用于电磁屏蔽的热塑性聚氨酯(TPL)填充蒙脱石聚吡咯(MMT-PPY)，混合蒙脱石基填料的复合材料比纯聚吡咯制备的 TPU 具有更好的电磁屏蔽效率，这可归因于 MMT-PPY 具有更好的分散性。Xie 等[47]制备了具有炭黑(CB)吸收剂的层状结构矿棉板，在 CB 含量为 3%时，2～3 GHz 和 7～18 GHz 的频率范围内的反射损失小于−10 dB(90%的电磁波衰减)，双层矿棉板在整个 2～18 GHz 频率范围内的反射损失都小于−10 dB。

1.3.4.7　储能功能材料

1. 相变储能材料

相变储能材料(PCM)是指温度不变的情况下，改变物质状态并能提供潜热的物质，具有储能密度高、储放能近似等温、过程易控制等特点。一般盐型的无机类 PCM 循环使用时易发生"过冷"和"相分离"现象，而有机类 PCM 存在着导热系数低、易挥发、单位体积储热能力差、需容器封装、存在可燃性等缺陷。为弥补无机或有机类 PCM 单独使用的局限，现发展趋势将大量的有机类 PCM 负载到无机类载体材料上。合适的载体主要是结构稳定、比表面积大、吸附性能好、导热系数适中、价格便宜的无机非金属矿物。其中研究较多的载体有层状硅酸盐矿物、凹凸棒石和沸石等。Sarier 等[48]将 60%(质量分数)的正十六烷插层到钠基蒙脱石中，其储热和放热能力达到了 126 J/g 和 125 J/g，在经历 10 个周期的加热冷却后，材料没有发生化学降解和分离，表现出良好的热稳定性，插层到蒙脱石中加快了正十六烷的吸热响应。该材料具有储热能力好、降低了 PCM 与外部环境的反应性、大量黏土颗粒增加了传热面积等优点。李敏等[49]通过液相插层法制备了石蜡/膨润土复合 PCM，其潜热容量为 39.84 J/g，并且与石蜡具有相近的熔点和凝固点，膨润土的存在让复合相变材料具有比石蜡更高的加热速率和冷却速率，并且具有良好的热稳定性和形状稳定性。

2. 储氢材料

氢由于其高效清洁无污染及易于生产运输等特点被视为未来最理想的能源载体，氢的储存是氢能系统的关键技术之一，储氢材料是一类能可逆地吸收和释放氢气的材料。目前多孔固体材料储氢的研究已扩展到了矿物储氢领域。被广泛进行储氢性能研究的硅酸盐矿物主要有具有结构性纳米孔道的坡缕石-海泡石族矿物、蒙脱石、沸石等。Langmi 等[50]探索了 X、Y、Rho 沸石的储氢性能，发现沸石的储氢性能与沸石骨架结构和阳离子的性质有关，CaX 的重量存储容量高达 2.19wt%，CaX 和 KX 的体积存储密度可达 31 kg/m^3 和 30.2 kg/m^3。Li 等[51]用碱金属离子（Li$^+$、Na$^+$、K$^+$）完全交换的低硅 X 型沸石，Li-LSX 沸石的储氢能力提高到了 1.6wt%。沸石作为储氢材料具有低合成温度和低活化温度、合成活化过程不排放 CO_2 和不易燃性等特点。矿物基储氢材料与纳米碳纤维、碳纳米管等碳素储氢材料相比，具有资源丰富、生产成本低廉等无可比拟的优势。

参 考 文 献

[1] 中华人民共和国自然资源部. 中国矿产资源报告 2021.[2021.11.05]. https://www.mnr.gov. cn/sj/sjfw/kc_19263/zgkczybg/202111/t20211105_2701985.html.

[2] 王家枢, 张新安, 张小枫. 矿产资源与国家安全. 北京: 地质出版社,2000.

[3] 王安建, 高芯蕊. 中国能源与重要矿产资源需求展望. 中国科学院院刊, 2020, 35（3）: 338-344.

[4] 蔡剑辉. 本世纪我国新矿物的发现与研究进展（2000～2019 年）. 矿物岩石地球化学通报, 2021, 40（1）: 60-80.

[5] 国家自然科学基金委员会. 无机非金属材料科学（自然科学学科发展战略调研报告）. 北京: 科学出版社, 1997.

[6] 师昌绪. 材料科学与工程//《高技术新材料要览》编辑委员会. 高技术新材料要览. 北京: 中国科学技术出版社, 1993.

[7] 汪灵. 矿物材料的概念与本质. 矿物岩石, 2006, 26（2）: 1-9.

[8] 赵振业. 材料科学与工程的新时代. 航空材料学报, 2016, 36（3）: 1-6.

[9] 吴季怀. 矿物材料会议. 矿物学报, 2001, 21（3）: 278-283.

[10] 邱冠周, 袁明亮, 杨华明. 矿物材料加工学. 长沙: 中南大学出版社, 2003.

[11] 沈上越, 李珍. 矿物岩石材料工艺学. 武汉: 中国地质大学出版社, 2005.

[12] 彭同江. 我国矿物材料的研究现状与发展趋势. 中国矿业, 2005, 14（1）: 17-20.

[13] 郑水林. 非金属矿物材料. 北京: 化学工业出版社, 2007.

[14] 汪灵. 矿物材料学的内涵与特征. 矿物岩石, 2008, 28（3）: 1-8.

[15] 廖立兵, 汪灵, 董发勤, 等. 我国矿物材料研究进展（2000－2010）. 矿物岩石地球化学通报, 2012, 31（4）: 323-339.

[16] 杨华明. 硅酸盐矿物功能材料. 北京: 科学出版社, 2019.

[17] 谢建新, 刘雪峰, 周成, 等. 材料制备与成形加工技术的智能化. 机械工程学报, 2005, 41(11): 8-14.

[18] 谢建新, 宿彦京, 薛德祯, 等. 机器学习在材料研发中的应用. 金属学报, 2021, 57(11): 1343-1359.

[19] ZHANG L, CHUAICHAM C, BALAKUMAR V, et al. Fabrication of adsorbed Fe(Ⅲ) and structurally doped Fe(Ⅲ) in montmorillonite/TiO$_2$ composite for photocatalytic degradation of phenol. Minerals, 2021, 11(12): 18.

[20] WANG D D, QIU Z F, HE S, et al. Synthesis of Ce-doped magnetic NaY zeolite for effective Sb removal: Study of its performance and mechanism. Colloids and Surfaces A:Physicochemical and Engineering Aspects, 2022, 636: 11.

[21] SALMAS C E, GIANNAKAS A E, BAIKOUSI M, et al. Effect of copper and titanium-exchanged montmorillonite nanostructures on the packaging performance of chitosan/poly-vinyl-alcohol-based active packaging nanocomposite films. Foods, 2021, 10(12): 15.

[22] FATIMAH I, PURWIANDONO G, CITRADEWI P W, et al. Influencing factors in the synthesis of photoactive nanocomposites of ZnO/SiO$_2$-porous heterostructures from montmorillonite and the study for methyl violet photodegradation. Nanomaterials, 2021, 11(12): 19.

[23] SAOTHAYANUN T K, SIRINAKORN T T, OGAWA M. Ion exchange of layered alkali titanates (Na$_2$Ti$_3$O$_7$, K$_2$Ti$_4$O$_9$, and Cs$_2$Ti$_5$O$_{11}$) with alkali halides by the solid-state reactions at room temperature. Inorganic Chemistry, 2020, 59(6): 4024-4029.

[24] ZHANG Y, YANG H. Halloysite nanotubes coated with magnetic nanoparticles. Applied Clay Science, 2012, 56: 97-102.

[25] ACHARYA U, BOBER P, THOTTAPPALI M A, et al. Synthesis and impedance spectroscopy of poly(p-phenylenediamine)/montmorillonite composites. Polymers, 2021, 13(18): 17.

[26] ELSHERBINY A S, GALAL A, GHONEEM K M, et al. Novel chitosan-based nanocomposites as ecofriendly pesticide carriers: Synthesis, root rot inhibition and growth management of tomato plants. Carbohydrate Polymers, 2022, 282: 13.

[27] NASSAR N, UTRACKI L A, KAMAL M R. Melt intercalation in montmorillonite/polystyrene nanocomposites. International Polymer Processing, 2005, 20(4): 423-431.

[28] ELHADJ M S Y, PERRIN F X. Influencing parameters of mechanochemical intercalation of kaolinite with urea. Applied Clay Science, 2021, 213: 10.

[29] ICONARU S L, GROZA A, STAN G E, et al. Preparations of silver/montmorillonite biocomposite multilayers and their antifungal activity. Coatings, 2019, 9(12): 817.

[30] WU H P, YAN Y Y, FENG J, et al. Cetylpyridinium bromide/montmorillonite-graphene oxide composite with good antibacterial activity. Biomedical Materials, 2020, 15(5): 7.

[31] LIU J L, GAO Z Y, LIU H, et al. A study on improving the antibacterial properties of palygorskite by using cobalt-doped zinc oxide nanoparticles. Applied Clay Science, 2021, 209: 10.

[32] 胡明玉, 鄢升. 基于泥炭藓/硅藻土复合调湿材料的抑霉菌改性研究. 功能材料, 2021, 52(12): 7.

[33] 胡明玉, 周侠, 李晔, 等. TiO$_2$/硅藻土/泥炭藓复合光催化调湿材料研究. 材料导报, 2021, 35(10): 6.

[34] WANG C H, CHEN Q, GUO T T, et al. Environmental effects and enhancement mechanism of graphene/tourmaline composites. Journal of Cleaner Production, 2020, 262: 12.

[35] WANG Y, CHIU Y H, YEH J T, et al. An investigation of negative air ions releasing properties of tourmaline contained poly(ethylene terephthalate); proceedings of the International Conference on Advanced Fibers and Polymer Materials (ICAFPM 2005), Shanghai, Peoples R China, Oct 19-21, 2005. Beijing: Chemical Industry Press.

[36] HAN L, WANG Y J, ZHANG J, et al. Acidic montmorillonite/cordierite monolithic catalysts for cleavage of cumene hydroperoxide. Chinese Journal of Chemical Engineering, 2014, 22(8): 854-860.

[37] FATIMAH I, WANG S, WULANDARI D J A C S. ZnO/montmorillonite for photocatalytic and photochemical degradation of methylene blue. Applied Clay Science, 2011, 53(4): 553-560.

[38] YU Y, JI Y, LU J, et al. Degradation of sulfamethoxazole by Co$_3$O$_4$-palygorskite composites activated peroxymonosulfate oxidation. Chemical Engineering Journal, 2021, 406: 126759.

[39] LI J S, LI J R, WANG X M. Optical modulator using silicon photonic crystals/nano-montmorillonite; proceedings of the 2nd Conference on Nanophotonics, Nanostructure and Nanometrology, Beijing, Peoples R China, Nov 12-14. Spie-Int Soc Optical Engineering: Bellingham, 2008.

[40] de PAIVA L B, MORALES A R, GUIMARAES T R, et al. Structural and optical properties of polypropylene-montmorillonite nanocomposites. Materials Science and Engineering A: Structural Materials Properties Microstructure and Processing, 2007, 447(1-2): 261-265.

[41] XIE H Y, YANG J, YANG S Y, et al. Facile fabrication of CdTe/montmorillonite nanocomposite films with stable photoluminescence properties. Materials Letters, 2011, 65(11): 1669-1671.

[42] BUKHARI S Z A, ANWAR M S, NASEER D, et al. Effect of graphite and Mn$_3$O$_4$ on clay-bonded SiC ceramics for the production of electrically conductive heatable filter. Ceramics International, 2021, 47(16): 23045-23052.

[43] ANWAR M S, BUKHARI S Z A, HA J H, et al. Effect of Ni content and its particle size on electrical resistivity and flexural strength of porous SiC ceramic sintered at low-temperature using clay additive. Ceramics International, 2021, 47(22): 31536-31547.

[44] KULHANKOVA L, TOKARSKY J, CAPKOVA P, et al. Layered silicate as a matrix for graphene; proceedings of the 7th International Conference on Nanomaterials - Research and Application, Brno, Czech Republic, Oct 14-16, Tanger Ltd: Slezska, 2015.

[45] JIANG R, ZHANG Z, CHEN H, et al. Preparation of one-dimensional magnetic nanocomposites with palygorskites as temples after inorganic modification. Colloids and Surfaces A: Physicochemical and Engineering Aspects, 2021, 126520.

[46] RAMOA S, BARRA G M O, MERLINI C, et al. Electromagnetic interference shielding effectiveness and microwave absorption properties of thermoplastic polyurethane/montmorillonite-polypyrrole nanocomposites. Polymers for Advanced Technologies, 2018, 29(5): 1377-1384.

[47] XIE S, YANG Y, HOU G Y, et al. Development of layer structured wave absorbing mineral

wool boards for indoor electromagnetic radiation protection. Journal of Building Engineering, 2016, 5: 79-85.

[48] SARIER N, ONDER E, OZAY S, et al. Preparation of phase change material-montmorillonite composites suitable for thermal energy storage. Thermochimica Acta, 2011, 524 (1-2): 39-46.

[49] LI M, WU Z S, KAO H T, et al. Experimental investigation of preparation and thermal performances of paraffin/bentonite composite phase change material. Energy Conversion and Management, 2011, 52 (11): 3275-3281.

[50] BAE D, PARK H, KIM J S, et al. Hydrogen adsorption in organic ion-exchanged zeolites. Journal of Physics and Chemistry of Solids, 2008, 69 (5-6): 1152-1154.

[51] LI Y W, YANG R T . Hydrogen storage in low silica type X zeolites. Journal of Physical Chemistry B, 2006, 110 (34): 17175-17181.

第2章 矿物材料分散技术

2.1 概　　述

矿物颗粒的分散主要指矿物在液相中均匀散开的过程。矿物颗粒在液体中的分散过程本质上受两种作用支配，首先是液体对固体颗粒的浸润；其次是液体中固体颗粒间的相互作用。

固体颗粒被液体浸湿的程度取决于该液体对颗粒表面的润湿性，通常以润湿角 θ 来衡量，如图 2-1 所示。若 $\theta = 0°$ 则完全润湿，$\theta = \pi$ 表示完全不润湿，$0 < \theta < \pi/2$ 表示部分润湿。若颗粒的密度大于液体的密度，且能被液体完全润湿，则其很易被液体浸湿而进入液体。若液体对固体颗粒部分润湿，即润湿角 $\theta < 90°$，则颗粒能进入液面。如颗粒表面张力及润湿角足够大，颗粒将稳定地处于液体表面而不下沉。

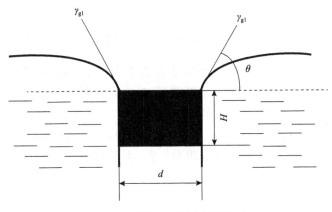

图 2-1　颗粒在液面的漂浮受力

悬浮于表面的条件为

$$4d\gamma_{gl}\sin\theta \geqslant d^2H(\rho_p - \rho_l)g + d^2h_{im}\rho_l g \qquad (2\text{-}1)$$

式中，d 为圆柱体颗粒的横截面直径；H 是颗粒高度；ρ_l 是液体密度；ρ_p 是颗粒密度；γ_{gl} 是液体表面张力；θ 是润湿角；h_{im} 是颗粒表面的沉没深度；g 是重力加速度。

当 $\theta = 0$ 时，固体很易被液体润湿；当 $\theta > 0$ 时，固体能否被液体浸湿取决于颗粒的密度和粒径。密度及粒径足够大时，颗粒将被浸湿而没入液体。另外流体动力学对颗粒的浸湿有重要作用，提高液体湍流强度可降低颗粒的浸湿粒径。对于润湿角较大、密度较小的颗粒，被水完全浸湿的临界尺寸较大，即不易被润湿，小于该尺寸的颗粒将漂浮于水面上。固体颗粒的润湿性能与其结构有关，常见的液体如水、乙醇等都是极性液体，因而极性固体能很好地润湿，如石英、硫酸盐等。而非极性固体很难被极性液体浸润，如石蜡、石墨等。若两者都是非极性的，则也能较好地润湿。

无论是自发的还是非自发的方式，当固体颗粒被液体浸湿后，在液体中的表面集聚状态有两种：形成团聚或者分散悬浮。颗粒在液体中的集聚状态取决于颗粒间的相互作用、颗粒所处的流体动力学状态及物理场。颗粒间的相互作用力有分子间作用力、双电层静电力、结构力及因吸附高分子而产生的空间效应力。

（1）分子间的作用力。当微粒在液体中时，必须考虑液体分子与颗粒分子群的作用，以及这种作用对颗粒间分子作用力的影响。由于颗粒的相互作用总是发生在一定的介质中，因此 Hamaker 常数应包含介质分子作用在内，此时 Hamaker 常数可用下式表示：

$$A_{131} = A_{11} + A_{33} - 2A_{13} \approx (A_{11}^{1/2} - A_{33}^{1/2})^2 \tag{2-2}$$

$$A_{132} = (A_{11}^{1/2} - A_{33}^{1/2})(A_{22}^{1/2} - A_{33}^{1/2}) \tag{2-3}$$

式中，A_{11}、A_{22} 分别为颗粒 1 及颗粒 2 在真空中的 Hamaker 常数，A_{33} 为液体 3 在真空中的 Hamaker 常数，A_{131} 为液体 3 中同质颗粒 1 之间的 Hamaker 常数，A_{132} 为在液体 3 中不同质的颗粒 1 与颗粒 2 相互作用的 Hamaker 常数。

分析式(2-4)可看出，当液体 3 的 A_{33} 介于两个不同质颗粒 1 及颗粒 2 的 Hamaker 常数 A_{11}、A_{22} 之间时，A_{132} 即为负值，按照球体颗粒分子间作用力公式：

$$F_{M} = -A_{132}R / 12h^2 \tag{2-4}$$

可见 F_M 变为正值，分子间作用力为排斥力。对于同质颗粒($A_{11}=A_{22}$)，A_{132} 恒为正，F_M 恒为负，它们在液体中的分子间作用力恒为吸引力，但其值约为真空的四分之一。

（2）双电层静电作用力。由于静电吸引作用和热运动两种效应的结果，在液体中与固体表面离子电荷相反的离子只有一部分紧密排列在固体表面，另一部分离子与固体表面的距离则可以从紧密层一直分散到本体溶液之中，因而双电层实际包括了紧密层和扩散层两个部分。当固体和液体颗粒发生相对移动时，扩散层中的离子则或多或少地被液体带走。由于离子的溶剂化作用，固体表面上始终存在有一薄层的溶剂随着一起移动。固液之间可以发生相对移动的电动势称为 ζ 电位(Zeta 电位)。对于同质团聚颗粒，双电层静电作用力恒表现为排斥力，是防止颗粒相互团聚的主要原因之一。当颗粒 Zeta 电位的绝对值大于 30 mV 时，静电排斥力相比分子吸引力占优，保证颗粒的分散。若通过外加电解质使更多与固体表面符号相反的离子进入溶剂化层，双电层将被压缩。当双电层被压缩到与溶剂化层叠合时，Zeta 电位降到零，固体颗粒出现聚沉现象。对于不同质的颗粒，Zeta 电位为不同值，甚至不同符号；对于电位异号的颗粒，静电作用力则表现为吸引力，即使电位同号，若两者绝对值相差很大，则颗粒间仍可出现静电引力。

　　黏土颗粒的双电层结构与黏土的物理力学性质关系密切。黏土矿物因同晶型替换、离解以及吸附等作用而使颗粒表面带有负电荷，在电场作用下，土壤中的阳离子(如钠离子、钾离子等)和极性水分子会受到静电吸引作用而吸附在颗粒表面附近，在静电作用和分子热运动的共同作用下，颗粒表面的负电荷和受到静电吸引作用的阳离子以及极性水分子共同形成了黏土颗粒的扩散双电层结构。扩散双电层之外的孔隙水被视为自由水，而双电层之内的结合水依据所受电场力的强弱，将结合水划分为强结合水和弱结合水，这也将会导致二者的相对介电常数存在差异，使得颗粒表面附近的水表现出较为复杂的物理性质，对黏土矿物的物理力学性质、热力学性质造成影响。扩散双电层理论最早由 Helmholtz 于 1890 年提出，他认为带电体的表面电荷与反离子构成平行的两层，将之称为双电子层，双电层之间的距离约等于离子半径，类似于一个平行板电容器，在双电层内部电动势随距表面距离的增加呈直线下降趋势。

　　(3) 溶剂化膜作用力。对于极性表面的颗粒，极性液体分子受颗粒的作用很强，在颗粒周围形成一种有序排列并具有一定机械强度的溶剂化膜。对非极性表面的颗粒，极性液体分子将通过自身的结构调整而在颗粒周围形成具有排斥颗粒作用的另一种溶剂化膜。

　　水的溶剂化膜作用力 F_S 可由式(2-5)给出

$$F_S = K_{\exp}(-h / \lambda) \tag{2-5}$$

式中，λ 为体相水中氢键长，h 为溶剂膜厚度，$K_{\exp}$ 为系数。

　　对于极性表面，$K > 0$；对于非极性表面，$K < 0$。可见，对于极性表面颗粒，F_S 为排斥力；对于非极性表面颗粒，F_S 为吸引力。当溶剂为水时，固体颗粒表面溶剂化膜厚度约为几个到几十个纳米。极性表面的溶剂化膜在一定范围内具有互相靠近并接触的作用。而非极性表面的溶剂化膜则能引起非极性颗粒间的强烈吸附作用，称为疏水作用力。与分子间作用力及双电层作用力相比，溶剂化

膜作用力要大 1~2 个数量级，但其作用距离要小，一般为颗粒接近至 10~20 nm 时，作用非常强烈，往往成为颗粒聚沉的决定性因素。

（4）高分子聚合物吸附层的空间位阻效应。当颗粒表面吸附有机或无机聚合物时，聚合物吸附层将在颗粒接近时产生一种附加的作用，称为空间位阻效应。当吸附层牢固且相当致密，有良好溶剂化性质时，它起对抗微粒接近及聚团的作用，此时高聚物吸附层表现出很强的空间排斥力，虽然这种力只是当颗粒间距达到双方吸附层接触时才出现。当然也有另一种情况：当链状高分子在颗粒表面的吸附密度很低，比如小于 50%或更小，它们可以同时在两个或多个颗粒表面吸附，此时颗粒通过高分子的桥连作用而聚团。这种聚团的结构疏松、密度低、强度也低，聚团中的颗粒相距较远。

在讨论液体中固体颗粒的聚集状态时，可用 DLVO 理论分析，特别是溶胶体系中的胶粒的聚集问题。该理论认为颗粒的聚集与分散主要取决于颗粒间分子吸引力与双电层静电排斥力的相对关系，图 2-2 为粒子间的作用能与其距离的关系。

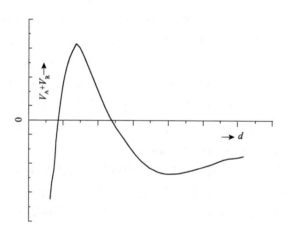

图 2-2　粒子间的作用能与其距离的关系示意图

当颗粒距离较大时，双电层未重叠，吸引力起主要作用，因此总势能为负值。当颗粒靠近到一定距离以至双电层重叠，则排斥力起主要作用，势能显著增加。但与此同时，粒子之间的吸引力也随着距离的缩短而增大。当距离缩短到一定程度时，吸引力又占优势，势能便随之下降。从图 2-2 中可看出，颗粒团聚在一起，必须克服一定的势能，这是稳定的溶胶体系中粒子不相互聚集的原因。但当某些原因使得吸引力的效应足以抵制排斥效应，则溶胶体系出现不稳定状态。这种情况下，布朗运动将导致粒子结合，体系中颗粒分散度下降，以致最后团聚沉淀。

实际情况远要比上述理论分析复杂得多。首先，颗粒间相互作用与颗粒的表面润湿性密切相关。其次，这种相互作用还与颗粒表面覆盖的吸附层成分、覆盖率、吸附浓度及厚度等有关。对于异质颗粒还可能出现分子间作用力为排斥力而静电作用力为吸引力的情况。

下面的例子[1]比较了 pH 对微细高岭石颗粒聚团分散特性的影响规律。当 2<pH<6 时，随着 pH 的增大，D_5 分别为 0.82 μm、1.20 μm、2.72 μm、11.78 μm 和 20.00 μm 的高岭石颗粒的上清液透光率表现出下降趋势，且曲线较陡，特别地，D_5<11.78 μm 颗粒曲线更为陡峭，说明 pH 的变化对颗粒的上清液透光率影响较大；当 6<pH<9 时，各粒度级高岭石颗粒的上清液透光率仍随着 pH 的增大而减小，且 D_5<11.78 μm 颗粒曲线陡峭，说明此溶液环境对细级颗粒的上清液透光率影响较大，但 D_5>11.78 μm 颗粒曲线较平坦，说明对粗粒级颗粒影响较小；当 pH>9 时，颗粒的上清液透光率小于 1%，且曲线变为一条直线，表明高岭石颗粒在 pH>9 条件下主要以分散为主且存在形式变化不大。结合图 2-3(a) 和 (b) 发现，当 pH>9 时，D_5≥11.78 μm 粒度级颗粒沉降产率均高于 70%，但上清液透光率小于 1%。从图 2-3(b) 也可看出，当 2<pH<6 时，在相同 pH 条件下，小粒度级高岭石颗粒的上清液透光率反而较大，说明小粒度级高岭石颗粒在酸性条件更易聚团沉降。

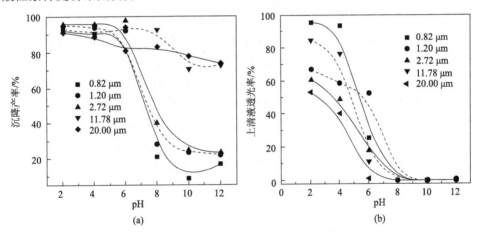

图 2-3　(a)不同粒度级高岭石沉降产率与 pH 的关系，(b)不同粒度级高岭石沉降上清液透光率与 pH 的关系

鉴于此，对 D_5≥11.78 μm 粒度沉降后的上清液进行粒度分布分析，结果如图 2-4 所示。由图可知，上清液中颗粒粒径大部分小于 2.0 μm，且不同 pH 条件下粒径变化较小。易知，原矿中 D_5<2.0 μm 粒度级别的颗粒难以聚团沉降是导致 D_5≥11.78 μm 颗粒悬浮液上清液透光率低的主要原因。

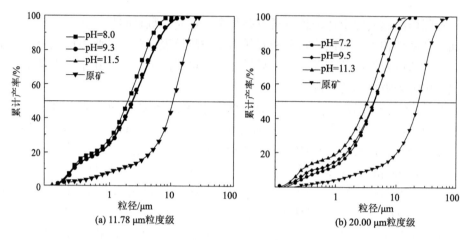

图 2-4   上清液中颗粒粒径分布图

按照液体中颗粒间的相互作用分析，要想获得均匀的分散体系，需从以下三个方面入手。

（1）体系的调控。可以根据颗粒的表面性质选择适当的液体介质，从而获得充分分散的悬浮体系。选择液体分散介质的基本原则是极性相同的原则，非极性颗粒易于在非极性液体中分散，极性颗粒易于在极性液体中分散。例如许多有机高聚物（聚四氟乙烯、聚乙烯等）及具有非极性表面的矿物（石墨、滑石、辉钼矿等）颗粒易于在非极性油中分散，而具有极性表面的颗粒，在非极性油中处于聚团状态，难以分散。反之，非极性颗粒在水中则往往呈现聚团状态。

表 2-1 给出了常用的分散体系。在测试粉末粒度时，体系的调控是常用的手段，但在工程上，更换介质的可能性往往很小。另外，极性相同原则需要同一系列的物理化学条件相互配合，才能保证得到良好的分散体系。在日常生活及工业生产中，常遇见一种或几种固体颗粒分散在液体介质中的分散体系。例如：颜料在水、非水介质中分散制成涂料或油墨；煤粉在水中分散制成水煤浆等。通常被分散的物质称为分散质，而连续相称为分散介质。对于固液悬浮分散体系，按照分散质和分散介质的性质，大致可将分散体系分为以下四类：①亲水性分散质和极性分散介质组成的分散体系；②亲水性分散质和非极性分散介质组成的分散体系；③疏水性分散质和极性分散介质组成的分散体系；④疏水性分散质和非极性分散介质组成的分散体系。

表 2-1   常用的分散体系

介质类别	介质溶剂	固体颗粒	分散剂
极性溶剂	水	大多数无机盐、氧化物、硅酸盐颗粒、煤粉	亚油酸钠、草酸钠

介质类别	介质溶剂	固体颗粒	分散剂
极性有机溶剂	乙醇、乙二醇、丁醇	锰、铜、铁、钴金属粉，氧化物陶瓷粉	六偏磷酸钠
非极性有机溶剂	环己烷、二甲苯、苯	大多数疏水性颗粒、水泥、白垩、碳化钨颗粒	亚油酸等

（2）机械调控。它是利用机械力或超声波振荡来碎解、分离团聚的固体颗粒。超声分散的机理是：一方面，超声波在颗粒体系中以驻波形式传播，使颗粒受到周期性的拉伸和压缩，从而使颗粒撕裂、分开；另一方面，超声波在液体中可能会产生"空化"作用，使颗粒分开。超声波分散的效果与传播的能量密切相关，可以依次来调节体系分散程度，但大规模地使用超声分散能耗过大，应用受到限制。相应地，机械搅拌是一种简单易行的手段，它主要是靠冲击、剪切、摩擦等实现对团聚颗粒的破坏。机械搅拌的主要问题是：一旦颗粒离开机械搅拌产生的湍流场，外部环境复原它们又有可能重新形成。

（3）分散剂的加入。使固体粒子稳定分散于液体介质中的外加物质称为分散剂。

2.2　分散剂的种类及其作用

分散剂一方面可以增强固体颗粒的润湿能力，另一方面可以增加颗粒间的排斥作用，从而使分散体系稳定。分散剂应具有下述特点：①良好的润湿性质，能使粉体表面和内孔都润湿并使其分散；②便于分散过程进行，有助于粒子的破碎，在湿磨时能使稀悬浮体黏度降低；③能稳定形成分散体系，润湿作用和稳定作用都要求分散剂能在固体粒子表面上吸附。因此，分散剂的分子量大小、分子量分布及其表面电荷对其分散有非常重要的影响。

分散剂是一个双亲性分子，包含着两个组成部分：其一是一个较长的非极性基团，称为疏水基；另一个是一个较短的极性基团，称为亲水基（表 2-2）。如十二烷基磺酸钠（$C_{12}H_{25}SO_3Na$）分子中，烷基（—$C_{12}H_{25}$）是亲油基，磺酸钠（—SO_3Na）是亲水基。分散剂大体可分为无机分散剂和有机分散剂。

表 2-2　几种代表性的亲水基与疏水（亲油）基的种类

亲油基原子团		亲水基原子团	
石蜡烃基	R—	磺酸基	—SO_3^-
烷基苯基	R—C_6H_4—	硫酸酯基	—O—SO_3^-
烷基酚基	R—C_6H_4—O—	氰基	—CN

续表

亲油基原子团		亲水基原子团	
脂肪酸基	R—COO—	羧基	—COO⁻
脂肪酰氨基	R—CONH—	酰氨基	—CONH—
脂肪醇基	R—O—	羟基	—OH
脂肪氨基	R—NH—	氨基	—NH₂
马来酸烷基酯基		磷酸基	—PO₃
烷基酮基	R—COCH₂—	卤基	—Cl、—Br 等
聚氧丙烯基		氧乙烯基	—CH₂—CH₂—O—
		巯基	—SH

注：R—烃基；碳原子数为 8～18。

2.2.1 无机分散剂

无机分散剂主要是以静电稳定机制使分散体系稳定，可分为无机电解质和表面活性剂，主要是弱酸或中等强度弱酸的钠盐、钾盐和铵盐。无机电解质分散剂在颗粒表面的吸附不仅能显著地提高颗粒表面电位的绝对值，从而产生强大的双电层静电排斥作用，也可增强水对颗粒表面的润湿程度，增大溶剂化膜的强度和厚度，从而进一步增强颗粒间的相互排斥作用。常用的无机分散剂都是不同分子量的某类化合物的混合物。如多磷酸盐(焦磷酸钠、六偏磷酸钠等)、聚硅酸钠[NaO(SiO₃Na₂)ₙNa]、聚铝酸盐等。无机盐作为分散剂必须有特殊的分子结构才能使其与粒子表面有强烈的作用。例如：磷酸不能用作分散剂，而多磷酸盐 $Na_{n+2}P_nO_{3n+1}$ ($n \geq 2$)、偏磷酸盐 $Na_nP_nO_{3n}$ ($n \geq 4$) 就可稳定 TiO_2 和 Fe_2O_3 在水介质中的分散体系。

（1）无机电解质，如聚磷酸钠、硅酸钠、氢氧化钠及苏打等。聚磷酸钠的聚合度一般在 20～100 之间，硅酸钠在水溶液中往往生成硅酸聚合物，在强碱性介质中使用。无机电解质分散剂在超微粉体表面的吸附不仅能显著地提高粉体表面电位的绝对值，从而产生强大的双电层静电排斥作用，而且也可增强粉体表面对水的润湿程度，因此可有效地防止粉体在水中的团聚。

碳酸钠常作为碱性分散剂广泛用于浮选工艺，在矿浆中电离和水解得到 OH^-、HCO_3^- 和 CO_3^{2-} 等离子，这些离子对于少量 H^+ 和 OH^- 具有缓冲作用，所以碳酸钠调节 pH 值比较稳定，可使矿浆 pH 值保持在 8～10 范围。此外，碳酸钠具有分散矿泥的作用，对于微细粒赤铁矿、微细粒铝硅酸盐矿物、蛇纹石矿泥等都具有较好的分散作用。萤石和石英浮选分离过程常在弱碱性下进行[2]，在加入不同用量的碳酸钠后，通过氢氧化钠溶液来调节矿浆 pH 值使其稳定在

9.6～9.8 范围。碳酸钠用量对萤石、石英及萤石与石英的 1∶1 混合矿物分散行为影响：pH 值在 9.6～9.8 范围时，碳酸钠对石英的分散行为基本无影响，石英仍保持着很好的分散性，分散率接近 50%；而碳酸钠对萤石的分散行为影响较大，不添加碳酸钠时，萤石分散率为 8.6%，随着碳酸钠用量的增加，萤石分散率逐渐增加，碳酸钠用量为 80 mg/L 时，萤石分散率接近 50%，表现出很好的分散性；碳酸钠对萤石和石英混合矿的分散行为也有较大影响，规律与纯萤石矿类似，随着碳酸钠用量的增加，分散率逐渐增加，混合矿分散率接近 50%时所需碳酸钠用量为 0.12 g/L，大于纯萤石矿分散率接近 50%所需的碳酸钠用量 0.08 g/L。当固定碳酸钠用量为 0.1 mg/L，考察 pH 值对矿物分散行为的影响，发现 pH 值增加可以有效改善萤石及混合矿的分散性。pH 值在 6 左右时，萤石分散率为 32%，增加到 10 左右时，分散率达到 50%左右。pH 值在 6 左右时，混合矿分散率为 36%，增加到 10 左右时，分散率达到 43.8%，这表明碳酸钠在不同 pH 值下对矿物分散行为的影响不同。碳酸钠也是铝土矿浮选脱硅工艺中的高效分散剂，通过沉降试验系统地研究了 pH 值和 Na_2CO_3 用量对一水硬铝石、高岭石、伊利石和叶蜡石分散行为的影响[3]。试验结果表明，4 种单矿物在 pH<4 的酸性条件下形成显著聚团，在碱性条件下则呈分散状态。其中，伊利石和叶蜡石在 pH>6、高岭石和一水硬铝石在 pH>9 时处于较好分散状态。电动电位测定和 DLVO 理论计算结果表明，添加 Na_2CO_3 后，4 种单矿物的表面 ζ 电位的负值均显著增大，导致矿物颗粒之间的静电排斥作用增大，从而增强了 4 种矿物颗粒间的分散性。

通过单矿物沉降试验[4]，研究了六偏磷酸钠、三聚磷酸钠和焦磷酸钠对微细粒赤铁矿和胶磷矿分散行为的影响。结果表明：在自然 pH 的蒸馏水中，3 种磷酸盐对赤铁矿的分散性能均比对胶磷矿的分散性能好；分散对象不同，达到良好分散状态所需的各磷酸盐的量也不同；提高介质的碱度有助于在一定程度上改善六偏磷酸钠对赤铁矿和胶磷矿以及三聚磷酸钠对胶磷矿的分散效果；3 种磷酸盐对赤铁矿分散能力的强弱顺序为：三聚磷酸钠和焦磷酸钠>六偏磷酸钠，对胶磷矿分散能力的强弱顺序为：焦磷酸钠>三聚磷酸钠>六偏磷酸钠。

此类无机电解质分散剂在颗粒表面吸附，一方面显著提高颗粒表面 Zeta 电位值，从而产生强的双电层静电排斥作用；另一方面，六偏磷酸钠聚合度在 20～100 范围，水玻璃在溶液中往往生成硅酸聚合物，特别是在强碱介质中使用时，这种聚合物在颗粒表面的吸附层可诱发很强的空间位阻效应。同时，无机电解质也可增强颗粒表面对水的润湿程度，从而有效防止颗粒在水中的聚团。

（2）阳离子型、阴离子型及非离子型表面活性剂均可用作分散剂。表面活性剂的分散作用主要表现在它对粉体表面润湿性的调整。以油酸钠作为表面活性剂为例，不论是亲水性还是疏水性的粉体，在药剂浓度较低时均可使它们的表面疏水化，从而诱导产生出疏水作用力，使粉体在水中呈团聚状态。但当浓度增加到一定值时，其对粉体又产生分散作用。表面活性剂对粉体分散与团聚行为的作用都有一个转折浓度，即随着表面活性剂浓度增大，粉体的团聚行为增强，当达到一定值（转折浓度）时，粉体开始解聚，浓度进一步增大，悬浮体的分散性变好。亲水性粉体的分散团聚的转折浓度高于疏水性粉体的转折浓度，前者大约是后者的两倍。表面活性剂的分类方法很多，一般以其化学结构分类较合适，即当表面活性剂溶于水时，凡能电离生成离子的，称为离子型表面活性剂；凡在水中不电离的，称为非离子型表面活性剂。离子型的表面活性剂按生成离子电性，又分为阴离子型和阳离子型表面活性剂。烷基的羧酸盐、硫酸酯盐、磺酸盐以及磷酸酯盐均为常用的阴离子表面活性剂，而伯胺盐、仲胺盐、叔胺盐、季铵盐等均为阳离子表面活化剂。

通过加入适当的表面活性剂，例如脂肪胺阳离子对石英的吸附，可使石英表面疏水化诱导出疏水作用力，从本质上改变石英在水中的聚集状态，石英由分散变为团聚。对于天然疏水矿物滑石，同样也可以通过表面活性剂的吸附使其表面疏水性得到强化或者削弱，从而达到调整滑石聚集状态的目的。在颗粒表面润湿性的调控中，表面活性剂的浓度至关重要。适当浓度的表面活性剂在极性表面的吸附可以导致表面疏水化，引起颗粒在水中强烈聚团。但是浓度过大，表面活性剂在颗粒表面形成表面胶束吸附，反而使颗粒表面由疏水向亲水转化，颗粒由聚团转向分散。例如，在油酸钠做表面活性剂的赤铁矿、菱铁矿、菱锰矿、金红石等颗粒悬浮体系中，当表面活性剂的浓度超过 1×10^{-4} mol/L 时，颗粒聚团程度急剧下降。采用沉降实验[5]考查了不同磷酸盐对一水硬铝石、高岭石、伊利石和叶蜡石分散行为的影响规律。通过测定 ζ 电位和 DLVO 理论计算，分析六偏磷酸钠提高 4 种铝硅酸盐矿物分散性的作用机理。结果表明：不同磷酸盐对这 4 种矿物分散效果由强至弱的顺序为：六偏磷酸钠、焦磷酸钠、磷酸三钠；六偏磷酸钠增大了铝硅酸盐矿物颗粒表面电位的绝对值，从而提高了颗粒间静电排斥作用；同时，六偏磷酸钠吸附于铝硅酸盐矿物表面后，加剧了颗粒之间的空间位阻效应，使颗粒间产生较强的位阻排斥力。

2.2.2 有机分散剂

有机分散剂可分为低分子量分散剂和高分子量分散剂。

2.2.2.1 低分子量分散剂

低分子量分散剂多是表面活性剂，可按照表面活性剂的分类分为阴离子型、阳离子型、两性型和非离子型。常用的阴离子型分散剂有：亚甲基二萘磺酸钠、直链烷基苯磺酸盐、烷基磺酸盐、石油磺酸盐、硫酸酯盐、磷酸酯等。阴离子型分散剂的疏水链多为较长的碳链或成平面结构，如带有苯环或萘环，这种平面结构易作为吸附基团吸附于有机固体粒子表面。当十二烷基苯磺酸钠质量分数为 0～4.02%时，探究其对陶瓷结合剂物相、耐火度、弯曲强度和热膨胀系数等的影响，以及其对 M2.5/5 金刚石在陶瓷结合剂/金刚石混合粉末中分散性的影响[6]。结果表明：分散剂质量分数为 1.34%时，陶瓷结合剂的耐火度、弯曲强度和热膨胀系数与未添加分散剂时相比未发生明显变化，其中耐火度为 700℃、弯曲强度为 45 MPa、热膨胀系数为 $4.3 \times 10^{-6}℃^{-1}$；当分散剂的质量分数从 1.34%增加至 4.02%时，陶瓷结合剂的耐火度降至 600℃，弯曲强度降至 28 MPa，热膨胀系数增至 $7.5 \times 10^{-6}℃^{-1}$；分散剂质量分数为 1.34%时，M2.5/5 金刚石均匀分散在陶瓷结合剂/金刚石复合材料中，且未引起复合材料的性能变化。

2.2.2.2　高分子量分散剂

高分子量分散剂主要是利用它在颗粒表面形成的吸附膜的强大空间位阻排斥效应而使颗粒分散。常用的高分子分散剂链上几乎均匀分布着大量极性基团，因此当其吸附在颗粒表面时，将导致颗粒表面亲水化，增强颗粒表面对极性液体的润湿性。由于高分子量分散剂的吸附膜厚度通常能达到几十纳米，几乎与双电层的厚度相当，甚至更大，它的作用在颗粒相距较远时便开始表现出来。对于高分子量分散剂来说，分散和团聚作用是可以相互转化的。一般而言，当在颗粒表面的高分子吸附层的覆盖率远低于一个单分子层时，高分子起絮凝作用。当表面吸附层的覆盖率接近或大于一个单分子层时，空间位阻作用起主导作用，颗粒稳定分散。高分子量分散剂的作用过程示意见图 2-5。

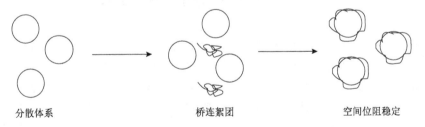

分散体系　　　　　　　　桥连絮团　　　　　　　　空间位阻稳定

图 2-5　高分子量分散剂存在下悬浮液中固体颗粒的分散

高分子量分散剂的分子量一般在 1000～10000 之间，分子结构中含有性能、功能完全不同的两个部分：一部分为锚固基团(A)，可通过离子对、氢键、范德瓦耳斯力及与改性剂结合等作用与颗粒表面结合；另一部分为亲介质的，并可充分溶剂化的聚合物链(B)，它通过空间位阻效应(熵斥力)对颗粒的分散起稳定作用。

高分子量分散剂在粒子表面的吸附形态、吸附层厚度及表面覆盖均受分子中锚固段 A 和溶剂化段 B 的序列分布和配比影响。在多相分散体系中，溶剂及其他助剂会在固体粒子表面与 A 段发生竞争吸附，实际上颜料表面的吸附层是高分子量分散剂和溶剂的混合物，在高分子浓度低时，溶剂的吸附量较大；当高分子浓度增大时，溶剂吸附量会减小。当分散介质为 A 段的不良溶剂时，有利于 A 段在颗粒表面的吸附。A 段中锚固基团的数目越多，体积越大，越有利于 A 段的吸附，吸附也会越牢固。但 A 段太大则会影响 B 段的比例，不利于形成足够厚的溶剂化膜，因此，A 段与 B 段在分子量中所占的比例应适当。

高分子量分散剂主要有聚丙烯及其酯类、聚乙烯醇和纤维素硫酸酯钠盐与醇类硫酸酯钠盐的混合物等。低分子量聚丙烯酸钠为浅黄色透明黏状液体，易溶于水，无毒无腐蚀性，可用于造纸、涂料等行业，是一种优良的颜料分散剂。聚丙烯酸钠和聚丙烯酸异丙酯共聚物是优良的颜料分散剂，也可用于水性油墨、水性涂料等。苯乙烯-马来酸酐共聚物可用于油田钻井液中的分散剂。在分散染料和还原染料的分散体系中添加相当数量的水溶性聚丙烯酸钠盐，即使这种阴离子型分散剂用量不到 10%，染料分散体也可在 $-10\sim20℃$ 下稳定不变，黏度低，且易于再分散。丙烯酸-苯乙烯共聚物或丙烯酸-马来酸酐-苯乙烯共聚物的水溶性盐可作为制取分散染料和还原染料稳定分散体系的分散剂。聚合度在 $20\sim2500$ 之间的聚乙烯醇类用氯磺酸酯化，再用碱中和得到的产物可作分散剂，特别适合于色彩鲜艳的染料，而且染料分散体在温度不超过 80℃情况下稳定性良好。

2.3 矿物材料分散调控技术

纳米颗粒在水介质中的分散是一个分散与絮凝平衡的过程，尽管物理方法可以较好地实现纳米颗粒在水等液相介质中的分散，但一旦机械力的作用停止，颗粒间由于范德瓦耳斯力的作用，又会相互聚集起来。而采用化学法，即在悬浮体中加入分散剂使其在颗粒表面吸附，可以改变颗粒表面的性质，从而改变颗粒与液相介质、颗粒与颗粒间的相互作用，使颗粒间有较强的排斥力，这种抑制浆料絮凝的作用更为持久。实际生产中常将物理分散和化学分散结合起来，即利用物理手段解团聚，加入分散剂实现浆料稳定化，可以达到较好的分散效果。

纳米粉体矿物由于表面积大、表面能高，在液相介质中受范德瓦耳斯力的作用极易发生团聚。尤其当含量较高时，颗粒间平均间距下降，颗粒碰撞而发生团聚的概率大大增加。例如，同样固体含量为 25% 的 SiO_2 浆料，当粉体直径为

100 nm 时，颗粒间平均距离为 36 mm；当粉体直径为 20 nm 时，颗粒间平均距离只有 7.2 mm。聚电解质分散剂兼有静电稳定和空间位阻两种效应，对分散纳米粉体悬浮液更是性能优异。当聚合物在粉体表面的覆盖度比较低时，粉体表面有的部位带正电，有的部位带负电，两个相邻的颗粒带不同的电荷的区域相互吸引，产生桥连效应，会导致浆料絮凝。而当加入的分散剂过多时，离子强度过高，压缩双电层，会减小颗粒间的静电斥力，同时过量的自由高分子链也容易发生桥连或空缺絮凝，使稳定性下降。因此，在纳米粉体浆料的制备过程中，确定适宜的分散剂用量是十分重要的。另外，需要注意的是，聚电解质分散剂加得太多，浆料黏度会增加，这与高分子间的架桥以及高电解质浓度下粉体表面电荷被屏蔽有关。固体含量越高，这两种效应的影响越明显，浆料黏度对分散剂的用量也越敏感，在浆料制备的过程中要特别注意。温度是纳米粉体处理中的一个十分重要的参数，不仅与干燥、煅烧、烧结等步骤有关，而且与悬浮液的流变性质密切相关。

在分散体系中，因为表面和端面电性的差异，黏土矿物可以作为单层、颗粒或者聚集体而存在[7]。近年来，随着冷冻电子显微镜技术(Cryo-TEM)的使用，发现黏土在浮选中多数以聚集体的形式存在。黏土矿物颗粒在聚集时可分为三种形态：面-面(face to face，F-F)、边-面(edge to face，E-F)和边-边(edge to edge，E-E)，如图 2-6 所示。一般情况下，E-F 和 E-E 网络结构随着屈服应力的发展具有非牛顿流动的特征，并在悬浮液中产生高黏度。蒙脱石颗粒会在矿浆中以"E-F"形式的聚集体存在，形成稳定的网状结构，呈多孔和海绵状的形式，增加了浮选矿浆的黏度；而高岭土在矿浆中聚集形式以 F-F 为主，聚集体则更加紧凑。浮选体系中黏土矿物颗粒相互作用主导了矿浆流变性的变化。具体来说，膨润土对矿浆黏度影响最大，结晶不良的高岭石对矿浆黏度的影响很小，结晶良好的高岭石对矿浆黏度的影响在所有浓度下都可忽略不计。

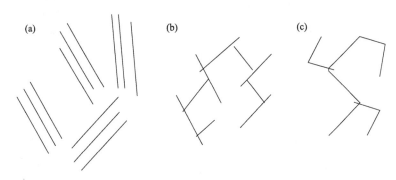

图 2-6　黏土颗粒的聚集方式

(a)面-面；(b)边-面；(c)边-边

通过 Cryo-TEM 观测了钠基和钙基蒙脱石凝胶的结构，发现钠基蒙脱石在矿浆中主要以 E-F 或 E-E 形式聚集体存在，而钙基蒙脱石则是以 F-F 形式存在。因此，除了黏土种类，黏土内部可交换性阳离子种类也会对黏土颗粒的聚集方式产生影响，从而影响矿浆黏度。而钠基蒙脱石比钙基蒙脱石具有更高的黏度。除此之外，黏土矿物在矿浆中的聚合方式还受到矿浆 pH 和电解质浓度的影响，因为这两个因素控制了颗粒的双电层厚度和端面电荷。

对于由多种粉体组成的混合浆料来说，它们的分散要困难得多，这是由于不同粉体的表面性质互不相同，颗粒大小不同，稳定存在的 pH 值范围也各不相同。在液相中不仅同种颗粒间有作用力，不同颗粒间也存在相互作用力且更复杂。表 2-3 为常见粉体矿物在水介质中分散时适宜分散剂选择，因此对分散单组分粉体适合的方法可能并不适合分散多组分粉体。多组分粉体的分散一般从以下的几个方面入手：

（1）在保证每种粉体均能稳定存在的条件下，选择一个适宜的 pH 值范围，在该范围内各种组分带同号电荷，依靠静电排斥作用实现多组分浆料的稳定分散；

（2）加入一种能在几种粉体表面发生较强吸附的分散剂，使每种粉体表面均带相同电荷，并形成一定厚度的吸附层，依靠颗粒间的静电位阻斥力来实现多组分体系的稳定；

（3）对不同粉体进行表面改性，使其具有相近的表面化学特性，从而实现多组分体系的稳定分散。

表 2-3　粉体矿物在水介质中分散时适宜分散剂选择

粉体矿物名称	分散剂	粉体矿物名称	分散剂
Al_2O_3	非离子表面活性剂	石墨	非离子表面活性剂 "Tween 20"
刚玉磨料	酒精	氯化铁	六偏磷酸钠
锌粉	六偏磷酸钠 (0.1%)	煤粉	异辛烷，非离子表面活性剂 "Span 20"
$BaSO_4$	六偏磷酸钠 (0.1%)	MgO	六偏磷酸钠
磷酸钙	酒精	磷酸锰	六偏磷酸钠，非离子表面活性剂 "Span 20"
$BaTiO_3$	非离子表面活性剂 "Tween 20"	石英	Teepol
金刚石	六偏磷酸钠	$CaCO_3$	六偏磷酸钠
水泥	异辛烷，非离子表面活性剂 "Span 20"	WC	Teepol
煤	甘油，酒精	TiO_2	六偏磷酸钠
铜粉	Teepol	石膏	乙二醇，柠檬酸
$Cu(OH)_2$	六偏磷酸钠		

2.3.1　物理分散方法

2.3.1.1　超声波法分散

超声波($20\,kHz\sim50\,MHz$)具有波长短、近似直线传播、能量容易集中等特点，可以提高化学反应收率、缩短反应时间、提高反应的选择性，而且还能够激发在没有超声波存在时不能发生的化学反应。超声化学是当前重要的研究领域，在物理、化学、医学、工农业生产以及测量等许多领域中已得到广泛应用。

超细粉体超声分散是将需处理的颗粒悬浮体直接置于超声场中，用适当频率和功率的超声波加以处理，是一种强度很高的分散手段。超声波分散作用的机理与空化作用有关，超声波在介质中的传播过程存在着一个正负压强的交变周期，介质在交替的正负压强下受到挤压和牵拉。当足够大振幅的超声波作用于液体介质时，在负压区内介质分子间的平均距离超过使液体介质保持不变的临界分子距离，液体介质就会发生断裂形成微泡，微泡进一步长大成为空化气泡。空化气泡可以重新溶解于液体中，也可上浮并消失，同时可脱离超声场的共振相位而溃陷。空化气泡在液体介质中产生、溃陷的现象称为空化作用。空化作用能产生局部的高温高压，并且产生巨大的冲击力和微射流。超细粉体在其作用下，表面能被削弱，可以有效地防止颗粒的团聚，使之充分分散。超细粉体的超声分散是在超声波分散仪中实现的，超声波法分散时，超声时间、超声波频率及功率是 3 个重要的操作参数，会对超细粉体的分散性能有较大影响。与未超声的浆料相比，超声后浆料黏度明显下降，超声功率越大，黏度越低，较大的功率可以更有效地破坏粉体间的团聚。超声时间的长短对水悬浮液分散度的影响很明显。对于悬浮体的分散存在最适宜的超声频率，这取决于被悬浮粒子的粒度。例如，平均粒度为 100 nm 的硫酸钡水悬浮液，在超声分散时，其最大的分散作用的超声频率为 $960\sim1600\,kHz$，粒度增加，其效率相应降低。但同时需要注意在分散过程中应该尽量避免由于持续超声时间过久导致的过热，因为随着温度的升高，颗粒碰撞的概率也增加，可能会进一步加剧团聚，在超声过程中引入冷却的介质是一个解决过热问题的途径。

超声处理已经在矿物浮选中得到广泛的应用。其主要的作用包括：①清洗矿物颗粒表面污染物。②分解表面的试剂吸附层。③通过颗粒表面的空化作用，打破细粒浮选时水动力流体界限，有助于细粒的回收。④促进悬浮液的分散，减小聚沉倾向。⑤可改变晶体结构、顺磁中心数目和晶体中活性阳离子的价键，从而改变半导体和顺磁颗粒的磁性、电特性、润湿性等。低频超声波主要用于药剂分散，降低表面张力以及矿物颗粒表面的清洗。高频的超声波可用于提高药剂的吸附能力和气泡在浮选中的分散，超声处理后矿物可浮性增加。粒径为 25 nm 的纳米氧化锆粉体经过不同超声时间(每超声 30 s，停 30 s，整个过程为一个周期)测得的平均粉体尺寸列于表 2-4。结果显示，适当的超声时间可以有效地改善粉体的团聚状况，降低粉体的平均粒径尺寸。

表 2-4　超声时间对纳米粉体平均粒径的影响

超声时间/周期	0	1	2	3	4	5
平均粒径/nm	896.3	808.9	594.3	454.1	371.6	423.8

纳米 $CrSi_2$ 粉体(平均粒径 10 nm)加入到丙烯腈-苯乙烯共聚物的四氢呋喃溶液中，经超声分散可得到聚合物包覆的纳米晶体。超声波的第一个作用是在介质中产生空化作用所引起的各种效应；第二个作用是在超声波作用下悬浮体系中各种组分(如集合体、粉体等)的共振而引起的共振效应。介质能否产生空化作用，取决于超声的频率和强度。在低声频的场合易于产生空化效应，而高声频时共振效应仍起支配作用。

超声分散用于超细粉体矿物悬浮液的分散可以获得较为理想的分散效果，但超声的缺点(能耗大、有噪声、大规模使用的成本高等)使其仅在实验室中应用较多，因而在实际的工业中解决超声分散问题可以带来巨大的经济效益。

2.3.1.2　机械分散法

机械分散是借助外界剪切力或撞击力等机械能，使纳米粒子在介质中充分分散的一种方法，机械分散法有研磨、普通球磨、振动球磨、胶体磨、空气磨、机械搅拌等。强烈的机械搅拌是破碎团聚的有效方法，主要靠冲击、剪切和拉伸等作用来实现浆料的分散。普通球磨是一个圆筒形容器沿其轴线水平旋转，研磨效率与填充物性质及数量、磨球种类大小及数量、转速等很多因素有关，是最常用的机械分散方式，缺点是研磨效率较低。振动球磨是利用研磨体高频振动产生的球对球的冲击来粉碎粉体粒子，这种振动通常是二维或者三维方向，其效率远高于普通球磨。振动球磨的研磨效率较高，可以有效地降低粉体的粒径，提高比表面积。但粉体磨细到一定程度，再延长球磨时间，粉体粒径不会变化。因细颗粒具有较大的界面能，颗粒间的范德瓦耳斯力较强，随着粉体粒度的降低，颗粒间自动聚集的趋势变大，分散作用与聚集作用达到平衡，粒径不再变化。所以，在球磨过程中常需加入分散剂，使其吸附在颗粒表面，经球磨得到更小的粉体粒径，而且可使浆料在较长时间内保持其稳定性。

尽管球磨是目前最常见的一种分散超细粉体的方法，但也存在一些显著的缺点。其最大的缺点就是在研磨过程中，由于球与球、球与筒、球与料以及料与筒之间的撞击、研磨，使球磨筒和球本身被磨损，磨损的物质进入浆料中成为杂质，这种杂质将不可避免地对浆料的纯度及性能产生影响。另外，球磨过程是一个复杂的物理化学过程，球磨的作用不仅可以使颗粒变细，而且通过球磨过程可能大大改变粉末的物理化学性质；例如，可大大提高粉末的表面能，增加晶格的不完整性，形成表面无定形层。另外在一些情况下，粉末的化学成分因球磨而发生变化，如钛酸钡在水中球磨，由于 $Ba(OH)_2$ 的形成和溶解，使 $BaTiO_3$ 粉料中钡离子遭受损失。

2.3.1.3　辐射处理

辐射处理是高能射线与物质相互作用并在极短时间内将能量传递给介质，使介质发生电离和激发等变化，引起缺陷生成、辐射化学反应、热效应、荷电效应等，从而使颗粒表面性质发生变化。电磁波、中子流、α 粒子、β 粒子在矿物颗粒表面改性领域均有应用。辐射能改变矿物表面结构及电荷性质，可使颗粒表面空位等晶体缺陷增加，从而改变颗粒表面的能量状态，使其湿润性、吸附能力均有所增加。对于半导体矿物颗粒，如硫铁矿，则可改变其载流子浓度、费米能级以及它们的导电形式，从而改变其浮选规律和可浮性。

此外，电子辐射加热处理可使某些矿物颗粒的磁性发生变化，使原来的弱磁性矿物转变为强磁性矿物，从而有利于磁力分选。某些矿物颗粒由于表面荷电性质改变，其电性和介电常数发生变化，从而有利于静电分离，加速矿物颗粒表面的氧化。

2.3.1.4　电化学法改性

当固-液体系(如矿物颗粒的矿浆)达到稳定状态时，各种无机离子达到平衡，整个体系存在一个平衡电位，即矿浆电位。当通过电极施加电场作用于整个矿浆时，各种离子的平衡被打破，矿浆的离子组成发生变化，从而引起矿物颗粒表面成分及特性发生变化。

电化学作用于硫化物矿浆，可调节和控制硫化物疏水和亲水的电化学反应，比如颗粒表面可形成硫元素，从而改变颗粒悬浮特性。电化学作用还可以改变矿物颗粒表面磁性。主要成分为 Fe_2O_3 的赤铁矿在电化学作用下表面可形成 Fe_3O_4 等强磁性物质，从而使颗粒在磁场中的性能发生较大变化，有利于提高磁选回收率。用无膜电化学处理器，在一定浓度的碱性介质中，一定电流下，先阴极极化一定时间，再阴阳极互换，阳极极化一段时间使颗粒的磁化系数大幅增加，其原因是颗粒表面生成类似 Fe_3O_4 的物质，由于表面磁性的增强，可大大提高磁选的收得率。其电化学反应过程可写成如下形式。

阴极极化过程：

$$FeCO_3 + 2OH^- \longrightarrow Fe(OH)_2 + CO_3^{2-} \tag{2-6}$$

阳极极化过程：

$$3Fe(OH)_2 \longrightarrow Fe_3O_4 + 2H_2O + 2H^+ + 2e^- \tag{2-7}$$

2.3.1.5 等离子体表面改性

等离子体是由大量带正负电荷的粒子和中性粒子构成，并宏观表现为电中性，是导电率很高的气态物质，是物质存在的第四状态。等离子体可通过高温下粒子的热运动，使分子、原子剧烈碰撞离解形成离子和电子；也可用加速电子束轰击低压气体，使电子碰撞中性粒子而形成等离子体；另外利用光、X 射线、γ 射线等电磁波能量，也可使气体电离产生等离子。

等离子体按温度可分为高温等离子体，电子温度为 $10^5 \sim 10^8$ K；低温等离子体，电子温度为 $3 \times 10^2 \sim 3 \times 10^5$ K，用于粉末表面改性的多为低温等离子体。用等离子处理粉末的方法有：①用聚合物气体的等离子体对粉末进行表面处理，可在颗粒表面形成聚合物薄膜。②用非聚合物气体如 Ar、He、H_2O 的等离子体处理粉末表面，可除去粉末表面吸附的杂质，在其表面引入各种活性基团并进一步引发接枝聚合反应，从而生成大分子量的聚合物薄膜。

经等离子体处理后的粉末颗粒的表面形态、结构和性质都发生变化。如云母粉末经聚合性单体-乙烯等离子体处理后，表面被一层数千埃的海星状的薄膜覆盖。用 Ar 等离子体处理，其表面出现规则的层状凸起，从而导致颗粒的酸碱性、湿润性、介质性质、热稳定性、磁性均发生变化。将无机物颗粒表面用于等离子体反应引入活性基团或形成聚合物，可大大改善与聚合物的黏和性，从而提高聚合物填充体系的力学性能。如表 2-5 所示，填充不同表面修饰碳酸钙粉末的片状模塑料(sheet molding compound，SMC)，复合材料的力学性能有明显的提高。等离子体粉末改性的工艺条件主要涉及处理时间、气体流量、放电功率、气体选择与组合等，目前主要存在的主要问题是设备成本高。

表 2-5　填充不同表面改性 $CaCO_3$ 后 SMC 分子性能变化

SMC 复合材料中 $CaCO_3$ 及用量	弯曲强度/MPa	冲击强度/MPa
50%未处理	177	7.9
60%未处理	157	6.6
60%用 MMA 等离子体处理	196	13.4
60%用苯乙烯等离子体处理	275	13.3

2.3.2 化学分散方法

2.3.2.1 包覆处理改性

包覆，或称涂覆和涂层，是利用无机物或有机物(主要是表面活性剂、水溶性或油溶性高分子化合物等)对颗粒表面进行包覆以达到改性的目的，也包括利用吸附、附着及简单(电)化学反应沉积现象进行的包覆。表面包覆改性又可分为固相包覆改性、气相包覆改性、液相包覆改性和微胶囊化包覆等。

1）固相包覆改性

通常是指将常温下互无黏性也不发生化学反应的两种物质(一种是要改性的无机物颗粒，另一种是无机物超细粉，也可是有机物)通过一定的处理，使一种物质或几种物质包覆在颗粒表面，从而实现表面改性的方法。实现固相包覆主要是靠机械力作用，对于高分子聚合物固相包覆，是使高聚物在机械力的作用下产生裂解、结构化、环化、离子化和异构化等化学变化，然后在活性固体表面，在引发剂作用下实现聚合及接枝而包覆固体颗粒表面。能用固相表面接枝包覆的聚合物或单体主要有三类：第一类是与树脂本体一致的高聚物、聚合物、单体，如聚乙烯、聚苯乙烯、丙烯酸、聚乙烯蜡；第二类是树脂接枝改性的产品，含树脂单体聚合物、改性单体、带双键的偶联剂等，如聚乙烯接枝马来酸酐、苯乙烯-丙烯酸共聚物、丙烯酸-(甲基)丙烯酸酯、硅酸偶联剂等；第三类是能与树脂反应生成交联聚合物或者单体，如丙烯腈-丙烯酰胺、羧甲基纤维素等。影响固相包覆的工艺参数主要为温度、改性剂种类与用量、研磨时间、充填率等。

2）液相包覆改性

液相包覆是指在液相中通过化学反应对颗粒表面进行包覆，包覆物质包括金属氧化物、金属、聚合物、硫化物等。常用的液相包覆方法包括溶胶-凝胶法、沉淀法、微乳液法、非均相凝聚法、化学镀等。

溶胶-凝胶包覆是将要包覆的粉末颗粒加入溶胶中分散，再在一定条件下完成凝胶化，即可在颗粒表面形成所需的包覆层。

沉淀反应改性往往是在粉末颗粒表面包覆无机氧化物，氧化物可是一种、两种甚至多种，矿物粉末颗粒表面涂覆 TiO_2、ZrO_2、ZnO_2 等氧化物的工艺就是通过沉淀反应改变实现的。以均匀沉淀在碳化硅晶须表面包覆三氧化二铅工艺为例，尿素的水溶液高于 70℃时有如下反应：$CO(NH_2)_2 + 3H_2O \longrightarrow 2NH_4OH + CO_2$。此反应在溶液中生成 OH 离子，而与金属阳离子生成氢氧化物沉淀，若保持较低的沉淀速率，即可在超细颗粒的表面形成均匀的氧化物包覆。如在尿素和硫酸铅混合溶液中加入 SiC 晶须强烈搅拌，缓慢升至 90～100℃ 保持 22 h 后，清洗干燥即可获得包覆三氧化二铅涂层的碳化硅晶须。

非均相凝聚法是指将两种粉末连同分散剂均匀分散于液相中，通过调节 pH 值或加入表面活性剂的方法，使被覆颗粒和包覆颗粒所带的电荷相异，通过静电力的作用，使包覆颗粒吸附在被包覆颗粒周围，形成单层包覆。其过程如图 2-7 所示。该方法基于扩散双电层理论，关键是找到一个合适的 pH 值，使两种粉末体带相异电荷，一般选用的包覆颗粒为较细的纳米粒子，包覆层厚度即是涂层微粒尺寸。

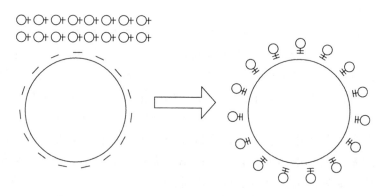

图 2-7　非均相凝聚法液相包覆过程示意图

采用微乳液法制备无机纳米颗粒过程中，控制一定的反应条件，可使一种纳米微粒在另一种纳米微粒的表面生长，就可得到具备无机物-无机物包覆结构的复合粒子。若将微乳聚合与微乳沉淀反应结合在一起，即可获得有机物-无机物包覆结构的纳米粒子。

两种水相分别与油相及表面活性剂构成微乳液。两种微乳液等体积混合，$BaSO_4$ 迅速生成并保留在水核中，苯胺在颗粒表面发生缓慢聚合，加入少量甲醇使聚苯胺-$BaSO_4$ 颗粒聚沉，经离心分离、洗涤、干燥，获得聚苯胺-$BaSO_4$ 包覆结构。

化学镀可用于对粉末颗粒实施金属或合金的包覆。化学镀溶液中的还原剂被氧化后放出电子，还原沉淀出金属来包覆粉体颗粒。化学镀方法可使粉体表面获得结构匀称、厚度可控的金属 Cu、Ni、Co 或其合金等包覆层。被包覆的粉末颗粒包括 SiC、Al_2O_3 等陶瓷粉末、金刚石、碳纤维等。化学镀工艺过程包括粗化→敏化→活化→还原。粗化的目的是除去表面的油污和氧化层，常用碱或强酸，敏化用 $SnCl_2$ 水溶液，活化用 $PdCl_2$ 水溶液，施镀时间由所需镀层厚度决定。化学镀铜常用甲醛作还原剂，反应原理如下所述。

$$6HCHO+8OH^- \Longrightarrow 6HCOO^- +5H_2+2H_2O+2e^- \qquad (2-8)$$

$$Cu^{2+}+2e^- \longrightarrow Cu\downarrow \qquad (2-9)$$

3）化学气相沉积表面包覆改性

化学气相沉积（chemical vapour deposition，CVD）可广泛应用于制备超细粉末、体相材料表面的镀膜。近年来，也有将 CVD 应用于超细粉末颗粒表面的包覆。超细粉末的 CVD 表面包覆常与颗粒流态化技术相结合，即将粉末颗粒物料与流动气相接触，而使固体处于流体状态。流化床内流体与颗粒剧烈混合流动，再结合 CVD 技术在颗粒表面形成均匀牢固的包覆层。采用流态化 CVD 技术，使用三乙丙基铝在粉末云母和镍粉上包覆氧化铝，用 $TiCl_4$ 作前驱体，通入 H_2 反应，可在粉状云母表面形成一层钛包覆层，若在系统中引入 NH_4^+ 离子则可产生 TiN 包覆层。化学气相沉积技术也可与等离子体技术相结合，实现对颗粒的表面涂覆。

2.3.2.2　表面化学改性

表面化学改性通过表面改性剂与矿物颗粒表面进行化学反应或化学吸附的方法完成。常用的表面化学改性剂主要有偶联剂、高级脂肪酸及其盐、不饱和有机酸和有机硅等。偶联剂对矿物颗粒表面进行的改性及应用主要有预处理法和整体掺合法两种途径。预处理法是对矿物颗粒首先进行表面改性，再加入基体中生成复合体。整体掺合法是将矿物颗粒和高分子聚合物混炼时加入偶联剂原液，然后经成型加工或高剪切混合挤出制成母粒。一般认为预处理改性效果优于整体掺合法，这主要是因为树脂存在使偶联剂受到稀释与树脂结块。

偶联剂是具有两性结构的物质，分子中的一部分基团可与颗粒表面的各种官能团反应，形成强有力的化学键合，另一部分基团可与有机高分子发生化学反应或物理缠绕，从而将矿物颗粒与有机基体两种性质差异很大的材料牢固地结合在一起，改善复合材料的强度、体系流变性等。偶联剂常见的类型主要为有机硅、钛酸酯、铝酸酯偶联剂和有机铬化合物。钛酸酯偶联剂表面修饰效果较好、价格低廉、应用范围广。有机硅最常用的是硅烷偶联剂，其他如有机膦、硼化合物等也有较好的应用。

矿物颗粒的表面化学修饰是很复杂的，其机理也是千差万别，但矿物颗粒与药剂之间作用的本质不外乎化学吸附和物理吸附两大类。同时按照吸附发生的固液界面的位置，可分为双电层内层吸附、特性吸附、扩散层吸附等；按照吸附剂的种类，可分为分子吸附和离子吸附等。表面改性剂与矿物颗粒表面的吸附形式及特征见表 2-6。

表 2-6 表面改性剂与矿物颗粒表面吸附形式及特征

吸附性质	吸附部位	吸附形式	吸附特点
表面化学反应	固相反应	在表面生成独立新相	多层
化学吸附	双电层内层	非类质同相离子或分子的化学吸附	生成表面化合物(单分子层)
		类质同相离子的交换吸附	可深入固相晶格内部
		定位离子吸附	非等当量吸附,改变表面电位
物理吸附向化学吸附过渡	双电层外层	离子的特性吸附	可引起动电位变号
		离子的扩散层吸附	压缩双电层,静电物理吸附
物理吸附	相界面	分子的氢键吸附	强分子吸附,具有向化学吸附的过渡性质
		偶极分子吸附	较强的分子吸附
		分子的色散吸附	弱分子吸附

2.3.2.3 化学吸附

化学吸附是指表面修饰剂与矿物颗粒表面的晶格离子(或原子)发生化学反应,反应的质点间进行电子转移或电子共有,在矿物颗粒表面形成离子键、共价键或配位键等强键键合的吸附。化学吸附具有极大的选择性及不可逆性,它可以在吸附离子浓度极低的情况下进行,且不随溶液中吸附离子浓度的降低而脱附。发生化学吸附的表面修饰剂,不能轻易沿矿物表面移动,从表面的一个吸附中心移往另一个吸附中心时,需要一定的活化能,因此化学吸附往往是定点吸附。化学吸附可在矿物表面产生单分子层表面化合物,在条件适当时,吸附离子也可深入晶格内部,生成某种新的化合物多层覆盖膜。表面化合物不构成单独的相,不破坏晶格,也不能脱离矿物表面而存在。表面化合物不能按化合物的计量关系进行计算。

对于单分子层吸附,Langmuir 吸附等温线适用。

$$\Gamma = \Gamma_\mathrm{m} \frac{bc}{1+bc} \tag{2-10}$$

式中,Γ 为饱和吸附量;b 为常数;Γ_m 对应于吸附浓度 c 处的吸附量。

对于不均匀表面,化学吸附量 Γ_m 与吸附离子浓度 c 之间的关系可用 Freundlich 吸附方程式描述:

$$\Gamma = Ac^{1/n} \tag{2-11}$$

按照吸附键的电子理论,可将化学吸附分为强化学吸附和弱化学吸附两种。弱化学吸附指被吸附物质保持电中性,不从晶格离子中夺取电子,也不向晶格空穴送去自由电子，仅在晶格离子作用下，作为晶格表面的施主或受主杂质而产生相应的价电子云的变形。强化学吸附指化学修饰剂将晶格的自由电子或空穴夺取并固定在它自身附近，即自由电子或空穴直接参与了化学吸附所形成的键，即产生真正有电子共有或电子转移的情况。

2.3.2.4　物理吸附

物理吸附主要包括静电吸附和分子吸附，原则上只要与矿物表面电位异号的离子，均可与矿物表面发生静电物理吸附，无方向性和饱和性，可形成多层吸附。分子吸附是主要靠分子间作用力而实现的吸附，吸附质为分子，如烷烃分子、偶极分子及离子晶体型分子。分子吸附又包括强分子吸附和弱分子吸附。偶极分子在离子晶体表面的吸附属强分子吸附，这种吸附主要依靠静电作用力实现，惰性气体或饱和烃在超细矿物表面的吸附主要靠色散力，属弱分子吸附。

化学吸附与物理吸附的主要特点，可概括如表 2-7 所示。

表 2-7　化学吸附和物理吸附的主要特点

类型	化学吸附	物理吸附
主要特征	发生电子转移或共有电子	主要靠分子力或静电力，不发生静电转移或共有电子
吸附热	100～800（或 900）kJ/mol	4～20 kJ/mol（简单分子），40～80 kJ/mol（高分子）
活化能	往往需要活化能	往往不需要活化能
选择性	有	无
吸附可逆性	差	好
吸附层	单层	多层

综合来说，表面修饰剂在超细矿物表面吸附吉布斯自由能主要由以下几部分组成：

$$\Delta G = \Delta G_{chem}^{\circ} + \Delta G_{sol}^{\circ} + \Delta G_{ele}^{\circ} + \Delta G_{CH_2}^{\circ} + \Delta G_h^{\circ} \tag{2-12}$$

其中，ΔG 为表面吸附总吉布斯自由能；ΔG_{chem}° 为共价键吸附吉布斯自由能；ΔG_{sol}° 为溶剂化效应吉布斯自由能；ΔG_{ele}° 为电性吸附吉布斯自由能；$\Delta G_{CH_2}^{\circ}$ 为碳链间的缔合能；ΔG_h° 为氢键吸附吉布斯自由能。对于特定的表面修饰剂及特定的矿物表面，上式所列各组中起主要作用的组分不尽相同。例如，多价金属离子在氧化物表面的特性吸附，以 ΔG_{chem}°、ΔG_{sol}° 及 ΔG_h° 等为主，而长碳链表面活性剂浓度较高时，在氧化物表面的特性吸附以 $\Delta G_{CH_2}^{\circ}$ 为主。

1. 改性剂与颗粒表面的相互作用

1）硅烷偶联剂

解释硅烷偶联剂与矿物颗粒间的作用主要有化学反应、物理吸附、氢键作用和可逆平衡等理论，至今尚未形成定论。其中共价键吸附机理流行较广。硅烷偶联剂与玻璃纤维表面形成化学键得到了红外光谱和气相色谱手段的证实。经硅烷处理后，硅烷与玻纤之间形成新的键合基团 Si—O—Si 的吸收特征。附着在矿物表面的硅烷偶联剂不是简单的分子层结构，而是以复杂的多分子层结构存在，含有化学键合的硅烷聚合物和化学吸附与物理吸附的硅烷低聚体。用 ^{14}C 同位素方法研究硅烷偶联剂 KH-550 在玻纤表面的吸附结构发现，经 KH-550 反应作用后的玻纤经冷水和沸水清洗后，放射性强度随着清洗时间增长而变弱，证实为多层吸附。最外层为物理吸附层，容易被冷水洗掉，约占总吸附量的 98%；中层为化学吸附层，在沸水中清洗 3～4 h 可被清洗掉，约 10 个单分子层厚；第三层为以化学键形式吸附在玻纤表面上的牢固吸附层，虽经沸水反复清洗，也不能除掉。采用 XPS 方法对经冷水和沸水清洗的吸附样品进行药剂特征元素测定，得出了与同位素法相同的结论。采用原子发射光谱研究有机铬类偶联剂在玻纤表面的吸附也证实，有机铬偶联剂在玻纤表面形成了多层结构。最外层为范德瓦耳斯力吸附层，中间层为化学吸附层，最内层为化学键力吸附层，从外到内各层吸附量分别占总吸附量的 16%、18% 和 66%。

2）钛酸酯、铝酸酯偶联剂和硬脂酸

一般认为，钛酸酯也是通过与颗粒表面羟基之间形成化学键的方式进行吸附反应的。热重分析法测定铝酸酯偶联剂改性的碳酸钙表明，铝酸酯 DL-411-A 在碳酸钙表面的附着不仅仅是物理吸附，而且也有化学吸附。钛酸酯偶联剂 KR9S 在铁氧体表面上的等温吸附线呈 Langmuir 型，因此认为吸附属单分子层的化学吸附。钛酸酯偶联剂在碳酸钙表面表现出良好的吸附效果。用 XPS 测试硬脂酸处理的碳酸钙发现，碳酸钙表面形成了硬脂酸的碱式盐，吸附属化学作用。

2. 修饰矿物与有机基体之间的作用机理

解释修饰矿物与有机基体之间的界面结合状态有许多理论，主要有界面层理论、浸润效应理论、化学键理论、可变形层理论、约束层理论等。

（1）界面层理论。主要包括以下两个内容：以官能团理论为基础的界面层扩散理论。对矿物颗粒表面进行处理时，所用偶联剂不仅一端要有与矿物颗粒表面以化学键相结合的基团，而且另一端应能溶解、扩散到树脂的界面区域中，并与大分子链发生纠缠或形成化学键。偶联剂本身应有较长的柔软碳氢链段，以利于界面层的应力松弛，提高其吸收或分散冲击的能力。对于热塑性树

脂主要是对树脂的溶解、扩散和润湿作用；对于热固性树脂，主要是与树脂形成化学键。

以表面能为出发点的界面层理论。矿物颗粒具有较高的表面能，当其与基体树脂复合时，树脂应能对其润湿，这是最基本的热力学条件。为了提高树脂对矿物颗粒的润湿性，矿物必须用偶联剂处理，以降低其表面能。若偶联剂的 R 基团中含有极性基，则处理后矿物肯定有较高的表面能；若 R 中含有不饱和双键，则超细矿物可有中等的表面能；若 R 为饱和链烃，则表面能最低。又由于色散力具有加和性，带有长链烃基者比短链具有较高的表面能。

（2）浸润效应理论。在复合材料的制造中树脂对矿物颗粒表面的浸润是提高复合材料的力学性能至关重要的因素；如果能获得良好浸润，那么树脂对矿物颗粒表面的物理吸附将提供高于树脂内聚强度的黏结强度，这就要求矿物表面修饰剂的有机基团的疏水性应与树脂基体的疏水性保持一致。

（3）化学键理论。偶联剂的有机基团应与树脂的有机基体产生化学相结合，这就要求应尽量选择其有机部分可与聚合物有机基体发生化学反应的物质作为矿物的表面修饰剂。

（4）可变形层理论。为了缓和复合材料冷却时由于树脂和矿物颗粒之间热收缩率的不同而产生的界面张力，希望与处理过的矿物颗粒邻接的树脂界面是一个具有柔曲性的可变形的相，这样复合材料的韧性最大。偶联剂处理过的颗粒表面可能会择优吸附树脂中的某一配合剂，相互区域的不均衡固化可能会导致一个比偶联剂在聚合物与矿物间的单分子层厚得多的挠性树脂层，这一层即被称为可变形层，该层能松弛界面应力，阻止界面裂缝的扩展，改善界面的结合强度。

（5）约束层理论。在高模量增强材料与低模量树脂之间的界面区域，其模量介于树脂与增强材料模量之间，则可最均匀地传递应力。按照这一理论，偶联剂的功能在于将聚合物结构"紧束"在相界面区域内。它的非极性基势必深入到基体内部纠缠或形成化学键，从而形成界面缓冲层。

2.3.3 矿物改性效果的预先评价

改性效果的表征及评价有多种方法。通过考察改性矿物填充形成的制品性能，特别是力学性能便可对改性效果作出直接评价。这种方法结论可靠，在表面改性的研究和应用中一直被广泛采用。另外，测试表面特性及若干物理化学性能而对改性效果进行预先评价，可避免因考察其加工制品的性能及制品其他加工条件带来的评价误差。改性前后矿物颗粒的表面性质的变化是预先评价改性效果的最主要依据。对于以改性剂附着的方式实现的矿物颗粒改性，可通过评判药剂吸附量、表面吉布斯自由能和表面润湿性来评价改性效果。

2.3.3.1　药剂吸附量评价法

硅烷偶联剂与黏土表面改性修饰效果的方法已经得到应用。不过，改性矿物的性能不单纯取决于改性剂在表面吸附量的多少，还取决于药剂与矿物间的作用性质，两者化学键键合作用越强，则改性效果越好。因此，药剂吸附量的测定有时还需与红外光谱等表面分析手段相结合，才能对矿物表面效果作出更准确的评价。由于吸附是一种表面现象，所以测定矿物颗粒对特定物质吸附程度的变化也可评价改性效果，如 SiO_2 表面因含有 OH^-，可以从苯中吸附甲基红分子，但经有机化改性后，吸附能力下降，甚至不能吸附。

2.3.3.2　表面吉布斯自由能评价法

常使用的填料矿物一般都具有较大的表面吉布斯自由能，矿物颗粒表面经改性剂附着后，表面能降低，因此表面能的变化反映了改性效果。改性矿物颗粒的润湿角的测定方法主要有两种。第一，压片直接测量法，即将矿物颗粒在固定条件下压制成可被测量的固体片或块，在润湿角测量仪上直接测量；第二，润湿平衡高度法，通过测量一定紧密度的矿物颗粒柱中液体的上升高度随时间的变化，算出润湿角数值。此法仅适合小于 90° 的润湿角的测量。例如，经硬脂酸改性后，$\alpha\text{-}Al_2O_3$ 对水的润湿角由 12.7° 增大到 89.6°，对 CCl_4 的润湿角则从 53.7° 降低到 8.2°，改性前的 $\alpha\text{-}Al_2O_3$ 表面由亲水变为疏水。

2.3.3.3　评判分散与聚团行为

根据同极性相亲、异极性相斥的原则，评价改性效果可通过评判矿物在不同性质溶剂中的分散与聚团行为来实现。利用球磨时添加十六醇和十八烷基硅氧烷改性石英来考察其分散特性。改性石英在水中分散状态良好，而在添加改性剂并经不同时间球磨后，其在水中的分散行为由好变差，而在癸烷中则由差变好，说明十六醇和硅烷对石英表面产生了疏水化改性。通过考察分散特性，还对上述两种改性剂改性 Al_2O_3 和 SiC 的效果进行了评定。

硬脂胺改性前后的 $\alpha\text{-}Al_2O_3$ 在不同溶剂中的分散行为有很大差别。改性后，$\alpha\text{-}Al_2O_3$ 在水中的分散由好变差，而在苯和 CCl_4 中则由差变好，说明硬脂胺对 $\alpha\text{-}Al_2O_3$ 的疏水化改性有效。云母粉经不同种类偶联剂改性后，在甲苯介质中若呈现"均匀分散"，说明改性效果好；若呈现"团块沉底"，则说明改性效果差。测量累计沉降率可以评定颗粒间的分散与聚团行为。沉降率大，表明颗粒在介质中的分散性弱，聚团性强；相反，沉降率小，颗粒间聚团性弱，分散性强。

2.3.3.4　测量悬浮体黏度

较高固体含量的固液悬浮体的黏度与颗粒表面和液体间的润湿亲和作用有

关。相同温度下，若固液间亲和作用强，则黏度低；若亲和作用弱，则黏度高。因此，借助测量固液悬浮体黏度的方法便可对改性效果作出评价。对于疏水化表面改性，常用矿物颗粒与有机液体组成的悬浮体进行黏度测定评价；对亲水化改性，则使用水作为悬浮液体。悬浮体的黏度通常用旋转黏度计进行测量。除上述方法外，还可以采用测量吸油量、吸水率和水渗透速度的方法预先评价改性效果。测定吸油率、吸油量的变化反映了矿物颗粒表面的改性程度，将被测样品置于湿度、温度相同的环境中，测量样品含水量的变化可测量吸水率，经疏水改性后，矿物颗粒的吸水率将大大降低。

参 考 文 献

[1] 李伟荣. 微细高岭石颗粒聚团特性及聚团分选试验研究. 合肥：安徽理工大学，2017.

[2] 汤家焰，张少杰，张静茹，等. 碳酸钠对细粒萤石和石英的分散作用机理. 非金属矿，2020，43(6)：17-20，24.

[3] 王毓华，陈兴华，胡业民. 碳酸钠对细粒铝硅酸盐矿物分散行为的影响. 中国矿业大学学报，2007，36(3)：292-297.

[4] 左倩，张芹，王飞，陶洪. 磷酸盐对微细粒赤铁矿和胶磷矿分散行为的影响. 金属矿山，2011(10)：83-86.

[5] 王毓华，陈兴华，胡业民，等. 磷酸盐对细粒铝硅酸盐矿物分散行为的影响. 中南大学学报（自然科学版），2007，38(2)：238-244.

[6] 刘一波，孔帅斐，栗正新，等. 十二烷基苯磺酸钠对陶瓷结合剂及金刚石分散性的影响. 金刚石与磨料磨具工程，2022，42(2)：174-179.

[7] 宋斯宇，顾帼华，王艳红，等. 黏土矿物的结构性质及其对浮选的影响. 矿产保护与利用，2020，40(2)：43-50.

第3章 矿物材料提纯技术

3.1 概　　述

在种类繁多的非金属矿物资源中，只有极少数的富矿体矿产可直接提供给用户进行工业应用，绝大部分矿石品位不高，必须经过提纯处理后才能满足工业指标要求。为此非金属矿物的选矿提纯，是非金属矿能够得以工业应用的必由之路，在国民经济中具有重要的地位和作用。非金属矿物的选矿提纯主要表现在：①将矿石中的有用矿物和脉石矿物相分离，富集有用矿物；②除去矿石中的有害杂质；③尽可能地回收伴生有用矿物，充分而经济合理地综合利用矿产资源。因此，非金属矿选矿提纯的发展，直接关系到我国非金属矿产的开发和利用，选矿提纯技术的发展与提高，不仅可使大量低品位矿床得以开发，同时还可提高产品的档次和经济价值，扩大非金属矿物工业应用范围[1]。

目前非金属矿选矿提纯常用的方法按照处理过程主要分为物理提纯技术和化学提纯技术。物理提纯主要包括重选法、浮选法、磁选法、电选法、离心法，以及近些年出现的摩擦选矿法、光电拣选法等；化学提纯技术包括碱熔法、酸浸法、氧化-还原法和高温煅烧法。与金属矿相比较，非金属矿的终端用户多是利用矿物的物理及表面性质(这也是大致区分金属矿与非金属矿的判据)。因而，非金属矿选矿提纯有如下特点：非金属矿选矿的目的通常是为了获得具有某些物理化学特性的产品，而不仅仅是为了获得矿物中某一种或几种元素；非金属矿选矿过程中应尽可能保持有用矿物的晶体结构，以免影响它们的工业用途和使用价值；非金属矿选矿指标的计算一般以有用矿物的含量为依据，多以氧化物的形式表示其矿石的品位及有用矿物的回收率，而不是矿物中某种元素的含量；非金属矿选矿提纯不仅能够富集有用矿物，除去有害杂质，同时也能粉磨分级出不同规格的系列产品[2]。

我国的非金属矿的选矿提纯工业技术发展水平较国外低一些。但近年来，随着高新技术产业的发展，同其他科技行业一样，非金属矿的选矿提纯在秉承传统方法的同时，也在不断地利用和引进科学技术的新成果来改进和完善自身的工艺、技术、装备，并发展出一些较新颖的提纯方法，如磁选、重选矿法在非金属矿物提纯中的应用及高分子絮凝法提纯非金属矿物等。非金属矿物选矿的发展趋势是：适合非金属矿物选矿特点的常规选矿方法、工艺流程和设备，将会逐步得到推广、应用和发展；为满足特种陶瓷、工程塑料、光导纤维等新型材料对非金属矿物原料更严格的质量要求，非金属矿选矿将向超纯、超细技术领域迈进；高效选矿设备的进一步研制和推广；各种选矿方法联合流程在处理非金属矿难选矿石方面的应用和发展；各种新技术在非金属矿选矿中的应用及现代检测技术的应用等[3]。

3.2　矿物材料物理提纯技术

物理分选是指主要采用物理方法对具有不同物理性质的固体物料进行分选的过程。它包括利用物料间密度、磁性、导电性、颜色形状及摩擦弹跳系数等差异进行的重选、磁选、电选、特殊分选；广义上也包括利用物料间表面物理化学性质差异进行的浮选。

3.2.1　重选方法

3.2.1.1　重力分选概述

重选是根据矿粒间密度的差异，在运动介质中所受重力、流体动力和其他机械力的不同，从而实现按密度分选矿粒群的过程。粒度和形状亦影响按密度分选的精确性。不同粒度和密度矿粒组成的物料在流动介质中运动时，由于它们性质的差异和介质流动方式的不同，其运动状态也不同。在分选介质(包括水、空气、重介质等)中，由于它们受到不同的介质阻力，形成运动状态的差异。矿粒群在静止介质中不易松散，不同密度、粒度、形状的矿粒难于互相转移，即使达到分层，亦难以实现分离。

各种重选过程的共同特点是：①矿粒间必须存在密度(或粒度)的差异；②分选过程在运动介质中进行；③在重力、流体动力及其他机械力的综合作用下，矿粒群松散并按密度(或粒度)分层；④分层后的物料，在运动介质的搬运下达到分离，最终获得不同产品。

利用重选方法对物料进行分选的难易程度可简易地用待分离物料的密度差判定，即

$$E = \frac{\delta_2 - \rho}{\delta_1 - \rho} \tag{3-1}$$

式中，E 为重选可选性判断原则；δ_1、δ_2、ρ 分别为轻物料、重物料和介质的密度。

通常按比值 E 可将物料重选的可选性划分为五个等级，如表 3-1 所示。

表 3-1　物料按密度分选的难易程度

E	>2.5	2.5～1.75	1.75～1.5	1.5～1.25	<1.25
重选难易程度	极易选	易选	可选	难选	极难选

根据介质的运动形式和作业目的不同，重选可以分为以下几种工艺方法：分级、重介质分选、跳汰分选、摇床分选、溜槽分选、离心分选机分选和洗选。

重选方法在处理二次再生资源和环境保护等方面也发挥着重大作用，如废纸、废塑料和废金属的分选；烟气收尘；无机材料分级提纯等。随着人类对自然资源利用研究的深入，重选理论和重选技术也得到了很大的发展。今后其在处理低品位资源、二次资源和资源深加工等方面将发挥更大作用。

3.2.1.2　分选过程与分选区

重选过程包括三个部分：选别前物料的准备，即将待选物料碎磨至基本单体解离；重选作业，即物料颗粒群的分散—分层—搬运分离；产品处理，包括浓缩脱水，过滤烘干，进一步精选分离。

颗粒的分选要求提供一个足够大的空间作为分选区。只有如此，才能满足颗粒运动轨迹分离化的要求。在重力分选过程中，常见的分选区如下：

（1）二维分选区。分选作用基本上是在平面上进行，颗粒在平面上做二维运动。只有分选平面的面积足够大，才可以保证不同颗粒运动路线足够清晰且有较大差异。二维分选区的主要代表是重力分选中的流膜分选法，如细泥摇床、细泥皮带溜槽等。

（2）三维分选区。这是最常见的分选区几何模式，颗粒的分选过程是在同颗粒粒度相比非常大的三维立体空间实现。三维分选区的几何尺寸可以设计成很大的分选区，有利于提高处理量，也有利于设备结构的简化。典型的代表有跳汰分选等。

3.2.1.3　分选介质

对于重选而言，介质的效用很重要。在介质内，颗粒借重力、浮力、惯性力和阻力的推动而运动，不同密度、粒度和形状的颗粒产生了不同的运动速度或轨迹，从而达到了分离的目的。在这里介质既是传递能量的媒介，同时还担负着松散粒群和搬运输送产物的作用。介质在选别过程中处于运动状态，主要的运动形式有：等速的上升流动、垂直的非稳定流动、沿斜面的流动和回转运动等。常用的介质有水、重介质和空气。绝大多数的重选过程是在水介质中进行的，某些缺水的场合也采用空气介质进行风力重选。水和空气与分选过程有关的物理性质数据如表 3-2 所示。

表 3-2　水与空气的密度与黏度

介质	密度ρ(20℃)/(kg/m^3)	黏度(20℃)/(Pa·s)
水	998.23	0.001
空气	1.18	0.000 018

3.2.1.4　重力分选过程的作用力

重选过程中作用于物料颗粒上的力主要有：重力、浮力、流体作用力、颗粒间的作用力，以及设备界面的作用力等。重选理论主要研究不同物理性质的颗粒（不同密度、粒度和形状）在以上这些力的作用下的运动特征和结果。

（1）重力

$$F_{\mathrm{g}} = mg = \delta V g \tag{3-2}$$

式中，F_{g} 为颗粒所受重力，N；m 为颗粒质量，kg；δ 为颗粒密度，kg/m^3；V 为颗粒体积，m^3；g 为重力加速度，$g = 9.80$ m/s^2。

（2）浮力

$$F_{\mathrm{f}} = \rho V g \tag{3-3}$$

式中，F_{f} 为颗粒所受浮力，N；ρ 为介质密度，kg/m^3。

（3）惯性力

$$F_{\mathrm{in}} = -ma^2 \tag{3-4}$$

式中，F_{in} 为颗粒所受惯性力，N；a 为颗粒与介质之间相对运动加速度，rad/s；"$-$" 表示 F_{in} 方向与 a 的方向相反。

3.2.1.5　分选基本条件

在特定的分选作用中特定的作用力是保证分选得以实现的必要条件。例如，重力分选中的重力，还包括离心力、惯性振动力，这些力可统称为分选力。有些作用力往往对分选不起作用，或者起破坏作用。这些起破坏分选或对分选无促进作用的力统称为耗散力。分选力与耗散力间的夹角 $\theta > 0$。

显然，实现颗粒分选的首要条件是分选力 $\gg$ 耗散力，即

$$F_s / F_d \gg 1 \qquad\qquad (3-5)$$

式中，F_s 为分选力矢量和；F_d 为耗散力矢量和。

实现分选的第二个条件是在被分选物料的粒度范围 ($d_{max} \sim d_{min}$) 内，应保证最细的有用物料 (粒度为 $d_{c,min}$) 的分选速度应大于最粗的废弃尾料 (粒度为 $d_{g,max}$) 的分选速度。已知分选速度与 F_s/F_d 有密切关系，对任何一种分选设备，均可列出不等式

$$\left(F_s / F_d\right) d_{c,min} > \left(F_s' / F_d'\right) d_{g,max} \qquad\qquad (3-6)$$

式中，F_s、F_d、F_s'、F_d' 为作用于目标物料及废弃物料的分选力及耗散力。

通过上式可求出分选颗粒的等分选粒度比 $d_{g,max}/d_{c,min}$。被分选物料的粒度范围应控制在 $d_{g,max} \sim d_{c,min}$ 之间，否则分选过程将受到不同程度的破坏。

分选的第三个条件是，应保证颗粒在分选区的停留时间 t_2 大于颗粒与脉石的最小分离时间 t_1。如图 3-1 所示的分选区内，设 v^t 为颗粒沿分选区长度方向的运送速度，v_s 为目的颗粒受分选力的作用向上运动的速度，则

$$t_1 = h / v_s , \quad t_2 = l / v_t \qquad\qquad (3-7)$$

根据 $t_1 \leqslant t_2$，有 $h/v \leqslant l/v_t$。据此，如目的颗粒的 v_s 已知，可计算分选装置的处理量。

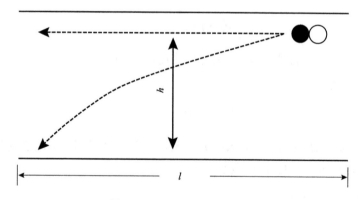

图 3-1　颗粒在分选区的运动

3.2.1.6　分选粒度范围

任何分选方法及设备均适用于一定的分选粒度范围。选择分选设备及工艺流程时，必须充分考虑设备的适应粒度范围，特别是分选粒度的上限及下限。因

此，实践中常将物料按粒度分成数个粒级。例如，选矿工程中综合考虑选别工艺及设备的粒度适应范围，工艺粒度的 6 级分类如表 3-3 所示。

表 3-3　选矿工艺粒度的 6 级分类

粒级	极粗	粗	中	细	微	极微
粒度/mm	>20	20～2	2～0.2	0.2～0.02	0.02～0.002	<0.002

对于以质量力(如重力)为主要分选力的分选方法，分选力 F_s 与颗粒粒度 d 的立方成正比，即 $F_s \propto d^3$。因此，随着粒度的减小，分选力的衰减极为剧烈。但是，介质对颗粒的阻力(作用于微细粒级的黏滞阻力)与粒度 d 的一次方成正比，即 $F_d \propto d$。随着粒度的减小，黏性阻力的衰减较缓慢。因此，小于某一确定粒度，黏滞阻力将超越分选力而占上风。理论上，当 $F_s = F_d$ 时，求出的粒度 d 即为重力分选粒度下限。

3.2.2　浮选方法

3.2.2.1　浮选概述

浮选即泡沫浮选，是继重选之后发展起来的一种选矿方法。浮选的基本原理是依据各种矿物的表面性质的差异，从矿浆中借助于气泡的浮力，选分矿物的过程。一定浓度的矿浆加入各种浮选药剂，在浮选机内经搅拌与充气产生大量的弥散气泡。于是，呈悬浮状态的矿粒与气泡碰撞，一部分可浮性好的矿粒附着在气泡上，上浮至矿浆液面形成泡沫产品(图 3-2)，通常为精矿；不浮矿物留在矿浆内，通常为尾矿，从而达到分选的目的。

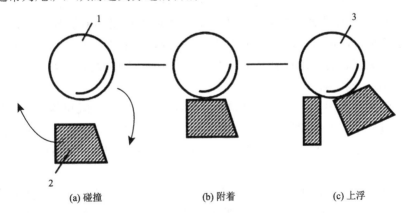

(a) 碰撞　　　　　　　　(b) 附着　　　　　　　　(c) 上浮

图 3-2　单体解离矿粒与气泡碰撞、附着、上浮示意图
1.气泡；2.矿粒；3.气泡-矿粒聚合体

3.2.2.2 浮选过程

现代常规矿物浮选的特点是：矿粒选择性地附着于矿浆中的气泡上，随之上浮到矿浆表面，达到有用矿物和脉石矿物或有用矿物之间的分离。浮选过程一般包括以下步骤。

（1）矿石细磨。矿石细磨的目的在于使有用矿物与其他矿物或脉石矿物解离，这通常由磨矿机配合分级机完成。

（2）调整矿浆浓度。调整矿浆浓度主要使矿浆浓度适合浮选要求，在多数情况下，如果浮选前分级溢流浓度符合浮选要求，可省略该过程。

（3）浮选矿浆加药处理。加入合适的浮选药剂，目的是造成矿物表面性质的差别，即改变矿物表面的润湿性，调节矿物表面的选择性，使有的矿物粒子能附着于气相，而有的则不能附着于气泡。该作业一般在搅拌槽中进行。

（4）搅拌形成大量气泡。借助于浮选机的充气搅拌作用，促使矿浆中空气弥散而形成大量气泡，或促使溶于矿浆中的空气形成微泡析出。

（5）气泡的矿化。矿粒向气泡选择性地附着，这是浮选过程中最重要的过程。

（6）矿化泡沫层的形成与刮出。矿化气泡由浮选槽下部上升到矿浆表面形成矿化泡沫层，并富集到矿物中，将其刮出而成为精矿（中矿）产品，而非目标矿物则留在浮选槽内，从而达到分选的目的。

3.2.2.3 浮选药剂

矿物能否浮选主要取决于矿物表面的润湿性。自然界的矿物，除石墨、自然硫、辉钼矿和滑石外，绝大多数矿物的天然可浮性都比较差。为有效地实现各种矿物浮选分离，需人为调控矿物表面的润湿性，扩大矿物间可浮性的差别。一般通过加入浮选药剂来改善矿物表面的润湿性，这种改善必须要有选择性，即只能加强一种矿物或某几种矿物的可浮性，而其他矿物不仅不能加强，有时还需削弱。浮选之所以能够被广泛应用于矿物材料提纯，其最重要的原因就在于它能通过浮选药剂灵活、有效地控制浮选过程，成功地将矿物按人们的需求加以分开，使资源得到综合利用。

浮选药剂种类很多，既有有机和无机化合物，又有酸、碱和各种盐。浮选药剂在浮选过程中的作用除调节矿物的可浮性外，还有加快空气在矿浆中的弥散、增强泡沫的稳定性、改善浮选矿浆性质等作用。浮选药剂的分类方法很多，根据其用途基本上可分为三大类。

（1）捕收剂。增加矿物浮游性的药剂称捕收剂，如黄药、黑药、油酸等。其在矿浆中能够吸附（物理吸附或化学吸附）在矿物表面形成疏水薄膜，使矿物的疏水性增大。

（2）起泡剂。起泡剂是一种表面活性物质，能富集在气-水界面并降低表面张力，促使泡沫形成，提高气泡的稳定性和延长气泡寿命，如松醇油、甲酚油、醇类等。

（3）调整剂。调整剂的主要作用是调整其他药剂（主要是捕收剂）与矿物表面的作用以及矿浆的性质，提高浮选过程的选择性。调整剂种类很多，又细分为下列 5 种。

活化剂：凡能促进捕收剂与矿物的作用、提高矿物可浮性的药剂（多为无机盐）称为活化剂，如 $CuSO_4$（是闪锌矿和黄铁矿的活化剂）。

抑制剂：与活化剂相反，凡能削弱捕收剂与矿物作用、降低和恶化矿物可浮性的药剂称为抑制剂，如 $ZnSO_4$、NaCN、淀粉等。

pH 值调整剂：调整矿浆 pH 值的药剂称为 pH 值调整剂，如 H_2SO_4、Na_2CO_3、NaOH 等。其主要作用是调整矿浆的性质，使其对某些矿物浮选有利，对另一些矿物浮选不利。如用它来调整矿浆的离子组成，改变矿浆的 pH 值，调整可溶性盐的浓度等。

絮凝剂：促使矿浆中细粒联合变成较大团粒的药剂称为絮凝剂，如聚丙烯酰胺、腐殖酸、石膏粉等。絮凝剂的功能在于降低或中和矿粒的表面电性，或起"桥联"作用使细粒絮凝。

分散剂：能够在矿浆中使固体细粒悬浮的药剂称为分散剂。分散剂的功能在于其能给予矿物负电荷而起到分散作用，如水玻璃、磷酸钠、六偏磷酸钠等。

常用浮选药剂的分类见表 3-4，但其分类并非绝对。某种药剂在一定条件下属于这一类，在另一条件下，有可能属于另一类。如硫化钠在浮选有色金属硫化矿时是抑制剂，在浮选有色金属氧化矿时是活化剂，当用量过多时它又是抑制剂等。

表 3-4　常用浮选药剂的分类

分类	系列	品种	典型代表
捕收剂	阴离子型	硫代化合物；羟基酸及皂	黄药、黑药等；油酸、硫酸酯等
	阳离子型	胺类衍生物	混合胺等
	非离子型	硫代化合物	乙黄腈酯等
	羟油类	非极性油	煤油、焦油等
起泡剂	表面活性物	醇类	松醇油、樟脑油
		酸类	丁醚油类
		醚醇类	醚醇油类
		酯类	酯油类
	非表面活性物	酮醇类	酮醇油

分类	系列	品种	典型代表
调整剂	pH 值调整剂	电解质	酸、碱
	活化剂	无机物	金属阳离子 Cu^{2+} 等，阴离子 CN^-、HS^- 等
	抑制剂	气体；有机化合物	O_2、SO_2 等；淀粉、单宁等
	絮凝剂	天然絮凝剂	石膏粉、腐殖酸等
		合成絮凝剂	聚丙烯酰胺等
	分散剂	有机物、无机物、有机聚合物	水玻璃、磷酸盐、单宁酸盐

3.2.2.4 浮选影响因素

在矿物的浮选分离过程中，影响浮选结果的主要因素有矿物的可浮性、浮选药剂制度、浮选设备、浮选工艺流程及浮选过程中的操作因素。自然界中并非所有的矿物都具有天然可浮性，因此可依据矿物自身性质科学地选择浮选药剂(捕收剂、调整剂、起泡剂)及工艺流程，选用合适的浮选设备及合理的操作，可获得较好的浮选技术指标，而这些必须经过一定的试验才能做到。浮选工艺及操作条件对浮选指标的影响，主要包括磨矿细度、药剂制度、矿浆浓度、矿浆温度、浮选时间、矿浆 pH 值、充气与搅拌、水质等。

随着矿石资源日益贫乏，有用矿物在矿石中分布越来越散、越来越杂，同时材料和化工行业对非金属矿物粒度及纯度的要求越来越高，浮选法越来越显示出其他选矿方法无法比拟的优势，逐渐成为目前应用最广、最有前景的选矿方法，其中主要矿种浮选基本原理和适用范围见表 3-5。浮选法不仅用于分选金属矿物和非金属矿物，还用于冶金、造纸、农业、食品、微生物、医药、环保等行业的许多原料、产品或废弃物的回收、分离及提纯等。随着浮选工艺和技术的改进，新型、高效浮选药剂和设备的出现，浮选法将会在更多行业和领域中得到应用。

表 3-5 非金属矿浮选基本原理和适用范围

矿种	基本原理和适用范围
长石	利用长石与杂质成分的表面疏水性差异，除去云母、铁矿物和石英等
石榴石	利用石榴石与脉石组分的表面性质差异进行分选，除去石英等杂质成分
石墨	精矿品位可达 90%，鳞片石墨粗精矿需经多次精选
石灰岩	利用方解石与脉石矿物表面性质差异进行分选，适用于除去石灰岩矿石中的石英、云母类、氧化铁、硫铁矿等杂质
金刚石和钛铁矿	在原生矿的含钛矿石的选矿，特别是用于选别细粒级含钛矿石，有时也应用在含钛粗精矿的精选中

续表

矿种	基本原理和适用范围
萤石	对于石英-萤石型、碳酸盐-萤石型和硫化矿-萤石型等不同类型的萤石矿都采用浮选法，一般情况下需经磨矿-粗选-再磨-再选多次精选
高岭土	在浮选过程中，加入矿物载体如方解石等，利用捕收剂将极细的杂质如锐钛矿等吸附到矿物载体上，然后浮到泡沫层实行分离
金刚石	利用金刚石与脉石的表面疏水性差异进行分选，精矿产率低(0.2%～0.3%)、回收率高(90%～95%)，粒度范围为 0.2～0.5 mm
菱镁矿	菱镁矿与脉石矿物嵌布粒度粗且易单体解离，采用胺类捕收剂反浮选硅，后用脂肪酸类捕收剂正浮选菱镁矿，选别效果好
云母	采用酸性阳离子法、碱性阴、阳离子法或二者联合使用进行分选，精矿品位达 98%以上，适用于 14目或 20目以下的复合矿物
磷矿	对于岩浆型磷块岩和沉积型硅-钙质磷块岩，采用正浮选法，以脂肪酸作捕收剂；对于高品位沉积型钙质磷块岩，采用反浮选法，即以硫酸等作为磷矿物抑制剂，以脂肪酸类将含钙碳酸盐浮起
硅砂	根据石英与其他矿物表面物化性质的差异，在浮选药剂作用下使之与杂质矿物分离。应用于铸钢用树脂砂和浮法玻璃用优质砂中除去长石、岩屑、铁及其他重矿物
钾盐矿	利用钾盐矿与其他伴生矿物(如石盐)表面润湿性的差异进行分选，盐类矿物本身具有可溶性，浮选过程必须在其盐类的饱和溶液中进行，且饱和溶液要回收并循环使用
滑石	根据滑石亲油、脉石矿物亲水的表面性质差异进行浮选分离，通常片状滑石只用起泡剂就能浮起，纤维状滑石需要添加胺类辅助剂
蛭石	在选择合适捕收剂等条件下进行浮选或浮游跳汰，适用于蛭石与脉石共生紧密或蛭石与碎石(特别是大量蛇纹石)混在一起，用简单的重选方法很难选别的场合

3.2.3　磁选方法

3.2.3.1　磁选概述

磁选是利用各种矿物的磁性差别，在不均匀磁场中实现分选的选矿方法。磁选被广泛用于黑色金属矿石的选别、有色和稀有金属矿石的精选以及一些非金属矿石的分选。在非金属矿中一般都含有有害的铁杂质，可利用磁选方法从非金属矿中去除铁等磁性杂质，达到提纯的目的。例如，当高岭土含铁量高时，高岭土的白度、耐火度和绝缘性都降低，严重影响产品质量。一般来说，高岭土中铁杂质除去 1%～2%，白度可提高 2～4 个单位。蓝晶石、红电气石、长石、石英、霞石及闪长岩的分选，很早就使用了干法磁选[4]。同时，随着高梯度磁选、磁流体选矿、超导强磁选等的发展，使磁选的应用已扩大到化工、医药、环保等领域中。磁选工艺是分选非金属矿石的一种重要方法，金刚石、石榴石、高岭土、磷矿等多种非金属矿物都可采用磁选工艺进行粗选和精选，表 3-6 列出了可用磁力进行分选的非金属矿及其分选原理[5]。

表 3-6　非金属矿磁选原理

矿物种类	原理及适用范围
金刚石	当原矿中含有较多磁性矿物时,利用金刚石与脉石的磁性差异进行分选
蓝晶石	用于回收或脱除原料中的磁性矿物和消除精矿中的有害杂质。是蓝晶石矿选矿中不可缺少的工艺
长石	铁等磁性较强的矿物在外加磁场作用下与长石分离,以除去铁等磁性矿物
硫矿	适用于磁黄铁矿,利用磁黄铁矿磁性较好的特点,在外加磁场的作用下,与非磁性脉石矿物分离
磷矿	含铁磁性矿物,在外加磁场的作用下与非磁性的脉石矿物分离,以回收含铁磁性矿物
滑石	根据滑石与脉石矿物磁性差异进行分选
金红石与铁钛矿	主要用于含钛矿物的精选中,可采用弱磁场磁选机从粗精矿中分选出磁铁矿、钛铁矿等磁性产品。为了使钛铁矿与其他非磁性矿物分离,可采用强磁选[6]
高岭土	高岭土中非黏土矿物粒度细,多属弱磁性矿物。采用聚磁介质,使磁场强度和梯度大大提高,分离出 Fe_2O_3 和 TiO_2 等弱磁性杂质
硅砂	含铁、铬等磁性矿物,在外加磁场作用下与非磁性的石英分离,用于玻璃砂中除去铁、铬等磁性矿物颗粒
石榴石	利用石榴石与脉石矿物的比磁化系数差异进行分选,主要作为精选作业,以除去精矿中磁铁矿、钛铁矿及少量石英、长石

3.2.3.2　磁选过程

磁场分选(简称磁选)是基于被分离物料中不同组分的磁性差异,采用不同类型的磁选机将物料中不同磁性组分分离的技术。物料进入磁选机的非均匀磁场中,物料颗粒同时受到磁力和竞争力的作用。对磁性较强的颗粒,磁力超过竞争力,对磁性较弱的或非磁性颗粒,竞争力超过磁力,二者合力决定了颗粒的运动轨迹。磁力占优势的颗粒,成为磁性产品,竞争力占优势的颗粒成为非磁性产品,在某些情况下也可分出中矿,见图 3-3。由于颗粒间的相互作用力,有些非磁性颗粒混杂在磁性产品中,一些磁性颗粒混杂在非磁性产品中,而中矿中含有这两种颗粒和未单体解离的连生体。

要在磁场中有效分选磁性不同的颗粒物料,必要的(但不是充分的)条件可用式(3-8)表示:

$$F_m > F_c > F_m^*　　　　　　　　(3-8)$$

式中,F_m 为作用在磁性较强颗粒上的磁力;F_c 为作用在磁性较弱颗粒上的磁力;F_m^* 为作用在颗粒上的竞争力(包括重力、离心力、流体阻力、摩擦力等)。作用在磁性较强颗粒上的磁力大于竞争力,总的受力指向磁极;作用在磁性较弱颗粒上的磁力小于竞争力,总的受力背离磁极。磁力和竞争力取决于磁选设备的分选性能和待分选物料的磁性质和颗粒大小等。

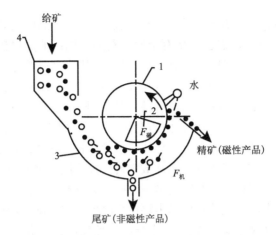

图 3-3　磁选过程模拟图
1.圆筒；2.磁系；3.槽体；4.给矿箱

磁性较强的颗粒与磁性较弱的颗粒在磁选机中的分离主要有两种方式。一是吸住法，物料给入靠近磁极的区域，磁性较强颗粒受磁极的吸引被吸住在磁极上或紧靠磁极的圆筒上或聚磁介质上，进入磁性产品中，磁性较弱的颗粒在竞争力的作用下随料浆流或给料输送带进入非磁性产物中。二是吸引法，物料进入磁选机磁场中，较强磁性颗粒受磁场吸引，但又有竞争力作用而不能沉积在磁极上，只是朝磁极运动，磁性较弱的颗粒受的竞争力大，背离磁极运动。两种不同磁性颗粒的运动方向相反而得到分选。这方面的例子有磁流体分选和磁力脱水槽，因颗粒的运动方向相反而得到分选，见图 3-4。矿浆由套筒给入槽体中间，靠近锥体底部装有一磁场不强的塔形磁系，强磁性的颗粒(如磁铁矿)在磁力和重力作用下，指向中心朝下运动成为磁性产品；非磁性颗粒(如石英)因无磁力作用，在上升水流作用下进入溢流，使强磁性矿物得到富集。

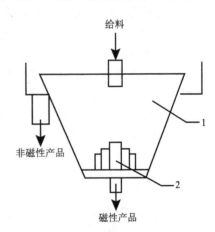

图 3-4　磁脱水槽示意图
1.锥形槽；2.塔形磁系

3.2.4　电选方法

3.2.4.1　电选过程

电选是利用各种矿物的电性差别，在高压电场中实现矿物分选的一种选矿方法。它是细粒矿物的重要选矿方法之一。电选在工业上的应用始于 1908 年，目前电选广泛应用于有色、黑色、稀有金属矿石的精选；非金属矿物和粉煤灰的分选；陶瓷、玻璃原料和建筑材料的提纯；矿石和其他物料的分级和除尘等。电选在非金属矿物的选矿提纯上的应用比较多，如常见的磁铁矿、钛铁矿、锡石、自然金等，其导电性都比较好；而石英、锆英石、长石、方解石、白钨矿以及硅酸盐类矿物导电性很差，故能利用它们的电性差异，用电选的方法分开。

　　根据导电率可以把矿物物料分为导体、半导体和绝缘体；根据介电常数可分为高介电常数、低介电常数和中间介电常数物料；按整流性可分为正整流、负整流和全整流物料。电场分选(简称电选)就是基于被分离物料在电性质上的差别，利用电选机使物料颗粒带电，在电选机电场中颗粒受电场力和机械力(重力、离心力等)的作用，不同电性质的颗粒运动轨迹发生分离而使物料得到分选的一种物理分选方法。有时利用可浮性、密度、磁性难以分离的物料，可以利用电性将它们分离。金红石与锆英石，锡石与白钨矿的分离就是例证。由于它们的磁性和密度相近，无法用磁选和重选分离，虽然可以采用粒浮，但效率低，效果不理想。在上述矿物中金红石和锡石导电性好，而锆英石和白钨矿导电性差，实践表明电选是将它们分离的有效方法。电选还广泛用于工业烟气(如水泥、冶金、化工)的除尘过程中。

　　电选过程与电选机的类型有关，应用较多的是高压电晕鼓筒式电选机，其结构示意如图 3-5 所示。电极由接地圆筒和高压电晕极构成。电晕极为尖形极或细丝极，当电压提高到一定值后会产生电晕放电使颗粒带电。导体颗粒(C)与圆筒接触，迅速传走电荷，在滚筒离心力作用下，被抛落到导体产品接料斗中；非导体颗粒(NC)也接触滚筒，但只传走部分电荷，继续吸在筒面上，运转到后方被抛落或用毛刷刷入非导体产品接料斗中；中间导电性颗粒(MC)落入中间产品斗中。图 3-6 为静电电选机示意图。若将图 3-5 和图 3-6 综合，负极为尖形极(电晕极)加

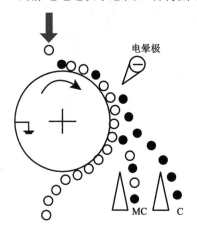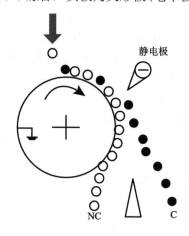

图 3-5　高压电晕鼓筒式电选机分选示意图　　　　图 3-6　静电电选机示意图

圆柱电极(静电极)，静电极可扩大导体颗粒的偏移轨迹，提高分选效果，这样的电选机称为复合电场电选机。

3.2.4.2　分选原理

如图 3-7 所示，电选机工作时，由于电晕电极与偏向电极通以高压负电，于是在电晕电极与辊筒之间形成电晕电场，在偏向电极与辊筒之间形成静电场。电晕电极附近的空气由于电离产生的负离子和电子，在电晕电场作用下飞向辊筒，形成电晕电流。

入选物料经干燥后，随着辊筒首先进入电晕电场。来自电晕电极的空气负离子和电子使导体和非导体颗粒都吸附负电荷而带电，此为充电过程。但是导体颗粒得到的负电荷多，非导体颗粒得到的少。导体颗粒落到辊筒面后又把电荷传给辊筒。最后导体颗粒所得的负电荷全部放完，反而又得到正电荷，于是被辊筒排斥，在电力、离心力、重力综合作用下，其轨迹偏离辊筒进入导体产品区。同时由于偏向电极的作用，导体颗粒又受到一种偏向力，即提升效应，更增大了偏离辊筒的程度。

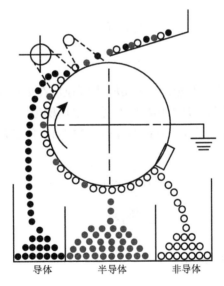

图 3-7　单辊电选机分选示意图

非导体颗粒进入静电场时，由于剩余电荷多，在静电场中产生的静电吸力大于矿粒的重力和离心力，于是吸在辊筒上。当离开静电场时，由于界面吸力的作用，使它继续吸在鼓筒上，直至被辊筒后面的刷子刷下进入非导体产品区。

半导体颗粒的行为介于导体颗粒与非导体颗粒之间，它带有较少量的剩余电荷, 在随辊筒表面的运动过程中掉落下来进入半导体产品区。电晕电极的作用主要是使空气电离产生负离子, 从而使导体与非导体颗粒都吸附离子而带上电荷。偏向电极的作用对于导体颗粒是使它加速放电, 同时在它偏离辊筒的过程中把它吸引向自己一边, 从而加大了它的偏离程度, 有助于强化分选过程; 对于非导体颗粒, 是使它在静电吸力作用下, 更紧地吸在辊筒上。

3.2.4.3　颗粒受力

(1) 重力 F_g。重力 F_g 在筒面上的分力, 大小为 $F_g \cos \alpha$。

(2) 离心力 F_L。

(3) 库仑力 F_K。位于电场中某点的带电颗粒受到的库仑力为

$$F_K = qE \tag{3-9}$$

(4) 不均匀电场力 F_N。与磁性颗粒在不均匀磁场中受力作用类似, 颗粒在电场中被极化(非导体颗粒)或感应(导体颗粒)成为一个电偶极子时, 不均匀电场对它有一个作用力, 这个作用力使它被吸向电场强度大的区域。此力称为不均匀电场力, 其大小为

$$F_N = P \mathrm{grad} E \tag{3-10}$$

$$P = \alpha V E \tag{3-11}$$

式中, P 为电偶极子的电偶极矩; $\mathrm{grad} E$ 为颗粒所在处的电场梯度; α 为颗粒的极化率; V 为颗粒的体积; E 为颗粒所在处的电场梯度。

若颗粒为球形, 半径为 r, 颗粒的介电常数为 ε, 分选介质介电常数为 ε', 则

$$\alpha = \frac{3(\varepsilon - \varepsilon')}{4\pi(\varepsilon + 2\varepsilon')} \varepsilon' \tag{3-12}$$

$$V = \frac{4\pi}{3} r^3 \tag{3-13}$$

将 α、V、P 代入式(3-10), 得

$$F_N = \varepsilon' r^3 \left(\frac{\varepsilon - \varepsilon'}{\varepsilon + 2\varepsilon'} \right) E \mathrm{grad} E \tag{3-14}$$

空气介质的 $\varepsilon' = 1$, 故得

$$F_N = r^3 \left(\frac{\varepsilon - 1}{\varepsilon + 2} \right) E \mathrm{grad} E \tag{3-15}$$

　　由式(3-15)可知，不均匀电场力 F_N 与电场梯度 $\mathrm{grad}E$ 成正比。根据实际计算，不均匀电场力 F_N 远小于库仑力 F_K，即使在极不均匀的电场中也是如此，并且随着粒度的减小而更加显著。例如，当颗粒粒度约为 1 mm 时，不均匀电场力 F_N 仅为库仑力 F_K 的数百分之一。因此，在电选中不均匀电场力 F_N 往往可以忽略不计。这一点与磁性颗粒只在不均匀磁场中受力是大不相同的。

　　（5）镜像力 F_l。鼓筒式电选机分选物料时，非导体物料颗粒吸在筒面上不掉落下来，待离开电场区后用毛刷强制刷下，这是因为非导体颗粒有剩余电荷而受到镜像力作用的缘故。所谓镜像力是指荷电颗粒的剩余电荷与该电荷在接地电极表面处的镜像位置感应产生符号相反的电荷，此电荷称为镜像电荷，如图 3-8 所示。

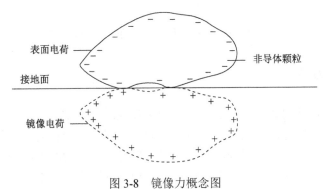

图 3-8　镜像力概念图

　　鼓筒剩余电荷与镜像电荷符号相反，因此互相吸引，此引力称为镜像力。显然，镜像力是一种库仑力，其大小可用下式表示

$$F_l = \frac{Q_R^2}{r^2}\varepsilon' r^3 \left(\frac{-\varepsilon'}{\varepsilon + 2\varepsilon'} \right) E\mathrm{grad}E \qquad (3\text{-}16)$$

3.2.4.4　选别过程的受力分析

　　颗粒在选别过程中的受力情况如图 3-9 所示。导体、半导体和绝缘体颗粒的运动情况可用力学不等式表示如下：

　　（1）导体颗粒在 AB 区。$F_K + F_l + F_g < F_L + F_N$（落入导体产品斗中）。

　　（2）中间产品半导体颗粒在 BC 区。$F_K + F_l < F_L + F_N + F_g \cos\alpha$（落入中矿斗中）。

　　（3）非导体颗粒在 CD 区。$F_l < F_L + F_g \cos\alpha$（落入非导体产品斗中），或 $F_l > F_L + F_g \cos\alpha$（被刷下落入非导体产品斗中）。

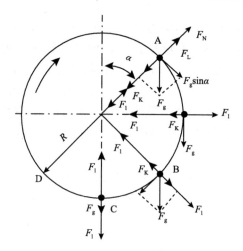

图 3-9　　电选过程中颗粒的受力分析

3.2.5　离心方法

离心方法是利用离心力以及物质沉降系数或浮力密度的差异，实现分离液体与固体颗粒、液体与液体混合物、液相中固体与固体混合物的一种集分离、浓缩和提纯的一种方法。离心提纯法是利用微细矿粒在离心力场中所受离心力大大超过重力，加速矿粒的沉降，扩大不同密度矿粒沉降速度的差别，从而强化分选的重选方法。离心选矿是近代发展起来的回收微细矿物中有用矿物的新方法。微细矿物在重力场中分选效果差，有时甚至难以分选。而在离心力场因所受离心力比重力大得多，所以能解决从 74～100 μm 粒度范围中回收细粒矿物的问题。众所周知，非金属矿物中黏土矿物微细颗粒含量大，离心提纯法在黏土矿物分选中有着广泛的应用。

离心分离的方法主要有三种。①差分离心：利用不同大小和不同密度的颗粒沉降速度的差异进行分离。②速率-区带离心：混合样品以很薄的一层铺在梯度液的上部，在离心过程中由于不同组分"颗粒"在梯度液中沉降速率的差别，而在离心的某一时刻形成了数个"区带"。离心过程在沉降得最快的样品形成沉淀前就停止了，属于不完全的离心，在合适的时间停止离心。样品是在沉降过程中，而不是在形成沉淀后来分离样品，并要求梯度液的密度必须小于样品颗粒的密度。该方法使用的转速低，适用于密度相似，但分子量/形状不同的样品的分离纯化。③等密度梯度离心：等密度离心是依赖于样品颗粒的不同密度来分离的，密度梯度可以预形成，也可以自形成，是高纯度分离的主要手段之一。样品沉降后停止在与其相同的等密度区，属于完全的离心，所需转速高，离心时间长，适用于分子量相似、密度不同的样品分离。

　　工业用离心机按结构和分离要求,可分为过滤离心机、沉降离心机和分离机三类。离心分离机的作用原理有离心过滤和离心沉降两种。离心过滤是使悬浮液在离心力场下产生的离心压力作用在过滤介质上,使液体通过过滤介质成为滤液,而固体颗粒被截留在过滤介质表面,从而实现液-固分离;离心沉降是利用悬浮液(或乳浊液)密度不同的各组分在离心力场中迅速沉降分层的原理,实现液-固(或液-液)分离。衡量离心分离机分离性能的重要指标是分离因数,它表示被分离物料在转鼓内所受的离心力与其重力的比值,分离因数越大,通常分离也越迅速,分离效果越好。过滤离心机和沉降离心机,主要依靠加大转鼓直径来扩大转鼓圆周上的工作面;分离机除转鼓圆周壁外,还有附加工作面,如碟式分离机的碟片和室式分离机的内筒,显著增大沉降工作面。

　　此外,选择离心分离机须根据悬浮液(或乳浊液)中固体颗粒的大小和浓度、固体与液体(或两种液体)的密度差、液体黏度、滤渣(或沉渣)的特性,以及分离的要求等进行综合分析,满足对滤渣(沉渣)含湿量和滤液(分离液)澄清度的要求,初步选择采用哪一类离心分离机。然后按处理量和对操作的自动化要求,确定离心机的类型和规格,最后经实际试验验证。细则分离越困难,滤液或分离液中带走的细颗粒会增加,在这种情况下,离心分离机需要有较高的分离因数才能有效地分离;悬浮液中液体黏度大时,分离速度减慢;悬浮液或乳浊液各组分的密度差大,对离心沉降有利,而悬浮液离心过滤则不要求各组分有密度差。

　　在很多情况下,仅靠重力自然沉降分级提纯膨润土需要较长时间。因此,一般经自然沉降去杂质后的悬浊液,再进一步通过旋流、离心来强化分选,得到纯度比较高的膨润土。用高速离心法对台湾台东县的膨润土(蒙脱石 30%～40%,含绿泥石、高岭石、伊利石等杂质)进行了提纯。将 1 kg 原矿物溶解在 4 kg 蒸馏水中,室温静置 3 天使矿物全部浸湿,然后经搅拌、离心、冷冻、干燥制得纯度较高的膨润土。考察液固比、离心转速和离心时间对提纯的影响。当膨润土制浆的液固比为 12∶1,进行制浆 40 min,采用 3000 r/min 离心 10 min 时,提纯的产品中蒙脱石含量达到 56.4%,回收率为 45.3%。离心法有利于对低品位的膨润土进行提纯,并且改变离心速度和离心时间,对膨润土的提纯都有影响。离心时间的增加有利于提高膨润土中蒙脱石含量,但对膨润土的提纯效果不是特别明显,且离心时间越长耗能越多。离心转速的提高也有利于蒙脱石的分离。

3.2.6　其他方法

3.2.6.1　摩擦洗矿

　　非金属矿物以水为介质浸泡,之后进行冲洗并辅以机械搅动(必要时须配加分散剂），借助于矿物本身之间的摩擦作用，将矿泥附着的矿物颗粒解离出来并与黏土杂质相分离，称之为摩擦洗矿。摩擦洗矿是处理与黏土胶黏在一起或含泥较多的矿物的一种工艺，包括碎散和分离两项作业。对于硅酸盐类非金属矿物，如石英、长石等，裸露地表的原生矿床经长期风化，矿粒被黏土矿物或岩石的分解物所包裹，形成胶结或泥浆体，表面上观察呈块状者颇多。这种情况下在分选之前常采用同矿石破碎相区别的摩擦洗矿方法进行矿物单体分离，既清除了矿物颗粒表面黏附物，又可防止不必要的粉碎或过粉碎。处理一些风化或原生微细粒非金属矿物，可使矿物颗粒表面净化，露出能反映矿石本身性质的表面。除去杂质后，不仅可使矿物颗粒本身得到提纯，也为后续选矿提纯作业（如浮选）改善了条件。摩擦洗矿既可作为其他提纯作业的前期准备，又可单独完成矿物的提纯。用于矿物擦洗的设备主要有摩擦洗矿机、圆筒洗矿机和槽式洗矿机等。

3.2.6.2　拣选

拣选是利用矿石的表面特征、光性、电性、磁性、放射性及矿石对射线的吸收和反射能力等物理特性，使有用矿物和脉石矿物分离的一种选矿方法。拣选主要用于块状和粒状物料的分选，如除去大块废石或拣出大块富矿。其分选粒度上限可达 250～300 mm，下限为 10 mm，个别贵重矿物（如金刚石）下限可至 0.5～1 mm。对非金属矿物的分选来说，拣选具有特殊作用，可用于预先富集或获得最终产品，如对原生金刚石矿石，采用拣选可预先使金刚石和废石分离；对金刚石粗选和精选，采用拣选可获得金刚石成品。同样，对于大理石、石灰石、石膏、滑石、高岭土、石棉等非金属矿物，均可采用拣选获得纯度较高的最终成品。由此可以看出，拣选的应用范围已不单单是预选，还可用于粗选、精选和扫选等选别作业。目前，拣选已经成为一种不可忽视、无可替代的选矿方法。

拣选分为流水选（连续选）、份选（堆选）、块选 3 种方式。流水选指一定厚度的物料层连续通过探测区的拣选方法。份选和块选是指一份或一块矿石单独通过探测区的拣选方法。目前工业上分选以块选为主，包括手选（即人工拣选）和机械（自动）拣选两种方式。

1. 人工拣选

人工拣选是指根据有用矿物和脉石矿物之间的外现特征（颜色、光泽、形状等）的不同，用手分拆出有用矿物和脉石矿物。手选是最简单的拣选方式，有正手选和反手选两种选矿方式，前者是指从物料中分拣出有用矿物，后者是指从物料中分拣出脉石矿物。手选主要用于机械方法不好拣选或保证不了质量的矿石，如从长纤维的石棉、片状云母、煤系高岭石中拣出大块废石（石英、长石）等，缺点是劳动强度大、效率低，人工拣选一般在手选场、固定格条筛、手选皮带机和手选台上进行。

2. 机械拣选

根据矿石外观特征及矿石受可见光、X 射线、γ 射线照射后所呈现的差异或矿石天然辐射能力的差别，借助仪器实现有用矿物和脉石分离的选矿方法。各种机械拣选种类、特征及应用范围见表 3-7。

表 3-7 各种机械拣选种类、特性及应用范围

拣选名称	辐射种类	波长范围/μm	利用的特性	应用范围
放射性拣选	γ 射线	<10～1	天然 γ 放射性	铀、钍矿石伴生元素
射线吸收拣选(γ 射线吸收法、X 射线吸收法、中子吸收法)	γ 射线	<10～1	通过矿石的 γ 强度、X 射线机中子辐射密度	煤和矸石及铁、铬矿石
	X 射线	0.5～1		
	γ 中子	<10～1		
荧光拣选(γ 荧光法、X 荧光法、紫外荧光法、红外线法)	γ 射线	<10～1	矿石放射荧光强度及发射的红外射线	金刚石、萤石、白钨矿、石棉
	X 射线	0.5～1		
	紫外线	0.1～0.38		
光电拣选	可见光	0.16～0.38	矿物反射、透射、折射能力差异	石膏、滑石、石棉、大理石、石灰石
	X 射线	0.5～1		
电磁拣选	无线电波	106～1015	电磁场能量变化，导电率差异	金属硫化矿及氧化矿

（1）光电拣选。目前，非金属矿工业较为常用且设备成熟的就是光电拣选。光电拣选是指利用矿物反射、透射或折射可见光能力的差别及发光性，将有用矿物和脉石分离。矿物的漫反射、颜色、透明度、半透明度等光学性质也可用于光电拣选。两种矿物反射率差值大于 5%～10%即可进行光电拣选。光电拣选光源有白炽灯、荧光灯、石英卤素灯、激光及 X 射线等。光电拣选在我国主要用于金刚石的分选。

（2）激发光拣选。激发光拣选是以某些矿物在激发光源照射下选择性发光，而与其伴生的绝大多数脉石矿物不发光的原理为依据，从而进行分选的方法。在采用激发光拣选法拣选矿物时，须对脉石矿物进行发光考察，否则将会干扰发光信号，致使拣选过程终止。

（3）磁性检测拣选。磁性检测拣选是指利用有用矿物和脉石之间磁性的差异进行分选的方法。磁性检测拣选法是通过检测器件收集磁性矿物的磁性信号，进而输运给电子信息处理系统进行放大、鉴别，并指令执行机构动作，使磁性矿物与非磁性矿物分离开来。

（4）光度拣选。光度拣选又称光选法，是指在可见光区域的拣选。可见光区域波长范围为 350～700 nm，以白炽灯、日光灯、激光为光源。当矿物受到光照射时，便会产生各种特征色，故光选就是对矿物的颜色分选。需要注意的是，水分对光性有很大的影响。在拣选过程中，如果入选矿物的干湿程度不同，尤其是表面有一层水膜后，则会造成光选效果的偏差。

（5）电极法拣选。根据矿物电导率性能差异而进行分选的方法称为电极法拣选，也称电导率计拣选法。矿物的导电性，通常用测定矿物的电阻率来求得（电阻率的倒数就是电导率）：

$$\rho = RS/L \tag{3-17}$$

式中，ρ 为电阻率，$\Omega \cdot m$；R 为电阻，Ω；L 为长度，m；S 为横截面积，m^2。

（6）核辐射拣选。核辐射拣选的研究始于 20 世纪 50 年代，到 60 年代才首次得到使用。该方法是指以外辐射源和自身放射性为基础的分选方法。核辐射拣选法包括两方面内容：一是依据矿物原料中，有用矿物和脉石自身天然放射性的差异而进行分选；二是借助外部辐射源对物料进行照射，根据射线与矿块物质相互作用时，有用矿物和脉石所产生的某种效应的差异而进行分选。

3.2.6.3　摩擦与弹跳分选

摩擦与弹跳分选是根据固体颗粒中各组分摩擦系数和碰撞系数的差异，在与斜面碰撞弹跳时产生不同的运动速度和弹跳轨迹而实现彼此分离的一种处理方法。固体颗粒从斜面顶端给入，并沿着斜面向下运动时，其运动方式随颗粒的形状或密度的不同而不同。其中，纤维状或片状颗粒几乎全靠滑动；球形颗粒有滑动、滚动和弹跳 3 种运动方式。

单颗粒单体在斜面上向下运动时，纤维状或片状颗粒的滑动加速度较小，运动速度较小，所以它脱离斜面抛出的初速度较小。而球形颗粒由于是滑动、滚动和弹跳相结合的运动，加速度较大，运动速度较快，因此它脱离斜面抛出的初速度较大，当颗粒离开斜面抛出时，受空气阻力的影响，抛射轨迹并不严格沿着抛物线前进，其中纤维状颗粒出于形状特殊，受空气阻力影响较大，在空气中减速很快，抛射轨迹表现出严重的不对称（抛射开始接近抛物线，其后接近垂直落下），故抛射不远。球形颗粒受空气阻力影响较小，在空气中运动减速较慢、抛射轨迹表现对称，抛射较远。因此，在非金属矿物中，纤维状、片状及球形颗粒，因形状不同在斜顶面运动或弹跳时，产生不同的运动速度和运动轨迹，因而可以彼此分离。摩擦与弹跳分选设备有带筛式、斜板运输分选机和反弹辊筒分选机 3 种。

3.3　矿物材料化学提纯技术

对于品位低、嵌布粒度细、组成复杂的非金属矿物，单纯依靠常规分选方法（如物理分选和表面物理化学分选）往往得不到满意的结果。用化学分选方法或物理分选与化学分选联合来处理某些"难选"物料是可行的，但成本往往比物理分选方法高。化学分选也是环境保护和"三废"（废水、废渣和废气）处理的重要方法之一。

所谓化学分选是基于物料组分的化学性质的差异，利用化学方法改变物料性质组成，然后用其他的方法使目的组分富集的资源加工工艺，它包括化学浸出与化学分离两个主要过程。化学浸出主要是依据物料在化学性质上的差异，利用酸、碱、盐等浸出剂选择性地溶解分离有用组分与废弃组分。化学分离则主要是依据化学浸出液中的物料在化学性质上的差异，利用物质在两相之间的转移来实现物料分离的方法，如沉淀和共沉淀、溶剂萃取、离子交换、色谱法、电泳、膜分离、电化学分离、泡沫浮选、选择性溶解等[7]。

比较典型的化学分选过程一般包括准备作业等六个主要作业，见图 3-10。

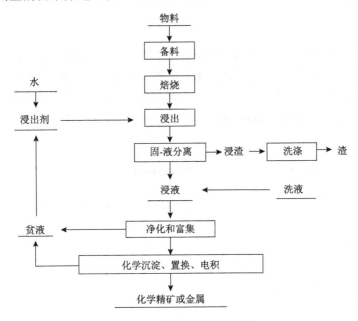

图 3-10　化学分选过程框图

（1）准备作业。包括对物料的破碎与筛分、磨矿与分级及配料混匀等机械加工过程。目的是使物料破磨到一定的粒度，为下一作业准备适宜的细度、浓度，有时还用物理选矿方法除去某些有害杂质或使目的矿物预先富集，使矿物原料与化学试剂配料混匀。

（2）焙烧作业。焙烧的目的是为了改变矿石的化学组成或除去有害杂质，使目的组分转变为容易浸出或有利于物理分选的形态，为下一作业准备条件。

（3）浸出作业。这一作业是根据原料性质和工艺要求，使有用组分或杂质组分选择性溶于浸出溶剂中，从而使有用组分与杂质相分离。目的是使物料破磨到一定的粒度，为下一作业准备适宜的细度、浓度，有时还用物理选矿方法除去某些有害杂质或使目的矿物预先富集，使矿物原料与化学试剂配料混匀。

（4）固-液分离作业。一般采用沉降、过滤和分级等方法处理浸出料浆，以得到下一作业处理的澄清溶液和浸渣。

（5）净化和富集作业。为了得到高品位的化学精矿，浸出液常用化学沉淀法、离子交换法或溶剂萃取法等进行净化分离，以除去杂质，同时得到有用组分含量较高的净化溶液。

（6）制取化合物或金属作业。一般可采用离子沉淀法、金属置换法、电积法、炭吸附法、离子交换或溶剂萃取法。

3.3.1　碱熔方法

碱作为浸出剂应用较广的是 $NaOH$ 和 NH_4OH。$NaOH$ 是强碱，通常称之为苛性碱，腐蚀能力强，对许多矿物(如硫化物、硒化物、硅酸盐等类矿物)、化合物都有浸出作用。目前在难选钨中矿、钨细泥和铝土矿以及除精矿中杂质时常用到。NH_4OH 腐蚀性不如 $NaOH$ 强，但 NH_4^+ 络合作用强，且易回收，因此应用也比较广。其反应式为

$$CaWO_4 + 2NaOH \rule[0.5ex]{3em}{0.4pt} Na_2WO_4 + Ca(OH)_2 \tag{3-18}$$

$$(Mn \cdot Fe)(WO_4)_2 + 4NaOH \rule[0.5ex]{3em}{0.4pt} 2Na_2WO_4 + Mn(OH)_2 + Fe(OH)_2 \tag{3-19}$$

$$2Cu + 4NH_3 + \frac{1}{2}O_2 + H_2O \rule[0.5ex]{3em}{0.4pt} 2[Cu(NH_3)_2]^+ + 2OH^- \tag{3-20}$$

NH_4OH 与硫化物作用的通式为

$$MS + nNH_3 + 2O_2 \rule[0.5ex]{3em}{0.4pt} \left[M(NH_3)_n\right]^{2+} + SO_4^{2-} \tag{3-21}$$

有时为了提高过程的选择性和强化浸出，在上述无机浸出剂的应用过程中，常把几种浸出剂联合使用，从而提高浸出率，例如用硫酸铵和 NH_4OH 联合浸出

ZnO 就比单用 NH_4OH 好。除 NaOH 和 NH_4OH 外，在碱浸中可作为浸出剂的还有 Na_2CO_3、Na_2S。

3.3.2 酸浸方法

非金属矿的酸法处理主要是去除非金属矿物中的硫化物、氧化物或着色杂质。去除着色杂质是非金属矿进行酸法处理的最主要目的。着色杂质是指其中所含铁的各种化合物 $[Fe_2O_3、FeO、Fe(OH)_3、Fe(OH)_2、FeCO_3$ 等]，其中有些铁是以单体矿物或矿物包裹体存在，有些是以薄膜铁的形式附着于矿物表面、裂缝或结构层间。硫酸、盐酸、硝酸、亚硫酸、氢氟酸及王水等可作为酸性浸出剂，其中硫酸是使用最广的酸性浸出剂。

稀硫酸为非氧化酸，可用于处理含大量还原性组分(如有机质、硫化物、亚铁氧化物等)的矿物原料。稀硫酸价廉易得，设备防腐问题易解决，浸出液易处理，且沸点较高。因此，在技术上可行的条件下，一般均应尽量采用稀硫酸溶液作浸出剂。热浓硫酸为强氧化酸，可将大部分硫化矿物氧化为硫酸盐，还可分解某些较难分解的稀有金属矿物。水浸硫酸化渣可使某些溶解度较大的硫酸盐转入浸液中，难溶的硫酸盐仍留在浸渣中。

盐酸的分解能力比硫酸强，金属氯化物的溶解度比相应的硫酸盐大，可用于浸出硫酸无法浸出的某些矿物原料，盐酸可用于简单酸浸、氧化酸浸(加氧化剂)和还原酸浸。但盐酸的价格比硫酸贵，易挥发，沸点较低，对设备的防腐蚀要求较高，劳动条件比使用硫酸作浸出剂时差。硝酸为强氧化剂，其分解能力比硫酸和盐酸强，但其价格较贵，易挥发，对设备的防腐蚀要求较高。一般条件下，硝酸常用作氧化剂，不单独采用硝酸作浸出剂。王水为盐酸和硝酸的混合酸，为强氧化剂，常用作铂族金属的浸出剂，可使铂、钯、金转入浸液中，而铑、钌、锇、铱、银等留在浸渣中，固液分离后，可从王水浸出液和浸渣中回收相应的组分。氢氟酸主要用于浸出钽铌矿物及钽铌富集物，钽铌呈可溶性钽铌酸盐形态转入浸液中，然后从硫酸和氢氟酸体系中萃取钽铌。中等强度的亚硫酸(也可将二氧化硫通入矿浆中)为还原剂，可用作某些氧化性物料(如二氧化锰、锰结核等)的浸出剂，其浸出选择性较高[8]。

1. 简单酸浸

简单酸浸法适用于处理某些易被酸分解的简单金属氧化物、金属含氧酸盐及少数的金属硫化物。简单酸浸的反应过程可用下列方程显示：

$$MeO + 2H^+ \rightleftharpoons Me^{2+} + H_2O \tag{3-22}$$

$$Me_3O_4 + 8H^+ \Longrightarrow 2Me^{3+} + Me^{2+} + 4H_2O \tag{3-23}$$

$$Me_2O_3 + 6H^+ \Longrightarrow 2Me^{3+} + 3H_2O \tag{3-24}$$

$$MeO_2 + 4H^+ \Longrightarrow Me^{4+} + 2H_2O \tag{3-25}$$

$$MeO \cdot Fe_2O_3 + 8H^+ \Longrightarrow Me^{2+} + 2Fe^{3+} + 4H_2O \tag{3-26}$$

$$MeAsO_4 + 3H^+ \Longrightarrow Me^{2+} + H_3AsO_4 \tag{3-27}$$

$$MeO \cdot SiO_2 + 2H^+ \Longrightarrow Me^{2+} + H_2SiO_3 \tag{3-28}$$

$$MeS + 2H^+ \Longrightarrow Me^{2+} + H_2S \tag{3-29}$$

被浸出的矿物在酸浸液中的稳定性取决于它的 $pH_T^\ominus$ 值，$pH_T^\ominus$ 值小的矿物难于被酸分解，$pH_T^\ominus$ 值大的矿物易被分解。某些金属的简单氧化物、铁酸盐、砷酸盐、硅酸盐和硫化物的 $pH_T^\ominus$ 值分别列于表 3-8 至表 3-12 中。

表 3-8　某些金属氧化物在水溶液中酸溶的 $pH_T^\ominus$ 值

氧化物	MnO	CdO	CoO	NiO	ZnO	CuO	In$_2$O$_3$	Fe$_3$O$_4$	CaO	Fe$_2$O$_3$	SnO$_2$
$pH_{298}^\ominus$	8.96	8.69	7.51	6.06	5.801	3.945	2.522	0.891	0.743	−0.24	−2.10
$pH_{373}^\ominus$	6.792	6.78	5.58	3.16	4.347	3.549	0.969	0.0435	0.431	0.991	−2.89
$pH_{473}^\ominus$			3.89	2.58	2.88	1.78	−0.453		−1.41	−1.57	−3.55

表 3-9　某些金属铁酸盐酸溶的 $pH_T^\ominus$ 值

铁酸盐	CuO·Fe$_2$O$_3$	CoO·Fe$_2$O$_3$	NiO·Fe$_2$O$_3$	ZnO·Fe$_2$O$_3$
$pH_{298}^\ominus$	1.581	1.213	1.227	0.6747
$pH_{373}^\ominus$	0.560	0.352	0.205	−0.1524

表 3-10　某些金属砷酸盐酸溶的 $pH_T^\ominus$ 值

砷酸盐	Zn$_3$(AsO$_4$)$_2$	Co$_3$(AsO$_4$)$_3$	Cu$_3$(AsO$_4$)$_3$	FeAsO$_4$
$pH_{198}^\ominus$	3.294	3.162	1.918	1.027
$pH_{373}^\ominus$	2.441	2.382	1.32	0.1921

表 3-11　某些金属硅酸盐酸溶的 $pH_T^\ominus$ 值

硅酸盐	PbO·SiO$_2$	FeO·SiO$_2$	ZnO·SiO$_2$
$pH_{298}^\ominus$	2.636	2.86	1.791

表 3-12　某些硫化物简单酸溶的 $pH_T^{\ominus}$ 值

硫化物	Ag_2S_3	HgS	Ag_2S	Sb_2S_3	Cu_2S	CuS	$SuFeS_2$	PbS
$pH_{298}^{\ominus}$	−16.12	−15.59	−14.14	−13.85	−13.45	−7.088	−4.405	−3.096
硫化物	NiS(γ)	CdS	SnS	ZnS	$CuFeS_2^{②}$	CoS	NuS(α)	
$pH_{298}^{\ominus}$	−2.888	−2.616	−2.028	−1.586	−0.7361	+0.327	+0.635	
硫化物	FeS	MnS	Ni_3S_2					
$pH_{298}^{\ominus}$	+1.726	+3.296	+0.474					

　　从表中所列的 $pH_T^{\ominus}$ 值可知，大部分金属的简单氧化物，金属铁酸盐、砷酸盐和硅酸盐能溶于酸液中，大部分金属硫化物不能溶于酸液中，只有 FeS、NiS(α)、CoS、MnS 和 Ni_3S_2 能简单酸溶；同一金属的铁酸盐、砷酸盐和硅酸盐比其简单氧化物稳定，较难被酸溶解；随着浸出温度的提高，金属氧化物及其含氧酸盐在酸液中的稳定性也相应提高。因此，钴、镍、铜、锌、镉、锰、磷等氧化矿、氧化煅烧的焙砂及烟尘等可用简单酸浸法处理。氧化煅烧时须严格控制焙烧温度，以防止易被酸浸的简单金属氧化物在高温条件下与硅铝、铁、砷、锑的氧化物作用生成较为难被酸浸出的金属含氧酸盐。简单酸浸时只须适当控制浸出介质的酸度即可达到选择性浸出的目的。

　　稀硫酸浸出时，游离的二氧化硅不溶解，但结合态的硅酸盐会部分溶解成硅酸转入浸出液中，浸液中氧化硅的含量随浸出酸度和温度的提高而提高。当介质 pH<2 时，硅酸会聚合生成硅胶，对后续作业有影响，故应避免采用高酸度浸出，氧化铝在酸液中较稳定，溶解量小。氧化铁在酸液中很稳定，但氧化亚铁可被酸分解，其浸出率约为 40%～50%。碳酸盐、钙、镁氧化物、磷、钒氧化物等易被酸分解。稀土、锆、钛、钽、铌等含氧酸盐在稀硫酸液中非常稳定。铜、锑、砷、铬等硫化物在稀硫酸液中也非常稳定，一般不分解[9]。

　　粗精矿除杂时，为了除去某些溶解度较小的硫酸盐杂质，可用稀盐酸作浸出剂，如用稀盐酸溶液浸出钨粗精矿，可溶去磷、铋、钙、钼等杂质。氢氟酸可作为钽铌矿物或钽铌富集物的浸出剂，使钽铌呈氟络酸形态转入浸液中。

$$Ta_2O_5 + 14HF \Longrightarrow 2H_2TaF_7 + 5H_2O \tag{3-30}$$

$$Nb_2O_5 + 14HF \Longrightarrow 2H_2NbF_7 + 5H_2O \tag{3-31}$$

$$Na_2Ta_2O_6 + 16HF \Longrightarrow 2H_2TaF_7 + 6H_2O + 2NaF \tag{3-32}$$

$$Na_2Nb_2O_6 + 16HF \Longrightarrow 2H_2NbF_7 + 6H_2O + 2NaF \tag{3-33}$$

2. 氧化酸浸

某些硫化物-水系的 φ-pH 图如图 3-11 所示，从图中曲线可知，多数金属硫化物在酸性液中相当稳定，不被酸分解。但当有氧化剂存在时，几乎所有的金属硫化物在酸液中或碱液中均被氧化分解。此时，存在两类氧化反应：

$$MeS+\frac{1}{2}O_2+2H^+ = Me^{2+}+S^0+H_2O \tag{3-34}$$

$$MeS+2O_2 = Me^{2+}+SO_4^{2-} \tag{3-35}$$

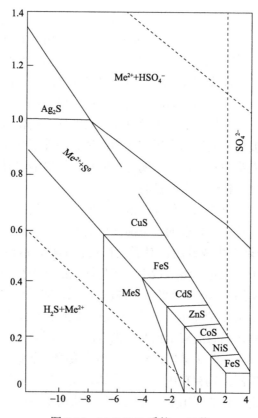

图 3-11　MeS-H₂O 系的 φ-pH 值

不同硫化物在溶液中的元素硫的稳定区的 pH$_{上限}$ 和 pH$_{下限}$ 不同，表 3-13 列举了某些金属硫化物在溶液中的元素硫的 pH$_{上限}$ 和 pH$_{下限}$ 及 $Me^{2+}+S^0+2e = MeS$ 平衡线的平衡电位值(φ)。从表 3-13 中的数值可知，只有 pH$_{下限}$ 值大于零的为数很少的金属硫化物[如 GeS、MnS、NiS(α)等]可以简单酸溶，大部分金属硫化物的 pH$_{下限}$ 均小于零，只有使用氧化剂才能使金属硫化物氧化酸溶。根据工艺要求，可控制酸用量和氧化剂用量以控制浸出时的 pH 值和电位值，使金属硫化物中的金属组分呈离子形态转入浸液中，使硫化物中的硫氧化为元素硫或硫酸根。

表 3-13　金属硫化物在水溶液中元素硫稳定的 pH$_{上限}$、pH$_{下限}$ 和 $\varphi^{\ominus}$ 值

硫化物	HgS	Ag$_2$S	CuS	Cu$_2$S	As$_2$S$_3$	Sb$_2$S$_3$	FeS$_2$	PbS	NiS(γ)
pH$_{上限}$	−10.95	−9.7	−3.65	−3.50	−5.07	−3.55	−1.19	−0.946	−0.029
pH$_{下限}$	−15.59	−14.14	−7.088	−8.04	−16.15	−13.85	−4.27	−3.096	−2.888
$\varphi^{\ominus}_{298}$	1.093	1.007	0.591	0.56	0.489	0.443	0.423	0.354	0.340
硫化物	CdS	SnS	In$_2$S$_3$	ZnS	CuFeS$_2$	CoS	NiS(α)	FeS	MnS
pH$_{上限}$	0.174	0.68	0.764	1.07	−1.10	1.71	2.80	3.94	5.05
pH$_{下限}$	−2.616	−2.03	−1.76	−1.58	−3.89	−0.83	0.450	1.78	3.296
$\varphi^{\ominus}_{298}$	0.326	0.291	0.275	0.264	0.41	0.22	0.145	0.066	0.023

常压氧化酸浸时常用的氧化剂为 Fe^{3+}、Cl_2、O_2、HNO_3、$NaClO$、MnO_2、H_2O_2 等，它们被还原的电化学方程及标准电位为

$$Fe^{3+}+e \Longrightarrow Fe^{2+} \qquad \varphi^{\ominus}=+0.771V \tag{3-36}$$

$$Cl_2+2e \Longrightarrow 2Cl^- \qquad \varphi^{\ominus}=+1.36V \tag{3-37}$$

$$O_2+4H^++4e \Longrightarrow 2H_2O \qquad \varphi^{\ominus}=+1.229V \tag{3-38}$$

$$NO_3^-+3H^++2e \Longrightarrow HNO_2+H_2O \qquad \varphi^{\ominus}=+0.94V \tag{3-39}$$

$$2ClO^-+4H^++2e \Longrightarrow Cl_2+2H_2O \qquad \varphi^{\ominus}=+1.63V \tag{3-40}$$

$$MnO_2+4H^++2e \Longrightarrow Mn^{2+}+2H_2O \qquad \varphi^{\ominus}=+1.23V \tag{3-41}$$

$$H_2O_2+2H^++2e \Longrightarrow 2H_2O \qquad \varphi^{\ominus}=+1.77V \tag{3-42}$$

氧化酸浸法除用于浸出金属硫化物外，还常用于浸出某些低价金属化合物，如晶质铀矿、沥青铀矿、辉铜矿、赤铜矿等，使低价金属氧化物氧化为高价金属离子转入酸液中。

3. 还原酸浸

还原酸浸法用于浸出变价金属的高价氧化物和氢氧化物，如低品位锰矿，净化钴渣、镍渣、锰渣等，有用组分为 MnO_2、$Co(OH)_3$、$Ni(OH)_3$、Ni_2S_3 等。工业上常用的还原浸出剂为金属铁、亚铁离子、二氧化硫和盐酸，其反应为

$$MnO_2 + 2Fe^{2+} + 4H^+ \rule[0.5ex]{2em}{0.4pt} Mn^{2+} + 2Fe^{3+} + 2H_2O \qquad (3\text{-}43)$$

$$\varphi = 0.457 - 0.118pH - 0.0295\lg\alpha_{Mn^{2+}} + 0.0591\lg\frac{\alpha_{Fe^{3+}}}{\alpha_{Fe^{2+}}} \qquad (3\text{-}44)$$

$$MnO_2 + \frac{2}{3}Fe + 4H^+ \rule[0.5ex]{2em}{0.4pt} Mn^{2+} + \frac{2}{3}Fe^{3+} + 2H_2O \qquad (3\text{-}45)$$

$$\varphi = 1.264 - 0.118pH - 0.0295\lg\alpha_{Mn^{2+}} + 0.0295\lg\alpha_{Fe^{3+}} \qquad (3\text{-}46)$$

$$MnO_2 + SO_2 \rule[0.5ex]{2em}{0.4pt} Mn^{2+} + SO_4^{2-} \qquad (3\text{-}47)$$

$$\varphi = 1.06 - 0.0295\lg\alpha_{Mn^{2+}} - 0.0295\lg\alpha_{SO_4^{2-}} + 0.0295\lg P_{SO_2} \qquad (3\text{-}48)$$

$$2Co(OH)_3 + SO_2 + 2H^+ \rule[0.5ex]{2em}{0.4pt} 2Co^{2+} + SO_4^{2-} + 4H_2O \qquad (3\text{-}49)$$

$$\varphi = 1.578 - 0.0591pH + 0.0295\lg P_{SO_2} - 0.0295\lg\alpha_{SO_4^{2-}} - 0.0295\lg\alpha_{Co^{2+}} \qquad (3\text{-}50)$$

$$2Ni(OH)_3 + SO_2 + 2H^+ \rule[0.5ex]{2em}{0.4pt} 2Ni^{2+} + SO_4^{2-} + 4H_2O \qquad (3\text{-}51)$$

$$\varphi = 2.089 - 0.0591pH + 0.0295\lg P_{SO_2} - 0.0295\lg\alpha_{SO_4^{2-}} - 0.0295\lg\alpha_{Ni^{2+}} \qquad (3\text{-}52)$$

$$2Co(OH)_3 + 6HCl \rule[0.5ex]{2em}{0.4pt} 2CoCl_2 + 6H_2O + Cl_2 \qquad \Delta\varphi^{\ominus} = 0.44 \text{ V} \qquad (3\text{-}53)$$

$$2Ni(OH)_3 + 6HCl \rule[0.5ex]{2em}{0.4pt} 2NiCl_2 + 6H_2O + Cl_2 \qquad \Delta\varphi^{\ominus} = 0.90 \text{ V} \qquad (3\text{-}54)$$

从上述反应方程及其平衡式可知，金属铁的还原能力比亚铁离子大，用量较少，但其耗酸量大，与亚铁离子一样会污染浸出液。二氧化硫的还原能力较大，不耗酸，不污染浸出液，是较为理想的还原酸浸浸出剂。生产中可将二氧化硫通入矿浆中或直接使用亚硫酸或亚硫酸盐，工业生产条件下一般 SO_2 浓度为 6%～8%，浸出温度为 70～80℃，浸出 6～7 h，钴镍的浸出率可达 98%以上。盐酸的还原能力较小，一般仅用于浸出钴镍的净化渣，浸出温度一般为 80～90℃，pH 值应小于 2。

3.3.3　氧化-还原方法

在工业应用中，使用的非金属矿物粉体材料(如高岭土、重晶石粉等)作为填料或颜料用于陶瓷、造纸和化工填料的生产，要求具有很高的白度和亮度，而自然界产出的天然矿物中，往往因含有一些着色杂质而影响其自然白度。采用常规选矿方法，往往因矿物粒度极细和矿物与杂质紧密共生而难以奏效。因此，采用氧化-还原漂白方法将非金属矿物提纯是一条有效的途径。

非金属矿物中有害的着色杂质主要是有机质(包括碳、石墨等)和含铁、钛、锰等矿物，如黄铁矿、褐铁矿、赤铁矿、锐钛矿等。由于有机质通过煅烧等方法容易除去，因此上述金属氧化物成为提高矿物白度的主要处理对象。采用强酸溶解的方法，固然能将上述铁、钛化合物大部分除掉，但强酸(如盐酸、硫酸等)在溶解氧化铁、氧化钛的同时，也会溶解氧化铝，从而有可能破坏高岭土等黏土类矿物的晶格结构。因此，氧化-还原漂白法在非金属矿物漂白提纯中占有重要的地位。目前常用的漂白方法包括还原法、氧化法、氧化-还原联合法 3 种，其中还原法应用得最广泛。

3.3.3.1 还原漂白法

1. 连二亚硫酸盐漂白法

对黏土类矿物进行还原漂白时最常用的连二亚硫酸盐是连二亚硫酸钠，又称低亚硫酸钠，工业上又称为保险粉，分子式为 $Na_2S_2O_4$。工业上可用锌粉还原亚硫酸来制得。保险粉是一种强还原剂，碘、碘化钾、过氧化氢、亚硝酸等都能被它还原。在还原漂白过程中，连二亚硫酸盐被氧化生成硫酸盐，如：

$$S_2O_4^{2-} + 2H_2O \longrightarrow 2HSO_3^- + 2H^+ + 2e^- \tag{3-55}$$

还原漂白多在酸性介质中进行，常以 H_2SO_4 调节酸度，即 H_2SO_4 和 $Na_2S_2O_4$ 对矿物体系共同作用进行漂白。黏土类矿物中存在三价铁的氧化物，不溶于水，在稀酸中溶解度也较低。但若矿浆中加入保险粉，氧化铁中三价铁可被还原为二价铁。由于二价铁易溶于水，经过滤洗涤即可除去。其主要反应为

$$Fe_2O_3 + 3H_2SO_4 \longrightarrow Fe_2(SO_4)_3 + 3H_2O \tag{3-56}$$

$$Fe_2(SO_4)_3 + Na_2S_2O_4 \longrightarrow Na_2SO_4 + 2FeSO_4 + 2SO_2 \uparrow \tag{3-57}$$

上两式合并为

$$Fe_2O_3 + Na_2S_2O_4 + 3H_2SO_4 \longrightarrow Na_2SO_4 + 2FeSO_4 + 3H_2O + 2SO_2 \uparrow \tag{3-58}$$

对于连二亚硫酸钠同氧化铁的作用过程，还有另一种解释，即矿浆中的 $S_2O_4^{2-}$ 直接与颗粒接触反应还原成 Fe^{2+}，从而起到漂白作用，硫酸只是调节酸度提供 H^+。

$$Fe_2O_3+2H^++S_2O_4^{2-} \longrightarrow 2Fe^{2+}+H_2O+2SO_3^{2-} \tag{3-59}$$

对于 FeOOH 铁矿物的反应主要为

$$2FeOOH+Na_2S_2O_4+3H_2SO_4 \longrightarrow Na_2SO_4+2FeSO_4+4H_2O+2SO_2\uparrow \tag{3-60}$$

$$4FeSO_4+2H_2O+O_2 \longrightarrow 4Fe(OH)SO_4 \tag{3-61}$$

在上述反应中，如有氧的存在，则 $FeSO_4$ 有被重新氧化的可能。

$$4FeSO_4+2H_2SO_4+O_2 \longrightarrow 2Fe(SO_4)_3+2H_2O \tag{3-62}$$

为此，尽量避免氧与 $FeSO_4$ 接触，生成有色的高价铁离子和碱式盐沉淀。漂白过程拥有一定的还原体系非常必要。常用的还原漂白剂除连二亚硫酸钠外，还有连二亚硫酸锌。如上所述，连二亚硫酸钠很不稳定。相比之下，连二亚硫酸锌则稳定些，但它会使漂白废水中锌离子浓度过高；同时需要注意的是，锌离子残存于漂白土内，在用作造纸涂料和填料时，废水中所含的锌离子足以危及河流内的生物。

2. 硼氢化钠漂白法

硼氢化钠漂白法实际上是一种在漂白过程中通过硼氢化钠与其他药剂反应生成连二亚硫酸钠来进行漂白的方法。具体加药过程为：在 pH 值为 7.0～10.0 的情况下，将一定量的硼氢化钠和 NaOH 与矿浆混合，然后通入 SO_2 气体或用其他方法使 SO_2 与矿浆接触；调节 pH 值在 6～7，有利于在矿浆中产生最大量的连二亚硫酸钠，再用亚硫酸(或 SO_2)调节 pH 值到 2.5～4，此时即可发生漂白反应，反应如下：

$$NaBH_4+9NaOH+9SO_2 \longrightarrow 4Na_2S_2O_4+NaBO_2+NaHSO_3+6H_2O \tag{3-63}$$

这种方法的本质仍是连二亚硫酸钠起还原漂白作用。但是，在 pH 值为 6～7 时，生成的最大量的连二亚硫酸钠十分稳定。在随后的 pH 值降低时，连二亚硫酸钠与矿浆中氧化铁立即反应，得到及时利用，从而避免了连二亚硫酸钠的分解损失。

3. 亚硫酸盐电解漂白法

这是一种在生产过程中产生连二亚硫酸盐进行还原漂白的方法，即在含有亚硫酸盐的高岭土矿浆中，通以直流电，使溶液中的亚硫酸电解还原生成连二亚硫酸，并及时与三价铁反应使其还原为可溶性 Fe^{2+}，从而达到漂白的目的。

4. 还原-络合漂白法

矿物中的三价铁用连二亚硫酸钠还原成二价铁后，如果不是马上过滤洗涤，而是像实际生产中那样停留一段时间，会出现返黄现象。解决这一问题的方法就是加入配合剂，使得二价铁离子得到配合而不再容易被氧化。可用来对铁进行络合的药剂种类很多：①在漂白后加入磷酸和聚乙烯醇来提高漂白效果；②在漂白后添加羟胺或羟胺盐来防止二价铁的再氧化；③用草酸、聚磷酸盐、乙二胺醋酸盐、柠檬酸等作为二价铁的络合剂。

上述用来对铁离子进行配合的药剂，基本都属于螯合剂。它们都含有两类官能团：既含有与金属离子成螯的官能团，又含有促进水溶性的官能团。例如，草酸分子除有与金属离子成键的羟基外，还有亲水基团羟基，与铁离子作用时形成含水的双草酸络铁螯合离子，该螯合离子为水溶性，在漂白后可随溶液排除。事实上，据测定，用草酸溶解矿物表面的铁要比硫酸及盐酸的速度快 3 倍，而且由于生成的螯合离子极稳定，故草酸可以从矿物表面排除与晶格联系极牢固的铁离子，使得本已存在于矿浆中的矿物(包括氧化铁、氧化锰、氧化钛等)溶解电离平衡向右移动：

$$2Fe_2O_3 + 6H_2O \longrightarrow 4Fe(OH)_3 \qquad (3\text{-}64)$$

$$Fe(OH)_3 \longrightarrow Fe^{3+} + 3OH^- \qquad (3\text{-}65)$$

当有还原剂与草酸配合使用时，不仅被还原的二价铁使氧化铁溶解度提高，而且使配合离子的电离度和配合离子配位体的配位数降低，整个溶液体系中的配合离子形成横纵网络，大大提高了铁的配合效率。

影响还原漂白反应过程的因素很多，但主要是矿浆酸度、矿浆浓度、温度、漂白剂用量、反应时间和加入添加剂等。

3.3.3.2　氧化漂白法

氧化漂白法是采用强氧化剂，在水介质中将处于还原状态的黄铁矿等氧化成可溶于水的亚铁。同时，将深色有机质氧化，使其成为能被洗去的无色氧化物。所用的强氧化剂包括次氯酸钠、过氧化氢、高锰酸钾、氯气、臭氧等。

以黄铁矿被次氯酸钠氧化的反应为例，其反应式如下：

$$FeS_2 + 7NaClO + H_2O \longrightarrow Fe^{2+} + 7Na^+ + 2SO_4^{2-} + 7Cl^- + 2H^+ \qquad (3\text{-}66)$$

在较强的酸性介质中，亚铁离子是稳定的。但当 pH 值较高时，亚铁离子则可能变成难溶的三价铁，失去可溶性。除受 pH 值的影响外，氧化漂白还受到矿石特性、温度、药剂用量、矿浆浓度、漂白时间等因素影响。

3.3.3.3　氧化-还原联合漂白法

在黏土矿物中，有一类呈灰色(如美国佐治亚州产出的灰色高岭土)，它与呈粉红色和米色的黏土不同，采用上述还原漂白法并不能改善其白度和亮度，且采用氧化法漂白的效果也不是很好[10]。因此，出现了氧化-还原联合漂白法。该法是先将灰色黏土用强氧化剂次氯酸钠和过氧化氢进行氧化漂白，将黏土中的染色有机质和黄铁矿等杂质除去；然后再用连二亚硫酸钠作还原剂进行还原漂白，使得黏土中剩余的铁的氧化物(如 Fe_2O_3、$FeOOH$ 等)还原成可溶的二价铁，从而使这种灰色黏土得到漂白[11]。

3.3.3.4　氧化-还原法的影响因素

以次氯酸盐为例，采用氧化法对非金属矿进行漂白处理，其影响因素主要有以下几点。

(1)温度。随着温度升高，漂白剂的水解速度加快，从而加快漂白速度，缩短漂白时间；但温度过高，热耗量大，药剂分解速度过快而造成浪费并污染环境。实际生产中可用在常温下加大药量、调整 pH 值、延长漂白时间来达到预期效果。

(2)pH 值。次氯酸盐为弱酸盐，在不同 pH 值下有不同的氧化性能：在碱性介质中较稳定；在中性和酸性介质中不稳定，且分解迅速，生成强氧化成分；在弱酸性(pH 值为 5~6)条件下，其活性最大，氧化能力最强，此时二价铁离子也相对较稳定。

(3)药剂用量。最佳用药量与原矿特性、杂质被氧化程度、反应温度、时间和 pH 值等有关。

(4)矿浆浓度。药剂用量一定时，矿浆浓度降低，漂白效果下降；若矿浆浓度过高，由于产品得不到洗涤、过滤，残留药剂离子太多，影响产品性能。

(5)漂白时间。时间越长，漂白效果越好。开始时转化速率很快，随后越来越慢，需要通过试验确定合理而又经济的漂白时间。

3.3.4　高温煅烧法

3.3.4.1　高温煅烧法概述

高温煅烧作为一种提纯手段，主要是将非金属矿物中比较容易挥发的杂质(如碳质、有机质等)，以及特别耐高温的矿物中耐火度较低的矿物通过煅烧而除掉。也就是说，煅烧是依据矿物中各组分分解温度或在高温下化学反应的差别，有目的地富集某种矿物组分或化学成分的方法。对于许多矿物，煅烧处理同时具有提纯和改性两种功能，这里只涉及提纯[12]。

非金属矿煅烧或热处理是重要的选矿提纯技术之一，其主要目的如下。

（1）使目的矿物发生物理和化学变化。在适宜的气氛和低于矿物原料熔点的温度条件下，使矿物原料中的目的矿物发生物理和化学变化，如矿物(化合物)受热脱除结构水或分解为一种组成更简单的矿物(化合物)、矿物中的某些有害组分(如氧化铁)被气化脱除或矿物本身发生晶形转变，最终使产品的白度(或亮度)、孔隙率、活性等性能提高和优化。如高岭土煅烧，脱除结构水而生成偏高岭石、硅尖晶石和莫来石；石膏矿(二水石膏)经低温煅烧成为半水石膏，经高温煅烧则成为无水石膏或硬石膏[13]；凹凸棒石及海泡石煅烧后可排出大量吸附水和结构水，使颗粒内部结晶破坏而亦变得松弛，比表面积和孔隙率成倍增加[14]；铝土矿(水合氧化铝)和水镁石(氢氧化镁)煅烧后脱除结晶水生成氧化铝或氧化镁；滑石在 600℃以上的温度下煅烧，脱除结构水，晶格内部重新排列组合，形成偏硅酸盐和活性二氧化硅。

（2）使碳酸盐矿物和硫酸盐矿物发生分解。碳酸盐矿物主要指石灰石、白云石、菱镁矿等，经高温煅烧后生成氧化物和二氧化碳。硫酸盐矿物主要指硫酸钙和硫酸钡，高温煅烧后生成氧化物及硫化物。

（3）使硫化物、碳质及有机物氧化。在一些非金属矿物如硅藻土、煤系高岭石及其他黏土矿物中，常含有一定的碳质、硫化物或有机质，通过适宜温度的煅烧可以除去这些杂质，使矿物的纯度、白度、孔隙率提高。

（4）熔融和烧成。熔融是将固体矿物或岩石在熔点条件下转变为液相高温流体；烧成又称重烧，是在高于矿物热分解温度下进行的高温煅烧，其目的是稳定氧化物或硅酸盐矿物的物理状态，变为稳定的固相材料。为了促进变化的进行，有时也使用矿化剂或稳定剂。这种稳定化处理，从现象上看有再结晶作用，目的是使矿物变为稳定型变体，具有高密度和常压稳定性等特性。

熔融和烧成常用来制备低共熔化合物，如二硅酸钠、偏硅酸钠、正硅酸钠、四硅酸钾、偏硅酸钾、二硅酸钾、轻烧镁、重烧镁、铸石以及玻璃、陶瓷和耐火材料等。

3.3.4.2　煅烧反应分类

煅烧是物料在熔点以下加热的一种过程。它的目的在于改变物料的化学组成和物理性质，以便于下步处理。根据煅烧在化学选矿过程中的作用和其主要化学反应性质，可分为还原煅烧、氧化煅烧、氯化煅烧、氯化离析、加盐煅烧、磁化煅烧等[15]。

1. 还原煅烧

还原煅烧是在低于物料熔点温度下，并在有还原剂(氢、碳等)作用下，使矿石中的金属氧化物在还原气氛中转变成相应的低价氧化物或金属的过程。各种金属氧化物被还原的最低温度可由图 3-12 直接求出，金属被氧化成金属氧化物的直线与碳氧化成为 CO 的直线的交点温度就是碳还原此氧化物的最低温度，即开始还原温度。

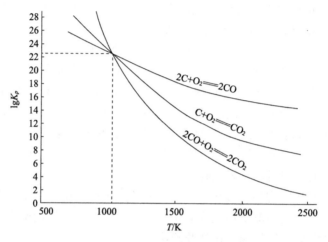

图 3-12　$\lg K_p$ 与热力学温度 T 的关系

金属氧化物的还原可用下式表示：

$$MeO + R \Longrightarrow Me + RO \tag{3-67}$$

$$\Delta G^{\ominus} = \Delta G_{RO}{}^{\ominus} - \Delta G_{MeO}{}^{\ominus} - \Delta G_{R}{}^{\ominus} \tag{3-68}$$

式中，Me、MeO 分别为金属、金属氧化物；R、RO 分别为还原剂、还原剂氧化物。

上式可由 MeO 和 RO 的生成反应合成：

$$R + \frac{1}{2}O_2 \qquad\qquad RO \qquad\qquad \Delta G^{\ominus}{}_{RO} = RT \ln P^{1/2}{}_{O_2(RO)}$$

$$\longrightarrow Me + \frac{1}{2}O_2 \qquad MeO \qquad\qquad \Delta G^{\ominus}{}_{MeO} = RT \ln P^{1/2}{}_{O_2(MeO)}$$

$$MeO + R \qquad\qquad Me + RO \qquad\qquad \Delta G^{\ominus} = RT \ln \frac{P_{O_2(RO)}}{P_{O_2(MeO)}}$$

金属氧化物被还原的必要条件是 $\Delta G^{\ominus}_{RO} < 0$，即 $P_{O_2(RO)} < P_{O_2(MeO)}$。

如铁矿物通过还原焙烧可增加铁矿物磁性，便于下步工序处理：

赤铁矿：

$$3Fe_2O_3 + C = 2Fe_3O_4 + CO \uparrow \tag{3-69}$$

$$3Fe_2O_3 + CO = 2Fe_3O_4 + CO_2 \uparrow \tag{3-70}$$

褐铁矿：

$$3(2Fe_2O_3 \cdot 3H_2O) + C = 4Fe_3O_4 + 9H_2O + CO_2 \uparrow \tag{3-71}$$

2. 氧化煅烧和硫酸化煅烧

氧化煅烧是指矿物在氧化气氛中加热，是设备内的氧与矿物中某些组分作用或矿物本身在氧化气氛中进行煅烧。氧化煅烧是煅烧方法中应用最广的一种。如在铅锌冶炼过程中，硫化矿首先进行氧化煅烧，使之变成氧化物后进行还原，若有硫残留时，对金属回收率或炉况等均有不良影响，因而需要进行全部脱硫的氧化煅烧。有时为了挥发除去硫化矿中的砷和锑等有害杂质，也进行氧化煅烧，脱砷煅烧即是一例。

硫酸化煅烧是当前处理含钴硫化精矿常用的方法，目的是使精矿脱硫，在产出含 SO_2 制酸烟气的同时，控制适当的条件，使钴镍、铜等有色金属硫化物转化成相应的硫酸盐或碱式硫酸盐，而硫化铁被氧化成 Fe_2O_3。焙砂用水或稀酸浸出钴、镍、铜等有价金属，浸渣可作为炼铁的原料，浸出液进一步处理，回收钴、镍、铜等金属。

氧化煅烧与硫酸化煅烧的理论基础。各种金属硫化物在煅烧过程中可能发生的反应较多，最主要的反应有如下几种类型：

$$2MeS + 3O_2 \rightleftharpoons 2MeO + 2SO_2 \tag{3-72}$$

$$SO_2 + \frac{1}{2}O_2 = SO_3 \tag{3-73}$$

$$MeO + SO_3 = MeSO_4 \tag{3-74}$$

$$MeO \cdot Fe_2O_3 + SO_3 = MeSO_4 + Fe_2O_3 \tag{3-75}$$

$$\frac{1}{3}Fe_2O_3 + SO_3 = \frac{1}{3}Fe_2(SO_4)_3 \tag{3-76}$$

以上反应中，在一般煅烧条件下，式(3-76)可认为是不可逆的，其余为可逆反应。暂不考虑固体的生成，各反应的平衡常数分别表示如下：

$$K_{(3\text{-}73)} = \frac{P_{SO_3}}{P_{SO_2}} \qquad K_{(3\text{-}74)} = \frac{1}{P_{(SO_3)'}} \qquad (3\text{-}77)$$

$$K_{(3\text{-}75)} = \frac{1}{P_{(SO_3)''}} \qquad K_{(3\text{-}76)} = \frac{1}{P_{(SO_3)'''}} \qquad (3\text{-}78)$$

式中，$P_{(SO_3)'}$、$P_{(SO_3)''}$、$P_{(SO_3)'''}$ 分别为有色金属的硫酸盐、铁酸盐和硫酸高铁的分解压；P_{SO_3}、P_{SO_2}、P_{O_2} 分别为煅烧气相中 SO_3、SO_2、O_2 的分解压。

煅烧过程中，可通过控制煅烧条件，得到所需要的煅烧产物。如果控制煅烧气相中的分解压 P_{SO_3} 大于有色金属硫酸盐的分解压 $P_{(SO_3)'}$，也大于 $Fe_2(SO_4)_3$ 的分解压 P_{SO_3} 时，煅烧反应向生成硫酸盐的方向进行，得到的煅烧物中主要含有色金属和铁的硫酸盐，此时煅烧即为硫酸化煅烧或称全硫酸化煅烧；如果控制煅烧气相中的 $P_{SO_3} < P_{(SO_3)'} < P_{(SO_3)''}$ 时，煅烧反应向生成氧化物和铁酸盐方向进行，此时，煅烧即为氧化煅烧；若控制 $P_{(SO_3)''} > P_{SO_3} > P_{(SO_3)'}$ 时，反应向有利于硫酸盐和铁酸盐生成方向进行，一般称之为部分硫酸化煅烧；当 $P_{(SO_3)'''} > P_{SO_3} > P_{(SO_3)''}$ 时，则煅烧反应向生成有色金属硫酸盐和 Fe_2O_3 方向进行，这种煅烧称为选择性硫酸化煅烧。选择性硫酸化煅烧在提取铜、钴镍中应用较广泛。

硫酸盐的分解压是随温度而变化的，含钴硫化矿的选择性硫酸化煅烧控制温度应在 620～700℃范围内。在此温度下，对铁而言属于氧化煅烧，以氧化铁形式存在于焙砂中，而钴、铜和镍则符合硫酸化煅烧条件，生成硫酸盐。在实际焙烧中，由于 Fe_2O_3 和 SiO_2 以及各种有色金属化合物间互相影响，实际分解温度往往比计算所得的数值要低，煅烧炉内的化学反应也相当复杂。同时，氧化煅烧还可以脱除炭和有机物，这种煅烧的目的主要是排除矿石中的炭质物或有机物。其煅烧温度大都为 300～500℃，其反应式和平衡常数 K_p 如下：

$$2C+O_2 =\!=\!= 2CO \qquad K_{p1} =\!=\!= \frac{p^2_{CO}}{p_{O_2}} \qquad (3\text{-}79)$$

$$C+O_2 =\!=\!= CO_2 \qquad K_{p2} =\!=\!= p_{CO_2}/p_{O_2} \qquad (3\text{-}80)$$

$$2CO+O_2 =\!=\!= 2CO_2 \qquad K_{p3} =\!=\!= p^2_{CO_2}/p^2_{CO} \cdot p_{O_2} \qquad (3\text{-}81)$$

温度愈高，$\lg K_p$ 愈小，反应愈难向右进行。因此，脱炭的煅烧大都在 500℃

以下，氧化较充分的气氛中进行。由平衡常数式可看出，提高反应炉内氧分压 P_{O_2}，可使反应向右进行。若氧分压较低，则碳主要氧化成 CO 被排除。若氧分压较高则主要生成 CO_2。矿石中的有机物主要是碳氢化合物和有机酸类，在煅烧过程中被氧化成 CO、CO_2 和 H_2O 而被除去。

3. 氯化煅烧

氯化煅烧是在添加氯化剂(食盐、氯化钙或氯)的条件下，煅烧矿石、精矿、冶金过程的中间产品，使其中某些金属氯化物、硫化物转化为氯化物的过程。根据煅烧过程的温度不同，可将氯化煅烧分为中温氯化煅烧和高温氯化煅烧两种。其中，以氯气为氯化剂，氯化煅烧涉及的反应方程式如下：

$$MO+Cl_2 =\!=\!= MCl_2+\frac{1}{2}O_2 \tag{3-82}$$

$$MS+Cl_2 =\!=\!= MCl_2+\frac{1}{2}S_2 \tag{3-83}$$

$$MO+2HCl =\!=\!= MCl_2+H_2O \tag{3-84}$$

$$MS+2HCl =\!=\!= MCl_2+H_2S \tag{3-85}$$

一般中温氯化煅烧的温度在 500~600℃之间，生成的金属氯化物基本呈固态存留在焙砂中，然后用浸出方法将氯化物溶出焙砂分离，这种工艺方法通常称为氯化煅烧-浸出法。高温氯化煅烧温度在 1000℃以上，生成的金属氯化物呈蒸气状挥发或呈熔融状态可以直接与固体煅烧矿或脉石分开，使氯化物呈蒸气态挥发的煅烧方法称为高温氯化挥发煅烧，此法用于黄铁矿烧渣的处理。

氯化煅烧根据气相含氧量的不同，分为氧化氯化煅烧(直接氯化)和还原氯化煅烧(还原氯化)。还原氯化常用于较难氯化的金属氧化物。氯化煅烧是应用最广泛的一种氯化过程，早在 18 世纪就开始使用直接氯化法处理金银矿石，后来逐渐用于处理重有色金属物料。目前氯化煅烧成功地用于处理黄铁矿烧渣、高钛渣、钛铁矿、菱镁矿、贫锡矿以及铌、钽、铍、锆等氧化矿的处理。

氯化煅烧常用的氯化有气体氯化剂(Cl_2、HCl)、固体氯化剂(NaCl、$CaCl_2$、$FeCl_3$)等。氯的主要存在形式为氯化钠，可以从海水岩盐中获得。工业用的氯气几乎全部从电解氯化钠溶液制取。气体氯化剂具有氯化能力强、反应迅速、损耗少、副作用小等优点，但有强腐蚀性，工业应用时需选用耐氯材料及采用防腐措施。

氯化钙的主要来源是从氨碱法制碱与氯酸钾生产的副产溶液经蒸发浓缩结晶而得。在氯化煅烧中，氯化钙常以一定浓度的水溶液加入配料中，若就地取材，可直接使用适当浓缩副产溶液。氯化钙主要用于高温氯化挥发煅烧。氯化剂的价格来源与运输，是确定氯化煅烧方案时必须考虑的前提，因此氯化剂的再生回收特别重要，对环境保护也具有重要的意义。

4. 加盐煅烧

加盐煅烧指的是在矿物原料煅烧中加入钠盐（如 Na_2CO_3、$NaCl$ 和 Na_2SO_4 等），在一定的温度和气氛下，使矿物原料中的难溶目的组分转变为可溶性的相应钠盐的变化过程。所得烧结块可用水、稀酸或稀碱进行浸出，将目的组分转变为溶液，从而使有用矿物分离富集。加盐煅烧可用于提取有用成分，也可用于除去难选粗精矿中的某些杂质。在非金属矿的选矿提纯中，加盐煅烧主要用于去除石墨、高岭土等精矿中的磷、铝、硅、钒、钼等杂质，在煅烧过程中加入盐类添加剂，使之转化成相应的可溶性盐，便于浸出。涉及的反应式如下：

$$Ca_3(PO_4)_2 + 3Na_2CO_3 \longrightarrow 2Na_3PO_4 + 3CaCO_3 \tag{3-86}$$

$$Al_2O_3 + 2NaOH \xrightarrow{500\sim800℃} 2NaAlO_2 + H_2O \tag{3-87}$$

$$SiO_2 + Na_2CO_3 \xrightarrow{700\sim800℃} Na_2SiO_3 + CO_2 \uparrow \tag{3-88}$$

$$SiO_2 + 2NaOH \xrightarrow{700\sim800℃} Na_2SiO_3 + H_2O \uparrow \tag{3-89}$$

$$V_2O_5 + Na_2CO_3 \longrightarrow 2NaVO_3 + CO_2 \uparrow \tag{3-90}$$

$$Fe_2O_3 + 2NaOH \xrightarrow{500\sim800℃} 2NaFeO_2 + H_2O \tag{3-91}$$

$$Fe_2O_3 + Na_2CO_3 \longrightarrow 2NaFeO_2 + CO_2 \uparrow \tag{3-92}$$

$$MoS_2 + 3Na_2CO_3 + 4\frac{1}{2}O_2 \xrightarrow{700\sim800℃} Na_2MoO_4 + 2Na_2SiO_4 + 3CO_2 \uparrow \tag{3-93}$$

加盐煅烧比一般煅烧温度高，它接近于物料的软化点，但仍低于物料的熔点，此时熔剂熔融形成部分熔融相，使反应试剂较好地与物料接触，可加快转化速率。此作业的目的不是烧结而是使难熔的目的组分矿物转变为相应的可溶性钠盐，烧结块可以直接送去水淬浸出或冷却磨细后浸出。

5. 磁化煅烧

磁化煅烧是将含铁矿物原料在低于其熔点温度和一定的气氛下进行加热反应，使弱磁性铁矿物（如赤铁矿、褐铁矿、菱铁矿和红铁矿等）变为强磁性铁矿物(一般为磁铁矿)的一种煅烧方法。常用于铁矿的磁选分离和富集的预处理过程，一般仅是磁选的辅助作业，在冶金、选矿和化工领域有着广泛的应用。工业上常用的磁化煅烧设备主要有竖炉、回转窑和沸腾炉等。实验室中常用的装置有马弗炉、管式炉等。

磁化煅烧依据煅烧原理及化学反应的性质可分为氧化煅烧、中性煅烧、还原煅烧等，其中还原煅烧由于其效果优良而得到了普遍的应用。

氧化煅烧主要是针对非金属矿物中所含杂质黄铁矿而言的，在氧化气氛下，将黄铁矿(FeS_2)氧化成磁铁矿，然后通过磁选将其去除。氧化煅烧的化学反应如下：

$$7FeS_2 + 6O_2 \longrightarrow Fe_7S_8 + 6SO_2 \tag{3-94}$$

$$3Fe_7S_8 + 38O_2 \longrightarrow 7Fe_3O_4 + 24SO_2 \tag{3-95}$$

中性煅烧是将矿石在隔绝空气或通入少量空气的情况下，加热到一定温度(300~400℃)后，使矿物分解的一种煅烧方法。其常用于菱铁矿的磁化煅烧，以除去二氧化碳、结晶水和挥发物。中性煅烧的化学反应如下：

$$3FeCO_3 \longrightarrow Fe_3O_4 + CO\uparrow + CO_2\uparrow \tag{3-96}$$

还原煅烧是在还原气氛条件下加热矿物原料，使矿石中的金属氧化物转变为相应低金属氧化物或金属的一种煅烧方式。还原煅烧常在竖炉、沸腾炉和回转窑等煅烧设备中进行，其中流化床气固接触充分，还原效果好，从而应用较为普遍。还原煅烧时除可采用煤粉、焦炭等固体还原剂，还有气体还原剂，工业上常用的气体还原剂有焦炉煤气、高炉煤气、水煤气和混合煤气等，它们均含有较高比例的一氧化碳和氧气。还原煅烧目前主要用于处理难选的铁、锰、镍、铜、锡、锑等矿物原料。赤铁矿在适量的还原剂煤粉的作用下可被还原成磁铁矿石，主要化学反应如下：

$$C + O_2 \longrightarrow CO_2 \tag{3-97}$$

$$C + CO_2 \longrightarrow 2CO \tag{3-98}$$

$$3Fe_2O_3 + CO \xrightarrow{570\sim800℃} 2Fe_3O_4 + CO_2 \tag{3-99}$$

当煅烧温度过高，还原剂浓度过量的情况下，磁铁矿将会继续与一氧化碳发生过还原反应，主要的反应式如下：

$$Fe_3O_4 + CO \xrightarrow{\geqslant 800℃} 3FeO + CO_2 \tag{3-100}$$

$$FeO + CO \xrightarrow{\geqslant 800℃} Fe + CO_2 \tag{3-101}$$

参 考 文 献

[1] 张强. 选矿概论. 北京: 冶金工业出版社, 1984.

[2] 姚书典. 非金属矿物加工与利用. 北京: 科学出版社, 1992.

[3] 武汉建筑材料工业学院选矿教研室. 石墨选矿. 北京: 中国建筑工业出版社, 1979.

[4] I. 伊凡. 应用高梯度磁选降低某些粘土矿物的铁含量. 耿明伦译. 非金属矿, 1985, 4: 40-43.

[5] 余洋, 刘长连. 苏州高岭土强磁选矿的研究. 非金属矿, 1981, 3: 1-5.

[6] 程寄皋, 刘安平, 陈泽民, 等. 变质型金红石矿中钛铁矿制取人造金红石的研究. 非金属矿, 1996, 3: 15-17.

[7] 黎海雁, 韩勇. 化学选矿. 长沙: 中南工业大学出版社, 1989.

[8] 倪文, 李建平, 方兴, 等. 矿物材料学导论. 北京: 科学出版社, 1998.

[9] 非金属矿工业手册编辑委员会. 非金属矿工业手册. 北京: 冶金工业出版社, 1991.

[10] 马兰芳. 高岭土漂白研究. 非金属矿, 1987: 26-29.

[11] 王宣明. 高岭土的几种化学漂白. 非金属矿, 1989, 3: 25-26.

[12] 荣葵一, 宋秀敏. 非金属矿物与岩石材料工艺学. 武汉: 武汉工业大学出版社, 1996.

[13] 孙世龙, 许可军, 辛艳. 利用普通石膏研制 β 型建筑石膏粉. 非金属矿, 1996, 5: 34-35.

[14] 李虹, 杨兰荪. 湖南永和低品位海泡石提纯研究. 非金属矿, 1995, 3: 47-48.

[15] 布·麦克. 工业矿物的火法加工技术. 刘国民, 译. 非金属矿, 1990, 2: 58-61.

第4章 矿物材料超细技术

4.1 概　　述

4.1.1 基本概念

4.1.1.1 粉碎的基本概念

固体物料在外力作用下克服其内聚力使之破碎的过程称为粉碎。因处理物料的尺寸大小不同，大致将粉碎分为破碎和粉磨两类处理过程：使大块物料碎裂成小块物料的加工过程称为破碎；使小块物料碎裂成细粉末状物料的加工过程称为粉磨。相应的机械设备分别称为破碎机械和粉磨机械。物料经粉碎尤其是经粉磨后，其粒度显著减小，比表面积显著增大，因而有利于几种不同物料的均匀混合，便于输送和储存，也有利于提高高温固相反应的程度和速度[1]。

为了评价粉碎机械的粉碎效果，常用粉碎比的概念。物料粉碎前的平均粒径 D 与粉碎后的平均粒径 d 之比称为平均粉碎比，用符号 I 表示，其数学表达式为

$$I=D/d \tag{4-1}$$

平均粉碎比是衡量物料粉碎前后粒度变化程度的一个指标，也是粉碎设备性能的评价指标之一。对破碎机而言，为了简单地表示和比较它们的这一特性，可用其允许的最大进料口尺寸与最大出料口尺寸之比（称为公称粉碎比）作为粉碎比。因实际破碎时加入的物料尺寸总小于最大进料口尺寸，故破碎机的平均粉碎比一般都小于公称粉碎比，前者为后者的 70%～90%。粉碎比与单位电耗（单位质量粉碎产品的能量消耗）是粉碎机械的重要技术经济指标。前者用以说明粉碎过程的特征及粉碎质量；后者用以衡量粉碎作业动力消耗的经济性。当两台粉碎机粉碎同一物料且单位电耗相同时，粉碎比大者工作效果就好。因此，鉴别粉碎机的性能要同时考虑其单位电耗和粉碎比的大小。各种粉碎机械的粉碎比大都有一定限度，且大小各异。一般情况下，破碎机械的粉碎比为 3～100；粉磨机械的粉碎比为 500～1000 或更大。

由于粉碎机械的粉碎比有限，生产上要求的物料粉碎比往往远大于上述范围，因而有时需用两台或多台粉碎机械串联起来进行粉碎。几台粉碎机械串联

起来的粉碎过程称为多级粉碎；串联的粉碎机械台数称为粉碎级数。在此情形下，原料粒度与最终粉碎产品的粒度之比称为总粉碎比。若串联的各级粉碎机械的粉碎比分别为 i_1、i_2、$\cdots$、i_n，总粉碎比为 i_0，则有

$$i_0 = i_1 i_2 \cdots i_n \tag{4-2}$$

即多级粉碎的总粉碎比为各级粉碎机械的粉碎比的乘积。若已知粉碎机械的粉碎比，即可根据总粉碎比要求确定合适的粉碎级数。由于粉碎级数增多将会使粉碎流程复杂化，设备检修工作量增大，因而在能够满足生产要求的前提下应该选择粉碎级数较小的简单流程。

物料经粉碎或粉磨后，成为多种粒度的集合体。为了考察其粒度分布情况，通常采用筛分方法或其他方法将它们按一定的粒度范围分为若干粒级。根据不同的生产情形，粉碎流程可有不同的方式：①简单的粉碎流程；②带预筛分的粉碎流程；③带检查筛分的粉碎流程；④带预筛分和检查筛分的粉碎流程。上述 4 种流程中，①流程简单，设备少，操作控制较方便，但往往由于条件的限制不能充分发挥粉碎机的生产能力，有时甚至难以满足生产要求。②和④流程由于预先去除了物料中无需粉碎的细颗粒，故可增加粉碎流程的生产能力，减小动力消耗、工作部件的磨损等。这种流程适用于原料中细粒物料较多的情形。③和④流程由于设有检查筛分环节，故可获得粒度合乎要求的粉碎产品，为后续工序创造有利条件。但这种流程较复杂，设备多，建筑投资大，操作管理工作量也大，因而，此种流程一般用于最后一级粉碎作业。

凡从粉碎(磨)机中卸出的物料即为产品。不带检查筛分或选粉设备的粉碎(磨)流程称为开路(或开流)流程。开路流程的优点是比较简单、设备少、扬尘点也少。缺点是当要求粉碎粒度较小时，粉碎(磨)效率较低，产品中会存在部分粒度不合格的粗颗粒物料。凡带检查筛分或选粉设备的粉碎(磨)流程都称为闭路(或圈流)流程。该流程的特点是从粉碎机中卸出的物料需经检查筛分或选粉设备，粒度合格的颗粒作为产品，不合格的粗颗粒作为循环物料重新回至粉碎(磨)机中再进行粉碎(磨)。粗颗粒回料质量与该级粉碎(磨)产品质量之比称为循环负荷率。检查筛分或选粉设备分选出的合格物料质量 m 与进入该设备的合格物料总质量 M 之比称为选粉效率，用字母 E 表示。

$$E = m/M \tag{4-3}$$

4.1.1.2　被粉碎物料的基本物性

材料的强度是指其对外力的抵抗能力，通常以材料破坏时单位面积上所受的力来表示，单位为 Pa 或 N/m^2。按受力种类的不同，可分为以下几种类型：

①压缩强度，材料承受压力的能力；②拉伸强度，材料承受拉力的能力；③扭曲强度，材料承受扭曲力的能力；④弯曲强度，材料对致弯外力的承受能力；⑤剪切强度，材料承受剪切力的能力。

上述 5 种强度以拉伸强度为最小，通常只有压缩强度的 1/30～1/20，为剪切强度的 1/20～1/15，为弯曲强度的 1/10～1/6。强度按材料内部的均匀性和有无缺陷，又可分为理论强度和实际强度。

理论强度是指不含任何缺陷的完全均质的材料的强度。它相当于原子、离子或分子间的结合力，故理论强度又可以理解为根据材料结合键的类型所计算的材料强度。由离子间库仑引力形成的离子键和由原子间相互作用力形成的共价键的结合力最大，为最强的键，键强一般为 1000～4000 kJ/mol；金属键结合力次之，为 100～800 kJ/mol；氢键结合力为 20～30 kJ/mol；范德瓦耳斯键强度最低，其结合能仅为 0.4～4.2 kJ/mol。不同的结合键使得材料具有不同的强度，故从理论上讲，材料的强度取决于结合键的类型。一般来说，原子或分子间的作用力随其间距而变化，并在一定距离处保持平衡，而理论强度即是破坏这一平衡所需要的能量，可通过公式计算求得。理论强度的计算公式如下：

$$\sigma_{\text{th}} = \left(\frac{\gamma E}{a} \right)^{1/2} \tag{4-4}$$

式中，γ 为表面能；E 为弹性模量；a 为晶格常数。

实际强度又称实测强度。完全均质的材料所受应力达到其理论强度，所有原子或分子间的结合键将同时被破坏，整个材料将分散为原子或分子单元。事实上自然界中不含任何缺陷的、完全均质的材料是不存在的，故几乎所有材料被破坏时都分裂成大小不一的块状，这说明质点间结合的牢固程度并不相同，即存在某些结合相对薄弱的局部，使得在受力尚未达到理论强度之前，这些薄弱部位已达到其极限强度，材料已发生破坏。因此，材料的实际强度往往远低于其理论强度。一般情况下，实际强度约为理论强度的 1/1000～1/100。由表 4-1 中的数据可以看出两者的差异。

表 4-1　材料的理论强度和实际强度

材料名称	理论强度/GPa	实际强度/MPa
金刚石	200	约 1800
石墨	1.4	约 15
氧化镁	37	100
氧化钠	4.3	约 10
石英玻璃	16	50

　　同一种材料在不同的受载环境下，其实测强度是不同的。换言之，材料的实测强度大小与测定条件有关，如试样的粒度、加载速度及测定时材料所处的介质环境等。对于同一材料，粒度小时内部缺陷少，故实测强度要比粒度大时大；加载速度快时测得的强度也较高；同一材料在空气中和在水中的测定强度也不相同，如硅石在水中的抗张强度比在空气中减小 12%。

　　强度高低是材料内部价键结合能的体现，从某种意义上讲，粉碎过程即是通过外部作用力对物料施以能量，当该能量大小足以超过其结合能时，材料即发生变形破坏以至粉碎。尽管实际强度与理论强度相差很大，但两者之间存在一定的内在联系。所以，了解材料的结合键类型是非常必要的。非金属元素矿物及硫化物矿物中，通常以共价键为主；氧化物及盐类矿物通常以纯离子键或离子共价键结合；自然金属矿物中都是金属键；含有—OH 的矿物，说明有氢键的存在；范德瓦耳斯键一般多存在于某些层状矿物或链状矿物内。

　　硬度是衡量材料软硬程度的一项重要性能指标，它既可以表示材料抵抗其他物体刻划或压入其表面的能力，也可理解为在固体表面产生局部变形所需的能量，这一能量与材料内部化学键强度以及配位数等有关。硬度不是一个简单的物理概念，它是材料弹性、塑性、强度和韧性等力学性能的综合指标。硬度的测试方法有刻划法、压入法、弹子回跳法及磨蚀法等，相应有莫氏硬度(刻划法)、布氏硬度、韦氏硬度和史氏硬度(压入法)及肖氏硬度(弹子回跳法)等。硬度的表示随测定方法的不同而不同，一般情况下无机非金属材料的硬度常用莫氏硬度来表示。材料的莫氏硬度分 10 个级别，硬度值越大意味着其硬度越高。典型矿物的莫氏硬度值见表 4-2。

表 4-2　典型矿物的莫氏硬度值

矿物名称	莫氏硬度	晶格能/(kJ/mol)	表面能/(J/m²)
滑石	1	—	—
石膏	2	2595	0.04
方解石	3	2713	0.08
萤石	4	2674	0.15
磷灰石	5	4396	0.19
长石	6	11304	0.36
石英	7	12519	0.78
黄晶	8	14377	1.08
刚玉	9	15659	1.55
金刚石	10	16747	—

由上述可知，强度和硬度两者的意义虽然不同，但是本质却是一样的，皆与内部质点的键合情况有关。尽管尚未确定硬度与应力之间是否存在某种具体关系，但有人认为，材料抗研磨应力的阻力和拉力强度之间有一定关系，并主张用"研磨强度"代替莫氏硬度。事实上，破碎越硬的物料也像破碎强度越大的物料一样，需要越多的能量。

仅用强度和硬度还不足以全面精确地表示材料粉碎的难易程度，因为粉碎过程除取决于材料的物理性质外，还受物料粒度、粉碎方式（粉碎设备和粉碎工艺）等诸多因素的影响。因此，引入易碎（磨）性概念。所谓易碎（磨）性即在一定粉碎条件下，将物料从一定粒度粉碎至某一指定粒度所需要的能量，它反映的是矿物被破碎和磨碎的难易程度。材料的这一基本物性取决于矿物的机械强度、形成条件、化学组成与物质结构。

材料在外力作用下被破坏时，无显著的塑性变形或仅产生很小的塑性变形就断裂破坏，其断裂面处的端面收缩率和延伸率都很小，断裂面较粗糙，这种性质称为脆性，它是与塑性相反的一种性质。从变形方面看，脆性材料受力破坏时直到断裂前只出现极小的弹性变形而不出现塑性变形，因此其极限强度一般不超过弹性极限。脆性材料抵抗动载荷或冲击的能力较差，许多硅酸盐材料如水泥混凝土、玻璃、陶瓷、铸石等都属于脆性材料，它们的抗拉能力远低于抗压能力。正是由于脆性材料的抗冲击能力较弱，所以采用冲击粉碎的方法可有效地将它们粉碎。

材料的韧性是指在外力的作用下被破坏时，发生断裂前吸收能量和进行塑性变形的能力。吸收的能量越大，韧性越好；反之亦然。韧性是介于柔性和脆性之间的一种材料性能。一般材料的断裂韧性是从开始受到载荷作用直到完全断裂时外力所做的总功。断裂韧性和抗冲击强度有密切关系，故断裂韧性常用冲击试验来测定。与脆性材料相反，韧性材料的抗拉和抗冲击性能较好，但抗压性能较差，在复合材料工程中，韧性材料与脆性材料的有机复合，可使两者互相弥补，相得益彰，从而得到其中任何一种材料单独存在时所不具有的良好的综合力学性能。如在橡胶和塑料中填入非金属矿物粉体可明显改善其力学性能；钢筋混凝土的抗拉强度远高于素混凝土的抗拉强度。

总的来说，就宏观上看，韧性与脆性的区别在于有无塑性变形；微观上看，其区别在于是否发生晶格面滑移。因此，韧性和脆性并不是物质不可改变的固有属性，而是随其环境可以相互转换的。一般来说，如果温度足够高、变形速度足够慢，任何物料都具备塑性行为。

4.1.1.3　超细粉碎技术

在矿物材料制备过程中，通常把粒径小于 10 μm 的粉体称为超细粉体，相应的加工技术称为超细粉碎。超细粉碎是近几十年来发展起来的一门新技术，是非金属矿物深加工的重要技术之一。超细粉体通常分为微米级、亚微米级、纳米级粉体。粒径大于 1 μm 的粉体为微米级，粒径在 0.1～1 μm 的粉体为亚微米级，粒径在 0.001～0.1 μm 的粉体为纳米级。超细粉体由于粒度细、分布窄、粒度均匀、缺陷少，因而具有大的比表面积、高的表面活性，以及反应速率快、溶解度大、烧结温度低、烧结体强度高、填充补强性能好等特性，同时还具有独特的磁性、电性、光学性能等，被广泛应用于高技术陶瓷、微电子信息材料、塑料、橡胶、精细磨料、研磨抛光剂、造纸填料、涂料以及保温隔热材料和其他新材料产业。

超细粉体的制备始于 20 世纪 60 年代。1982 年，自 Boutonnet 等首次成功利用肼的水溶液或者氢气在含有金属盐的 W/O 微乳液中制备出了单分散(粒径 3～5 nm)的铂、钯、铑和铱的超细颗粒以来，相继有人采用惰性气体蒸发原位加压法制备出了具有三维特性的纳米微粒，如具有清洁界面的纳米晶体 Pd、Cu、Fe 等。1987 年美国阿贡国家实验室采用同样的方法制备出了纳米 TiO_2 多晶体材料。1990 年第一届国际纳米科学技术会议正式将纳米材料作为材料科学的一个新的分支。这标志着材料科学已进入一个新的层次，从此人们将认识延伸到了过去不被人们注意的纳米尺度。

超细粉碎是伴随着现代高技术和新材料行业以及传统产业技术和资源综合利用及深加工等发展起来的一项新的粉碎工程技术，在陶瓷、涂料、塑料、橡胶、微电子、信息材料、精细磨料、耐火材料、药品及生化材料等许多领域的需求日益增加，对粉体粒度和粒度分布、纯净度、颗粒形状等的要求日益严格。与之相应的超细粉碎分级理论和技术得到了很大发展，出现了各种型号的气流冲击式超细粉碎机和超细分级装置，配合产品输送、介质分离、除尘、检测等设备，构成了较为庞大的、涉及面较广的新型行业。

超细粉碎过程不仅仅是粒度减小的过程，同时还伴随着被粉碎物料晶体结构和物理化学性质不同程度的变化。这种变化相对较粗的粉碎过程来说是微不足道的，但对超细粉碎过程来说，由于粉碎时间较长、粉碎强度较大以及物料粒度被粉碎至微米级或亚微米级，物料的理化性质发生显著变化。这种因机械超细粉碎作用导致的被粉碎物料晶体结构和物理化学性质的变化称为粉碎过程机械化学效应。这种机械化学效应对被粉碎物料的应用性能产生了一定程度的影响，现正将其应用于对粉体物料的表面活化处理中。

4.1.2 影响超细粉碎效果的各种因素

对于超细粉碎这样一个高能耗过程，人们为了提高其效率做了大量优化工作，探求其最佳工作状态。由于超细粉碎作业适用行业广泛和具体研究目的的不同，使"优化"一词有着广泛的内容，有关研究及发表的文献也难以量计。影响超细过程的因素很多，大致可分为给料特性、介质制度、操作因素等 3 类。不同的粉碎设备其优化内容也不完全相同。理想情况是在保证粉碎产品粒度特性的前提下，最大限度地提高磨机处理量，同时降低能耗及介质消耗，这就是优化问题的核心所在[2]。

4.1.2.1 给料特性

反映被粉碎物料特性的因素很多，如有物料的化学组成、腐蚀性、易燃易爆性、水溶性、热敏性、密度、硬度、含水量、晶形结构、强度等。本节主要讨论反映给料对物料细化过程的综合影响因素，这些综合因素被称之为给料特性，对粉碎过程有重要影响的给料特性有物料易磨性和给料粒度。

1. 物料易磨性

物料易磨性就是指物料被球磨细碎的难易程度，它是物料的硬度、机械强度、韧性、密度、均质性、解理性和可聚集性等，以及球磨环境条件的综合作用的表现，常用可磨度的值来衡量。准确掌握这一常数对粉磨研究来说非常必要，其表示方法有邦德功指数法、汤普逊比表面积法和容积法 3 种。邦德功指数法应用范围较广，数值比较稳定。显然，功值越小，表示物料越容易被破碎。在实践生产中，通常使用相对易磨性来表示物料被球磨细碎的难易程度，具体操作就是利用小型球磨机，将被测物料与标准物料进行对比，达到规定的细度、计算球磨细碎所需的时间。若与标准物料球磨细碎所需的时间之比大于 1，表明该物料比标准物料难磨；若小于 1，则表明该物料比标准物料易磨。

2. 给料粒度

给料粒度的大小对球磨机的产量、料浆质量和球磨机的电力消耗等影响很大。通常入磨物料的粒度小，物料的球磨时间短，球磨细碎效率高，电力消耗低，易于获得高质量的料浆；反之，入磨物料的粒度大，则物料的球磨时间长，球磨细碎效率低，电力消耗高，难以获得高质量的料浆。一般说来，由于粉碎作业投资及生产费用比破碎作业高得多，因此降低给料粒度总是有利的。"多碎少磨"已经成为矿山和水泥行业的技术口号。然而，到目前为止还没有一种方法能较准确地算出不同类型的物料对不同规模粉碎系统的适宜给料粒度。

不同机理和规格的粉碎设备，对给料粒度的敏感性也不尽相同。比如球磨机对给料粒度的适应能力比较强，而气流粉碎机受给料粒度的影响就非常大。实验证明，给料细度的提高可大大提高气流粉碎机的产量，这说明气流粉碎机对给料粒度的影响是非常敏感的。将整个粉碎过程分为粗粉碎、细粉碎和超细粉碎三个阶段，每个阶段采用不同的设备或工艺参数有助于过程的优化，降低综合能耗。

4.1.2.2 介质制度

在介质研磨方式的粉碎过程中，介质制度(形状、尺寸、配比、填充率、补给)也是决定磨机工作好坏的重要因素，应根据物料性质、给料及产品要求来确定。对一台粉碎机来说，要想确定最优化工作制度是很困难的，原因在于：①起作用的是介质制度各因素综合效果，难以用一个简单数学模型或参数描述；②给料特性多变，介质制度不易轻易调整；③介质磨损规律难以掌握。

1. 介质填充率的影响

过去大量实验已证明，磨机吸取功率与填充率有着直接关系，在填充率为50%时达到最大值。虽然磨机产量与其功耗成比例，但磨机吸取功率达到最大值是否算是最佳状态还值得商榷。不同的粉碎细度要求下，需要调整介质的冲击粉碎和研磨粉碎的能力分配。在对物料进行超细粉碎的球磨过程中，希望充分发挥介质对物料的压力和介质的研磨作用。这时可以采用高填充率来强化介质的研磨，有时介质的填充率可高达 80%。在较高的填充率下介质对物料研磨作用增强的同时，由于介质质量重心的提高，磨机的启动力矩和轴功率还有所下降。在搅拌磨系统中，介质的填充率对磨机的工作起着决定性的作用。介质运动的动力不是通过筒体，而是通过搅拌轴和搅拌棒传递的，搅拌轴被埋在研磨介质中，启动力矩相当大，是工作力矩的 10 倍以上。大型搅拌磨多采用在低填充率下启动，正常运行后逐渐添加研磨介质使电机达到额定电流。一般低速搅拌磨的填充率为 70%，高速搅拌磨的填充率仅 50%左右。为了优化大型搅拌磨的工作状况，常常采用空载启动，逐渐添加介质到额定负荷的方式。

2. 介质大小的影响

到目前为止，还没有一种完全适用的计算球磨介质尺寸的公式。在实际操作中用来确定适宜介质尺寸有戴维斯公式、邦德公式、拉祖莫夫公式等几种经验公式，它们都将介质大小视作给料粒度的函数。其中只有邦德公式考虑了物料可磨性、密度、磨机转速影响，是目前使用较多且较全面的公式。陈炳辰教授等于 1986 年提出了一种用粉碎动力学模型来补充球径的方法，通过对单物料粉碎确定适宜介质直径。如前面的分析，在介质研磨的粉碎体系中介质的大小要与粉碎过程的需求结合起来。如果是给料粒度比较大，需要介质的冲击作用将其粉碎，那么配球就要大一些。在金属矿山的大型球磨机中，球石的球径可大到 250 mm。在超细粉碎过程中,特别要强调微细粉的生成,要强化介质对物料的研磨作用就要降低研磨介质的粒径。超细搅拌磨的使用中,最小的研磨介质直径可以到 0.5 mm。

3. 介质配比的影响

物料在球磨生产过程中不仅需要冲击碰撞作用而且还需要研磨作用。显然大规格球石的重量大,对物料的冲击碰撞作用大,有利于大块物料的破碎。但小规格球石比大规格球石的比表面积(表面积与重量之比)大,增大了与物料的挤压和摩擦接触面积,有利于物料的研磨细碎。因此,不同规格尺寸的球石配合使用可以最大限度地减少球石之间的空隙率,增加球石与物料之间的接触概率,从而增强物料的球磨细碎作用,达到提高球磨细碎效率的目的。也就是说,物料球磨细碎作业时必须选用适宜规格尺寸的球石及其级配比例。一般来说,在连续的粉磨过程中介质的大小分布是呈一定规律的。为了降低成本,多采用补充大球的办法来恢复系统的研磨能力,磨机很难在长时间的工作中保持固定的介质配比不变。在介质直径差别太大的情况下,会加剧介质间的无效研磨,即大介质对小介质进行了研磨,使研磨过程成本加大。磨机的介质大小配比关系到粉磨能力能否发挥和如何减少介质磨耗的大问题,尽可能采用在实践中摸索出适合自己工艺特点的配球方案,并经常清仓剔除过小的无效研磨介质。

4. 介质形状的影响

何种介质形状对粉碎过程最好,仍是一个有争议的问题。但普遍采用制作容易、形状在粉碎过程中不变的球形介质。凯斯尔等用 BS 模型分析法证明了球形介质可以使选择函数最大,并产生最大破碎速率。介质的形状决定了介质的加工成本和加工的可行性,从大规模工业应用的角度来看,球形和圆柱体介质是最容易加工的。在超细粉磨过程中,由于介质粒径很小,只能采用球形微珠。圆球具有最大的比表面积,也最耐磨。

5. 介质材质的影响

介质材质对研磨粉碎过程来说是一个重要的因素,它决定了粉碎过程的成本高低和粉碎效率大小。从对产品的污染方面考虑,介质在粉碎过程中不断地消耗,而消耗的介质变成细粉弥散在被研磨粉碎的物料之中。因此,介质的材质首先不应该对物料有任何污染,至少是不含有无法剔除的污染。这对于精细陶瓷、非金属矿和化工行业的物料粉碎显得特别重要。从加工过程成本方面考虑,介质的磨损和破碎失效也会造成介质的损失,增加研磨粉碎过程的成本。在大型矿山和水泥行业,多采用铸钢和轧制磨球,如球墨铸铁、高锰钢、贝氏体钢、各钢和白口铁等材质。在化工、精细陶瓷和非金属矿行业，多采用刚玉陶瓷、氧化锆、玻璃等材质。从粉碎效率方面考虑，在研磨粉碎过程中，外部的能量是通过介质的冲击和挤压研磨来完成对物料粉碎的，介质的密度大小决定了这种作用的强弱。一般来说，介质的密度越大，研磨能力越强，粉碎过程的效率越高。在同样的操作条件下，搅拌磨中氧化锆、氧化铝和玻璃微珠的研磨能力相差在数倍以上。

4.1.2.3　操作因素

1. 研磨方式

干法球磨主要应用于球磨细碎原始的颗粒物，并且物料经常表现为劈裂的破碎特征。通过筛分分级后就能可靠地分离出达到所需细度要求的颗粒，再将未达到所需细度要求的颗粒重新返回干法球磨生产工艺流程中，通常能提高干法球磨效率。与湿法球磨相比，干法球磨主要具有以下两方面的优势：①球磨工艺流程短；②工艺流程较成熟，不需昂贵的干燥工作(如喷雾干燥)，只需经筛分分级后便可获得粒度分布范围窄的能直接利用的细料。但干法球磨生产工艺具有能耗高，粉料过细会黏附于球及筒体壁上导致卸料困难等缺点；同时存在操作条件差、细尘飞扬、环境污染严重及危害操作工人的身体健康等不利因素。因此，目前陶瓷原料的球磨细碎很少采用干法球磨，几乎都是采用湿法球磨。

事实上水是最廉价的助磨剂，湿法球磨比干法球磨效率高主要是由于水的助磨作用。水之所以能助磨主要有以下 3 个方面的原因：①陶瓷原料颗粒表面上的不饱和键与水分子之间发生可逆反应的结果，有助于陶瓷原料颗粒裂纹的生成及扩张等易于被球磨细碎；②细颗粒物料在水中处于悬浮状态，对球磨细碎的缓冲作用小(过细碎作用)，有利于物料的球磨细碎；③水能减小物料黏球(球石被待磨物料所黏附)的概率，提高了球石的研磨运动速度，缩短了新料的球磨时间。因此，湿法球磨通常应用于多种物料及添加剂的精细细磨和超精细细磨等生产过程中。

2. 吸收功率

前述的研究大都是如何提高粉碎速率和处理能力，通过缩短单位重量物料粉碎时间来达到优化目的。然而，如何在不影响磨机处理能力和产品特性条件下，降低粉磨设备的吸收功率是过程优化的一个重要方面。以球磨机为例，对功耗影响较大的操作因素主要有磨机转速、填充率和粉碎浓度。对此，提出了各种理论和经验计算公式为球磨过程优化研究提供了依据。理论公式从介质填充率和磨机转速对介质运动规律的影响，揭示了各参数与磨机吸收功率的定量关系。但由于对粉碎条件进行了某些简化及假设，并且没考虑到磨机中物料或料浆对磨机吸收功率的影响，所以只能在一定范围内适用。在实验基础上获得的经验公式考虑了较多因素，以修正系数形式出现在公式中，致使公式复杂化。

关于物料对磨机吸收功率的影响，干物料粉碎时物料充填在球荷空隙中，相当于增加了介质松散密度，使磨机吸收功率增加；同时加入物料又使球荷有效重心到筒体心垂直距离缩短，使磨机扭矩减小，吸收功率下降。在转速提高时，由于物料在离心力作用下的附壁效应，使磨机负荷减小，所以料球比增加可在一定程度上降低功耗。料浆对磨机吸收功率的影响归结为以下 3 个方面：①磨机中有一定量的料浆时，料浆的浮升作用及其阻力改变了介质间相互冲击和研磨作用的强度；②料浆中固体颗粒的存在改变了介质间直接作用摩擦力；③介质空隙中充填料浆，增加了介质松散密度，相当于增加了旋转的介质物料混合体质量。

从以上诸研究结论可知，磨机吸收功率受到多种操作因素制约，除此之外给料特性和介质制度也有间接影响。对机理复杂的粉碎过程进行过分简化后，所得适宜操作条件也只是理想化结果而已，对有交互作用的因素加以孤立，也使适宜操作条件求解缺乏全面性和系统性。

在湿法超细搅拌研磨过程中，电机传来的动力一部分消耗在介质的运动和对物料的粉碎上，另一部分消耗在浆料的流动旋涡之中。如果能适当地降低浆料的黏度，可有效地提高磨机的研磨效果和降低电机电流。

4.1.2.4　助磨剂应用于超细过程的优化

从颗粒的破坏机理来看，在超细研磨过程中微颗粒的细化过程有两种情况：颗粒受外力的冲击和挤压使内部裂纹扩展形成的体积破裂，以及颗粒表面受到研磨而形成的剥落。前者是指颗粒晶体内结合键的断裂，后者是指晶体表面的薄弱部位在剪切力的作用下形成微小晶粒从大颗粒表层的分离。

微颗粒的形成过程是晶界不断断裂和新生表面不断形成的过程，在这一过程中存在能量的转换与表面不饱和键能的积累，高表面能的累积将导致微颗粒的团聚和颗粒内部裂纹的重新闭合。在机械粉碎过程中，颗粒并不是可以无限制的磨细的。随着颗粒不断细化，其比表面积和表面能增大，颗粒与颗粒间的相互作用力增加，相互吸附、黏结的趋势增大，最后颗粒处于粉碎与聚合的可逆动态过程，颗粒表面积随能量输入的速率可用式(4-5)表示：

$$d_s / d_e = k(S_\infty - S) \tag{4-5}$$

式中，d_s / d_e 为粉碎能量效率；S_∞、S 分别为过程中颗粒的比表面积、粉碎平衡时的比表面积；k 为系数，当 $S \to S_\infty$，能量效率趋于零。

为解决粉碎过程中的聚合问题，降低平衡粒度，提高粉碎效率，最有效的措施是在粉磨介质中引入表面活性剂物质，即助磨剂。任何一种有助于化学键破裂和阻止表面重新结合并防止微颗粒团聚的药剂都有助于超细粉碎过程。根据固体断裂破坏的格里菲斯定理，脆性断裂所需的最小应力与物料的表面积成正比，颗粒受到不同种类应力的作用，导致裂纹形成并扩展，最后被粉碎。从颗粒断裂的过程来看，助磨剂分子在新生表面的吸附可以减小裂纹扩展所需的外应力，促进裂纹扩展。在裂纹扩展过程中，助磨剂沿颗粒表面吸附扩散，进入新生裂纹外部的助磨剂分子可起到劈裂的作用，防止裂纹的再闭合，加快粉碎过程进行。

另外，在干法粉碎过程中，助磨剂的加入改善了颗粒的表面特性，从而使粉体的流动性大大提高。在湿法粉碎过程中，助磨剂的加入可以降低黏度，改善浆料的流动性使粉碎过程能顺利进行。由于助磨剂在粉碎过程中与物料之间所发生的表面物理化学过程相当复杂，同一种助磨剂在不同矿物粉碎过程中所表现出来的效果也不同，其使用量也有所不同。选择合适的助磨剂会对整个生产过程起着决定性的作用。

研究者在对滑石进行细磨的过程中，添加六偏磷酸钠作为助磨剂，试验结果表明：六偏磷酸钠主要通过电离产生的离子以物理吸附的方式作用于滑石粉的表面，改善了滑石粉浆液的流变性(黏度)和颗粒的分散性(Zeta 电位)，提高了其磨矿效率，所制备的滑石粉平均粒径为 85.6 nm。为解决用振动磨进行煅烧高岭土的细磨过程中常出现磨机出料困难的问题，采用实验室的振动磨进行粉体流动度实验，通过添加不同种类和用量的助磨剂来改善振动磨粉体的流动度，以改善振动磨内粉体的研磨效果。结果表明，煅烧高岭土的最佳研磨时间为 40 min 左右，当研磨时间超过 40 min 时，产品的颗粒度不会变得更细；加入助磨剂后，粉体在振动磨中的流动度得到改善，同时也能使产品的细度得到有效调整。有机助磨剂对流动度的影响明显好于无机助磨剂，但助磨剂的用量必须控制在合适的范围才能使流动度达到最佳指标：有机助磨剂用量在 0.5%时流动度最好，无机助磨剂用量在 0.1%时流动度最好。

4.2 助 磨 剂

4.2.1 助磨剂的种类

4.2.1.1 概述

在超细粉碎过程中，尤其是当颗粒的粒度减小到微米级后，超细粉体的比表面积和表面能显著增大，微细颗粒极易发生团聚，使实际应用受到了一定限制。在粉碎过程中，向超细粉体中添加一定量的助磨剂或分散剂则可以有效改善上述情况。

助磨剂是一种可以有效提高磨矿效率、改变磨矿环境或物料表面的物理化学特性、降低磨矿能耗的在微粉碎和超微粉碎作业中使用的一种辅助材料。添加助磨剂的主要目的是提高物料的可磨性，阻止微细颗粒的黏结、团聚和在磨机衬板及研磨介质上的附着，提高磨机内物料的流动性，从而提高产品细度和产量，降低粉碎极限和单位产品的能耗。

4.2.1.2　助磨剂的种类和选择

助磨剂种类繁多，助磨效果差异很大，应用较多的就有百余种。按其在常温下的存在状态，一般可分为液体、气体和固体 3 种。液体助磨剂有胺类、醇类、某些无机盐类；气体助磨剂有水蒸气、丙酮气体和惰性气体等；固体助磨剂有胶体炭黑、硬脂酸钙、无机盐氰亚铁酸钾、硬脂酸等。根据其本身的物理化学性质，又可分为有机助磨剂和无机助磨剂两种。助磨剂的种类及应用见表 4-3。

表 4-3　助磨剂的种类及应用

类型	助磨剂名称	应用
	乙醇、丁醇、辛醇、甘醇	石英
	甲醇、三乙醇胺、聚丙烯酸钠	方解石等
	乙醇、异丙醇	石英、方解石等
	乙二醇、丙二醇、三乙醇胺、丁醇等	水泥等
	丙酮、三氯甲烷、三乙醇胺、丁醇等	方解石、石灰
	丙酮	铁粉
	有机硅	氧化铝、水泥等
	C_{12} 胺～C_{14} 胺	石英、石灰岩等
液体助磨剂	FlotagamP	石灰石、石英等
	月桂醇、棕榈醇、油醇(钠)、硬脂酸(盐)	石灰石、方解石等
	硬脂酸(钠)	浮石、白云石、方解石
	癸酸	水泥、菱镁矿
	环烷酸(钠)	水泥、石英岩
	环烷基磺酸钠	石英岩
	聚二醇乙醚	碳化硅、氮化硅等
	正链烷系	苏打、石灰
	焦磷酸钠、氢氧化钠、碳酸钠、水玻璃等	伊利石、水云母等黏土矿物

类型	助磨剂名称	应用
液体助磨剂	氯化铵、氧化铝	石英岩等
	碳酸钠、聚马来酸、聚丙烯酸钠	石灰石、方解石等
	六偏磷酸钠、三聚磷酸钠、水玻璃等	石英、硅藻土、高岭土、云母等
	六聚磷酸钠	硅灰石等
	三聚磷酸钠	赤铁矿、石英
	水玻璃、硅酸钠	石英、长石、黏土矿、云母等
	二乙醇胺	方解石、水泥、锆英石等
	聚羧酸盐	滑石等
	烃类化合物	玻璃
	焦磷酸钠、六偏磷酸钠、聚丙烯酸钠等	黏土矿物
	硅酸钠、六偏磷酸钠、聚丙烯酸钠等	高岭土、伊利石等
	聚丙烯酸(钠)	高岭土、碳化硅等
固体助磨剂	石膏、炭黑	水泥、煤等
气体助磨剂	二氧化碳	石灰石、水泥
	丙酮蒸气	石灰石、水泥
	氢气	石英等
	氨气、甲醇	石英、石墨等

从化学结构上来说，助磨剂应具有良好的选择性分散作用，能够调节矿浆的黏度，具有较强的抗 Ca^{2+}、Mg^{2+} 的能力，受 pH 值的影响较小等。也就是说助磨剂分子结构要与细磨和超细磨系统复杂的物理化学环境相适应。在非金属矿的湿法超细粉碎中，常用的助磨剂根据其化学结构分为 3 类：①碱性聚合无机盐，主要用于硅酸盐矿物的粉碎；②碱性聚合有机盐，常用的是聚丙烯酸钠盐和铵盐；③偶极-偶极有机化合物。

在超细粉碎中，助磨剂的选择对于提高粉碎效率和降低单位产品能耗是非常重要的。需要注意的是，助磨剂的作用具有选择性，也就是说同一助磨剂对 A 物料有助磨效果，但是对 B 物料不一定有助磨效果。助磨剂的选择基于以下几点考虑：被磨物料的性质；粉碎方式和粉碎环境；助磨剂的成本和来源；助磨剂对后续作业的影响；助磨剂是否绿色环保。

助磨剂通常使用量为粉体质量的 1%以下。助磨剂的最佳作用量是能在粉体表面形成单分子层吸附的使用量，过多过少都会影响助磨效果。经济性是选用助磨剂需首要考虑的因素，选用助磨剂应遵循以下原则：具有较高的性价比，构成助磨剂的组分廉价且来源稳定；优先选用对最终粉体产品性能有提升作用的助磨剂；优先选用对粉体色度等表观性能影响较小的助磨剂。

4.2.2　助磨剂的作用

4.2.2.1　助磨剂的作用原理

关于助磨剂能够强化粉磨的原理，国内外学者都进行了大量研究工作，但还不够深入。目前关于助磨剂的作用机理，主要有两种观点：一是"吸附降低硬度"；二是"矿浆流变学"学说。前者认为助磨剂分子在颗粒上的吸附降低了颗粒的表面能或者引起表面层晶格的位错迁移，产生点或线的缺陷，从而降低颗粒的强度和硬度；同时，阻止新生裂纹的闭合，促进裂纹的扩展。后者认为助磨剂通过调节矿浆的流变学性质和矿粒的表面电性等，降低矿浆的黏度，促进颗粒的分散，从而提高矿浆的可流动性，阻止矿粒在研磨介质及磨机衬板上的附着以及颗粒之间的团聚[3]。

在磨矿时，磨矿区内的矿粒常受到不同种类应力的作用，导致形成裂纹并扩展，然后被粉碎。因此，物料的力学性质，如在拉应力、压应力或剪切力作用下的强度性质将决定对物料施加的力的效果。显然，物料的强度越低、硬度越小，粉碎所需的能量也就越小。根据格里菲斯定律，脆性断裂所需的最小应力为

$$\sigma = \left(\frac{4E\gamma}{L}\right)^{1/2} \tag{4-6}$$

式中，σ 为抗拉强度；E 为杨氏弹性模量；γ 为新生表面的表面能；L 为裂纹的长度。

式(4-6)说明，脆性断裂所需的最小应力与物料的比表面能成正比。显然，降低颗粒的表面能，可以减小使其断裂所需的应力。从颗粒断裂的过程来看，根据裂纹扩展的条件，助磨剂分子在新生表面的吸附可以减小裂纹扩展所需的外应力，防止新生裂纹的重新闭合，促进裂纹的扩展。实际颗粒的强度与物料本身的缺陷有关，使缺陷(如位错等)扩大无疑将降低颗粒的强度，促进颗粒的粉碎。有学者研究了在有无化学添加剂两种情况下液体对固体物料断裂的影响，液体尤其是水将在很大程度上影响碎裂，添加表面活性剂可以扩大这一影响。其原因是固体表面吸附表面活性剂分子后表面能降低，从而导致键合力的减弱。

4.2.2.2　影响助磨剂作用效果的因素

影响助磨剂对超细粉碎作用效果的因素很多，主要包括：助磨剂的用量、用法、矿浆浓度、pH 值、被磨物料粒度及其分布、粉碎机械种类及粉碎方式等[4]。

1. 助磨剂的用量

助磨剂用量对助磨的作用效果有显著的影响。一般来说，每种助磨剂都有其最佳用量。这一最佳用量与要求的产品细度、矿浆浓度、助磨剂的分子大小及其性质有关。分散剂的用量对矿浆黏度有重要影响，用量过大，将导致浆料黏度过大。聚合物分散剂用量过大后，引发聚合物链的互相缠绕，使颗粒形成聚团。助磨剂的用量对其作用效果具有重要影响。在一定的粉碎条件下，对于某种物料有一最佳助磨剂用量。用量过少，达不到助磨效果，过多则不起助磨作用，甚至起反作用。因此，在实际使用时，必须严格控制用量。最佳用量依产品细度或比表面积、浓度、pH 值以及粉碎方式和环境等变化，最好通过具体的试验来确定。

2. 矿浆的浓度或黏度

关于助磨剂作用效果的许多试验研究表明，只有矿浆浓度或体系的黏度达到某一值时，助磨剂才有明显的助磨效果。采用十六烷基三甲基溴化铵（CTAB）、三聚磷酸钠、六偏磷酸钠和柠檬酸钠作为云母的助磨剂，研究其对云母破裂能的影响（破裂能越小，云母越易破裂，助磨效果越好）。实验结果表明：这 4 种助磨剂的浓度对云母破裂能的影响都有一个最低值（最佳浓度），当助磨剂浓度低于最佳值时，破裂能随助磨剂浓度提高逐渐降低；而助磨剂浓度高于最佳值时，破裂能随助磨剂浓度提高逐渐上升。

3. 粒度大小和分布

粒度大小和分布对助磨剂作用效果的影响体现在两个方面：①粒度越小，颗粒质量越趋于均匀，缺陷越小，粉碎能耗越高，助磨剂则通过裂纹形成和扩展过程中的防"闭合"和吸附，降低硬度作用，降低颗粒的强度，提高其可磨度；②颗粒越细，比表面积越大，在相同含固量情况下系统的黏度越大。因此，粒度越细，分布越窄，使用助磨剂的作用效果越显著。

4. 矿浆 pH 值

矿浆 pH 值对某些助磨剂作用效果的影响，一是通过对颗粒表面电性及定位离子的调节影响助磨剂分子与颗粒表面的作用；二是通过对矿浆黏度的调节影响矿浆的流变学性质和颗粒之间的分散性。对于云母来说，如采用柠檬酸钠为助磨剂，则适宜的 pH 值在 5 左右，此时云母的破裂能可以比在水中降低 30%～40%（破裂能越小，助磨效果越好）。

4.3　矿物材料干式超细粉碎

在粉碎工艺上,超细粉碎工艺可分为干法(段或多段)粉碎、湿法(一段或多段)粉碎、干湿组合式 3 种。本书将重点讲述干法和湿法粉碎工艺。

干法超细粉碎工艺是一种被广泛应用的硬脆性物料的超细粉碎工艺。操作简便、容易控制、投资成本低、运转费用低等是该工艺的主要特点。在目前技术经济条件下,对前段不设置湿法提纯和湿法加工工序或后续不设置湿法加工工序的物料,如方解石、滑石、硅灰石等的超细粉碎,当产品细度 d_{97} 不小于 5 μm 时,采用干法加工工艺。典型的干法超细粉碎工艺包括气流磨、球磨机、机械冲击磨、介质磨(球磨机、振动磨、搅拌磨、塔式磨)等超细粉碎工艺[5-8]。

4.3.1　气流超细粉碎

4.3.1.1　粉碎原理

气流粉碎是指利用高速气流(300～500 m/s)或过热蒸汽(300～400℃)喷出时形成的强烈多相紊流场,使物料通过颗粒间的相互撞击、气流对物料的冲击剪切以及物料与设备内壁的冲击、摩擦、剪切等作用而粉碎的一种超细技术。实现该技术的设备称为气流粉碎机,又称为气流磨或流能磨,是最常用的超细粉碎设备之一。

气流磨主要粉碎作用区域在喷嘴附近,而颗粒之间碰撞的频率远远高于颗粒与器壁的碰撞,因此气流磨中的粉碎作用以颗粒之间的冲击碰撞为主。气流磨的工作原理如下:将无油的压缩空气通过拉瓦尔喷管加速成亚声速或超声速气流,喷出的射流带动物料作高速运动,使物料碰撞、摩擦、剪切而粉碎。被粉碎的物料随气流至分级区进行分级,达到粒度要求的物料由收集器收集下来,未达到粒度要求的物料再返回粉碎室继续粉碎,直至达到要求的粒度并被捕集[9-20]。

4.3.1.2　气流磨特点

目前工业上应用较广泛的气流磨有扁平(水平圆盘)式、循环式(跑道式)、对喷式(逆回式)、冲击式(靶式)、超音速和流化床逆向气流磨等。

气流磨与其他超细粉碎设备相比有以下特点:①粉碎仅依赖于气流高速运动的能量,机组无需专门的运动部件。②适用范围广,既可用于莫氏硬度不大于 9 的高硬度物料的超细粉碎,又可用于热敏性材料、低熔点材料及生物活性制品的粉碎。气流磨通过压缩气体形成高速气流，压缩气体在喷嘴处绝热膨胀加速，会使温度下降。粒子高速碰撞虽然会使温度升高，但由于绝热膨胀使温度降低，所以在整个粉碎过程中，物料的温度不致太高，这对于热敏性材料、低熔点材料及生物活性制品的粉碎十分重要。③粉碎过程主要是粒子碰撞，几乎不污染物料，而且颗粒表面光滑、纯度高、分散性好。④粉碎强度大，粉碎后颗粒的平均粒度小，一般小于 5 μm。⑤产品粒度分布范围窄。扁平式、对喷式、循环式气流磨，在粉碎过程中由于气流旋转离心力的作用，能使粗、细颗粒自动分级；对于其他类型的气流粉碎机也可与分级机配合使用，因此能获得粒度均匀的产品。⑥在粉碎的同时，实现物料干燥、表面包覆与改性。⑦自处理量大，自动化程度高，产品性能稳定。⑧辅助设备多，一次性投资大。影响运行的因素多，粉碎成本较高，噪声较大，环境污染相对严重。

随着技术的不断进步，气流磨作为超细粉碎设备的潜力已充分显现出来。虽然它在超细粉碎领域的应用仍存在粉碎极限的问题，且能量利用率较低，但由于气流磨是将超细颗粒凝聚体分散在空气中，并在分散的情况下进行收集，不但具有气流超细粉碎功能，而且具有优越的分散功能。所以，气流磨在超细粉碎领域的应用前景还是很广阔的。

4.3.2 搅拌超细粉碎

4.3.2.1 粉磨机理

搅拌研磨主要是指搅拌器搅动研磨介质产生不规则运动，从而对物料施加撞击或冲击、剪切、摩擦等作用使物料粉碎[21-24]。实现该过程的设备称为搅拌式超细粉碎机，又称为搅拌磨。

搅拌磨一般是由一个静置的内填研磨介质的筒体和一个旋转搅拌器构成。筒体一般带有冷却夹套，研磨物料时，冷却夹套内可通入冷却水或其他冷却介质，以控制研磨时的升温。研磨筒内壁可根据不同研磨要求镶衬不同的材料或安装固定短轴(棒)和做成不同的形状，以增强研磨作用。搅拌器是搅拌磨最重要的部件，主要有轴棒式、圆盘式、穿孔圆盘式、圆柱式、圆环式、螺旋式等。在搅拌器的带动下，研磨介质与物料作多维循环运动和自转运动，从而在磨筒内不断地上下、左右相互置换位置产生剧烈的运动，由研磨介质重力及螺旋回转产生的挤压力对物料进行摩擦、冲击、剪切作用而粉碎。

研磨介质的直径对研磨效率和产品粒有直接影响，通常采用平均粒径小于 6 mm 的球形介质。用于超细粉碎时，一般小于 1 mm。介质直径越大，产品粒径也越大，产量越高；反之，介质直径越小，产品粒度越小，产量越低。为提高粉磨效率，研磨介质的直径需大于给料粒度的 10 倍，研磨介质的粒度分布越均匀越好。此外，研磨介质的密度（材质）及硬度也直接影响研磨效果。介质密度越大，研磨时间越短。研磨介质的硬度需大于被磨物料的硬度，一般来说，需大 3 级以上。常用的研磨介质有氧化铝、氧化锆、刚玉珠、钢球（珠）、锆珠、玻璃珠和天然砂等。研磨介质的装填量对研磨效率也有影响。通常，粒径大，装填量也大；反之亦然。一般情况下，要求研磨介质在分散器内运动时，介质的空隙率不小于 40%。

搅拌磨按搅拌器类型可分为圆盘式、臂棒式、螺旋式、叶片式、偏心环式等多种；按磨机工作形式可分为间歇式、连续式、循环式 3 种；按研磨方式可分为湿法和干法 2 种；按照结构可分为立式和卧式 2 种。

4.3.2.2　搅拌磨的评价与选择

搅拌磨和普通球磨机一样，也是依靠研磨介质对物料施以超细粉碎作用，但其机理有很大不同。搅拌磨工作时，物料颗粒受到来自研磨介质的力即研磨介质之间相互冲击产生的冲击力、研磨介质转动产生的剪切力、搅拌棒后空隙被研磨介质填入时产生的冲击力 3 种。由于研磨介质吸收了输入能，并传递给物料，所以物料容易被超细粉碎。由于它综合了动量和冲量的作用，因而能有效地进行超细粉碎，使产品粒度达到微米级。此外，能耗绝大部分直接用于搅动研磨介质，而非虚耗于转动或振动的筒体，因此能耗比球磨机和振动磨都低。可以看出，搅拌磨不仅具有研磨作用，还具有搅拌和分散作用，所以它是一种兼具多功能的粉碎设备。

搅拌磨虽起步较晚，但发展迅速，特别是近十年取得了巨大进展。其具有如下优点：研磨介质与球磨机一样直接作用于物料，且研磨介质尺寸小，研磨效率大大提高，适用于超细粉的生产，产品细度可细至 1 pm 以下，是取得亚微米级产品的可行设备。产品细度容易调节、粒轻分布均匀。高的介质填充率和高的转速使研磨时间大大缩短，能量利用率高，比普通球磨机节能一半以上。占地面积小，结构简单，操作容易，与普通球磨机比噪声小。

国内工业生产上多采用湿法磨矿，干法用得很少。原因是湿法作业可提高矿物表面的光滑性，产品形状规则。由于一般有耐磨衬里，磨矿介质使用陶瓷和玻璃球等，对产品污染少。国产的湿法搅拌磨在非金属矿物超细粉碎中得到了广泛应用，效果较好，在高岭土和方解石的超细粉碎中能实现产品中 90% 以上的粒径小于 2 μm。但湿法磨机也有固液分离、干燥成本较高等缺点，使用也有局限。湿法搅拌磨如果能减少后续脱水、干燥作业，从而简化工艺、降低成本，仍不失为一种很好的超细粉碎设备。

在立式搅拌磨和卧式搅拌磨的选择上，应注意它们的特点：立式搅拌磨结构较简单，筛网和其他配件易更换，筛网不易磨损；卧式搅拌磨结构较为复杂，拆装和维修较困难，筛网磨损较快。立式搅拌磨中研磨介质上、下分布不易均匀，磨筒下部研磨介质密度高，以致应力分布不均，故立式搅拌磨工作稳定性不如卧式搅拌磨，其操作参数也较卧式搅拌磨严格。由于应力分布不均，直立式搅拌磨底部研磨介质可能会被压碎。此时，须清除压碎的研磨介质和补充研磨介质，且产品纯度、细度指标下降，成本上升。立式搅拌磨研磨介质充填率低于卧式搅拌磨，若研磨介质填充率较高则难以启动。立式搅拌磨转速较低，功率较小，适用于最大粒度为 15～20 μm 的产品。卧式搅拌磨研磨介质填充率高(可在 50%～90%较大范围内选择)，功率高，更适用于亚微米粉的生产。两种搅拌磨能达到相同等级的粉碎细度。

鉴于以上特点，立式搅拌磨相对于卧式搅拌磨有一定的优势，因此，国内使用的搅拌磨多为立式搅拌磨。

4.3.3　振动超细粉碎

振动研磨是一种利用球形或棒形研磨介质在磨筒内做高频振动，产生冲击、摩擦、剪切作用而使物料粉碎的超细粉碎技术。实现该技术的设备称为振动磨。振动磨的类型很多，按振动特点可分为惯性式、偏旋式；按筒体数目可分为单筒式和多筒式；按操作方法可分为间歇式和连续式等。

振动磨内研磨介质的研磨作用有研磨介质受高频振动、研磨介质循环运动、研磨介质自转运动等，这些作用使研磨介质之间以及研磨介质与筒体内壁之间产生强烈的冲击、摩擦和剪切，在短时间内将物料研磨成细小粒子。与球磨机相比，振动磨有如下特点：由于高速工作，可直接与电动机相连接，省去了减速设备，故结构简单、体积小、质量轻、占地面积小、能耗低。介质填充率高(一般为 60%～80%)，振动频率高($1000～1500$ min^{-1})，粉碎效率高，产量大，处理量较同容积的球磨机大 10 倍以上。产品粒度较细。筒内介质不是呈抛物线或泻落状态运动，而是通过振动、旋转与物料发生冲击、摩擦及剪切而将其粉碎及磨细。粉碎工艺灵活多样，可进行干法、湿法、间歇法和连续法粉碎。可有以下组合方式：间歇-干法粉碎、连续-干法粉碎、间歇-湿法粉碎、连续-湿法粉碎。粒度均匀，可通过调节振动的频率、振幅、研磨介质种类、研磨介质粒径等调节产品粒度，可进行细磨和超细磨。振动磨的缺点是噪声大，大规格振动磨机械对弹簧、轴承等机器零件的技术要求高[25-30]。

4.3.4　辊磨超细粉碎

高压辊式磨机又称辊压机或挤压磨。它是 20 世纪 80 年代中期开发的一种新型节能粉碎设备,由合肥水泥研究设计院、天津水泥工业设计研究院、洛阳矿山机器厂、唐山水泥机械厂四家单位联合引进德国 KHD 公司辊压机设计制造技术以来,经过数十年的不断完善,国产辊压机的辊径由 800 mm 发展到 1600 mm;辊宽由 200 mm 发展到 1400 mm;装机功率由 90 kW×2 发展到 1120 kW×2;整机质量由 30 多吨发展到 200 多吨,通过量由 40 t/h 发展到 800 t/h;配套磨机的产量由 20 t/h 发展到 180 t/h,辊压机产品质量逐步提高,节能幅度达 30%以上。国产辊压机发展历程大致可以分以下三个阶段。

　　研究开发阶段:参加引进辊压机设计制造技术的四家单位在做好引进样机的转化设计和制造的同时,相继开发出各自的国产化辊压机,并在 1990 年前后通过鉴定。在此期间国内的减速机生产厂家、轴承生产厂家、液压元器件生产厂家、耐磨堆焊生产研发等单位也都为国产化辊压机的研制成功做出了贡献。合肥水泥研究设计院经国家“七五”重点科技攻关专题研究,推出第一台国产辊压机,并成功地应用于工业性生产,取得了使磨机增产 40%、节电 15%的效果。

　　整改提高阶段:在此期间,由于各厂家制造的辊压机在水泥生产中相继出现问题,让一些辊压机用户“既尝到了增产节能甜头,也吃尽了频繁检修的苦头”。使得许多青睐辊压机增产节能效果的企业想上而不敢上。合肥水泥研究设计院对此进行了分析和整改、完善:一是注重加工件、配套件的质量提高;二是优化工艺系统及设备的选型与配套。经十余年的应用经验,推出了具有自主知识产权设计更合理、性能更优越、可靠性更高的第三代 HFCG 系列辊压机,有效解决了包括辊压机偏辊、偏载、水平振动和传动系统扭振等系列关键性技术难题。国内的减速机、轴承、液压元器件、耐磨堆焊材料等研发单位的配套件质量也都有较大提高,为国产辊压机的长期安全运转奠定基础,使主机设备运转率达90%以上,同时还开发出具有自主知识产权的 SF 系列打散分散机和 V 形分级机等,使挤压粉磨系统工艺更加完善,参数更加合理。

　　快速发展阶段:解决了大型国产化辊压机设备制造和工艺配套两方面的问题,使国产辊压机进入全面推广应用的新阶段。近年来,随着国家水泥产业结构调整,淘汰立窑,发展新型干法旋窑,500 t/h 熟料生产线已成为市场的主流,这就要求国产化辊压机也朝着大型化发展,及时开发出装机功率在 1120 kW×2 的大型 HFCG160-140 辊压机,与 Ø4.2m×13m 开路水泥磨配套,产量可达 170 t/h以上;而 Ø4.2m×13m 闭路水泥磨配套的产量则可达 180 t/h 以上,取得增产100%、节电 30%的实际应用效果。

　　辊压机主要由给料装置、料位控制装置、一对辊子、传动装置(电动机、皮带轮、齿轮轴)、液压系统、横向防漏装置等组成。采用高压料层粉碎原理使物料得以粉碎,是大能量一次性输入。为了实现工业生产连续性作业,采用一对相向运动的辊子。其中,一个是支承轴承上的固定辊,另一个是活动辊子,它可在机架的内腔中沿水平方向移动。两个辊子以同速相向转动，辊子两端的密封装置可防止物料在高压作用下从辊子横向间隙中排出。

物料由辊压机上部通过给料装置(重力或预压螺旋给料机)均匀喂入，主要依靠两个水平安装且同步相向旋转的挤压辊进行高压料层粉碎。被封闭的物料层在被迫向下移动的过程中所受挤压力逐渐增至足够大，直至被粉碎且被挤压成密实料饼从机下排出。

在高压区上部，所有物料首先进行类似于辊式破碎机的单颗粒粉碎。随着两辊转动，物料向下运动，颗粒间的空隙率减小，这种单颗粒的破碎逐渐变为对物料层的挤压粉碎。物料层在高压下形成，压力迫使物料之间相互挤压，因而即使是很小的颗粒也要经过这一抗压过程。这是其粉碎比较大的主要原因。料层粉碎的前提是两辊间必须存在一层物料：而粉碎作用的强弱主要取决于颗粒间的压力。由于两辊间隙的压应力高达 $50\sim300$ MPa(通常使用为 150 MPa 左右)，故大多数被粉碎物料通过辊间隙时被压成了料饼，其中含有大量细粉，并且颗粒中产生大量裂纹，这对进一步粉磨非常有利。在辊压机正常工作过程中，施加于活动辊的挤压粉碎力是通过物料层传递给固定辊的，不存在球磨机中的无效撞击和摩擦。试验表明，在料层粉碎条件下，利用纯压力粉碎比剪切和冲击粉碎能耗小得多，大部分能量用于粉碎，因而能量利用率高。这是辊压机节能的主要原因。

喂入的物料应具有一定的料压，以保证物料稳定连续地吸入辊间，形成较密实的料层；喂入的物料粒度应满足设计要求，以形成较密实的料层，但在高压料层粉碎前可以发生单颗粒破碎的部分除外；粉磨时应具有足够大的挤压粉碎力，不过，该粉碎力数值对于不同的物料和挤压效果有不同要求，应通过试验确定最佳值。

辊压机必须满料操作，运行过程中两辊之间必须保证充满物料不能间断，因此，在辊压机进料口上部设置稳流作用的称重仓是必要的，称重仓的容量设计也不能太小，否则缓冲余地太小，影响辊压机的正常运行，造成辊压后料饼质量的较大波动。还要控制好称重仓的料位，如果料位过低，辊压机上方不能形成稳定的料柱，使称重仓失去靠物料重力强制喂料的功能，且容易形成物料偏流入辊现象，引起辊压机振动或跳停。

辊压机辊面耐磨层容易磨损，尤其对金属异物反应敏感，因此喂入辊压机的物料应尽可能地彻底除铁，系统中除了在进料皮带上设置除铁器外，还有必要在进料皮带上设置金属探测仪；而且在生产过程中，应确保金属探测仪与进料系统联锁畅通，反应快捷，以便及时排除物料中混杂的金属异物，避免金属异物在辊压机与打散分级机组成的闭路系统中不断循环而反复损伤辊面层。

打散分级技术是一种集物料打散与分级的一种技术，挤压过的物料进入打散分级机后首先进行充分打散，打散是利用离心冲击破碎的原理。物料接触到高速旋转的打散盘后被加速，加速后的物料在离心力的作用下脱离打散盘，冲击在反击板上而被粉碎。粉碎后的物料进入风力选粉区内，粗粉运动状态改变较小，而细粉运动状态改变较大，从而使粗、细粉分离。若打散效果降低，应考虑反击衬板磨损、打散机传动皮带打滑、物料水分偏高以及分级环形通道堵塞等原因。

4.3.5　球磨超细粉碎

4.3.5.1　概述

球磨法制备粉体技术是物料被破碎机破碎后，在球磨机中粉碎的关键技术。它广泛应用于水泥、硅酸盐制品、建筑材料、耐火材料、化工、造纸、电力、化肥、粉磨冶金、选矿、玻璃、陶瓷等生产行业，对各种矿物或矿石、可磨性物料进行干式或湿式粉磨[31-33]。

凡从球磨机中卸出的物料即为产品，不带检查筛分或选粉设备的粉磨流程称为开路（或开流）流程。开路流程的优点是比较简单、设备少、扬尘点也少。缺点是当要求粉碎产品粒度较小时，粉磨效率较低，产品中会存在部分粒度不合格的粗颗粒物料。凡带检查筛分或选粉设备的粉磨流程称为闭路（或圈流）流程。该流程的特点是从粉碎机中卸出的物料须经检查筛分或选粉设备，粒度合格的颗粒作为产品，不合格的粗颗粒作为循环物料重新回至粉磨机中再行粉磨。粗颗粒回料质量与该级粉磨产品的质量之比称为循环负荷率。设出球磨机的物料质量为 F，回料质量为 G，产品质量为 Q，则循环负荷率（K）的数学表示式为

$$K = \frac{G}{Q} \times 100\% \qquad (4\text{-}7)$$

如果选粉机进料、粗粉回料、出选粉机成品物料的某粒径的累积筛余分别为 x_F、x_A、x_B，并且物料循环过程中无损失，则有

$$F = G + Q \qquad (4\text{-}8)$$

$$F_{x_F} = G_{x_A} + Q_{x_B} \qquad (4\text{-}9)$$

上两式联立并整理后可得循环负荷率的实用计算式为

$$K = \frac{G}{Q} = \frac{x_F - x_B}{x_A - x_F} \times 100\% \qquad (4\text{-}10)$$

检查筛分或选粉设备分选出的合格物料质量 m 与进该设备的合格物料总质量 M 之比称为选粉效率，用字母 E 表示。

$$E = \frac{m}{M} \times 100\% \tag{4-11}$$

如上同理，有

$$F(100 - x_F) = G(100 - x_F) + Q(100 - x_B) \tag{4-12}$$

整理得

$$E = \frac{m}{M} = \frac{Q(100 - x_B)}{F(100 - x_F)} = \frac{(x_A - x_F)(100 - x_B)}{(x_A - x_B)(100 - x_F)} \times 100\% \tag{4-13}$$

4.3.5.2　球磨技术

球磨机是在建材、冶金、选矿和电力等工业中应用极为广泛的粉磨机械，它由水平的筒体、进出料空心轴及磨头等部分组成。筒体为长的圆筒，筒内装有研磨体，筒体为钢板制造，有钢制衬板与筒体固定，研磨体一般为钢制圆球，并按不同直径和一定比例装入筒中，研磨体也可用钢段，根据研磨物料的粒度加以选择。物料由球磨机进料端空心轴装入筒体内，当球磨机筒体转动时，研磨体由于惯性和离心力作用、摩擦力的作用，附在筒体衬板上被筒体带走，当被带到一定高度时，由于其本身的重力作用而被抛落，下落的研磨体像抛射体一样将筒体内的物料击碎。

筒体在回转的过程中，研磨体也有滑落现象，在滑落过程中给物料以研磨作用。为了有效地利用研磨作用，对进料颗粒较大的物料进行磨细时，通常把磨机筒体用隔仓板分隔为两段，即成为双仓，物料进入第一仓时被钢球击碎，进入第二仓时，钢段对物料进行研磨，磨细合格的物料从出料端空心轴排出。对进料颗粒小的物料进行磨细时，如矿渣、粗粉煤灰，磨机筒体可不设隔仓板，成为一个单仓筒磨，研磨体也可以用钢段。

原料通过空心轴颈给入空心圆筒进行磨碎，圆筒内装有各种直径的磨矿介质（钢球、钢棒或砾石等）。当圆筒绕水平轴线以一定的转速回转时，装在筒内的介质和原料在离心力和摩擦力的作用下，随着筒体达到一定高度，当自身的重力大于离心力时，便脱离筒体内壁抛射下落或滚下，由于冲击力而击碎矿石。同时在磨机转动过程中，磨矿介质相互间的滑动运动对原料也产生研磨作用。磨碎后的物料通过空心轴颈排出。

4.3.5.3　自磨机

自磨机又称无介质磨矿机，其工作原理与球磨机基本相同，不同的是它的筒体直径更大，不用球或任何其他粉磨介质，而是利用筒体内被粉碎物料本身作为介质，在筒体内连续不断地冲击和相互磨削以达到粉磨的目的。有时为了提高处理能力，也可加入少量钢球，通常只占自磨机有效容积的 2%～3%。

自磨机的最大特点是可以将来自采场的原矿或经过粗碎的矿石等直接给入磨机。通常矿物按一定粒级配比给入磨机棒磨。自磨机可将物料一次磨碎到粒径 0.074 mm 以下的含量占产品总量的 20%～50%，粉碎比可达 4000～5000，比球、棒磨机高十几倍。自磨机是一种兼有破碎和粉磨两种功能的新型磨矿设备。它利用被磨物料自身为介质，通过相互的冲击和磨削作用实现粉碎，自磨机也因此而得名。

按磨矿工艺方法不同，自磨机可分为干式(气落式)和湿式(泻落式)两种。目前我国广泛使用的是湿式自磨机。

自磨机有变速和不同功率定转速两种拖动方式，有的自磨机还配备有微动装置。为便于维修，配备有筒体顶起装置；对于大型磨机，为消除启动时的静阻力矩，采用了静压轴承等现代先进技术，以确保自磨机能够安全运转。干式自磨机特点如下：空轴颈短，筒体短，这样可以使物料容易给入和易于分级，缩短物料在磨矿机中滞留时间，因而生产能力高；端盖和筒体垂直，并装有双凹凸波峰状衬板(或称换向衬板)，其作用除保护端盖外，还可以防止物料产生偏析现象，即物料落到一衬板的波峰后，可以被反弹到另一方，使之增加与下落的物料相互碰撞的机会，同时保证不同块度的物料在筒体内作均匀分布；筒体上镶有丁字形衬板，称为提升板，其作用是将物料提升到一定高度后靠其自重落下，以加强冲击破碎作用；给料经过进料槽进入自磨机，被破碎后的物料随风机气流从自磨机中排出，再进入相应的分级设备中进行分级，粗粒物料则又在排出过程中借助于自重返回自磨机中再磨；自磨机的筒体直径很大，通常约为其长度的 3 倍。

湿式自磨机特点如下：端盖与筒体不是垂直连接，端盖衬板呈锥形；排矿端侧增加了排矿格子板，从格子板排出的物料又通过锥形筒筛，筛下物由排矿口排出，筛上物则经螺旋自返装置返回自磨机再磨，形成了自行闭路磨矿，可以进一步控制排矿粒度，减少返矿量；给矿侧采用移动式的给矿小车；大齿轮固定在排矿端的中空轴颈上。湿式自磨机的其他部分构造和干式自磨机大致相同。

4.3.5.4　分级设备

1. 筛分设备

筛分一般适用于较粗物料(粒度大于 0.05 mm)的分级。在筛分过程中，大于筛孔尺寸的物料颗粒被留在筛面上，这部分物料称为筛上料；小于筛孔尺寸的物料颗粒通过筛孔筛出，这部分物料称为筛下料。筛分机械的类型很多，按筛分方式可分为干式筛和湿式筛；按筛面的运动特性，可分为如下四大类：振动筛、摇动筛、回转筛和固定筛。

2. 选粉机

在离心力场中，颗粒可获得比重力加速度大得多的离心加速度，故同样的颗粒在离心场中的沉降速度远大于重力场情形，换言之，即使较小的颗粒也能获得较大的沉降速度。

设颗粒在离心场中的圆周运动速度为 u_t，角速度为 ω，回转半径为 r，则在 Stokes 沉降状态下，颗粒所受离心力 F_c 和介质阻力 F_d 分别为

$$F_c = \frac{\pi}{6} D_p^3 (\rho_p - \rho) \omega^2 r = \frac{\pi D_p^3 (\rho_p - \rho) u_t^2}{6r} \tag{4-14}$$

$$F_d = K \rho D_p^3 u_r^2 \tag{4-15}$$

式中，u_r 为流体的径向运动速度，D_p 为颗粒直径，ρ_p 为颗粒密度。

F_d 与 F_c 方向相反，即指向回转中心。当 $F_c > F_d$ 时，颗粒所受的合力方向向外，因而发生离心沉降；反之，当 $F_c < F_d$ 时，颗粒向内运动；当 $F_c = F_d$ 时，有

$$\frac{\pi D_p^3 (\rho_p - \rho) u_t^2}{6r} = K \rho D_p^3 u_r^2 \tag{4-16}$$

所以，临界分级粒径为

$$D_c = \frac{6k\rho}{\rho_p - \rho} \frac{u_r^2}{u_t^2} r \tag{4-17}$$

此式表明，如果颗粒的圆周速度(即运动角速度)足够大时，即可获得足够小的分级粒径。常见的选粉机有离心式选粉机、旋风式选粉机、组合式选粉机和 O-Sepa 选粉机。

3. 水力旋流器

湿法粉磨时，出磨物料为料浆需要湿法分级设备，水力旋流器是一种利用流体压力产生旋转运动的分级装置。当料浆以一定的速度进入旋流器，遇到旋流器器壁后被迫作回转运动。由于所受的离心力不同，料浆中的固体粗颗粒所受的离心力大，能够克服水力阻力向器壁运动，并在自身重力的共同作用下，沿器壁螺

旋向下运动，细而小的颗粒及大部分水则因所受的离心力小，未及靠近器壁即随料浆作回转运动。在后续给料的推动下，料浆继续向下和回转运动，于是粗颗粒继续向周边浓集，而细小颗粒则停留在中心区域，颗粒粒径由中心向器壁越来越大，形成分层排列。随着料浆从旋流器的柱体部分流向锥体部分，流动断面越来越小，在外层料浆收缩压迫之下，含有大量细小颗粒的内层料浆不得不改变方向，转而向上运动，形成内旋流，自溢流管排出，成为溢流，而粗大颗粒则继续沿器壁螺旋向下运动，形成外旋流，最终由底流口排出，成为沉砂。

4. 收尘器

凡能将气体中的粉尘捕集分离出来的设备均称为收尘器，常称除尘器。按收尘器主要用途分有两种：一种是除去空气中的粉尘，改善环境，减少污染，所以有时又把这种用途的收尘设备叫作除尘设备，比如工厂的尾气排放使用的收尘设备；另一种用途是通过收尘设备筛选收集粉状产品，如水泥系统对成品水泥的收集提取，这类称为收尘设备。按气固分离原理可分为以下几类。

重力收尘器：利用重力使粉尘颗粒沉降至器底，如沉降室等。这种收尘装置能收集的粉尘粒径通常为 50 μm 以上。

惯性收尘器：利用气流运行方向突然改变时其中的固体颗粒的惯性运动而与气体分离，如百叶窗收尘器等。这种收尘器的分离粒径一般大于 30 μm。

离心收尘器：在旋转的气固两相流中利用固体颗粒的离心惯性力作用使之从气体中分离出来，如旋风收尘器。该收尘器的分离粒径可达 5 μm。

过滤收尘器：含尘气体通过多孔层过滤介质时，由于阻挡、吸附、扩散等作用而将固体颗粒截留下来，如袋式收尘器、颗粒层收尘器等。这种收尘器的分离粒径可达 1 μm。

电收尘器：在高压电场中，利用静电作用使颗粒带电从而将其捕集下来，如各种静电收尘器。这种收尘器的分离粒径可达 10^{-2} μm。

常用的有旋风收尘器、袋式收尘器、静电收尘器和电袋组合收尘器。

4.3.5.5　球磨法制备粉体的工艺流程

1. 开路流程

在粉磨过程中，当物料一次通过磨机后即为产品时，称为开路系统，即物料由进料装置经入料中空轴螺旋均匀地进入球磨机第一仓，该仓内有阶梯衬板或波纹衬板，内装不同规格钢球，筒体转动产生离心力将钢球带到一定高度后落下，对物料产生重击和研磨作用。物料在第一仓达到粗磨后，经单层隔仓板进入第二仓，该仓内镶有平衬板，内有钢球，将物料进一步研磨。粉状物通过卸料算板排出，完成粉磨作业。

优点：流程简单，设备少，投资省，操作维护方便。缺点：容易产生过粉磨现象。即磨内物料必须全部达到合格细度后才能出磨。当一些容易磨细的物料提前磨细后，在磨内形成缓冲层，妨碍其他物料的粉磨，有时甚至出现细粉包球现象，从而降低了粉磨效率，使磨机产量降低、电耗升高。

2. 闭路流程（圈流过程）

当物料经球磨机粉磨后，再经过分级设备选出产品，粗料返回磨机内再磨，称为闭路系统。闭路循环粉磨系统由选粉机与球磨机共同组成。选粉机的作用是将在磨内粉磨到一定粒度的合格细粉分离出去，把粗粉送回磨机重新粉磨，以调节粉料产品的颗粒组成，改善粗细粉不均匀现象，并能防止细粉对磨内研磨体的黏附，使磨机的粉磨效率得到提高。

优点：闭路系统能够将合格的细粉及时选出，减少磨内的缓冲作用，消除过粉磨现象，提高磨机产量。同时出磨物料经过输送和分级可散失一部分热量，粗粉回磨再磨时，可降低磨内温度，有利于提高磨机产量和降低粉磨电耗。一般闭路系统比开路系统可提高产量 15%～25%。产品细度还可通过调节分级设备的方法来控制，比较方便。开路系统产品的颗粒分布较宽，而闭路系统产品的颗粒组成较均匀，粗粒少，微粉也少，产品细度波动小，并易于调整。当 0.08 mm 筛筛余为 5%时，波动范围能控制在±0.5%以内。改变粉磨细度，仅调选粉机而不必改变钢球级配。

缺点：闭路粉磨的流程较复杂；附属设备较多，维修工作量大，设备运转率相对要低些，操作管理技术要求也高，基建投资大。

4.3.6　机械冲击超细粉碎

4.3.6.1　粉碎机理

机械冲击是指围绕水平或垂直轴高速旋转的回转体（如棒、叶片、锤头等）对物料进行强烈的冲击，使物料颗粒之间或物料与粉碎部件之间产生撞击，物料颗粒因受力而粉碎的一种超细技术。实现该技术的设备称为机械冲击式超细粉碎机。该类设备粉碎物料的机理主要有以下 3 个方面：①多次冲击产生的能量大于物料粉碎所需要的能量，致使颗粒粉碎，这是该类设备使物料粉碎的主要机制。从这个意义上说，碰撞冲击的速度越快、时间越短，则在单位时间内施加于颗粒的粉碎能量就越大，颗粒越易粉碎。②处于定子与转子之间间隙处的物料被剪切，反弹至粉碎室内与后续的高速运动颗粒相撞，使粉碎过程反复进行。③定子衬圈与转子端部的冲击元件之间形成强有力的高速湍流场，产生的强大压力变化可使物料受到交变应力作用而粉碎。因此，粉碎后成品的颗粒细度和形态取决于转子的冲击速率、定子和转子之间的间隙以及被粉碎物料的性质。

按转子的布置方式，机械冲击式超细粉碎机可分为立式和卧式两大类；按照转子的冲击元件的类型，又可分为销棒式、锤式、摆锤式等。

4.3.6.2　机械冲击式超细粉碎机特点

机械冲击式超细粉碎机较其他磨机具有以下优点：结构简单，操作容易，易于调节粉碎产品粒度；占地面积小，单位功率粉碎能力大；设备运转费用低，可进行连续、闭路粉碎；应用范围广，适用于多数矿石的粉碎。但由于工作时转子处于高速运转状态，运转环境恶劣，高硬度物料易使转子有严重的磨粒磨损，所以不适合高硬度物料的粉碎。韧性物料对冲击功有较强的吸收能力，不易破碎，所以韧性过高的物料的粉碎也不宜采用该类磨机。此外，还有发热问题，对热敏性物质的粉碎要采取适当措施。

总之，机械冲击式超细粉碎机是一种适用性很好的超细粉碎机，结构简单，粉碎效率高，粉碎比大，适用于中、软硬度物料的粉碎，目前在无机非金属矿超细粉碎领域占有重要地位。

4.4　矿物材料湿式超细加工技术

与干法超细粉碎工艺相比，由于水本身具有一定的助磨作用，加之湿法粉碎时粉料容易分散，而且水的密度比空气的密度大，有利于精细分级，因此湿法超细粉碎工艺具有粉碎作业效率高、产品粒度细、粒度分布窄等特点。一般生产 d_{97} 小于 5 μm 的超细粉体产品，特别是最终产品可以滤饼或浆料销售时，优先采用湿法超细粉碎工艺。但用湿法工艺生产干粉产品时，需要后续脱水设备(过滤和干燥)，而且由于干燥后容易形成团聚颗粒，有时还要在干燥后进行解聚，因此配套设备较多，工艺较复杂。

目前工业上常用的湿法超细粉碎工艺是搅拌磨、砂磨机、振动磨和球磨等工艺。以下主要介绍较典型的搅拌磨、砂磨机湿法超细粉碎工艺[34]。

4.4.1　湿式搅拌磨超细加工

4.4.1.1　概述

搅拌磨是 20 世纪 60 年代开始应用的粉磨设备，早期称为砂磨机，主要用于染料、涂料行业的料浆分散与混合，后来逐渐发展成为一种新型的高效超细粉碎机。搅拌磨是超细粉碎机中最有发展前途，而且是迄今为止能量利用率最高的一种超细粉磨设备，它与普通球磨机在粉磨机理上的不同点是：搅拌磨的输入功率直接高速推动研磨介质来达到磨细物料的目的。搅拌磨内置搅拌器，搅拌器的高速回转使研磨介质和物料在整个筒体内不规则地翻滚，产生不规则运动，使研磨介质和物料之间产生相互撞击和摩擦的双重作用，使物料被磨得很细并得到均匀分散的良好效果[35]。

　　搅拌磨湿法超细粉碎工艺主要由湿法搅拌磨及其相应的泵和储浆罐组成。原料(干粉)经调浆桶添加水和分散剂调成一定浓度或固液比的浆料后给入储浆罐，通过储浆罐泵入搅拌磨中进行研磨。研磨段数依据给料粒度和对产品细度的要求而定。在实际中，可以选用一台搅拌磨(一段研磨)，也可以采用两台或多台搅拌磨串联研磨。研磨后的浆料进入储浆罐并经磁选机除去铁质污染及含铁杂质后进行浓缩。如果该生产线建在靠近用户的地点，可直接通过管道或料罐送给用户；如果较远，则将浓缩后的浆料进行干燥脱水，然后进行解聚(干燥过程中产生的颗粒团聚体)和包装。

4.4.1.2　搅拌磨的结构和分类

　　最初的搅拌磨是立式敞开型容器，容器内装有一个缓慢运转的搅拌器。后来又由立式敞开型发展成为卧式密闭型。几乎所有立式或卧式结构的搅拌磨均由此原理改进而成。搅拌磨主要由带冷却套的研磨筒、搅拌装置和循环卸料装置等组成。冷却套内可通入不同温度的冷却介质以控制研磨时的温度。研磨筒内壁及搅拌装置的外壁可根据不同用途镶不同的材料。循环卸料装置既可保证在研磨过程中物料的循环，又可保证最终产品及时卸出。连续式搅拌磨研磨筒的高径比较大，其形状如一倒立的塔体，筒体上下装有隔栅，产品的最终细度是通过调节进料流量同时控制物料在研磨筒内的滞留时间来保证的。循环式搅拌磨是由一台搅拌磨和一个大容积循环罐组成的，循环能的容积是磨机容积的 10 倍左右，其特点是产量大、产品质量均匀及粒度分布较集中。搅拌器的结构有多种形式，除了叶片式外，还有偏心环式、销棒式。前者偏心环沿轴向布置成螺旋形，以推动介质运动并防止其挤向一端；后者搅拌轴上的销棒与筒内壁上的销棒相对交错设置，将筒体分成若干个环区，增大了研磨介质相互冲击和回弹的冲击力，从而提高粉磨效率。

　　搅拌磨的种类很多，按照搅拌器的结构形式可分为盘式、棒式、环式和螺旋式搅拌磨；按工作方式可分为间歇式、连续式和循环式三种类型；按工作环境可分为干式和湿式搅拌磨(一般以湿法搅拌为多)；按安放形式可分为立式和卧式搅拌磨；按密闭形式又可分为敞开式和密闭式搅拌磨等。

4.4.1.3　工作原理

由电动机通过变速装置带动磨筒内的搅拌器回转，搅拌器回转时其叶片端部的线速度约为 3～5 m/s，比高速搅拌时还要大 4～5 倍。在搅拌器的搅动下，研磨介质与物料作多维循环运动和自转运动，从而在磨筒内不断地上下、左右相互置换位置产生激烈运动，由研磨介质重力及螺旋回转产生的挤压力对物料进行摩擦、冲击、剪切作用而粉碎。由于它综合了动量和冲量的作用，因而能有效地进行超细粉磨，使产品细度达亚微米级。此外，能耗绝大部分直接用于搅动研磨介质，而非虚耗于转动或振动笨重的筒体，因此能耗比球磨机和振动磨都低。可以看出，搅拌磨不仅具有研磨作用，还具有搅拌和分散作用，所以它是一种兼具多功能的粉碎设备。

连续粉磨时，研磨介质和粉磨产品要采用分离装置分离。分离装置阻止研磨介质随产品一起排出。目前常用的分离装置是圆筒筛，其筛面由两块平行的筛板组成，工作时，介质不直接打击筛面，因而筛面不易损坏；由于筛子的运动，筛面不易堵塞。这种筛子的筛孔尺寸为 50～10 μm。为防止磨损，筛子的前沿和尾部采用耐磨材料制作。其不足之处是难以分离黏度较高的料浆。一种新的称为摩擦间隙分离器可保持分离设备用于处理黏度高达 5 Pa·s 的料浆的性能。其特点是旋转环固定在搅拌轴上以及反向环连接在底盘上。摩擦间隙的宽度可根据产品粒度要求的大小进行调节，最小间隙为 100 μm。摩擦间隙的宽度及筛孔尺寸须小于分离介质直径的 1/2。由于它具有自动清洗功能，不会出现阻塞现象。

研磨介质一般为球形，其平均直径小于 6 mm。用于超细粉碎时，一般小于 1 mm。介质大小直接影响粉磨效率和产品细度，直径越大，产品粒径也越大，产量越高；反之，介质粒径越小，产品粒度越小，产量越低。一般视给料粒度和要求产品细度而定。为提高粉磨效率，研磨介质的直径须大于给料粒度的 10 倍。另外，研磨介质的粒度分布越均匀越好。研磨介质的密度对粉磨效率也有重要作用，介质密度越大，研磨时间越短。研磨介质的硬度须大于被磨物料的硬度，以增加研磨强度。根据经验，介质的莫氏硬度最好比被磨物料的硬度大 3 级以上。常用的研磨介质有天然沙、玻璃珠、氧化铝、氧化锆、钢球等。研磨介质的装填量对研磨效率有直接影响，装填量视研磨介质粒径而定，但必须保证在分散器内运动时，介质的空隙率不小于 40%。通常，粒径大，装填量也大；反之亦然。研磨介质的填充系数，对于敞开立式搅拌磨为研磨容器有效容积的 50%～60%；对于密闭立式和卧式搅拌磨（包括双冷式和双轴式）为研磨容器有效容积的 70%～90%（常取 80%～85%）。

4.4.1.4　影响搅拌磨粉碎效果的主要因素

影响搅拌磨粉碎效果的主要因素有如下 3 个方面。

（1）物料特性参数。物料特性参数包括强度、弹性、极限应力、流体（料浆）黏度、颗粒大小和形状、料浆及物料的温度、研磨介质温度等。在搅拌磨内，物料特性对粉磨效果的影响与球磨机情况大致相同，即韧性、黏性、纤维类材料较脆性材料难粉碎；流体（料浆）黏度高、黏滞力大的物料难粉碎，能耗高。

（2）过程参数。过程参数包括应力强度、应力分布、通过量及滞留时间、物料充填率、料浆浓度、转速、温度、界面性能以及助磨剂的用量和特性等。

以上参数对粉磨效果的影响也与球磨机大致相同。由于搅拌磨多用于湿式粉磨，因此，料浆中固体含量（即浓度）对粉磨效果影响很大。浓度太低时，研磨介质间被研磨的固体颗粒少，易形成"空研"现象，因而能量利用率低，粉磨效果差；反之，当浓度太高时，料浆黏度增大，研磨能耗高，料浆在磨腔介质间的运动阻力增大，易出现堵料现象。因此，料浆中固体含量应适当，才能获得较好的粉磨效果。料浆浓度与被粉磨物料的性质有关。对于重质碳酸钙、高岭土等，浓度可达 70%以上。对于某些特殊的涂料和填料，其浓度一般不大于 25%～35%。应该指出的是，随着粉磨过程的进行，物料的比表面积增大，料浆的黏度也逐渐增大。因此，在粉磨过程中，需添加一定的助磨剂或稀释剂来降低料浆黏度，以提高粉磨效率和降低粉磨能耗。添加剂的用量与其特性和物料性质、工艺条件有关，最佳用量应通过实验来确定，一般控制在 0.5%以下。

（3）结构形状和几何尺寸。研究和生产实践证明，搅拌磨的磨腔结构形状及搅拌器的结构形状和尺寸对粉磨效果的影响非常显著。通常认为，卧式搅拌磨比立式搅拌磨的效果好，但拆卸维修装配较麻烦。在卧式搅拌磨中，弯曲上翘型比简单直筒型效果好，其原因是改变了料浆在磨腔内的流场，提高了物料在磨腔内的研磨效果。通常圆盘形、月牙形、花盘形搅拌器比棒形搅拌器研磨效果好。搅拌器的搅拌片或搅拌棒数量适当增多可提高研磨效果，但数量太多时反会降低研磨效率。磨腔及搅拌器尺寸太大或太小都对研磨效果不利，单台搅拌器的容积一般为 50～500 L。

立式搅拌磨与卧式搅拌磨这两种磨机都是应用较广泛的机型，它们各有特点。立式搅拌磨结构比卧式搅拌磨简单，易更换筛网及其他配件；卧式搅拌磨结构相对较为复杂，拆装和维修较困难且筛网磨损较快。立式搅拌磨工作过程中的稳定性不如卧式搅拌磨，其操作参数比卧式搅拌磨要求严格，如搅拌器的运转、磨腔内的流动状况等。原因是立式搅拌磨从顶端到底部研磨介质分布不均匀，下端研磨介质聚集较多、压实较紧，下层间应力分布不均匀。由于立式搅拌磨中研磨介质大部分聚集于底部，压应力大且筒体越高，底层压应力越大。所以，研磨介质的破碎现象比卧式搅拌磨严重得多。这将给研磨介质的分离带来一定困难。另外，对产品的纯度和细度以及生产成本都有较大影响。卧式搅拌磨研磨介质的填充率可视物料情况在 50%～90% 的较大范围内进行选择，而立式搅拌磨研磨介质的填充率不宜过大；否则，会使磨机启动功率增大，甚至启动困难。

立式搅拌磨干式连续闭路超细粉碎系统，主要由原料准备(预粉碎和原料仓)、喂料系统(斗式提升机和螺旋给料机)、研磨介质储存及添加系统(研磨介质储仓和斗式提升机及螺旋给料机)、立式搅拌磨和精细分级机系统(搅拌磨机和空气分级机)以及集料和除尘设备等组成。影响干式搅拌磨超细粉碎产品细度和产量的主要工艺因素包括如下：研磨介质的密度、直径以及填充率(介质体积占研磨筒体有效容积的百分数)；物料的停留时间；搅拌磨的转速；分级机的性能。

4.4.2　湿式砂磨超细加工

4.4.2.1　概述

砂磨机又称珠磨机，根据使用性能大体可分为卧式砂磨机、篮式砂磨机、立式砂磨机等。主要由机体、磨筒、砂磨盘(拨杆)、研磨介质、电机和送料泵组成，进料的快慢由进料泵控制。该设备的研磨介质一般分为氧化锆珠、玻璃珠、硅酸锆珠等。在常见的立式砂磨机、卧式砂磨机、篮式砂磨机、双锥棒式砂磨机、纳米级卧式砂磨机中，除立式砂磨机选用普通 2～3/3～4 mm 的玻璃珠外，其他设备均采用 0.8～2.4 mm 的氧化锆珠。

根据研磨筒的结构形状，砂磨机可以大致分为立式和卧式两种，其中立式砂磨机的超细粉碎工艺配置和工艺影响因素与搅拌磨相似。卧式砂磨机研磨工艺一般包括配浆→分散(前处理)→研磨→筛析等。串联的卧式砂磨机可分为一机一罐、一机两罐、多机(两台以上砂磨机)的超细研磨工艺。砂磨机与球磨机、辊磨机、胶体磨等研磨设备相比较，具有生产效率高、连续性强、成本低、产品细度高等优点。砂磨机与球磨机、辊磨机、胶体磨等研磨设备相比，工艺条件差异很大，对细度要求可以通过适量加减研磨介质进行调整、分类[36]。

4.4.2.2　工作原理

砂磨机采用盘式或棒销式，封闭内腔式设计，研磨盘按照一定顺序安装在搅拌轴上，克服了传统卧式砂磨机研磨介质分布不均、研磨后粒度分布差的缺点，物料在进料泵的作用下进去研磨腔，入口的设计是在驱动连接法兰的一端，物料的流向与机械轴承相反，大大减轻了机械密封的承受压力，延长了其使用寿命，在搅拌轴偏心盘高速运转中，物料和研磨介质的混合物发生高效相对运动，其结果，物料固体颗粒被有效分散、剪切研磨，经动态大流量转子缝隙分离过滤器后，得到最终产品。视产品研磨工艺不同，可采用独立批次循环研磨、串联研磨工艺。

4.4.2.3　研磨制备粉体工艺与技术

超细研磨工艺包括连续研磨工艺和循环研磨工艺。连续研磨工艺，首先加料泵将预分散的物料送入砂磨机，研磨筒内装有研磨介质。磨细后的物料经动态分离器排出，视产品细度要求不同，可以采用单台连续或多台串联研磨工艺。循环研磨工艺，首先加料泵将预分散的物料送入砂磨机，研磨后的物料经动态分离器分离后又返回物料循环筒，多次进行循环研磨。循环时间或次数视最终产品细度而定。该工艺适用于对产品细度要求较高的情况。

参 考 文 献

[1] 盖国胜. 超细粉碎分级技术. 北京: 中国轻工业出版社, 2000.

[2] 蔡祖光. 陶瓷原料球磨细碎的影响因素. 佛山陶瓷, 2012(5): 39-45.

[3] 刘玲玲, 吴帅, 张大卫, 等. 纳米滑石粉的制备及机理研究. 材料导报, 2011, 25(18): 16-18.

[4] 徐政, 岳涛, 沈志刚. 助磨剂对煅烧高岭土在振动磨中粉体流动的影响. 中国粉体技术, 2012, 18(5): 61-64.

[5] 李营营, 李凤久, 王迪, 李国峰. 超细粉碎研究现状及其在磷矿加工领域中的应用. 矿产保护与利用, 2020, 40(6): 47-51.

[6] 李启衡. 粉碎理论概要. 北京: 冶金工业出版社, 1993.

[7] 赵敏, 卢亚平, 潘英民. 粉碎理论与粉碎设备发展评述. 矿冶, 2001, 10(52): 36-41.

[8] 李凤生等. 超细粉体技术. 北京: 国防工业出版社, 2000.

[9] 孟宪红, 宋守志, 徐小荷. 关于气流粉碎基础理论研究进展. 国外非金属矿, 1996(5): 50-54.

[10] 杨宗志. 超微气流粉碎. 北京: 化学工业出版社, 1995.

[11] 钱海燕, 马振华, 张少明. 超细气流粉碎机的类型及基本性能. 硅酸盐通报, 1996(3): 61-65.

[12] 吕盘根. 气流粉碎机在国内外的发展. 化工机械, 1993, 20(6): 353.

[13] 雷波. 气流粉碎机的现状及技术进展. 江苏陶瓷, 2000, 33(3): 3-5.

[14] 言仿雷. 超细气流粉碎技术. 材料科学与工程, 2000, 72(4): 145-149.

[15] 刘雪东, 卓震. 扁平式气流粉碎机粉碎室流场的数值模拟. 化工学报, 2000, 51(3): 414-417.

[16] 蒋新民, 王新功, 左金. 超微气流粉碎机的研制与应用. 非金属矿, 1999, 22(SI): 22-24.

[17] 王晓燕, 葛晓陵, 赵雪华, 王志文. 流化床式气流粉碎机粉碎分级性能研究. 金属矿, 1998, 21(5): 15-19.

[18] 朱纪春, 李庭寿, 朱冬麟. QLM 型对撞式气流磨的粉碎机理与应用. 耐火材料, 1996,

30(3):158-159.

[19] 吉晓莉, 叶菁, 崔亚伟. 流化床对喷式气流磨的粉碎机理. 湖北化工, 1999(3):15-16.

[20] 林伟, 孙晓明, 王治祥, 赵凤金. 流化床式气流磨的操作优化. 武汉工业大学学报, 2000, 22(5):90-92, 103.

[21] 崔政伟, 王有伦, 陆振曦. 搅拌磨粉碎机理及其主要工作参数的研究. 化工装备技术, 1995, 16(4):6-9.

[22] 杨华明, 唐爱东, 邱冠周. 搅拌磨在超细粉制备中的应用. 矿产综合利用, 1997(1):33-37.

[23] 肖美添, 王明忠, 魏永聪. 搅拌磨研磨介质磨损规律研究. 化工装备技术, 1998, 19(3):9-11.

[24] 杨华明, 邱冠周, 高太峰, 王淀佐. 搅拌磨超细粉碎工艺的研究. 金属矿山, 1999, 274(4):35-40.

[25] 王勇勤, 程燕青, 许中明. 偏旋式振动磨的动力学研究. 中国工程机械, 1976, 7(6):19-23.

[26] 阎民, 郭天德, 曹维庆. 振动磨理论研究进展. 西安理工大学学报, 1998, 14(4):417-421.

[27] 尹忠俊, 朱允言. 振动磨连续粉磨工艺. 北京科技大学学报, 1997, 19(S1):84-88.

[28] 王怠, 罗帆. 振动磨理论及其装备技术进展. 中国建材装备, 1998(5):14-17.

[29] 郭天德. 振动磨的发展及降低能耗途径. 中国非金属矿导刊, 1999(5):79-82.

[30] 阎民, 贾启芬, 陈予恕, 等. 振动磨 DEM 动力学分析模型. 天津大学学报, 2000, 33(1):59-62.

[31] 龚姚腾, 阙师鹏. 行星式球磨机动力学及计算机仿真. 南方冶金学院学报, 1997, 18(2):101-105.

[32] 邢伟宏, 高琼英. 高能球磨处理粉煤灰的形貌特征及水化特性. 武汉工业大学学报, 1998, 20(2):42-44.

[33] 颜景平, 易红, 史金飞, 等. 行星式球磨机研制及其节能机理. 东南大学学报(自然科学版), 2008, 38(1):27-31.

[34] 谢勇, 高健强, 李刚凤, 等. 湿法超细粉碎技术的研究进展. 铜仁学院学报, 2015, 17(4):47-53.

[35] 张平亮. 湿式搅拌磨微粉碎技术的研究. 化工装备技术, 1995, 16(6):6-9.

[36] 蒋建平, 周晓华. 一种新型超细粉磨设备——AC 型循环式湿法行星磨简介. 江苏陶瓷, 1994(4):6-11.

第5章　矿物材料分级与分离技术

5.1　概　　述

分级是物料按粒度分离的一种形式。根据分级的原理、设备及分级介质的不同，分级包括水力分级、风力分级和筛分。具体采用哪种分级方法，取决于被分级物料的粒度状况和作业条件。在水介质中，不同粒度物料按沉降速度或运动轨迹的差异分成若干粒级的作业称为水力分级。风力分级是利用颗粒在空气介质流中沉降速度差，或者利用运动轨迹的不同，将物料分为不同粒度级别，通常用于超细粉碎粉体的分级。由于分级时物料是干的，也称为干式分级。集尘作业实质上就是风力分级。筛分作业是借助筛面将物料按粒度分离的过程。干法分级以气体为介质，分级成本低，操作简单，但会造成空气污染且分级精度不高；湿法分级以液体为介质，分级精度高、不产生爆炸性粉尘，但分级后还需进行脱水、干燥、分散、废水处理等后续处理工艺[1-3]。

当料浆的固体含量较低，即在足够容积的流体介质中的颗粒数目较少，颗粒之间的相互作用对颗粒的运动影响可忽略时，颗粒的沉降称为自由沉降。假设颗粒形状为球形，当颗粒在重力作用下在流体介质中自由下沉时，颗粒将受到介质的阻力作用，阻力的大小与颗粒和介质之间的相对速度有关。当相对速度较小时，处于所谓层流状态，受到的阻力主要是黏性阻力；相对速度较大时，处于所谓紊流状态，受到的阻力主要是惯性阻力；相对速度在两者之间时，黏性阻力和惯性阻力都起重要的作用。颗粒下沉的速度逐渐增加时，受到介质的阻力也增加；当介质的阻力等于颗粒的重力减去介质对颗粒的浮力时，颗粒的下沉速度恒定，达到最大值，即达到所谓沉降末速。流体介质对颗粒的阻力为

$$W = cF\frac{v^2}{2} \tag{5-1}$$

式中，W 为介质对颗粒的阻力；F 为颗粒垂直于运动方向的横截面积；c 为阻力系数，取决于雷诺数；v 为颗粒运动速度。

球状颗粒的阻力系数与雷诺数具有一定关系。当 $Re \approx 0\sim0.6$ 时，阻力是黏性阻力，阻力系数 $c \approx 24/Re$，代入式(5-1)，得出颗粒运动的 Stokes 公式：

$$W = 3\pi\eta dv \tag{5-2}$$

当 $Re=0.6\sim4$ 时，式 (5-2) 应乘以修正系数 $(1+\dfrac{3}{16}Re)$，即

$$W = 3\pi\eta dv(1+\frac{3}{16}Re) \tag{5-3}$$

当 $Re = 30\sim300$ 时，阻力系数导出的颗粒运动公式称为 Allen 公式；当 $Re = 1000\sim15000$ 时，阻力是惯性阻力，阻力系数 $c = 0.4$，导出的颗粒运动公式称为牛顿公式。一个质量为 m 的颗粒在流体介质中的沉降公式为

$$m\frac{\mathrm{d}v}{\mathrm{d}t} = \left(m - m'\right)g - W \tag{5-4}$$

式中，m、m' 分别为颗粒质量与颗粒同体积的介质的质量；g 为重力加速度；mg 为颗粒所受重力；$m'g$ 为颗粒受到的浮力；W 为介质对颗粒的阻力。

对于直径为 d、密度为 δ 的球状颗粒，设介质的密度为 ρ，代入式 (5-4) 并化简：

$$\frac{\mathrm{d}v}{\mathrm{d}t} = \frac{\delta - \rho}{\delta}g - \frac{3c\rho v^2}{4\delta d} \tag{5-5}$$

当颗粒的加速度 $\mathrm{d}v/\mathrm{d}t = 0$ 时，颗粒达到最大沉降速度，即沉降末速：

$$v_{\mathrm{m}} = \sqrt{\frac{4gd(\delta - \rho)}{3c\rho}} \tag{5-6}$$

式中，v_{m}、d、δ 分别是颗粒的沉降末速、颗粒直径、颗粒密度；ρ 为介质密度；c 为阻力系数；g 为重力加速度。

根据阻力系数与雷诺数的关系，求出在不同 Re 值时的沉降末速。

（1）$Re = 0\sim0.6$，为 Stokes 公式适用的范围。

在水中沉降：

$$v_{\mathrm{m}} = K_{\mathrm{st}}'' d^2 \left(\delta - 1\right) \tag{5-7}$$

在空气中沉降：

$$v_{\mathrm{m}} = K_{\mathrm{st}}' d^2 \delta \tag{5-8}$$

式中，v_{m}、d、δ 的单位分别是 cm/s、cm、g/cm³；K_{st}' 和 K_{st}'' 的数值见表 5-1。

表 5-1 K'_{st} 和 K''_{st}

介质的温度/°C	10	15	20	25	30
K'_{st}	4175	4775	5425	6100	—
K''_{st}	3.1×10^5	—	3×10^5	—	2.9×10^5

对于不同物料，Stokes 公式适用的颗粒最大直径及沉降末速如表 5-2 所示。

表 5-2 Stokes 公式适用的颗粒最大直径及其沉降末速

物料	密度/(g/cm³)	在水中沉降		在空气中沉降	
		最大颗粒直径/mm	沉降末速/(cm/s)	最大颗粒直径/mm	沉降末速/(cm/s)
煤	1.30	0.155	0.39	0.061	14.5
石英	2.65	0.088	0.69	0.048	18.7
磁铁矿	5.10	0.0650	0.93	0.389	23.3

（2）$Re = 30 \sim 300$，为 Allen 公式适用的范围。

在水中沉降：

$$v_m = K'_A d^2 (\delta - 1)^{2/3} \tag{5-9}$$

在空气中沉降：

$$v_m = K''_A d^2 \delta^{2/3} \tag{5-10}$$

K'_A 和 K''_A 的数值见表 5-3。

表 5-3 K'_A 和 K''_A

介质的温度/°C	K'_A	K''_A
10	110	4100
20	120	4200

（3）$Re = 1000 \sim 150000$，为牛顿公式适用的范围。

在水中沉降：

$$v_m = 55\sqrt{d(\delta - 1)} \tag{5-11}$$

在空气中沉降：

$$v_m = 1600\sqrt{d\delta} \tag{5-12}$$

对于不同物料，牛顿公式适用的最大颗粒直径及其沉降末速见表 5-4。

表 5-4　牛顿公式适用的最大颗粒直径及其沉降末速

物料	密度/(g/cm³)	在水中沉降		在空气中沉降	
		最大颗粒直径/mm	沉降末速/(cm/s)	最大颗粒直径/mm	沉降末速/(cm/s)
煤	1.30	4.7	21	1.8	770
石英	2.65	4.7	37	2.15	1000
磁铁矿	5.10	2.0	50	3.12	1240

当料浆的固体含量较高时，在一定容积内的颗粒数目很多，颗粒间互相影响，使沉降末速降低。对于层流情况，沉降末速为

$$v'_m \approx (1-S_v^{2/3})(1-S_v)(1-2.5S_v)v_m \tag{5-13}$$

式中，v'_m 为干涉沉降条件下的沉降末速，cm/s；v_m 为自由沉降条件下的沉降末速，cm/s；S_v 为料浆中固体的体积含量，以分数表示。

第一个括弧考虑了由于颗粒数目较多使沉降断面积减少的影响；第二个括弧考虑了料浆的容重大于介质的容重的影响；第三个括弧考虑了颗粒对介质的黏度的影响。

对于紊流情况，沉降末速为

$$v'_m = K_N \sqrt{\frac{\delta - \delta_p}{\delta_p}} d \tag{5-14}$$

式中，v'_m 为干涉沉降条件下的沉降末速，cm/s；δ、δ_p 分别为颗粒和料浆的容重，g/cm³；d 为球状颗粒的直径，mm；K_N 为系数，K_N 在水中时为 55；在空气中时为 1600。

式(5-5)至式(5-13)是假定颗粒为球状导出来的，而颗粒的实际形状仅仅是近似于球状，有的颗粒甚至呈片状、条状，它们对颗粒的沉降末速也会产生影响。对于这种影响，用颗粒的形状系数进行修正。形状系数的定义是

$$\psi_m = \frac{S_{ab}}{S_s} \tag{5-15}$$

式中，S_s 为颗粒的实际比表面；S_{ab} 为同体积的球状颗粒的比表面。

对于一般物料，系数 ψ_m 的值在 0.5～0.7 之间，粒度越细，形状系数对阻力系数和沉降末速的影响越小。

1. 粒度分配曲线

在理想情况下，分级应该严格按照物料的粒度进行，分成粗、细产物。但是由于水流的紊动及颗粒密度、形状等因素的影响，分级后将有部分细粒级的

颗粒混入沉砂中，溢流中也会混有粒度较粗的颗粒，这种现象反映了分级的不完善性，从而需要进行分级效率的评定。以粒度为横坐标，各粒级在粗粒级或细粒级中的分配率为纵坐标，绘制出的表示分级效果的曲线称为分配曲线，如图 5-1 所示。图中纵坐标 ε_{OV} 代表各个粒级在细粒级（溢流）中的分配率；纵坐标 ε_s 表示各个粒级在粗粒级（沉砂）中的分配率。分配率为 50%所对应的粒度即为分离粒度，记作 d_{50}[4,5]。

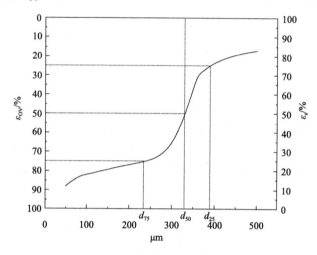

图 5-1　粒度分配曲线图

　　分配曲线的形状反映了分级效率，如图 5-1 所示。理想的分配曲线是在 d_{50} 处垂直于横轴的直线。实际分配曲线越接近理想分配曲线，即实际分配曲线中间部分越尖锐，表示分级进行得越精确，分级效率越高。利用分配曲线确定分离粒度是国内外广泛使用的方法，并用可能偏差 E_f 表示分级效率。在数值上，取分配率为 25%或 75%的粒度值与分离粒度 d_{50} 的差值作为 E_f 的评定尺度。但考虑到实际分配曲线的不对称性，常用的计算式为

$$E_f = \frac{d_{25} - d_{75}}{2} \tag{5-16}$$

式中，d_{25}、d_{75} 分别为溢流（或沉砂）中分配率为 25%和 75%的粒度值。

　　分配曲线也可以用来评定原料按密度分选的效率，不过须将产物用重液分离成多个级别，然后计算出各个密度级别在低密度产物和高密度产物中的分配率，绘制出密度分配曲线，由曲线可以查得分离密度 δ_{50} 及可能偏差 E_f。

　　2. 分级效率

　　分级效率是指分级机溢流中某粒度级别的质量占分级机给矿中同一粒级质量

的百分数,其计算公式为

$$E = \frac{\beta(a-\theta)}{a(\beta-\theta)} \times 100\% \qquad (5\text{-}17)$$

式中,α、β、θ分别为入料、细粒产物和粗粒产物中小于规定粒度的量,%。

式(5-17)只考虑了进入溢流中细粒级的含量,而未考虑溢流中混入的粗粒级的量。如果既考虑分级过程量的效果,又反映分级产物质的好坏,可用下式计算分级效率:

$$\eta_{\mathrm{f}} = \gamma \frac{\beta}{\alpha} - \gamma \frac{100-\beta}{100-\alpha} = \frac{\gamma(\beta-\alpha)}{\alpha(100-\alpha)} \times 100\% \qquad (5\text{-}18)$$

式中,γ为细粒级产率,%;其他符号意义相同。

5.2 矿物材料分级技术

5.2.1 干式分级

干式分级是以空气为介质进行粉体分级的工艺,如空气旋流式分级、转子式气流分级等分别采用离心力场和惯性力场对粉体颗粒进行分级。气流分级是典型的干式分级。干式分级的优点是分级后的产品不需要再干燥和分散等后处理操作,成本低。许多学者提出干式分级理论,使干式分级设备得到广泛使用。其分级理论总结出来后,主要有以下几种[6-8]。

(1)附壁效应理论。附壁效应理论是利用细微粉体可以随气流沿着弯管壁面运动的特点,由 Leschonski 和 Rumft 提出,如图 5-2 所示。具体理论内容为:设物料到上下壁面的距离分别为 S_2、S_1,高速物料从一侧设置有弯曲壁面的喷嘴中喷出,因有 S_1 大于 S_2,下壁面对流体的卷吸速度明显地小于上壁面,故物料在两侧的卷吸速度不一样形成压力差,气流路径便会向下偏转,细颗粒惯性小会沿器壁做附壁运动,而粗颗粒会因惯性力大被抛出,从而将粗细颗粒进行分级。

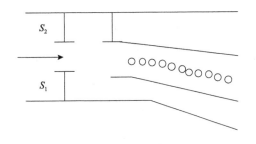

图 5-2 附壁效应原理

(2)惯性分级理论。惯性分级理论分为一般惯性分级理论和特殊惯性分级理论,如图 5-3 所示,利用不同质量物料颗粒有相同的速度,具有一定的动能时，当颗粒运动方向上的作用力发生改变，颗粒因惯性力不同产生不同的运动路径，其中粗颗粒的惯性力与细颗粒相比较大，所以运动方向发生较小的偏转，达到分级效果。

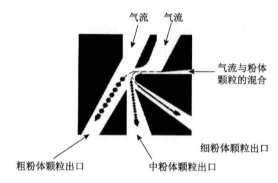

图 5-3　惯性分级原理图

　　有两种运用惯性分级理论的特殊惯性分级器，分别是：有效碰撞分级机和叉流弯管式分级机。运用这种理论的分级设备，分级粒径可达到 1 μm，处理量达 1800 kg/h；有效碰撞分级机原理如图 5-4 所示，分级粒径已经达到 0.3 μm，处理量高达 1800 kg/h。

　　（3）新型超细分级原理。迅速分级原理、减压分级原理和高压静电分级原理均是近些年来研究发现的新型超细分级原理。迅速分级原理如图 5-5 所示，由于细微粉体表面具有大的比表面能，粉体颗粒之间有强烈的吸引力，特别是那些粒径与分级粒径接近的颗粒在分级室的停留时间越长，越容易发生团聚。故在分级空间中，采用适当的流场将接近分级粒径的粉体从分级设备中分离出去，通过缩短该粒径的颗粒停留时间，实现快速高效分级的有效方法[9,10]。

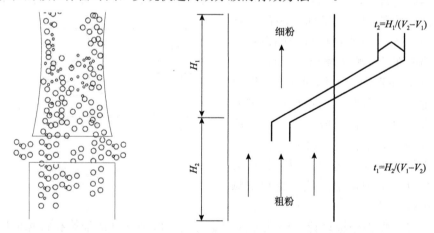

图 5-4　有效碰撞分级原理　　　　　　　　图 5-5　迅速分级原理

（4）减压分级理论。当颗粒粒径与介质气体分子的运动平均自由行程相近时，因颗粒四周产生分子力滑动而导致所受阻力减小而实现减压分级。所以在重力场或离心力场进行分级时，颗粒的沉降速度都会增加，这将导致分级设备可分离出更细粒径的颗粒。在常压下，压力影响颗粒沉降速度的程度与颗粒粒径有关，粒径越大，影响程度越小，而减压会使得分级粒径减小到 1/10 以下。即总的来讲，颗粒受到的气体阻力与 Cunningham 效应系数有关，气体分子的平均自由行程与压力有关，压力越小分子的自由行程越大，Cunningham 效应系数越大，分级粒径越小。如图 5-6 所示为高压静电分级原理图，预处理是先将空气和粉体颗粒混合形成溶胶状态，接着将混合溶胶从给入口处均匀进入，颗粒经过放电极板并带正负电荷。当带电粉体在加有高压静电场的设备上进行分级时，带电粉体会受到静电力和重力的共同作用。因带电物料颗粒重力加速度不变，故颗粒的合成加速度受电场力的作用效果十分明显，颗粒的运动轨迹会因其自身质量而有所不同，较粗颗粒的偏离中心距离较小，较细颗粒的偏离中心距离较大。由此，粗细颗粒分级进入不同的收集区，达到分级效果。但该原理的使用一般在实验室使用，且要求施加的电压较高[11-14]。

干式分级不足的地方是分级精度不高，随着工业生产对颗粒粒径要求越来越细，干式分级无法满足产品要求。

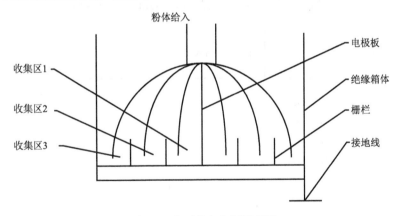

图 5-6　高压静电分级原理图

5.2.2　湿式分级

湿式分级以液体为流体介质，分级精度较高且均匀性好。当分级物料处于液体中，因为液体本身具有分散作用，粉体颗粒在分级时几乎可以达到完全分散的状态，这是干式分级所不具备的。湿式分级较之干式分级，其优点在于当物料处于液体介质中，介质可以产生很好的分散度获得更细的粒径产品，控制粒径在很窄的范围内，而且适用于易爆炸性的粉尘颗粒。不足之处在于分级后的产品需要进行复杂的脱水、干燥和防团聚等后处理[15,16]。

　　对于一些易燃易爆的物料或不要求产品为干燥状态时，应选择湿式分级。根据分级时所利用的力场不同，超细粉体的湿式分级大体上可分为两种类型：一是水力分级，利用重力沉降末速的原理；二是旋流式分级，利用离心力沉降末速的原理。湿式分级的主要分级设备有卧式螺旋离心分级机、蝶式分级机和水力旋流器等[17-19]。

5.2.2.1　重力沉降原理

　　图 5-7 是错流式分级原理图。物料的进料方向和介质的运动方向成一定的夹角（通常是两者垂直），进料方向与重力场的方向平行，即物料所受到的阻力和重力相反。物料受到的重力决定物料颗粒的下落时间，流体黏滞阻力影响颗粒的运动速度。在重力方向上，可得颗粒的运动距离 $h_{(t)}$ 为

$$h_{(t)} = \frac{d^2(\delta - \rho)gt}{18\mu}$$ （5-19）

式中，μ 为介质动力黏性系数；ρ 为介质密度，kg/m^3；t 为运动时间，s。

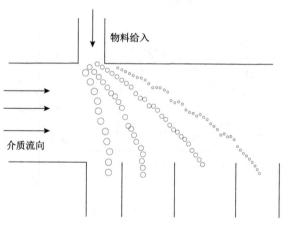

图 5-7　错流式分级原理图

　　在介质的运动方向上，可以将介质的运动速度当作颗粒的运动速度，那么运动时间 t 为

$$t = \frac{L}{v_r}$$ （5-20）

式中，L 为颗粒的水平运动距离，m。

由公式(5-19)和公式(5-20)可得

$$d = \sqrt{\frac{18\mu v_{\mathrm{r}} H}{(\delta - \rho) g L}} \tag{5-21}$$

式中，H 为流道平板的高度，m。

由上式可知，分级粒径和介质速度、分级机的几何结构有关。当其他条件一定时，颗粒的水平运动距离 L 越大，颗粒粒径 d 越小。当被分级物料颗粒的浓度较低时，颗粒之间相互作用很小，可以忽略不计。故不同粒径的颗粒形成不同的运动轨迹，在分级设备的水平方向上从左至右形成了粒径谱线，可获得多级不同粒径的物料产物。由于细微颗粒所受重力微弱，在重力场下进行分级的效果不明显，分级时间长，故应用离心力场对细微颗粒进行分级能显著缩短分级时间。

因为旋流器设备的分级精度不高，引起了国内外的学者进行研究，其中国外典型模型有 Lynch-Rao 和 Plitt 模型。卧式螺旋离心分级机是由在离心沉淀机的基础上发展而来，分级粒径可达到 1～10 μm。具体的分级原理为：待分级的悬浮液物料由进料管进入推料器的料仓，并在转鼓内与转鼓一起旋转，物料在离心力场的作用下快速分层，较粗颗粒向器壁移动并在内壁上沉淀形成渣层，之后在螺旋推料器的作用下推送到排渣口排出，液相中较细颗粒在溢流环处分离液层溢出[20,21]。

5.2.2.2 分级技术

1. 螺旋分级机

在众多的水力分级设备中，具有提升运输沉砂功能的分级机称为机械分级机。螺旋分级机是常见的机械分级机，其工作原理是矿浆从槽子旁侧中部的进料口给入 U 形槽中，随着螺旋的低速回转和连续不断地搅拌矿浆，使得大部分轻而细的颗粒悬浮于上面，而重的颗粒将沉降于槽底(沉砂)，被螺旋叶片推向斜槽的上方并排出，输送过程中同时完成脱水。若沉砂经流槽进入磨机再磨，进入磨机的沉砂便是返砂。根据螺旋数目的不同，可分为单螺旋分级机和双螺旋分级机。根据溢流堰的高低可分为高堰式、低堰式和沉没式(浸入式)三种。高堰式螺旋分级机的溢流堰比下端轴承高，但低于下端螺旋的上边缘。螺旋分级机的 U 形水槽内，装有带螺旋叶片的纵向长轴，下端设有溢流堰。传动装置安装在槽体的上端，螺旋主轴的上端支承在传动机架上的轴承中，下端轴承安装在提升机构的底部。提升机构可使螺旋下端升降，以调节螺旋离槽底的距离，调整螺旋的负荷大小。螺旋主轴下端的轴承是机器的重要零件，由于工作条件比较恶劣（沉浸在矿浆之中），故对轴承密封的要求较高；同时，在运转过程中必须加强维护工作[22-24]。

影响螺旋分级机工艺效果的因素有设备结构、矿石性质和操作条件等。设备结构方面，分级面积的大小是影响处理量和分级粒度的决定性因素。矿石性质对分级的影响，主要有矿石密度、粒度组成和含泥量等方面。操作条件方面，分级机生产中能够调节的因素是给矿浓度，常在磨机排出口加水进行调节。实际生产中控制分级机的给矿浓度是控制分级溢流粒度的有效手段。螺旋分级机构造简单，工作平稳可靠，操作方便，返砂含水量低，便于与磨机自流返砂，常用于湿式磨矿作业的预先分级、检查分级和控制分级，少数设备用于选矿作业中的脱水和脱泥。缺点是下端轴承易磨损、占地面积大以及底部轴承密封不良等，有被水力旋流器取代的趋势[25,26]。

2. 水力旋流器

水力旋流器是在回转流中利用离心惯性力进行分级的设备，水力旋流器的上部呈圆柱形，下部呈圆锥形。矿浆在一定的压力(0.04～0.35 MPa)下经给矿管沿切线方向送入旋流器，在内部形成高速回转流，产生很大的离心力。在旋流器中心处矿浆回转速度达到最大值，离心力也最大，矿浆向周围扩展运动并在中心轴周围形成一个低压带。通过沉砂口吸入空气，在中心轴处形成一个低压空气柱。旋流器中的矿浆除切向的回转运动，又有指向中心的径向运动，靠近中心的矿浆还有沿轴向向上(溢流管)的运动，外围矿浆则主要沿轴向向下(沉砂口)运动。在轴向，矿浆存在一个方向转变的零速点，连接各点在空间构成一个近似锥形的面，称为零速包络面。矿浆中的粗颗粒借助较大的离心惯性力克服径向浆流的阻力向外运动，保留在零速包络面以外，并随外围矿浆螺旋向下，最后由沉砂嘴排出。细颗粒的离心沉降速度较慢，被向心的液流推入零速包络面内，由向上的涡流携带，从溢流管流排出。零速包络面的位置大致决定了分级粒度[27,28]。

从设备结构讲，旋流器的直径是影响分级效果的主要参数。旋流器的直径对分离粒度和处理量有重要影响，一般而言处理量 Q 和分离粒度 D_{50} 与水力旋流器直径 D 的关系为

$$Q \propto D^2 \tag{5-22}$$

$$D_{50} \propto D^{1/2} \tag{5-23}$$

生产中常用大直径旋流器处理粗粒分级，小直径旋流器处理细粒分级。当需获得 0.01 mm 以下的溢流粒度时，可采用 10～15 mm 的旋流器组。溢流管内径

d_{vo} 和沉砂口直径 d_s 对旋流器工作影响较大。d_{vo}/d_s 称为旋流器的排口比，其倒数 d_s/d_{vo} 称为角锥比，它是影响溢流和底流体积产率和分级粒度的重要参数。减小溢流管直径或者增大沉砂口直径，即增大角锥比有利于减小分离粒度。生产中沉砂口是最易磨损的部件，常因磨损而使沉砂口面积变大，造成沉砂量增加。

锥角的大小关系到矿浆向下流动的阻力和分级面大小。细分级和脱泥时应当用较小的锥角（10°～15°），粗分级和浓缩时用较大的锥角（25°～40°）。给料压力是旋流器工作的重要参数，提高给料压力，可以提高分级效率，对降低分离粒度影响较小。而动力消耗增加，同时沉砂口磨损将更严重。处理粗物料时应尽量采用低压（0.05～0.1 MPa）操作，处理细粒级物料时，才采用较高压力（0.15～0.3 MPa）操作。

当旋流器尺寸及给料压力一定时，给矿浓度对溢流粒度及分级效率有重要影响。给矿浓度高，分级粒度变粗，分级效率降低。当分级粒度为 0.074 mm 时，给矿浓度以 10%～20%为宜；分级粒度为 0.019 mm 时，给矿浓度应取 5%～10%。水力旋流器可用于选前分级，常与二段溢流型球磨机构成闭路磨矿；也可作为选矿脱泥和矿浆浓缩。分级用旋流器可分出 800～74 μm（或 43 μm）的粒级，脱泥旋流器可脱除 74（或 43）～5 μm 的细泥。分级用的旋流器的给矿固体质量分数较高，给矿压力较大，圆筒直径较粗，与脱泥用旋流器的情况正好相反[29]。水力旋流器具有构造简单、占地面积小、生产率高的优点；缺点是易磨损，特别是排砂嘴磨损快，工作不够稳定，使生产指标波动。随着耐磨材料的发展，这些问题已逐渐被克服，水力旋流器的应用也越来越广泛[30-32]。

5.3　矿物材料分离技术

5.3.1　干式分离

5.3.1.1　除尘

粉尘是在筛分和运输等工艺过程中产生的，并在形成过程中未发生任何物理或化学变化[33,34]。烟尘是在生成过程中伴随着物理或化学的变化，例如氧化、升华蒸发和冷凝等过程所产生的粉尘。在破碎、筛分、干燥物料运输和干法分选过程中，都有粉尘伴随着发生。微细的尘粒受气流作用散布，在空气中呈悬浮状态，极易在车间内飞扬和向厂房外扩散。干燥机排出的废气和锅炉排出的烟气中，也含有大量粉尘（或烟尘）[35]。若不采取有效的防尘、除尘措施，则会严重污染作业场所和大气环境，给人体健康和工农业生产带来极大的危害。在选煤厂正常生产条件下，运动着的粉尘颗粒所受的作用力有机械力、重力、布朗运动以及空气流动的作用力，其中对粉尘的扩散影响最大的是空气流动力。随着水资源的日益紧张，干式分离的方法会逐渐增多，与干式分离相配套的除尘作业应受到足够的重视，加紧研制处理量更大、除尘效率更高的除尘器将是大势所趋[36,37]。

5.3.1.2　除尘过程

整个除尘过程可分为三个分过程，互相之间既有联系又有区别。

1. 捕集分离过程

该过程由捕集推移阶段和分离阶段组成。①捕集推移阶段：均匀混合或悬浮在运载介质中的粉尘，进入除尘器的除尘空间，根据除尘器类型不同，受到不同外力的作用，将粉尘推移到分离界面。随粉尘向分离界面推移，浓度越来越大，为固气进一步分离做好准备。实际上，捕集推移阶段即粉尘的浓缩阶段。②分离阶段：当高浓度的尘流流向分离界面以后，存在两种作用机理：其一，运载介质运载粉尘的能力逐渐达到极限状态，以沉降为主，使之从运载介质中分离出来；其二，在高浓度尘流中，粉尘颗粒的扩散与凝聚趋势，以凝聚为主，颗粒之间可以彼此凝聚，也可在介质界面上凝聚并吸附，通过以上两个机理，实现粉尘与运载介质的分离。

2. 排尘过程

排尘过程是经过分离界面以后，已分离的粉尘通过排出口排出的过程。不同的除尘器排尘作用力不同，部分除尘器不需施加其他动力，仅利用原捕集分离的力量，即可将粉尘分离。另一部分除尘器需施加额外的动力，才可将粉尘排出，如电力除尘器和过滤除尘器。因此，需附设粉尘振落清灰装置[38,39]。

3. 排气过程

已除尘后相对净化的气流从排气门排出的过程称为排气过程。

5.3.2　湿式分离

湿式分离主要指固液分离、液液分离。固液分离是指从悬浮液中分离出固体和液相物料。固体分离能实现以下目的：回收有用固体(废弃液体)；回收有用液体(废弃固体)；回收固体和液体；分级与脱泥。固液分离按其工作原理可分为三类：机械分离法是利用机械力(重力压力等)使水分与固体物料分离的方法，如沉淀浓缩、过滤、重力脱水和离心力脱水等；加热法是利用热能使水汽化而与固体物料分离的方法；磁分离是指利用强磁场对磁性矿物产生的磁力来实现的固液分离。

5.3.2.1　固体中水分赋存形态

一般的固体物料的水分赋存形态为四大类[40]。

（1）重力水分　也称自由水或游离水，存在于颗粒之间及各种大孔隙之中。其运动受重力场支配，在重力的作用下可以自由流动，是最容易脱去的水分。

（2）毛细水分　松散物料颗粒与颗粒之间形成许多孔隙，当孔隙细小时，将产生毛细管作用，受毛细管作用而保持在这细小孔隙里的水叫作毛细水。根据所采用的脱水方法及毛细管直径的大小，可脱除一部分毛细水，但不能全部脱除。

（3）结合水　结合水可细分为强结合水和弱结合水。强结合水又称吸附结合水，指紧靠颗粒表面与表面直接水化的水分子和稍远离颗粒表面由于偶极分子相互作用而定向排列的水分子。前者由于静电力和氢键的作用，水分子可牢固地吸附于颗粒表面，此种水具有高黏度和抗剪切强度，很少受温度的影响；后者与颗粒表面结合较弱，但仍有较高的黏度和抗剪切强度。弱结合水指与颗粒表面结合较弱的这部分结合水，在温度、压力出现变化时，偶极分子之间的连接破坏，使水分子离开颗粒表面而在距其稍远部位形成的一层水。它具有氢键连接的特点，但水分子无定向排列现象。通常，进入双电层紧密层的水分子为强结合水，在双电层扩散层上的水分子为弱结合水。结合水与固体结合紧密，不能用机械方法脱除，而应用干燥法只能去除一部分，当物料与湿度大的空气接触时那部分水分又会被吸收回来。

（4）化合水分　是水分和物质按固定的质量比率直接化合而成为新物质的一个组成部分。它与物质之间的结合牢固，只有在加热到物质晶体被破坏的温度时才能使化合水分释放出来[41,42]。

5.3.2.2　固相物料的性质对固液分离的影响

（1）孔隙度。孔隙度大时存在水分多，毛细管作用弱而水分易脱除；孔隙度小时存在水分少，但毛细管作用强水分不易脱除。

（2）比表面积。指单位质量物料所具有的总表面积，比表面积越大，吸附的水分越多且不易脱除。

（3）密度。同样质量的物质，密度大的其体积小，比表面积越小，吸附的水分也少。

（4）润湿性。润湿性差的疏水矿物，含水量少且易脱除；而亲水矿物的含水量较疏水矿物多且脱水较困难。

（5）细泥含量。泥质属亲水矿物，一方面它充填于物料间隙而使毛细管作用增强，另一方面它附着在矿粒表面而使物料水分增高，这两种情况的水均不容易脱除。

（6）粒度组成。物料的粒度组成越小，其比表面积越大，吸附的水分多且不易脱除；物料的粒度组成均匀时，颗粒间空隙较大，容纳的水分多但却易脱除；若粒度组成不均匀，细颗粒充填在粗粒的孔隙中而使颗粒孔隙微小，毛细管作用增强，其水分难以脱除[43]。

选择固液分离方法要根据物料中水分的分布特性、含量和物料粒度大小等许多因素来确定，考虑固液分离工艺的技术经济指标，使工艺过程合理且经济。悬浮液中固体的含量常用矿浆浓度 C（质量分散 ω_B）表示，是指悬浮液中固体颗粒的含量，常用液固比或固体含量百分数表示。其中液固比是指悬浮液中液体与固体的质量（或体积）之比，有时称稀释度；固体含量百分数是指矿浆中固体质量占悬浮液总质量的百分数（%）：

$$C = \omega_B = \frac{Q_{固体}}{Q_{固体} + Q_{液体}} \times 100\% \tag{5-24}$$

在化工过程和湿法冶金中，还用固液比 N（每升悬浮液中所含固体质量的克数，即 g/L）来表示悬浮液中固体的含量。在工厂设计中还使用液固比 R（悬浮液中液体质量与固体质量之比）来表示悬浮液中固体的含量。C 与 N 的换算关系，C 与 R 的换算关系如下：

$$C = \omega_B = \frac{Q}{Q + (V - Q/\delta)\rho} \times 100\% = \frac{N}{N + (100 - N/\delta)\rho} \times 100\% \tag{5-25}$$

$$C = \omega_B = \frac{Q_{固体}}{Q_{固体} + Q_{液体}} \times 100\% = \frac{1}{1 + R} \times 100\% \tag{5-26}$$

式中，C 为悬浮液质量浓度（%）；N 为悬浮液中固体含量（g 固体/L 矿浆）；Q 为悬浮液中干物料的质量（g）；V 为悬浮液的体积（cm³）；δ 为物料密度（g/cm³）；ρ 为介质密度（g/cm³），水的密度=1.0 g/cm³；R 为悬浮液液固比。

5.3.2.3　固液分离

1. 总分离效率

单个固液分离设备或系统，进入分离单元的液体体积流量为 V_i（m³/s）、质量流量为 M_i（kg/s），固液分离后的溢流和沉渣的液体体积流量分别为 V_c、

$V_u(m^3/s)$，溢流和沉渣的质量流量分别为 M_c、$M_u(kg/s)$；进料、溢流和沉渣中的质量浓度分别为 C_i、C_c 和 C_u，即固体的质量分数 (%)[44,45]。

总分离效率 E 定义为底流固体质量占进料固体质量的比例，即

$$E = \frac{M_u}{M_i} \times 100\% \qquad (5-27)$$

由固体质量平衡得

$$E = (1 - \frac{M_c}{M_i}) \times 100\% \qquad (5-28)$$

由液体质量平衡得

$$V_i = V_c + V_u \qquad (5-29)$$

$$M_i \times \frac{1-C_i}{C_i} = M_c \times \frac{1-C_c}{C_c} + M_u \times \frac{1-C_u}{C_u} \qquad (5-30)$$

由上式可以得到

$$\frac{M_c}{M_i} = \frac{C_c(C_u - C_i)}{C_i(C_u - C_c)} \qquad (5-31)$$

于是有

$$E = \frac{M_u}{M_i} \times 100\% = (1 - \frac{M_c}{M_i}) \times 100\% = 1 - \frac{C_c(C_u - C_i)}{C_i(C_u - C_c)} = \frac{C_u(C_i - C_c)}{C_i(C_u - C_c)} \qquad (5-32)$$

上式表明，通过测量进料悬浮液固液分离后所得沉液和灌流的质量浓度，可以计算分离设备或分离过程的总分离效率。

2. 分级分离效率

几乎所有分离设备的性能都和它处理的物料粒度密切相关，而且每个粒级在同一设备中的分离效率不同，所以用分级分离效率来描述某些固液分离设备的分离性能更为合适。

分级分离效率 E_x 定义为

$$E_x = \frac{M_{ux}}{M_{ix}} \times 100\% = \frac{M_u R_{ux}}{M_i R_{ix}} \times 100\% = E \frac{R_{ux}}{R_{ix}} \qquad (5-33)$$

式中，M_{ix}、M_{ux} 分别为分离器进料中含有某一粒级的固体质量、从液体中分离出来的某一粒级的固体质量；R_{ix}、R_{ux} 分别为分离器进料中含有某一粒级的质量分数、从液体中分离出来的某一粒级的固体质量分数。

总分离效率：

$$E = \frac{E_1R_1 + E_2R_2 + \cdots + E_nR_n}{100}\%　　　　　　　（5-34）$$

式中，E_1、E_2、$\cdots$、E_n 分别为各粒级的分级分离效率；R_1、R_2、$\cdots$、R_n 分别为各粒级占总固体的质量分数。

3. 分离效率的修正

在分离器中，实际上有一部分固液相未得到分离，它们只是被分离到底流。在底流量比例大，但浓度小（含液相多）的情况下可能有较高的 E 或 E_x 值，但实际的分离效果并不佳。对此，许多学者提出了不同的修正意见，其中应用最广泛的是 Kelsall 和 Mayer 提出的修正式。

$$E' = \frac{E - \beta}{1 - \beta}　　　　　　　（5-35）$$

式中，E' 为修正后的总分离效率；$\beta = V_u/V_i$；为底流量与进料量之比，表示分离设备只是起分流作用的情况。由式（5-35）可知：当 $E = \beta$ 时，则修正后的净分离效率为零，表示设备仅起分流而未起分离作用；当 $E = 1$ 时，净分离效率为 1。分级分离效率亦存在与总分离效率相同的问题。因此，它也可以用同样的方法予以修正，修正后的分离效率与粒级分离效率之间的基本关系式仍然适用。

离心脱水是利用离心力进行固液分离的，其离心力要比重力场中的重力高上百倍甚至上千倍，通常用分离因数表示这一关系，又称离心强度，用 Z 表示。

分离因数表述在离心力场中所产生的离心加速度和重力加速度的比值。

$$Z = \frac{a_L}{g} = \frac{R\omega^2}{g} = \frac{R\pi^2 n^2}{900g} = 1.12 \times 10^{-5} n^2 R　　　　　　　（5-36）$$

式中，a_L 为离心加速度，cm/s^2；R 为旋转半径，cm；ω 为角速度，s^{-1}；n 为转速，r/min；g 为重力加速度。

分离因数 Z 是表示离心力大小的指标，也即表示离心脱水分离能力的指标。分离因数越大，物料所受离心力越强，越容易实现固液分离。由于离心机的分离因数与转速 n 的平方及旋转半径的一次方成正比，因此采用提高转速来提高分离因数比增加半径更加有效，在生产实际中离心机的结构常采用高转速、小直径。

5.3.2.4　沉淀浓缩

矿浆中的固体颗粒，在重力作用下向容器底部沉淀，清水则被挤向上方，使较稀的矿浆分出澄清液和浓矿浆的过程，称为沉淀浓缩[46]。将微细的矿粒与水混合配成一定浓度的矿浆后，装入玻璃量筒中，经过均匀搅拌后静置在桌上，如图 5-8 中量筒 1 所示。当沉淀开始时，悬浮的矿粒即以不同的沉降速度下沉。较大的颗粒沉降较快，于是容器的底部即有浓密的矿液逐渐堆积，如量筒 2 的 D 区，称为压缩区。同时上层有澄清液体出现，如量筒 2 的 A 区，称为澄清区。在澄清区下面是沉降区 B，它的浓度与开始沉降前悬浮液浓度相同。B 区和 D 区之间，没有明显的分界面，它们之间存在一个过渡区，即 C 区。随着沉淀的进行，D 区和 A 区逐渐增加，而 B 区则逐渐减小以至消失，随后 C 区也消失，如量筒 5 所示。最后只剩下 A 区和 D 区，如图 5-8 所示。观察时，每隔一定时间记录一次澄清区 A 与沉降区 B 的交界面位置。以沉淀时间为横坐标，澄清区的高度为纵坐标，可绘制沉降曲线，如图 5-9 所示。

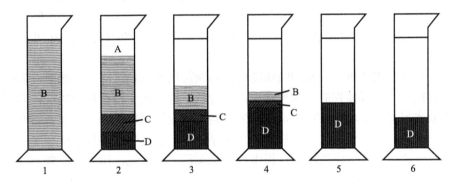

图 5-8　矿浆沉降过程示意图
A. 澄清区；B. 沉降区；C. 过渡区；D. 压缩区

沉降曲线由两个直线段 AB 和 BD 组成，交点 B 称为临界点。在临界点到达之前(即经过的沉淀时间小于 t_1 时)，与澄清区交界的是沉降区。因此，这时矿浆的澄清速度由沉降区中沉降速度决定。在临界点到达之后(即经过的沉降时间大于 t_1 时)，与澄清区交界的是压缩区，矿浆的澄清速度由压缩区的沉降速度决定。

由沉降曲线可以看出，沉降区和压缩区的矿浆都是等速沉降的。在连续操作的浓缩机中，矿浆沉淀过程的分区现象如图 5-10 所示，也分为澄清区 A、沉降区 B、过渡区 C 及压缩区 D。但在 D 区下面还有耙子运动的锥形面 E 区。

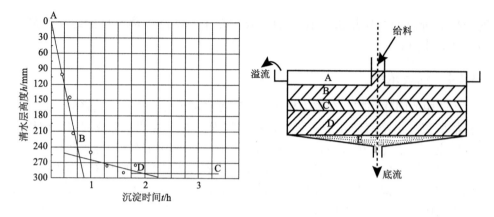

图 5-9　沉降曲线　　　　　图 5-10　矿浆在浓缩机中的沉降过程
　　　　　　　　　　　　　　　A. 澄清区；B. 沉降区；C. 过渡区；D. 压缩区；
　　　　　　　　　　　　　　　　　　　　　E. 耙子区

5.3.2.5　影响沉降的分离因素

　　重力沉降分离的依据是分散相和连续相之间的密度差，其分离效果还与分散相颗粒的大小、形状、浓度、连续相（或介质）的黏度、凝聚剂和絮凝剂的种类及用量、沉降面积、沉降距离以及物料在沉降槽中的停留时间等因素有关[47,48]。

　　（1）颗粒的性质。对同种固体物质，粗颗粒比细颗粒沉降快。球形或近似球形的颗粒，比同样体积的非球形颗粒，如片状、针状或尖锐棱角的颗粒，其沉降速度要快得多。非球形颗粒在沉降时的取向，可变形颗粒的变形等都会影响颗粒的沉降速度。小颗粒的比表面积大，在悬浮液中，会产生小颗粒聚集形成较大的集合体。还可存在大颗粒沉降过程中带动小颗粒一同下沉，结果使粒度不同的颗粒以大体相同的速度沉降。

　　（2）悬浮体系中颗粒的浓度。在液体中增加均匀分散颗粒的数量，则会减小每个单独颗粒的沉降速度。在低浓度悬浮液中单个颗粒或絮凝团在液体中自由沉降；在中浓度悬浮液中，絮团相互接触稀疏，如果悬浮液的高度足够，则进行沟道式的沉降。在高浓度悬浮液中，或者由于缺乏足够的高度或者由于接近容器底部剩余的液体量较少，不可能形成回流液沟道。因此，液体只能通过原始颗粒间的微小空间向上流动，从而导致低的压缩速率。

　　（3）介质的性质。对于一定的固体颗粒，介质的密度和黏度对沉降速度有显著的影响，介质与颗粒的密度差越大，介质的黏度越小，颗粒的沉降速度就越大。介质的黏度会随着温度的上升而下降。因此，可通过调节温度而改变沉降速度。

（4）凝聚剂和絮凝剂的种类与用量。是否采用凝聚剂或絮凝剂要根据具体情况并视实际应用效果而定。如有些悬浮液用石灰作凝聚剂时，澄清时间可长达数小时，而使用丙烯基高分子絮凝剂时，澄清时间可缩短至 15 min，用专门配置的电解质与聚电解质的混合物，常常能将一群尺寸不同和形状不规则的颗粒转变成接近得到球形的、密实的絮团。这种絮团密度较大、沉降速度快、夹带的液体少，从而使固液分离过程得到强化。

（5）沉降容器。沉降槽的分离效率如液体的澄清度随物料在容器内停留时间的增加而提高，但停留时间延长意味着处理能力的减小。另外，沉降槽的处理能力与沉降面积成正比。通过缩短颗粒的沉降距离，可以在不延长停留时间或加大沉降面积的情况下提高处理能力或澄清度。此外，由于缩短沉降距离意味着在不改变沉降面积的前提下减小所需的沉降空间，这样就产生了斜板浓缩机或斜板隔油池，这就是所谓的浅池原理。靠近沉降颗粒的静止容器壁会干扰颗粒周围流体的正常流型，从而降低颗粒沉降速度。如果容器直径 D 与颗粒直径 x 之比大于 100，则容器壁对颗粒沉降速度可视为没有影响。

悬浮液的高度一般并不影响沉降速度或最终获得的沉降浓度。当固体浓度高时，容器应能提供足够的悬浮液高度。容器形状对沉降速度影响甚微，如果容器横截面积或容器壁倾斜度有变化时，则应考虑器壁对沉降过程的影响。

5.3.2.6　过滤过程

过滤是分离非均相混合物的常用方法，一般所说的过滤就是利用多孔介质构成的障碍场从流体中分离固体颗粒的过程。在推动力的作用下，迫使含有固体颗粒的流体通过多孔介质，而固体颗粒则被截留在介质上，从而达到流体与固体分离的目的。所以，过滤过程的物理实质是流体通过多孔介质和颗粒床层的流动过程，因此流体通过均匀的、不可压缩的颗粒床层的流动规律是研究过滤过程的基础[49,50]。

如图 5-11 所示，过滤过程所用的基本构件是具有微细孔道的过滤介质。要分离的混合物置于过滤介质一侧，在流动推动力的作用下，流体通过过滤介质的孔道流到介质的另一侧，而颗粒被介质截留，从而实现了流体与颗粒的分离。在工业上过滤应用非常广泛，它既用于分离连续相为液体的非均相混合物，也可用于分离连续相为气体的非均相混合物；既可以分离较粗的颗粒，也可以分离比较细的颗粒；既可用来从流体中除去颗粒，也可以分离不同大小的颗粒分级，甚至可以分离不同分子量的高分子物质。

一般，过滤在悬浮液的分离中用得更多些，过滤用的悬浮液通常称为滤浆或料浆，分离得到的清液称为滤液，截留在过滤介质上的颗粒层称为滤饼或滤渣，如图 5-12 所示。促使流体流动的推动力可以是重力、压力差或离心力。由于流体所受的重力较小，所以一般只能用于过滤阻力较小的场合，而压力差可根据需要而定，因此应用十分广泛。

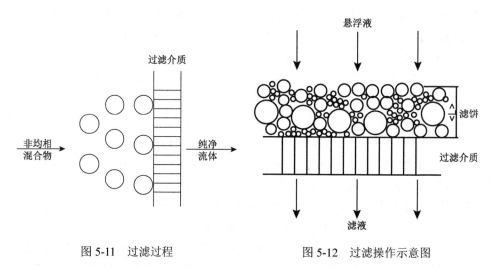

图 5-11　过滤过程　　　　　　　　图 5-12　过滤操作示意图

1. 过滤介质

过滤介质是滤饼的支承物，作为过滤介质，首先是流体阻力要小，这样投入较少的能量就可以完成过滤分离。其次，细孔不容易被分离颗粒堵塞或者即使堵塞了也能简单清除。另外介质上的滤饼要求能够容易剥离。

一般情况下过滤介质应具备下列条件：①多孔性，提供的合适孔道既可使液体通过又对流体的阻力小，又能截住要分离的颗粒；②具有化学稳定性，如耐腐蚀性、耐热性等；③足够的机械强度，因为过滤要承受一定的压力且操作中拆装移动频繁。

工业上常用的过滤介质主要有：①织物介质，又称滤布。包括由棉、毛、丝麻等天然纤维及合成纤维制成的织物，以及由玻璃丝、金属丝等织成的网。这类介质能截留的颗粒粒径范围为 5～65 μm。②堆积介质。由细砂、木炭、石棉、硅藻土等细小且坚硬的颗粒状物质或非编织纤维等堆积而成，层较厚，多用于深层过滤。③多孔固体介质。它是具有很多微细孔道的固体材料，如多孔陶瓷、多孔塑料及多孔金属制成的管或板。此类介质较厚、耐腐蚀、孔道细、阻力较大，适用于处理只含少量细小颗粒的腐蚀性悬浮液及其他特殊场合，能截拦 1～3 μm 以上的微细颗粒。④多孔膜。由高分子材料制成，膜很薄，孔很细，可以分离到 0.005 μm 的颗粒，应用多孔膜的过滤有超滤和微滤。

因此应该根据悬浮液中颗粒含量性质、粒度分布和分离要求的不同选择最合适的过滤介质[51,52]。

2. 过滤方式

为了适应不同分离对象的不同要求,过滤方法多种多样。要掌握过滤技术,必须对过滤进行适当分类。

(1) 根据过程的机理,可分为滤饼过滤与深层过滤。

①滤饼过滤。滤饼过滤应用织物、多孔固体或孔膜等作为过滤介质,这些介质的孔一般小于颗粒,过滤时流体可以通过介质的小孔,颗粒的尺寸大不能进入小孔而被过滤介质截留形成滤饼。因此,颗粒的截留主要依靠筛分作用。

实际上滤饼过滤所用过滤介质的孔径不定都小于颗粒的直径,在过滤开始时,部分颗粒可以进入介质的小孔,有的颗粒可能会透过介质使滤液浑浊。随着过滤的延伸,许多颗粒一齐拥向孔口,在孔中或孔口上形成架桥现象,如图 5-13(a)所示,当固体颗粒浓度较高时,架桥是很容易生成的。此时介质的实际孔径减小,细小颗粒也不能通过而被截留形成滤饼。滤饼在随后的过滤中起到真正过滤介质的作用,由于滤饼的空隙小,很细小的颗粒亦被截留使滤液变清,此后过滤才能真正有效地进行,如图 5-13(b)所示。

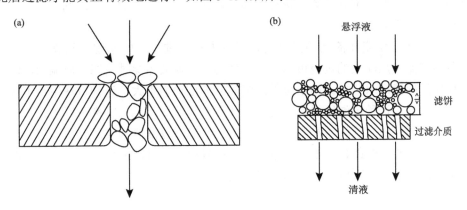

图 5-13　滤饼过滤过程
(a)架桥现象;(b)滤饼过滤机理

滤饼过滤是在介质的表面进行的,也称表面过滤。由于介质在稀释悬浮液的过滤中会发生阻塞现象,所以滤饼过滤通常用于处理固体体积浓度高于 1%的悬浮液。对于稀释悬浮液,可通过提高进料浓度的方法或加助滤剂作为掺浆,以尽快形成滤饼过滤,同时由于助滤剂具有很多小孔,增强了滤饼的渗透性,从而使一般难以过滤的浆液能够进行滤饼过滤。

②深层过滤。如图 5-14 所示，深层过滤应用砂子等堆积介质作为过滤介质，介质层一般较厚，在介质层内部构成长而曲折的通道，通道的尺寸大于颗粒粒径，当颗粒随流体进入介质的孔道时。在重力、扩散和惯性等作用下，颗粒在运动过程中趋于孔道壁面，并在表面力和静电作用下附着在壁面上而与流体分开。这种过滤方式的特点是过滤在过滤介质内部进行，过滤介质表面无固体颗粒层形成，由于过滤介质孔道细小而使过滤阻力较大，一般用于生产能力大且体积浓度在 0.1%以下的场合。实际过滤中以上两类过滤机理可能同时或前后发生，在这两种过滤形式中滤饼过滤应用得较广泛。

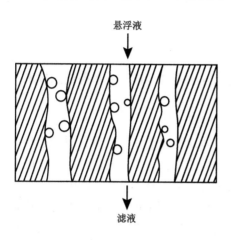

悬浮液

滤液

图 5-14　深层过滤机理

（2）按操作方式，可分为间歇过滤和连续过滤。间歇过滤时固定位置上的操作情况随时间而变化，连续过滤时在固定位置上操作情况不随时间而变化，过滤过程的各步操作在不同位置上进行。间歇过滤与连续过滤的这一差别决定了它们的设计计算方法的不同。

（3）按促使流体流动的推动力，可分为重力过滤、压差过滤和离心过滤。①重力过滤。悬浮液的过滤可以依靠液体的位差使液体穿过过滤介质流动，例如不加压的砂滤净水装置。由于位差所能建立的推动力不大，这种过滤用得不多。②压差过滤。这种过滤用得最普遍，液体和气体非均相混合物都可以用。③离心过滤。利用使滤浆旋转所产生的离心压力使滤液流过滤饼和过滤介质，从而与颗粒分离。离心过滤能建立很大的推动力，得到很高的过滤速率。同时，所得的滤饼中含液量很少，所以它的应用也很广泛。

3. 助滤剂

悬浮液中颗粒情况是不同的，若流体中所含的固体颗粒很细且悬浮液的黏度较大，这些细小颗粒可能会将过滤介质的孔隙堵塞，形成很大的阻力，同时细颗粒形成的滤饼阻力大，致使过滤难于进行。另一方面，有些颗粒在压力作用下会产生变形，孔隙率减小，其过滤阻力随着操作压力的增加而急骤增大。为了防止过滤介质孔道的堵塞或降低可压缩滤饼的过滤阻力，可采用加入助滤剂的方法。

助滤剂有两类，一种是坚硬而呈粉状或纤维状的小颗粒，它的加入可以形成结构疏松，而且几乎是不可压缩的滤饼。常用的物质有硅藻土、珍珠岩粉、石炭粉、石棉粉、纸浆粉等。当使用助滤剂进行过滤是以获得洁净液体为目的时，则助滤剂中不能含有可溶于液体的物质。若过滤的目的是回收固体物质且又不允许混入其他物质，则不能使用该类助滤剂。另一种助滤剂可溶于水，如常用的凝聚剂或絮凝剂都有一定的助滤作用[53]。

4. 影响过滤生产能力的因素

（1）过滤的推动力。过滤的推动力对真空过滤机而言，是指真空度。真空度的高低直接影响过滤机的生产能力、产品水分和滤液中的固体含量。通常压力差的增加可提高过滤机的处理能力和降低滤饼水分，特别是对细泥含量高的物料应采用较高的真空度。但是，过高的真空度容易使滤液中固体含量增大而影响过滤效果。

（2）料浆性质。料浆性质是指料浆浓度、粒度和料浆 pH 等。料浆浓度增加，可提高真空过滤机的过滤效果，处理量增加。一般要求料浆浓度大于 60%，最好能达到 70%～75%，但过滤入料来自耙式浓缩机底流，浓度越高越容易发生压耙事故；过滤物料的粒度组成越细过滤越难，滤饼越薄并会增加滤饼水分，使滤饼难以脱落，降低过滤机的处理能力。

（3）过滤介质的性质。理想的过滤介质，应具有过滤阻力小、滤液中固体含量少、不易堵塞、易清洗等性质，并具有足够的强度。金属丝滤布具有过滤阻力较小、不易堵塞、滤饼容易脱落等优点，但其滤液中固体含量比较高。

（4）助滤剂的添加种类与添加量。一定浓度的矿浆与预先配制的絮凝剂溶液进行均匀混合，使固体颗粒进行絮凝。絮凝后的物料通过头部给料器均匀地分配在整个带宽上。在该区中，物料进行重力过滤脱水，经重力过滤脱水后的物料，进入两条皮带之间的楔形区，并连续进入预压力辊轮和其他压力区辊轮组，为了提高滤带的透水能力，再次进入工作区前，用喷水进行清洗。因过滤带同时起过滤作用和运输作用，受到的拉力和剪切力均较强，对过滤带的强度要求较高。此外，为避免水分从两侧流出，滤带的滤孔不能过小。因此，对细粒物料絮凝不好时，容易造成滤液中固体含量较高，并影响到带式压滤机的脱水效果。

参 考 文 献

[1] 傅平丰, 杨慧芬. 非金属矿深加工. 北京: 科学出版社, 2015.

[2] 黄钦平, 李松仁. 混合矿物的分级行为. 有色金属, 1986(3): 27-33.

[3] 夏红峰, 张永刚, 张永涛, 等. 旋流分级技术在矿物加工中的应用. 现代矿业, 2010(10): 43-45.

[4] 张强. 选矿概论. 北京: 冶金工业出版社, 1984.

[5] 胡岳华. 矿物资源加工技术与设备. 北京: 科学出版社, 2011.

[6] 俞建峰, 夏晓露. 超细粉体制备技术. 北京: 中国轻工业出版社, 2020.

[7] 申盛伟, 汪洋, 朱兵兵, 等. 超细粉体制备技术研究进展. 环境工程, 2014(9): 102-105.

[8] 吴祖璇, 张邦胜, 王芳, 等. 超细粉体制备技术研究. 中国资源综合利用, 2020, 38(12): 108-112.

[9] 郑水林, 苏逵. 非金属矿超细粉碎与精细分级技术进展. 中国非金属矿工业导刊, 2009(2): 3-5.

[10] 张清岑, 肖奇, 刘建平. 黄铁矿超细粉磨中的钝化研究. 金属矿山, 2003(1): 36-37.

[11] 赵斌, 刘志杰, 程起林, 等. 金属超细粉体制备方法的概述. 金属矿山, 1999(4): 30-34.

[12] 徐羽展. 超细粉体的制备方法. 浙江教育学院学报, 2005, (5): 53-59.

[13] 王觅堂, 李梅, 柳召刚, 等. 超细粉体的团聚机理和表征及消除. 中国粉体技术, 2008, 14(3): 46-51.

[14] 蒋鸿辉. 高岭土矿超细粉体的制备及表面改性研究. 矿业工程, 2006, 4(3): 31-34.

[15] 王元文, 张少明, 方莹. 水力旋流器结构参数对其性能的影响. 广东化工, 2005, 32(10): 26-30.

[16] 徐继润, 刘正宁, 邢军, 等. 水力旋流器内颗粒运动的几个问题. 过滤与分离, 2002, 12(3): 10-13.

[17] 刘晓敏, 檀润华, 蒋明虎, 等. 水力旋流器结构形式及参数关系研究. 机械设计, 2005, 22(2): 26-29.

[18] 王升贵, 陈文梅, 褚良银, 等. 水力旋流器分离理论的研究与发展趋势. 流体机械, 2005, 33(7): 36-40.

[19] 龚达盛. 影响水力旋流器分离性能各参数概述. 甘肃冶金, 2008, 30(1): 54-57.

[20] 张宏, 胡富强, 王振龙, 等. 用于混粉电火花加工的水力旋流器设计与仿真. 电加工与模具, 2007(2): 6-8.

[21] 汤玉和, 刘敏娟, 尤罗夫. 新型磁力水力旋流器及其复合力场的研究. 广东有色金属学报, 1998, 8(2): 79-85.

[22] 余国文. 螺旋分级机的改造与应用. 中国锰业, 1992, 10(6): 28-31.

[23] 钟志勇, 张光伟, 孟长春. 新型多段圆锥螺旋分级机的研制及试验研究. 矿冶工程, 1998, 18(3): 27-31.

[24] 谢恒星, 李松仁. 螺旋分级机数学模型的研究现状与发展趋势. 矿冶工程, 1987, 7(4): 60-64.

[25] 卢艺萍, 王永发, 黄瑞森, 等. 螺旋分级机下轴头密封改造. 黄金, 2004, 25(7): 28-29.

[26] 王祥, 周兴龙, 张晓明. 螺旋分级机溢流排矿方式的改进. 金属矿山, 2011(4): 123-125.

[27] 赵庆国. 水力旋流器分离技术. 北京: 化学工业出版社, 2003.

[28] 庞学诗. 水利旋流器分离粒度的计算方法. 国外金属矿选矿, 1992, 29(5): 15-24.

[29] 贺杰, 蒋明虎, 宋华, 等. 液-液分离水力旋流器特性参数研究. 石油学报, 1996, 17(1): 147-153.

[30] 曹雨平, 姜临田. 水力旋流器的研究现状和发展趋势. 工业水处理, 2015, 35(2): 11-14.

[31] 褚良银, 陈文梅, 李晓钟, 等. 水力旋流器结构与分离性能研究 (一)——进料管结构. 化工装备技术, 1998, 19(3): 1-5.

[32] 赵立新, 王尊策, 蒋明虎. 液液水力旋流器流场特性与分离特性研究 (三)——水力旋流器径向速度测试方法. 化工装备技术, 1999, 20(5): 4-6.

[33] 金刚, 月琼. 国外筛分、分级、重选、磁选、脱水和矿物工艺学的进展. 国外金属矿选矿, 1989(5): 52-55.

[34] 鲁安怀. 环境矿物材料在土壤、水体、大气污染治理中的利用. 岩石矿物学杂志, 1999, 18(4): 292-300.

[35] 闫克平, 李树然, 郑钦臻, 等. 电除尘技术发展与应用. 高电压技术, 2017, 43(2): 476-486.

[36] 陆信, 张德生, 周峰, 等. 筛分机械的新发展. 沈阳: 筛分技术会议论文集, 2010.

[37] 张亚青, 高军凯, 黄超, 等. 旋风除尘器改进措施的研究进展. 江苏环境科技, 2007, 20(6): 72-76.

[38] 吴伟, 王树根. 旋风除尘器排尘阀漏风及其对除尘效率的影响初探. 环境科学丛刊, 1992, 13(6): 94-98.

[39] 张连成. 布袋除尘器原理及厂房除尘浅谈. 中小企业管理与科技, 2010(18): 194.

[40] 刘显东, 李磊, 张弛, 等. 黏土矿物——水界面的量子力学模拟研究. 矿物岩石地球化学通报, 2015, 34(3): 453-460.

[41] 陈仁旭, 郑永飞, 龚冰. 大陆俯冲带流体活动: 超高压变质岩矿物水含量和稳定同位素制约. 岩石学报, 2011, 27(2): 451-468.

[42] 张弦. 基于原子力显微术的层状矿物/水界面特性研究. 武汉: 武汉理工大学, 2018.

[43] 胡军, 康文泽. 超声波在矿物加工中的应用与研究进展. 中国煤炭, 2004, 30(3): 41-43.

[44] 王湖坤, 龚文琪. 黏土矿物材料在重金属废水处理中的应用. 工业水处理, 2006, 26(4): 4-7.

[45] 顾词, 徐灿校. 固液分离技术的进展. 化工矿山技术, 1984, 6: DOI: CNKI: SUN: HGKJ. O. 1984-06-023.

[46] 李亚红. 周边给料浓缩机浓缩工艺流体动力学(CFX)数值模拟研究. 太原: 太原科技大学, 2016.

[47] 郝小军. 浅谈煤泥水沉降的因素分析. 中文科技期刊数据库(全文版)工程技术, 2017(3): 00304.

[48] 陈树民. 攀西某选矿厂浓缩、分级沉降试验研究. 矿冶工程, 2009, 29(5): 46-49.

[49] 肖敏. 表面疏水改性对微细矿物过滤特性的影响研究. 淮南: 安徽理工大学, 2016.

[50] 张志春. 黏土矿物对煤泥水过滤效果的影响. 煤炭技术, 2018, 37(9): 360-362.

[51] 盛忠杰, 陶敏, 郭长阁. 影响过滤过程的诸因素及机理研究. 矿冶工程, 1996(1): 33-37.

[52] 亓欣, 匡亚莉. 黏土矿物对煤泥水处理的影响. 煤炭工程, 2013(2): 102-105.

[53] 谢广元. 普通高等教育九五国家级重点教材·选矿学. 徐州: 中国矿业大学出版社, 2001.

第6章 矿物材料混合与成型

6.1 概 述

随着科学技术的发展，工程设计对材料的要求愈来愈高，不仅要求强度高，而且要求质轻、耐腐蚀、耐高温等[1]。因此，近年来越来越多的矿物材料被应用于各类工程结构，取代其他非金属材料及部分金属材料，获得了巨大的技术经济效果。可以说，矿物材料成型技术的发展，是当代科学技术革命的重要标志之一[2]。

很多矿物在加工过程中都需要通过成型手段，制造出具有特定形状尺寸的各种功能材料(制品)。成型实际上不仅是形状尺寸的制造过程，而且包括制品的固化及后处理加工等一系列内容。从处理工艺来看，除了包括材料的物理或机械方法外，还要求加工人员具有丰富的无机化学与有机高分子化学、表面化学、热力学、矿物工艺学等方面的知识以及配方经验与制作技巧。

成型是在规定的模具或载体上，使用机械或其他物理或物理化学方法，使原材料组分均匀地形成规定形状、尺寸及一定强度与密度的加工过程。矿物混合技术是矿物成型材料的发展基础和条件。无论是单一矿物材料的加工改性，还是复合材料的制备成型，首先都要以被加工的矿物原料为基体，以辅助反应物料为助剂，在一定介质环境中以及相应的机械混合状态下进行制备[3]。这种多相体系物料的制备工艺与方法在很大程度上决定了产品的性能与质量。随着矿物混合技术领域的拓宽，矿物材料工业得到迅速发展，旧的混合技术日臻完善，新的混合技术不断涌现。根据矿物复合材料类型的不同，矿物混合技术主要有机械混合和气力混合。

无论哪一种制品在成型前必须预先设计好材料的组分配比，制备好成型用的混合料，考虑好成型工艺特点及成型后的初期强度，还要考虑固化方法及固化过程中的物理化学反应，以及由此给最终制品带来的技术特性[4]。因此，按不同类型的制品及生产工艺特点，生产中采用的成型方法多种多样。按照矿物坯料的性能，可将成型方法大概分为五类，包括：压缩成型、挤条成型、喷雾成型、转动成型、滚动成型。

6.2　矿物材料混合技术

矿物材料混合即将两种或两种以上不同成分的矿物粉末均匀掺和的过程，通过混合可获得所需的组分。在矿物材料制品的生产中，很少使用纯矿物，大部分由矿物与其他物料混合，进行矿物材料制备后才能进行成型加工。加入其他物料的目的是改善矿物材料制品的使用性能和成型工艺性能以及降低成本。所以矿物材料是由以矿物为主，各种配合剂为辅所组成的。

矿物材料的性能和形状可以是千差万别，成型工艺各不相同，但成型前的准备工艺基本相同，关键是靠混合来形成均匀的混合物，只有把矿物材料各组分相互混在一起成为均匀的体系，才有可能得到合格的矿物材料制品。本章讨论了矿物材料混合的两种主要方式，分别为机械混合和气力混合。随着矿物材料的发展，各种各样新兴的矿物材料不断出现，新的工艺也不断出现，矿物材料混合技术的讨论对矿物材料的发展具有很重要的意义。

6.2.1　机械混合

机械混合一般指几种固体组分通过研磨而进行混合，可分为干混与湿混两种，混合的主要设备有振动磨机与球磨机等，干混在振动磨机和球磨机中均可进行，但湿混主要是在球磨机中进行。从混合的效果来讲，干混优于湿混。因为湿混后的混合物是浆状，需要脱水或烘干，而在脱水或烘干的过程中，由于原料间密度的差异而造成原料部分的分离与分层，破坏了原料混合的效果。为了确保湿混的良好效果，常采用抽滤及喷雾干燥的方法，来保证混合物在脱水中的均匀性。而干混不需要烘干或脱水。

6.2.1.1　机械混合目的与效果

1. 混合目的

机械混合操作的目的如下：

（1）制备均匀的矿物辅料、矿物聚合物或矿物流体介质混合料，例如调和（拌和）、分散、调浆(打浆)、悬浮液、捏合、团粒混合及多组分矿物配矿等。

（2）在上述工艺过程中可以进行矿物粉体或颗粒与相应添加材料的化学反应或表面化学反应等改性，也常包括一些物理加工作业(在混合或捏合过程中使物化反应充分进行)。

（3）促进传质如浸取、溶解、吸附、脱附、聚合、渗透、胶体化与聚凝化等。

（4）促进传热在混合过程中进行加热或冷却。

（5）作为深加工或制品加工工艺过程中的中间及储备作业，为后续作业提供均匀、定量的给料。

上述过程实际上与是否有良好的混合的工艺技术与设备及其操作效果有很重要的关系，无论在矿物加工质量性能上，还是在最终的经济成本上都很重要。

2. 机械混合效果

对混合效果的考察应以混合目的为基础，依据处理矿浆的质量效果，检查混合是否达到预定目的。对于给定的混合过程确定混合效果的表示方法和主要操作因素时应特别慎重，试验条件要尽可能符合实际作业条件。混合目的和混合效果表示法、影响混合效果的因素分别见表 6-1 及表 6-2。利用上述表可以初步找出影响给定操作目的的因素，为选择混合器和操作参数提供参考方向。

表 6-1　机械混合目的和混合效果表示法

操作目的	搅拌物系	搅拌效果表示法
均匀混合	调和均相互溶液系	混合时间或混合指数
非均相分散	液液相系	均匀分散(乳化)时间；分散液滴的比表面积 α 或滴径分布或平均滴径
	气液相系	均匀分散时间；气泡比表面积或气泡平均直径和气泡直径分布
	固液相系	悬浮状态；悬浮临界转速；悬浮固粒浓度或比表面积
非均相传质	溶解与浸出(固液相系)	溶解速度或平均溶解速度及以固粒表面积为基准的液膜传质和总容积传质系数
	萃取(液液相系)	萃取速度，萃取效率，液滴比表面积；总容积传质系数或以液滴内(外)表面为基准的液膜传质系数
	吸收(气液相系)	吸收速度，气泡比表面积；总容积吸收系数，膜传质系数
传热	固液间	传热速率，单位容积传热速率，液膜传热系数，总传热系数

表 6-2　影响机械混合效果的因素

因素类型	主要影响因素
流动状态	流型，对流循环速率，湍流扩散，剪切流
物性	黏度或黏度差，密度或密度差，分子扩散系数，粒径；表面张力，比热容，传热系数，非牛顿流体的流变性
操作条件	叶轮形式、转速；溶质加入速度、分散状况及加入位置
几何因素	连续式或间歇式溶质加入法；槽、叶轮及槽内构件几何形状、相对尺寸和安装方式

6.2.1.2　机械混合制备矿物材料

1. 浆料

矿物材料的浆体物料制备实际上是实现固体粒子在液相中的悬浮操作，借助机械搅拌器的作用将固体颗粒均匀地分散到液相中形成混合物（悬浮液）。

在固液相传质设备或化学反应器中，借助搅拌器的作用使悬浮液强烈湍动，减小固体粒子周围的液膜阻力，从而增大传质和化学反应速率，提高设备生产能力。例如，化学浸出提纯、膨润土的酸化处理（活性白土）以及各种矿物颗粒材料的改性覆盖树脂等，用途十分广泛。此外，矿物材料的固液相系搅拌有时还可能有其他作用，主要是利用固液相中矿物与矿物及矿物与液体的高速相对运动来实现洗涤，进行选择性解离。这时，多数情况下除利用机械力之外，还利用化学药剂（分散剂、活性剂或渗透剂等）的联合作用。例如黏土矿物的剥片与改性，云母矿物的化学剥片，石棉纤维的湿法化学松解等。

2. 塑性物料

在粉体物料中加入少量液体以制备均匀的塑性物料或膏状物料。在高黏稠物料内，加入少量粉体或液体添加剂制备成均匀混合物等，该过程属于塑性物料制备过程，也称为捏合操作。这类操作广泛用于各类矿物聚合物复合材料中，也大量用于化工、橡胶、塑料、制药、食品等行业。例如，橡胶中加入矿物及纤维材料，用黏土制陶瓷坯料，碳素材料中石墨与黏合剂的混合料及热塑性树脂中加入稳定剂等均属此类操作。捏合操作的目的主要为得到均匀混合物。其特点是：处理物料的黏度或表观黏度都较大，最高可达几亿厘泊；大多数属非牛顿流体，流动性极小。因此，在捏合时，不可能像搅拌低黏度液体一样利用分子扩散或湍流混合。捏合操作包括对处理物料的分散和混合两种作用。前者靠叶轮转动时产生的剪切力，把待处理的物料拉伸，撕裂成薄片或者把粉粒聚集体粉碎和分散成小直径粒子。后者由叶轮推动物料产生相对运动，使各物料强制混合。在捏合机中，物料要反复多次受到两种作用，经过一段时间后，才能得到合格产品。

挤压本质上也是一种捏合过程，即在分散、混合操作的同时将混合料挤压或撕裂成片状物料。此外，在矿物改性作业中，也可采用挤压法将矿物晶层间的离子与液相中的离子进行交换，从而达到改性、改型的目的。

6.2.2　气力混合

气力式混合器主要适用于处理量大的粉粒体，以及间歇式的操作。它对具有下列特性的物料是比较适宜的。气力混合与机械混合相比具有许多优点：①粉料中的每个粒子都能在气流的强制作用下充分地分散开来，从而有利于提高粉体混合质量；②在功率消耗的正常范围内，机械混合设备的工作容积一般不会超过 $20\sim60\ m^3$，而气力混合装置却可高达 $1000\ m^3$；③气力混合设备内部没有运动部件，维修简单方便；④气力混合的功率消耗低于机械混合设备。

主要适用于具有以下特性的矿物粉体：①流动性好的、物料静止角较小的粉粒体；②物性差小的物料，磨耗性大的物料，含水量低的或干燥状态的物料。气力混合对具有吸湿性、凝聚性、飞散性的微粉及可压缩性粉粒体的混合则比较困难。气力式混合器结构简单，维修方便，生产费用低，装料系数一般也较高，并且有时可与大容量的储槽兼用。

气力混合与机械搅拌混合相比有不少特点。从物料混合的基本特征来看，若能使每个粒子充分地分散，则有利于混合程度的提高，显然，要想达到这一目的，采用气力式要比采用机械搅拌式混合器容易得多。在功率消耗处于正常范围的情况下，机械搅拌式混合器的有效容积一般较小，但气力混合装置容积较大，这与它没有运动部件、限制性较小有关。另外，气力混合所需的功率消耗一般比机械混合的低。

6.2.2.1　气力混合设备

气力混合的类型有多种，按混合过程中粉料运动特点可分为重力式（包括外管式、内管式与旋管式等）、流化式、脉冲旋流式。按其混合方式和功能分为间歇式均化库、混合式均化库和多料流式均化库。

1. 流化式气力混合

流化式气力混合是通过压缩空气从不同的部位穿过多孔板进入料层，吹射粉料使粉料流态化，在强化充气的条件下产生涡流和剧烈的翻腾而起到均化作用。最后，空气从过滤器逸出。由于流态化状态系自始至终地保持着，而粒子尺寸增大，则气流速度亦需相应提高，所以，流态化式气力混合所需功率比较大。

流化式气力混合在常规矿物材料，如水泥行业称为间歇均化库。在水泥厂用间歇均化库混合生料，如果原来生料的碳酸钙含量的标准偏差小于3%时，搅拌不超过 60 min，大致上就可以将标准偏差降至 0.2%左右。

为了使粉料流态化，首先要将空气分散成很细的气流向粉料吹射，透气板一般是多孔陶瓷板，也有用多孔水泥板或尼龙布料作为透气板的情况。

2. 重力式气力混合

重力式气力混合的主要作用原理是利用物料在圆锥状料斗的流动，在汇合出口处，具有混合作用，该作用主要由重力流动所产生。

1）外管重力式气力混合

由料仓与位于其下的集料斗组成主体，在料仓的周围沿着螺旋方向开有约为32 个外管，以能在仓内各种高度上取得物料，其目的是使入仓后物料在被集料斗进行混合之前，先充分分散。然后直接通过各个外管而向集料斗集中。也有少数物料是从料仓底部的中央出口流往集料斗的。来自各处的物料就由集料斗进行重力式混合，最后依靠风机气送进入料仓，继续混合。该装置的关键在于这些外管的合理设计，要求管内流速匀稳，在集料斗内集合时，相互间不宜有冲击影响，以致破坏了重力混合的作用。该装置的工作容量可以高达 100 m^3。

2）内管重力式气力混合

位于内管顶部的反射罩也具有同样的分散物料的作用。向四周辐射状分散的物料借重力下落，最后集聚混合至内管底部，随即又从内管中依靠气力上升，重新循环。内管式的工作容量可达 150 m^3，负荷比约在 7～12 之间。

3）旋管重力式气力混合

圆筒料仓上部沿筒壁切线方向有三个进管，物料由此入仓，同旋风分离器，物料沿壁下沉而混合，气体上逸，如此借仓外气送装置反复进行。

4）多料流式均化库

多料流式均化库是尽可能在库内产生良好的料流重力混合作用，以提高均化效果。基本上不用气力均化，以节约动力和简化设备。这种均化库单库的均化效果一般在 7 左右；双库并联的均化效果值可达 10；三库并联则可达 15。

3. 脉冲旋流式气力混合

与强制式机械混合一样，脉冲旋流式气力混合是气力混合中效率较高的一种混合方法。工作容量为 1～45 m^3，混合时间不超过 60 s，对于密度差高达 6∶1 的物料仍能得到满意的均匀度，微量添加剂的重量百分率仅 0.001%，也能使之混合均匀。

混合仓的锥形底部有一特殊设计的混合机头，它能向仓内提供脉冲的向上空气旋流，于是带起所有物料一起运动。每当脉冲供气停止，物料颗粒就下降，而在下一次气旋时，它们又从另一地点往上升起。物料颗粒被压缩空气的旋流做反复移动，导致物料的强烈混合。每一脉冲周期约 1 秒，所以不仅混合耗气量较低，而且从装料至卸料总共不超过 3.5～4.0 min。值得指出的是，混合仓还可兼作气力输送的发送罐，即混合后的物料直接由气力输送卸出。适用物料的粒度为48 μm 至 3 mm。混合用气经过滤器排出，物料损失不超过 0.5%～1.0%，或经再处理而回收。

以脉冲旋流式气力混合为基础的混合室均化库可同时进料、搅拌和出料，库的容积几乎不受限制，容量 20000 t 不算最大，而间歇均化库的容积有限制，容量 3000 t 已接近上限。混合室均化库是连续进行均化，均化过程先为重力均化，后为气力均化。均化效果前者 $e = 2.8 \sim 3.5$；后者为 $e = 3 \sim 4.5$，总均化效果在 $8 \sim 15$ 之间。

6.2.2.2　气力混合制备矿物材料

气力混合操作是使两种或两种以上的矿物或矿物与其他固体材料得到组分浓度均匀的混合物的操作，在有些情况下也伴有化学或表面化学反应及传质或传热等过程。按固体物料在混合设备中的运动状态，气力混合操作的机理如下。

（1）对流混合：由于混合机壁及叶轮、螺旋等构件的运动，促使粒子群大幅度地移动，形成循环流动，以此完成混合。

（2）剪切混合：由于粒子群内有速度分布，使各粒子相互碰撞与滑动；还由于搅拌叶轮尖端和机壳壁面与底面间隙较小，对粉体凝聚团产生压缩力、剪切力作用，使粉体凝聚团碎裂而引起物料混合。

（3）扩散混合：由相邻的粒子互相改变位置所引起的混合。与对流混合相比，混合速度显著降低，但扩散混合可以最终完成均匀混合。在各种混合机内，以上机理同时存在，但不同的物料性质和不同的混合机形式主要影响因素有区别。对于固体混合操作，至今仍是以经验性为主。

6.3　矿物材料成型技术

成型在整个矿物材料的制备科学中起着承上启下的作用，是制备高性能矿物材料的关键。成型加工不但赋予矿物材料形状，同时也是使矿物材料增值的经济活动。我国在矿物材料高端产品制造方面竞争力不足的原因之一就是成型加工等先进制造工艺技术薄弱问题。尽管不同的矿物材料所采用的成型加工技术有很大的不同，但在成型加工和制造方面提高技术能力和效率上的要求是一致的。为了高效、低成本地研制高性能矿物材料，必须提高成型加工制造能力，不断发展并采用先进成型技术[5]。

矿物原料粉体具有以下特性：

（1）可塑性：可塑性是指矿物原料粉体粉碎后用适量的调和剂后捏成泥团，在外力作用下可以任意改变其形状而不发生裂纹，除去外力，仍能保持受力时的形状的性能。高岭土具有良好的成型、干燥和烧结性能。

（2）颗粒形状特殊：矿物原料粉体的形状大体可分为球状、片状、粒状、纤维状(或针状)等。不同的填料往往具有不同的颗粒形状。矿物原料粉体形状从两个方面影响矿物原料粉体的成型效果：一是形状不同，矿物原料粉体的比表面积不同；二是矿物原料粉体的形状直接影响矿物原料粉体的堆砌密度。例如，矿物原料粉体的堆砌密度与纤维状填料的粉体密度差异很大，因此它们的成型效果也将有区别。一般说来，纤维状、薄片状的矿物原料粉体有助于提高制品的机械强度，但不利于成型加工。反之，球状矿物原料粉体可以改善制品的成型加工性能，但却可能使其机械强度下降。

利用这一特性，用矿物材料混合后粉体加上添加剂如黏合剂等，采用合适的成型方法，如压缩、挤条、喷雾、转动、滚动等，可以制造人们所需的各种形状的矿物材料产品。

6.3.1　压缩成型

压缩成型是将要成型的矿物原料粉末放在一定体积的模子中，通过压缩的方法成型。它是工业上应用较早而又普遍应用的成型方法之一。与其他矿物材料成型法相比较，压缩成型法有以下特点：

（1）成型产物粒径一致，质量均匀；

（2）可以获得堆密度较高的产品，矿物材料强度好；

（3）矿物材料粒子的表面较光滑；

（4）可以采用干粉成型，或添加少量黏合剂成型，因此可以省去或减少干燥动力消耗，并避免矿物原料成分蒸发损失。

此方法的缺点是：

（1）由于采用加压成型，即使使用润滑剂，压片机的冲头及冲模磨损仍较大；

（2）每台机器的生产能力低，尤其生产小颗粒矿物材料时更甚；

（3）难以成型球形颗粒及粒度小于 3 mm×3 mm 的矿物材料，一般认为 5 mm 左右颗粒是压片机的经济成型下限。如生产 6.4 mm×6.4 mm 颗粒矿物材料，改为生产 3.2 mm×3.2 mm 颗粒矿物材料时，设备生产能力会降低 87%。

近来，随着设备结构改进，每台设备的生产能力有了显著提高，同时，冲头及冲模使用耐磨合金钢，使磨损性大为降低。

6.3.1.1　压缩成型过程

在压缩成型过程中，粉体的空隙减少、颗粒发生变形，颗粒之间接触面展开，粉体致密化而使颗粒间黏附力增强。这种过程可用下面所示的几个阶段加以说明。

（1）充填阶段：压缩成型一般是由冲头和冲模所构成的压片机来完成的。当压片机的机头以一定速度旋转时，位于冲模上的加料器将粉料充填至空模内。加至空模内的粉体体积决定于固体粉末的密度及所需片剂成品的几何尺寸。通常，充填前的粉体已对粉体各成分及添加剂进行充分混合。

（2）增稠阶段：随着冲头向下移动，粉体体积缩小，空隙减少，密度增高，由上冲头所施加的压力大部分为粉末颗粒所吸收，传至底端的压力增加较慢。

（3）压紧阶段：压力进一步增加，粉体颗粒的架桥现象破坏，颗粒压紧而形成黏结键，键强决定于粉体水含量及颗粒大小和形状。

（4）变形或损坏阶段：这时粉体发生弹性或塑性变形，引起粉体致密化及孔隙闭合，某些粉体原子通过压扁的孔隙内表面扩散会产生化学键合。

（5）出片阶段：当上冲头到达死点时（位置决定于压缩比），压力突然下降，上冲头上升，下冲头向上推移，将成型物顶出。这时，根据粉体性质及压缩变形情况，也会产生微小的弹性膨胀，即所谓弹性后效。在少数情况下，这种弹性膨胀也会引起成型物破裂。实际操作过程中，上述阶段并不能明显加以区分，有些阶段几乎是同时发生。

6.3.1.2 影响矿物材料成型强度的因素

压缩成型时，粉末之间主要靠范德瓦耳斯力结合，有水存在时，毛细管压力也增加黏结能力。对大小均匀的球形颗粒互相聚集的聚集力，即颗粒间的抗拉强度可用式（6-1）表示：

$$\sigma = \frac{9(1-\varepsilon)KH}{8\pi d^2} \tag{6-1}$$

式中，σ 为抗拉强度；ε 为粉体自由空隙率；K 为粒子接触点数（即配位数）的平均值；H 为粒子间结合力（范德瓦耳斯力）；d 为颗粒直径。

上述公式在实际应用中应注意以下六点影响因素。

1）颗粒形状及粒度

圆形或椭圆形状体的吸附力和摩擦力小，但也可类推实际流动性也较好，有利于模内布料时具有较大的堆积密度，但一般矿物材料所用粉料都是粉碎产品，它含有细粉和粗粉，而大部分为中间粒度。但当几种不同的物料在同一粉碎设备中进行粉碎时，应考虑到混合粉料中硬、软物料的相互影响。硬度大者会对硬度小者产生表面剪切或磨削作用，软颗粒在接触面上会被硬颗粒磨削而形成若干细颗粒。硬质颗粒对软质颗粒起着研磨介质的作用，结果导致软质物料在混合粉碎时的细颗粒产率比单独粉碎时高，而硬质物料则相反。

2）粒度分布

粒度分布是指粉料中不同粒级所占的质量百分数。有适当比例的粗、中、细颗粒，可以减少细粉堆积时的空隙率，提高自由堆积密度，提高成型产品的致密度及强度。粒子过粗，或粗粒子过多时，粒子间的空隙大、接触点数小，填充密度随之减少，强度也就降低。粉料静压成型时，粉料级配的典型示例如表 6-3 所示[6]。

表 6-3　粉料级配的典型示例

粒径范围	级配比例
<0.1 mm	3%
0.1～0.2 mm	10%
0.2～0.315 mm	35%
0.315～0.4 mm	37%
0.4～0.5 mm	73%
>0.5mm	～2%

在其他条件相同的情况下，粗、细粉比例不同，成型产品的强度也会不同。如在 Al_2O_3 矿物材料成型时，以 75～100 mm 的粗粉为基础，分别加入 1%、5%、11% 及 29% 的 30～35 mm 的细粉时，强度随细粉加入量增加而增大[7]。

3）空隙率与紧密度

从式 (6-1) 可以看出，空隙率增大，强度就自然降低。通常将式 (6-1) 中的 $(1-\varepsilon)$ 称为紧密度。提高粒料的紧密度有利于提高成型产品的强度。但紧密度或空隙率的大小应以不影响矿物材料性能为准则。紧密度过高，有可能使比表面积及平均孔径（特别是大孔）减少，影响矿物材料的活性及选择性。反之，紧密度小、空隙率大时，矿物材料在升温或降温过程中不易发生崩裂，即耐热崩坏性提高。至于式 (6-1) 所提出的粒子接触点数与粉料的填充状态有关，而实际上它与空隙率或紧密度有关。空隙率越大、接触点数小，强度自然就相应降低[8]。

4）水含量影响

湿法成型（如造粒成球）时，粉料中要加入适量水。加水过少，无法在粉料中均匀分布和提供足够的结合力，结果难以成型。加水过多则会使粉粒黏结也难以成型。干法成型（如压片）加水量较少，但也不能完全没有水。水分过多会产生黏模，使生片不易脱模和片剂发毛而不完整；水分过少而成型压力又较高时，会使片剂产生"断腰"等现象。所以，粉料中水分分布的均匀程度对产品质量有较大影响。实际操作中，应根据粉料性质及成型方法等情况来确定最佳含水率，使水分的波动范围越小越好[9]。

5）成型压力的影响

成型时加于粉料上的压力主要在于克服粉料的阻力（包括颗粒之间的内摩擦力和使颗粒变形所需的力）及克服粉料颗粒与模壁间的外摩擦力上[10]。上述两者之和即是通常所说的成型压力。采用压力大小应根据上述两种因素及粉料的含水量与流动性，以及成型制品大小等因素来选定。一般来说，提高成型压力，可以使粒子与粒子间的接触点数增加、粒子间距离缩小而增大结合力，提高紧密度而降低空隙率，从而提高制品的强度。

矿物粉体的每一个微粒可以看作是由许多二次粒子聚集而成，二次粒子与二次粒子间存在着 30 nm 以上的粗孔；而二次粒子又是由许多一次粒子聚集而成，在一次粒子与一次粒子的接触点位置存在着 2 nm 以下的细孔间隙。成型时，随着成型压力增大，大于 30 nm 的粗孔体积先开始减少，即二次粒子间的间隙减少。当成型压力超过某一压力时，大于 30 nm 的粗孔全部消失。然后成型压力开始影响二次粒子内部，即使一次粒子与一次粒子间小于 2 nm 的细孔体积开始减少。根据这一设想，成型压力的选择应使粉体粒子内的二次粒子之间的粗孔适当减少，而使矿物材料具有适宜的强度；同时成型压力又不至于使二次粒子内部的一次粒子间的细孔减少，以使矿物材料的细孔结构不发生太大变化，从而影响矿物材料活性及应用性能。

6）水合过程的影响

有些矿物物料在成型前后会发生水合反应。例如，以快速焙烧拜耳（Bayer）法三水铝石所获得的活性氧化铝为原料，制备蜂窝状 Al_2O_3 时，经扫描电镜对 Al_2O_3 成型体观察发现，刚成型结束时，成型体中的 Al_2O_3 粒子是相互分离的，而经低温 8 h 放置后，Al_2O_3 发生水合反应，粒子间结合得更加牢固，成型体的强度在前后也相差 2～3 倍。据分析，这种变化是由于结晶水随时间及温度变化而引起结合态变化所致[11]。

6.3.1.3　压缩成型对矿物粉体原料的质量要求与质量控制

1）质量要求

（1）要尽量提高粉料体积密度，以降低其压缩比，因为干压成型是将粉料填充在钢模型腔中压制成型的，型腔深度随压缩比的增大而增高，而型腔愈深则愈难压紧，影响产品质量[12]。

（2）流动性要好，成型压制时颗粒间的内摩擦要小，粉料能顺利地填满模型的各个角落。

（3）对粉料要进行造粒处理，而且从最紧密堆积原理出发，颗粒要级配，细粉要尽可能少，用以减少空气含量，并降低压缩比，提高流动性。

（4）在压力下易于粉碎，这样可形成致密坯体。

（5）水分要均匀，否则易使成型与干燥困难。

2）质量控制

为了满足上述要求，生产上一般要控制下列工艺条件。

（1）颗粒度。矿物材料的干压坯料细度与可塑坯料的要求相同。精细矿物材料的坯料细度可控制在 6400 孔/cm^2，筛余 0.5%～1.0%。干压料中团粒约占 30%～50%，其余是少量的水和空气[13]。团粒是由几十个甚至更多的坯料细颗粒、水和空气所组成的集合体，团粒大小要求在 0.25～3 mm，最大团粒不可超过坯件厚度的七分之一。团粒形状最好是接近圆球状为宜。但不希望有大量的细粉存在，因为细粉会降低坯料的流动性，很难压实。微细粉状料可送平板压床重压。

（2）含水量。干压坯料的含水量与坯体的形状、成型压力和干燥性能等有关。含水量较高时，干燥收缩大，成型压力可以小些。一般干压坯料的含水量控制在 4%～7%，甚至有的可为 1%～4%，有的干压坯料主要添加有机黏结剂，含水量极少，成型压力可小些。形状不太复杂，尺寸公差要求不高的产品可采用含水量 5%～8%。

（3）可塑性。干压成型对团粒的可塑性没有严格要求，一般可塑性原料用量多，团粒含水量也较多。为了降低干压坯体的收缩而获得尺寸准确的制品，可以减少可塑黏土的用量。如生产滑石矿物材料和金红石矿物材料可以完全不用可塑黏土，全部是瘠性原料和化工原料，但要加入少量有机黏结剂和增塑剂帮助造粒。

6.3.1.4　压缩成型机械

1）单一压片机

单一压片机通过上下冲头在冲模内的上下运动而对粉料进行压缩成型。因为上下冲头通常是通过偏心曲轴的作用而上下运动，所以它也称作偏心曲柄式压片机，其工作过程可分解成下面几个步骤。

（1）下部冲头下落到最低位置，粉料进料器的下料口则向左移动到冲模上口，在冲模上填充一定量粉料后，进料器下料口从冲模上口向右平移，冲模中填充了所需成型的粉料。

（2）上冲头向下移动，接着下冲头也向上移动而进行压缩成型。

（3）上下冲头同时向上移动，下冲头将成型物顶至冲模上口。

（4）下冲头又开始向下移动，进料器下料口又开始向左移到冲模上口，它在填充粉料的同时又将成型好的压片推至机外。

单一压片机的特点是，即使少量粉料也可压片，成型压片的直径可根据模具大小变化，根据需要可在较高压力下进行成型。这种压片机的偏心轮转速一般低于 100 r/min，由于一次只能压片一个，所以效率较低，为了提高生产效率，可采用下述旋转式压片机。

2）旋转式压片机

旋转式压片机的工作原理与单一压片机相类似，只是它由许多组冲模组合而成。转盘上开有很多模孔，每个模孔上下各有相应的上下冲头，每个上下冲头都由上压轮及下压轮使其上下运动。转盘作旋转动作时，上下冲头由于升降运动而达到压片目的。

压缩成型时，如果压缩速度过快，会使粉体中空气难以排出，同时由于粉末颗粒滑移速度不均匀，会造成成型物密度不均匀的现象。为了避免或减轻上述现象，就需降低压缩速度，延长压缩停滞时间。

3）对辊式压块机

对辊式压块机的主要部件是一对轧辊，两辊直径相同，彼此留有一定间隙，两者以相同的转速作反向旋转，轧辊表面上有规则地排列许多形状、大小相同的穴孔，两轧辊呈水平布置。成型粉料从两轧辊上方连续均匀地加下，靠自重或强制喂料进入两轧辊之间。物料先是作自由流动，从轧辊表面的某点起失去其自由流动的性质，被轧辊咬入。随着轧辊的连续旋转，物料占有的空间逐渐减少，因而逐渐被压缩，并达到成型压力最大值，随后则压力逐渐降低。所压得的团块（或称作型球）因弹性回复而产生尺寸增大，团块与穴孔壁的贴合受到破坏，加上其本身的重量而顺利地脱落。

对辊式压块机除轧辊部件外，其余都属通用零部件。轧辊的设计除确定直径、宽度外，还必须考虑轧辊的结构、材料及轧辊表面的穴孔形状及大小，同时还必须充分注意型球能否顺利地从穴孔内脱落下来，即脱模。这是压块机使用效果好坏的关键，如脱模不良就不能投入正常生产。轧辊的结构，可以做成整体式；也可以做成轧辊套（即辊皮）与轧辊芯两体。原因是辊皮需用不锈钢材料或耐磨损高强度合金钢等材料制成。为了节省贵重材料和便于制造修理，将辊皮采用热套法固定在轧辊芯上。

影响脱模的因素有穴孔形状及尺寸、穴孔表面和物料间的摩擦系数大小等。影响成型压力的因素有粉料种类、流动性质、轧辊直径、两轧辊间隙等。压块机通常属于干式加压成型，只需添加少量水或黏合剂，成型物强度较高，生产能力比压片机高，适于压制卵球球形矿物材料颗粒，压制球形颗粒时，脱模较难。

6.3.1.5　压缩成型制备矿物材料举例

1）石棉摩擦材料

石棉摩擦材料的生产工艺，根据其采用的树脂是液态还是固态而分为湿法和干法两种。湿法采用液态树脂为黏结剂，制备压缩料的各种组分在液态下混合（采用石棉线，在浸胶机上浸渍黏结剂），经干燥后再加工、成型；干法是采用固态树脂为黏结剂，树脂经粉碎成粉末后与各种组分在干态下混合后热压成型。用于加工石棉摩擦材料的石棉、黏结剂及其他填料，通过各种加工工艺制成的混合料称为压缩料。压缩料分为湿法压缩料和干法压缩料两种。湿法压缩料所用树脂是液态的（如酒精溶液或乳化液）；干法压缩料所用树脂是干态的（如粉状、碎裂状）。因所用树脂状态不同，压缩料加工工艺和设备也有所不同。压缩料的主要工艺性能包括流动性、挥发物含量、硬化速度、细度和均匀度、质量体积、压缩率和压坯形等，这些性能对于后续压制成型、效率及制品质量均有直接影响。

2）膨润土防水板

膨润土防水板是将天然钠基膨润土和高密度聚乙烯（HDPE）压缩成型的具有双重防水性能的高性能防水材料。这种防水板广泛用于各种地下工程的防水。防水板的规格见表 6-4。

表 6-4　膨润土防水板的规格和应用

	项　目	规格	用途	备注
	膨润土防水板	1.2 m×7.5 m×4.0 mm	一般建筑、土木结构物地下防水	盐水用
附属产品	膨润土密封剂	18 L/瓶	贯通部位、补强部位收尾	
	膨润土颗粒	20 kg/包	角部及施工部位补强用	
	胶带	7 cm×25 cm	施工时防水板搭接部位收尾用	
	A/L 封边条	1.5 cm×2 cm	防水板收尾部位密闭收尾用	

3）矿渣棉及其制品

矿渣棉是以高炉矿渣和石灰石、白云石等为原料，在 1400～1600℃冲天炉或池窑中熔融，熔融物用喷吹或离心法成纤的一种人造矿物纤维。为除去纤维中的砂砾和杂质，成型之前要用水洗槽和水力旋流器进行提纯。成型时采用加压和真空吸滤方法除去纤维中的大部分水（含水不超过 10%），使产品很快成型，然后烘干。成型时若采用改性水玻璃等耐高温黏结剂，经过型压烘干的矿渣棉制品，可将使用温度提高到 550～600℃。矿渣棉的一般生产工艺流程如图 6-1 所示。矿渣棉具有较强的耐碱性，但不耐强酸，pH 值为 7～9。一般矿渣棉制品可用于不受水湿的材料中低温部位[14]。

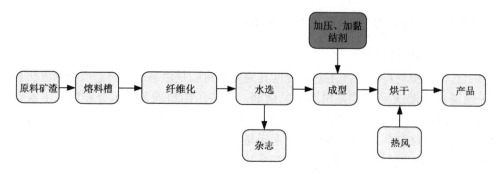

图 6-1　矿渣棉的一般生产工艺流程

　　矿棉生产所用的黏结剂多为有机物质，如酚醛树脂、淀粉、钙性淀粉等。这种黏结剂耐温性有限，一般在 200℃，在受热一面黏结剂会发生分解，同时释放一定量的气体，再加上重力和振动力的作用，保温材料就会产生变形、脱层和下沉现象。黏结剂的加入量必须严格控制，一般要小于 3%。在矿棉制品生产过程中，可以选用改性水玻璃和溶剂类耐高温黏结剂，可使制品的使用温度提高到600～650℃。在湿法生产时，黏结剂的使用方法与干法生产不同。在湿法生产中，黏结剂在搅拌作业、注模之前加入。这样，当制品在压制成型时，就有大量的水被排出。在这些被压出的水中，会有一定量的黏结剂，为了回收这部分黏结剂，可以在黏结剂加入后再加入一定量的凝聚剂，这时黏结剂变得不溶于水，成型时水被压走，而黏结剂黏附在纤维上。这样不仅可以避免黏结剂流失，更重要的是可以使黏结剂在纤维中分布均匀。

6.3.2　挤条成型

　　挤条成型法是将矿物粉料和适量水分或黏合剂，经充分混合后，将湿物料送至带有多孔模头或金属网的挤条机中，粉料经挤条机被挤压入模头的孔中，并以圆柱形或其他不规则形状的挤出物挤出，在模头外部离模面一定距离处装有刀片，将挤出物切断成适当长度，它能获得直径固定、长度范围较广的矿物成型产品，是常用矿物材料成型方法。矿物粉末原料一般经过挤条、成球等成型操作制成所需要的形状。挤条时由于粉体经受一定的挤出压力，通常会使矿物材料的堆密度减小，大孔比例及比表面积也会适当减少。但在不添加其他添加剂的情况下，这种方法所产生的孔结构变化不是太大[15]。

6.3.2.1　挤条成型过程

　　各种挤条制品的生产工艺流程大体相同，一般包括原料的准备、预热、干

燥、挤条成型、挤条物的定型与冷却、制品的牵引与卷取或切割，有些制品成型
后还需经过后处理。工艺流程如图 6-2 所示。

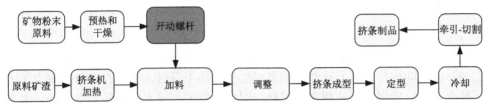

图 6-2　挤条成型工艺流程图

1）原料的准备和预处理

用于挤条成型的矿物原料大多数是粒状或粉状，由于原料中可能含有水
分，将会影响挤条成型的正常进行，同时影响制品质量，例如出现气泡、表面晦
暗无光、出现流纹、机械性能降低等。因此，挤条前要对原料进行预热和干燥。
不同种类矿物原料允许含水量不同，通常应控制原料的含水量。此外，原料中的
机械杂质也应尽可能除去。原料的预热和干燥一般是在烘箱或烘房内进行。

2）挤条成型

首先将挤条机加热到预定的温度，然后开动螺杆，同时加料。初期挤条物的
质量和外观都较差，应根据矿物材料的挤条工艺性能和挤条机机头口模的结构特
点等调整挤条机，主要是挤条机料筒各加热段和机头口模的温度及螺杆的转速等
工艺参数，以控制料筒内物料的温度和压力分布。根据制品的形状和尺寸的要
求，调整口模尺寸和同心度及牵引等设备装置，以控制挤条物离模膨胀和形状的
稳定性，从而达到最终控制挤出物的产量和质量的目的，直到挤出达到正常状态
即进行连续生产。不同的矿物材料要求螺杆特性和工艺条件不同。挤条过程的工
艺条件对制品质量影响很大，直接影响制品的外观和物理机械性能，而影响成型
效果的主要因素是温度和剪切作用。物料的温度主要来自料筒的外加热，其次是
螺杆对物料的剪切作用和物料之间的摩擦，当进入正常操作后，剪切和摩擦产生
的热量甚至变得更为重要。温度升高，物料黏度降低，有利于成型，同时降低熔
体的压力，挤条成型出料快，但如果机头和口模温度过高，挤出物形状的稳定性
较差，制品收缩性增大，甚至引起制品发黄，出现气泡，成型不能顺利进行。温
度降低，物料黏度增大，机头和口模压力增加，制品密度大，形状稳定性好，但
挤条膨胀较严重，可以适当增大牵引速度以减少因膨胀而引起制品的壁厚增加。
但是，温度不能太低，否则成型效果差，且熔体黏度太大而增加功率消耗。口模
和型芯的温度应该一致，若相差较大，则制品会出现向内或向外翻甚至扭歪等现
象。增大螺杆的转速能强化对矿物材料的剪切作用，有利于矿物材料的混合，且

大多数矿物材料的熔融黏度随螺杆转速的增加而降低。在挤条成型中，通常将水量与干粉的质量之比称作水粉比。强度随水粉比增大而逐渐提高；当超过一定值时，强度又开始下降。

3）定型与冷却

矿物材料挤出物离开机头口模后仍处在高温熔融状态，具有很大的塑性变形能力，应立即进行定型和冷却。如果定型和冷却不及时，制品在自身的重力作用下就会变形，出现凹陷或扭曲等现象。根据不同的制品有不同的定型方法，大多数情况下，冷却和定型是同时进行的，只有在挤出管材和各种异型材时才有一个独立的定型装置，挤出板材和片材时，往往挤出物通过压光辊，也是起定型和冷却作用，而挤出薄膜、单丝等不必定型，仅通过冷却便可以了。未经定型的挤条物必须用冷却装置使其及时降温，以固定挤条物的形状和尺寸，已定型的挤条物由于在定型装置中的冷却作用并不充分，仍必须用冷却装置，使其进一步冷却。冷却一般采用空气或水冷，冷却速度对制品性能有较大影响，硬质制品不能冷得太快，否则容易造成内应力，并影响外观，对软质或结晶型矿物材料则要求及时冷却，以免制品变形。

4）挤条成型泥料的性能要求

矿物材料的挤条成型性能取决于许多参数，与原料和设备均有关。原料特性主要包括：

（1）挤条筒壁的黏附性：为了减少原料与筒壁之间的摩擦，这种黏附力应尽量的要小。

（2）物料内部的摩擦：高的摩擦对成型不利，可使挤条螺旋直径与模具直径的比值减小。

（3）原料的内聚黏着力：矿物原料的内聚黏着力越小，则愈容易产生缺陷，制品开裂时能承受的塑性应变愈小。

（4）颗粒形状和大小：片状颗粒将在成形体内引入层状结构，因此会增加层状缺陷。细的颗粒有助于改善挤条成型，颗粒分布宽亦可改善挤条成型。

（5）溶剂、增塑剂等用量要适当，混合要均匀，如用量不当或不均匀，则挤出的矿物材料坯件易产生扭弯变形。

6.3.2.2 挤条机的组成

根据上述挤条成型过程，挤条机一般由下列各部分组成。

1）进料装置

对于连续挤条成型过程所采用的进料装置应具有下列三项基本功能：排出、移送、放出。料斗虽是一般的装置，但要求料斗的排料必须是定量的，所以它与粉体输送的定量性密切相关，流动性差的粉体可能会架桥，振动有利于防止架桥而使物料连续排出。挡板可对粉体排出量作首次定量控制，而振动槽的移送速度则可进一步定量控制，粉体移至槽的终端处即行放出，并很快被圆筒内的螺旋叶片所攫取。有时也可采用不带移送装置的进料机构。

2）挤压系统

目前，螺旋挤条机仍是挤条成型所用的主要设备。影响挤条机成型效果的因素很多，主要有螺旋绞刀(主轴)转速、螺旋绞刀、机头、机口尺寸及芯架阻力等。不同的原料、不同的制品应选用不同的挤条参数与之匹配才能达到最佳效果。

（1）螺旋绞刀(主轴)的转速。绞刀旋转时附着在绞刀上的泥料因旋转会产生一定的离心力，同时，泥料和绞刀叶片之间也存在一定的黏结力，促使其旋转。当泥料沿叶片表面向前滑动时，其所产生的摩擦力又能阻止其滑动，其大小又和绞刀的转速成正比，因此，一旦绞刀转速太大，泥料还来不及向前滑动就又被带动跟着绞刀旋转。其后果不仅是只见绞刀前转不见泥条来，而且不断旋转迫使泥料因摩擦而产生的热量使泥缸升温，蒸发了泥料中的水分，泥料越转越干越硬，温度也越高，最后只能是电机严重超载酿成事故。实际上，在一定的挤出压力下，每台挤条机的螺旋绞刀都有个最佳的转速范围，在此范围内，挤条效率最高，超过这个范围时，负荷陡升，泥缸严重发烧，挤条效率反而严重下降。这是因为过高的转速迫使泥料只能跟随螺旋绞刀一同回转，产生剧烈摩擦而发烧并使负荷陡升。

（2）螺旋绞刀叶片的螺旋角。在挤条机的泥缸里，矿物泥料是靠旋转的螺旋绞刀叶片推动前进的。仅从这一点看，希望叶片平面最好能垂直于泥缸轴线，并只作轴向运动。但这时绞刀的螺旋角和螺距都变为零，就不能称为螺旋绞刀，而且无论如何旋转也不可能把泥料推向前进。对于首节螺旋绞刀，要克服机头、机口、芯具等的很大阻力才能把被压紧的泥料推出机口，需要的推力最大，因此，应该有较小的螺距和螺旋角，力求具有较大的挤条压力。对于送料段的螺旋绞刀，就完全是另一回事了。由于泥料还是松散的，其任务又是不断地向前输送充足的泥料，因此，希望泥料前进得快一点。这就应该有较大的螺旋角和螺距，目的是在旋转时，泥料能前进较大的距离。为此，要求挤泥机的各节螺旋绞刀应根据其所承担的具体任务而分别具有不同的螺距和螺旋角，即"变螺距绞刀"。

（3）螺旋绞刀的组合。矿物泥料是一种可以压缩的散体，在螺旋挤条机里，泥料在被逐步挤压密实的同时，还有一个被从进料端逐级输送到出泥口和搅拌的过程，需有多个绞刀配合完成，因此，在螺旋挤条机里都由多个绞刀串联组成"绞龙"。

（4）绞刀叶片的光洁度。矿物泥料是沿绞刀叶片表面滑动而被推挤前进的，绞刀叶片表面对泥料因滑动产生摩擦力，叶片表面光滑，摩擦阻力就小；叶片表面粗糙，摩擦阻力就大，容易带着泥料一同旋转。在生产实际中，往往就会遇到新换上去的螺旋绞刀，刚刚生产时挤条机的负荷要大些，挤条较为困难，随着生产的进行，绞刀叶片逐渐被磨光，生产也就恢复正常。

3）机头

挤条机的挤头一般是多孔板模头，它使挤条的粉料具有要求的截面及密度。更换不同孔径的模头就可调整挤出条的直径。挤出条的形状以圆柱状最多，也有空心圆柱状。多孔性模头应有足够的机械强度，特别在生产细条时，要求模头有更高的机械强度。

4）切割装置

切割装置通常是高速旋转的刀具，用来将挤条机连续挤出的条状物切割成一定长度的制品。对于细条（≤1.6 mm），由于在干燥和输送过程中会自然断裂，可不用切割装置。

无论采用何种切割装置，除了要求能将运动的条状物切割成一定长度制品外，还要求作垂直于条状物运动方向的切割面。

除了上述主要部件以外，挤条机还有传动系统、加热冷却系统等。

6.3.2.3　挤条成型机械

1）螺杆挤条机

螺杆挤条机是常见的挤条成型机。有水平式、垂直式、单螺杆及双螺杆等型式。螺杆是这种挤条机最易磨损的部件，可采用耐磨合金或经表面硬化处理的金属材料。为防止螺杆表面黏结粉体增加功率消耗，可将螺杆镀铬或采用其他增加光洁度的方法。螺杆挤条机可以获得直径为 2～20 mm，长度不等的圆柱形或其他形状的矿物材料成型物，产品的机械强度也较高。

单螺杆挤条机由于设计简单、制造容易，价格便宜。但由于单螺杆挤条机的输送作用主要靠摩擦，故其加料性能受到限制，粉料较难加入，而且气体排除效果也较差。与单螺杆挤条机相比，双螺杆挤条机具有粉体加入容易、粉料在双螺杆中停留时间短、粉体中气体排出效果好等特点。而且对同样产量来说，双螺杆的挤条机的能耗要比单螺杆挤条机低得多。双螺杆结构是由两根啮合或非啮合、同向回转或异向旋转的螺杆和料筒组成。物料由加料斗加入经过螺杆而到达模头，然后经挤条机处理。

螺杆挤条机中，模头的厚度、孔径、开孔面积及材质都与生产能力有关。显然，孔径及开孔面积大，生产能力高，还可减小模头的厚度。

2）自成型式挤条机

齿轮式自成型挤条机是利用两个互相啮合的旋转齿轮，齿轮的齿底钻有所需成型形状的很多小孔，当粉料从上部送到两个齿轮轮子上后，由于齿轮的啮合力而通过一个齿轮的齿顶将粉料从另一个齿轮的齿底小孔挤出，齿轮既起辗子挤压，又起模头作用，所以称为自成型式挤条机。在齿轮内侧装有刀具，将挤条的成型产品切割成一定长度后即成为产品，所得产品强度较好。一般情况下，这种挤条机可以生产直径 3～10 mm 的圆柱状产品，长度一般为 3～20 mm。对容易挤条成型的物料，也可生产直径 1～3 mm 的圆柱状产品。

滚筒式自成型挤条机的挤出机理与齿轮式相似，是利用两个相对转动的滚筒来代替齿轮，其中一个滚筒上钻有无数成型小孔，由前处理工序调制好的湿物料送至两个滚筒之间时，通过滚筒的挤压作用将粉料从带孔滚筒的内侧挤出，再由滚筒内侧的刀具将其切割成一定长度。这种成型机适用于 1～6 mm 的矿物材料挤条，但产品强度比齿轮式要差些。

3）环滚筒式挤条机

环滚筒式挤条机的基本组成是一个转动的圆筒形模子，圆筒形模子上钻有许多给定大小的孔。在圆筒形模子的内部有多个压滚，进料落在有压滚的位置。每当转动时粉料被压进模子的小孔，由于物料通过小孔的摩擦作用提供了压实需要的阻力，在模子外边挤出圆柱形条状物，通过与模子表面保持固定距离的刀片切断挤出的条。改变刀片的位置可以调整颗粒的长度。环滚筒式挤条机的生产能力较高，模子孔径一般在 2～20 mm 之间。

环滚筒式挤条机有水平式及垂直式两种。粉料由螺旋输送机送至混炼机后再送至水平式环滚筒式挤条机进行挤条成型。垂直式环滚筒式挤条机与水平式不同的是，粉料由旋转叶轮送至由垂直轴带动的圆筒形模子内，经压滚至挤条机外。一般来说，水平式使用方便，可用于密度大的粉料成型，对湿含量较高的物料有较高的生产能力。

4）活塞式挤条机

活塞式挤条机与螺杆挤条机的不同之处在于，物料是用活塞推进而不是螺旋推进，物料在压力的作用下，强制穿过一个或数个带孔的孔板。活塞的推进速度与机头的切割装置的速度，可以根据要求设计，这种挤条机可以获得长短非常一致的产品，特别适合于环形矿物材料。由于挤条机是活塞强迫推进，因此对物料性质的选择不像螺旋挤条机那样严格。如果在设计时充分考虑设备强度，这种型式的挤条机甚至可使非常难成型的矿物材料如滑石粉末挤压成型。

活塞式挤条机的主要缺点是间歇加入物料，因而只能间歇操作，同时加料也较麻烦，生产效率远比螺旋挤条机为低。

6.3.2.4　影响挤条成型的因素

如上所述，挤条机型式较多，影响挤条成型的因素也较多。

1. 原料的影响

（1）粒度。与转动成型等方法相比，原料粉体粒度对挤条产品性能的影响并不显得突出。一般来说，粉体粒子直径大于模头孔径就难以挤出。粉体粒度细时容易挤条成型，而且有利于强度提高。在乙酸胶溶剂用量相同时，颗粒直径 $d<47\ \mu m$ 原料粉制备的产品强度远大于 $d=195\ \mu m$ 原料粉的产品强度。其原因可能在于颗粒度较小的原料粉胶溶效果好，形成产品时颗粒间接触点多，有利于提高强度。通常，挤条成型所用粉体粒度以 $100\sim200\ \mu m$ 或更细时为宜。粒度均匀的粉末，经捏合后润湿为均一的泥状物容易成型。

（2）流动性。流动性是粉体的特性之一，它与液体的流动性不同，也与固体的塑性变形不同。在挤条成型时，流动性也是影响产品性能的一种因素。一般情况下，粉末流动时的阻力是由于粉末粒子相互间直接或间接接触而妨碍其他粒子自由运动所引起的。这主要由粒子间的摩擦系数决定。由于粒子间暂时黏着或聚合在一起，从而妨碍相互运动。因此，这种流动时的阻力与粉末种类、粒度及其分布、形状、所吸收水分等因素有关。

挤条时，由于湿度及温度变化而使粉体粒子搭桥而引起固结现象，固结会使产品失去均一性，粉体预干燥、调湿均匀有利于克服固结现象。

（3）触变性。有些矿物物料，如铝土矿制备出的 $Al(OH)_3$ 凝胶中加入少量硝酸胶溶后，放置一定时间就会胶凝成冻胶，但如对这种冻胶再经搅动或振荡以后，又可恢复溶胶状态，而且这种状态反复多次也无变化，这种现象就是触变作用。具有这类触变性的物质，如蒙脱石，挤条成型往往较困难，为了便于成型，就需添加赋形剂或黏合剂之类物质。

（4）加热变性。成型物料受挤压及从模头挤出时，由于摩擦而发热，因此挤条成型物料在受热状态下应保持良好的黏合性，对热敏性物料挤条成型时，应在螺杆部分用夹套通冷却水冷却。

2. 前处理工序

矿物材料挤条成型常采用湿法成型，即粉体原料混合后需先加水或黏合剂后，经捏合机充分捏合后，再送至挤条成型机进行成型，在这种前处理工序中，使用的黏合剂种类、加液方式等都可能对产品性能带来影响。

1）黏合剂

与压缩成型相比较，挤条成型时粉料所受挤出压力要比压缩成型时的压力小得多，为了使成型物获得需要的强度，黏合剂的选择也是十分重要的。表 6-5 为挤条成型常用黏合剂示例。

表 6-5　挤条成型常用黏合剂

序号	名称	物性			使用形式	使用目的
		结合力	溶剂	吸湿性		
1	水	弱	—	—	液体	普通黏合剂
2	羟丙基纤维素	强	水、甲醇	有	液体、固体	增黏剂
3	甘油	无	水、甲醇	有	液体	增黏剂
4	淀粉	中	水	无	液体、固体	增黏剂、增量剂
5	甲基纤维素	中	水	有	液体、固体	增黏剂
6	聚乙烯醇	中	水	有	液体、固体	增黏剂
7	微晶纤维素	无	水	无	固体	增黏剂、可塑剂
8	铝溶胶	中	水	无	液体	增黏剂
9	水玻璃	中	水	无	液体	增黏剂

2）加液方式及捏合周期

挤条成型产品质量均匀性及机械强度与捏合情况有很大关系。捏合在捏合机中进行，捏合作用是使干粉与黏合剂充分和匀。如果捏合不好，有些干粉中加入黏合剂过多，有些又加入过少，这样不仅会影响挤条产品质量，强度高低不一，而且也会给挤条操作造成一定困难。虽然延长捏合周期有利于提高挤出物的强度，但如捏合时间过长，则有可能使物料不能挤出。因此，对每一物料有一个最佳捏合周期。

捏合操作可分为间歇式及连续式两种，间歇操作是先在捏合机中加入一定量干粉，然后在捏合过程中逐渐加入黏合剂，加完黏合剂后再经捏合一定时间后停止捏合，然后出料。间歇操作劳动强度大，生产效率低。连续捏合是将干粉及黏合剂分别先加至贮料罐中，再通过螺旋给料器及液体计量泵将干粉及黏合剂同时定量地送至捏合机中进行连续捏合。

3. 挤条工序

如上所述，挤条成型机的种类较多，因此要根据成型产品所需性能来选择适用的挤条机。挤条机选定以后，对同一类型挤条机械而言，影响挤条效果的主要因素是机械因素及原料因素。

1）机械因素

机械因素主要指挤条成型机的结构，以螺杆挤条机为例，螺旋叶片的形状及转速、模头孔径及厚度、模头开孔比等因素都对成型物的性能有影响。

螺杆是挤条机的关键部件，它起着对物料压实及输送作用。螺杆的长径比是一项重要技术参数，增加长径比能改善产品的外观和内在质量，提高机械强度。但长径比增加会对螺杆制造和装配带来困难。螺槽深度对成型物的质量及产量也有影响，螺槽深度浅，挤条量均匀。一般螺槽深度取决于成型物的流动性及热稳定性。流动性好的采用浅螺槽螺杆为好，热稳定性差的适用深螺槽螺杆。机头使成型物料由螺旋运动变为直线运动，同时产生必要的成型压力，保证产品密实度。因此机头表面要光滑，无伤痕。螺杆冷却可以减少内摩擦，使产品表面光滑，同时增加挤条量。因为过高的摩擦热会使挤条物温度升高、黏度变化，从而影响产品形状及质量。螺杆转数增加，挤条量也增加，但转数过高因摩擦热会使产品表面粗糙，呈现波纹状。

上述只是粗略的分析，对这些因素的选择还不能完全用理论分析来实现，大多数仍需依靠操作经验，有的是先采用小型机进行初步试验，然后综合考虑各种因素加以放大，在选定大型机后仍需用实际粉料，通过一定试验调节各种机械参数，以达到产品性能要求。

2）原料因素

原料因素除矿物粉体本身性质及粒度分布外，主要是润滑剂添加量及黏合剂添加量的影响。在挤条成型时，水分兼有润滑剂及黏合剂的作用。比如在制备分子筛时，在滤饼干燥和成型时，常出现一种现象，即干燥后的滤饼或成型物料，经反复触动，特别是振动就变软，继而变稀，严重时变得可流动，尤以颗粒度较小的 X 型和 Y 型分子筛最为显著，这种现象即为上述的触变现象。为了消除这些现象，在滤饼干燥时可通过水蒸气吹扫进行预处理。而在挤条成型时添加成型助剂，国外常用聚丙烯酰胺作助挤剂，它可以增加物料的黏度，增大物料颗粒之间的摩擦力，同时又能减小物料与挤条间金属表面间的外摩擦力。除此以外，添加田菁粉也可获得满意的结果。田菁粉用作挤条成型的助剂时，不仅消除了生产分子筛成型时所发生的触变现象，而且改善了产品的吸附容量及机械强度，提高了生产能力，降低了设备损坏率。

6.3.2.5　挤条成型制备矿物材料举例

1）硅藻土基钒催化剂

以硅藻土为载体制备钒催化剂时可采用浸渍法和机械混合法。将经过水洗、酸处理以及过滤、洗涤、干燥后的硅藻精土与钒基材料混合液进行混合碾料，并补充硅胶或硫黄，加入适量水，然后挤条成型，经干燥和焙烧后再过筛即可得硅藻土基钒催化剂产品[16]。

2）高岭土耐火材料

高岭土由于具有高的耐火度，故常用来生产耐火材料。利用高岭土生产的耐火材料分为熟料黏土制品和半酸性黏土制品两种。某些带色的高岭土虽然不能作为陶瓷和造纸工业的原料，却是制造耐火材料的良好原料，因此它对高岭土矿的综合利用具有重要意义。熟料耐火材料的生产方法是：将磨碎黏土(或铝矾土)与高岭土、黏土按一定的比例掺加在一起，以水调湿，然后挤条成型、干燥，在高温下煅烧而成。半酸性耐火制品的生产方法与熟料耐火材料大致相同，但二者的原料有差别。半酸性耐火材料可采用砂质高岭土，故其成品中杂质含量高；而熟料耐火材料中杂质含量低。

3）矿棉吸声板

以岩棉或矿渣棉、玻璃棉等为基材；以玉米淀粉或木薯淀粉为黏结剂；以石蜡制成的乳质石蜡液(颗粒 0.5 μm 以下，浓度 40%)为防水剂；以石棉为增强剂(有效纤维大于 73%，纤维长径比为 200)；以聚丙烯酰胺为凝聚剂(分子量30 万，浓度 15%)。必要时还可加入防腐剂、固着剂等。包括风选、造粒、筛分三个作业。商品棉入厂后，要先经解棉机将棉疏松，然后风选，目的是分离出渣球、渣块、焦炭等杂质。造粒作业是将风选后的矿棉送入造粒机，制成直径10 mm 左右的棉团。筛分作业是将棉团送入滚筒筛内筛分出碎棉及渣球，经滚动进一步促成棉团的形成。将上述各种原料按配合比称量，加入水中搅拌 30 min。料浆经管道送至成型机入口，此时料浆应保持流量和浓度稳定。成型机为双层网状输送带抄取机，料浆在圆网上沉积，再经脱水(滤水和真空吸水)及挤条成型成为一定厚度的毛坯板，按规定长度切断，然后再进行板边精加工，着色、烘干即为成品。

6.3.3　喷雾成型

喷雾成型是利用喷雾干燥原理进行矿物材料成型的一种方法。喷雾干燥是喷雾与干燥两者密切结合的工艺过程。所谓喷雾，是原料浆液通过雾化器的作用喷洒成极细小的雾状液滴。干燥，则是由于热空气同雾滴均匀混合后，通过热交换和质交换使水分蒸发的过程。喷雾干燥技术发展至今已有近百年的历史，广泛用于染料、食品、医药、合成洗涤剂等工业来制取粉末状或颗粒状制品[17]。由于喷雾干燥可以通过调节工艺参数来获得有一定粒度分布的微球颗粒，所以已发展成为矿物材料成型的一种重要手段。利用喷雾成型可制得微球形矿物材料。喷雾成型可将混合、制粒、干燥等并在一套设备中完成，所以又称一步成型法，一步制粒简化了工序和设备，节省厂房，生产效率较高，制成的矿物材料粒子大小分布较窄，外形圆整，流动性好。

6.3.3.1 喷雾成型的基本原理

喷雾成型主要包括空气加热系统、料液雾化及干燥系统、成型干粉收集及气固分离系统。由送风机送入的空气经燃烧炉加热后作为干燥介质送入喷雾成型塔中，需要喷雾成型的矿物浆液由泵送至雾化器，雾化液与进入塔中的热风接触后水分迅速蒸发，经干燥后形成粉状或颗粒状成品。废气及较细的成品在旋风分离器中得到分离；最后由抽风机将废气排出。主要成型产品由喷雾成型塔下部收集，而较细的成品则由旋风分离器下部的集料斗收集。

1）空气加热系统

喷雾成型所用干燥介质通常是热空气。将空气加热到所需温度的热风炉，可分为烧油式、燃气式，以及烟道气作干燥介质等方式。烧油式热风炉是用油燃烧后的高温预热空气的设备，所用燃油可以用轻柴油或煤油。它又可分为间接式及直接式两种，间接式是燃烧气体通入管内，空气在管外，主要通过辐射传热，空气出口最高温度约为 400℃，温度更高时，热损失大而热效率降低；直接式烧油的热风炉由一个以耐火材料为衬里的燃烧室及一个混合室所组成。烧油喷嘴安在燃烧室内。烧柴油时可以获得 200～700℃的热空气。燃烧气体的清洁程度主要取决于柴油质量及油的雾化程度。

燃气式热风炉系通过燃烧煤气或天然气来加热空气。间接燃气热风炉可将空气温度加热到 200～300℃。直接式燃气热风炉可将空气加热到 800℃甚至更高。以烟道气作干燥介质的热风炉是将高温烟道气掺入空气后获得高温载热体，它可以节省设备投资。但采用固体燃料煤燃烧时，常含有未烧尽的颗粒和灰分，须尽力除去以避免污染成型物料。

2）料液雾化系统

料液雾化是喷雾成型的关键，雾化的目的在于将料液分散成平均直径为 20～60 μm 的微细雾滴，当雾滴与热空气接触时，雾滴迅速气化而干燥成粉末或颗粒状产品。使料液雾化有三种不同方法：第一种是利用高压（10.1～20.2 MPa）泵将液体压过细孔喷嘴，使液体分散成为雾滴，所用喷嘴称为压力式雾化器或压力式喷嘴；第二种是利用压缩空气（一般为 0.2～0.5 MPa）从喷嘴喷出，将液体分散成雾滴，所用喷嘴称为气流式雾化器或气流式喷嘴；第三种是利用高速旋转圆盘（圆周速度为 75～150 m/s）将料液从转盘中甩出，使料液形成薄膜后再断裂成细丝和雾滴，所用转盘称为旋转式雾化器。

3）气体-粉末分离系统

料液在喷雾成型塔中经雾化干燥而形成粉末状或颗粒产品。大部分较大粒子落到塔底部排出，小部分细粉产品则随气体带至旋风分离器中由集料斗排出。经旋风分离器顶部排出的气体还可通过洗涤器除去尚未除尽的细粉。通常高效旋风分离器能捕集 10～20 μm 的细粉。

喷雾成型用于矿物材料制备时有下列优点：

（1）进行矿物材料成型的物料在干燥过程中成型为微球状，干燥速度很快，一般只需几秒到几十秒时间。

（2）改变操作条件，容易调节或控制矿物材料的颗粒直径、粒度分布及最终湿含量等。

（3）简化工艺流程，在成型塔内可直接将浆液制成微球状产品，省略掉其他矿物材料成型方法所必需的干燥过程。

（4）操作可在密闭系统进行，以防止混入杂质，保证产品纯度，减轻粉尘飞扬及有害气体逸出。

喷雾成型的主要缺点有：

（1）当热风温度低于 150℃时，热交换情况较差，需要的设备体积大。在用低温操作时空气消耗量大，因而动力耗用量随之增大。而且热风温度不高时，热效率为 30%～40%左右。

（2）对膏糊状矿物物料，需稀释后才能喷雾成型，这样就增加了干燥设备的负荷。

（3）对气-固分离的要求较高，对于微细的粉状产品，要选择可靠的气-固分离装置，以避免产品损失。

6.3.3.2　喷雾成型的分类

喷雾成型是采用雾化器将料液分散成雾滴并用热风干燥雾滴而成型为微球状产品。根据料液及不同雾化方式，可将喷雾成型分为下面几种类型。

1. 压力式喷雾成型

这是利用高压泵使料液具有很高压力（2～20 MPa），并以一定速度沿切线方向进入喷嘴旋转室，或经由旋转槽的喷嘴心再进入喷嘴旋转室，形成绕空气旋流心旋转的环形薄膜，然后再从喷嘴喷出，生成空心圆锥形的液雾层，雾化程度受下列因素影响：①操作压力增加，雾滴直径变小，滴径分布均匀。②喷孔越小，雾滴直径越小。③料液黏度越大，平均雾滴直径越大，黏度过高时难以雾化。④料液表面张力增加，雾滴变大。由于压力式雾化器的喷嘴孔很小（如有的孔径为 0.6～1.0 mm），故用于雾化的浆液需经过过滤，且过滤后的物料输送需用不锈钢管道，以防止产生铁锈，堵塞喷嘴。

压力式喷雾成型的优缺点如表 6-6 所示。

表 6-6　不同类型喷雾成型的优缺点

雾化方式 优缺点	压力式	离心圆盘式	气流式
优点	1.雾化器价格便宜 2.大型塔可同时使用几个雾化器 3.适于逆流操作 4.适用于产品颗粒粗大的操作，也可获得不同粒度分布的产品	1.操作简单，对不同物料适应性强，操作弹性也大 2.产品粒度分布均匀，颗粒较细 3.操作压力低 4.操作时不易堵塞	1.能处理黏度较高物料 2.可制取小于 5 μm 的细颗粒 3.适于小型或实验室设备
缺点	1.操作弹性小，供液量随操作压力而变化 2.喷嘴易磨损，影响雾化效果 3.需用高压泵，对腐蚀性物质需用特殊材料 4.制备细颗粒时有一定下限	1.塔径较大 2.雾化器加工安装精度要求高，动力机械价格高 3.不适于逆流操作 4.制备大颗粒时有一定上限	1.动力消耗大 2.不适用于大型设备

2. 离心圆盘式喷雾成型

这是将有一定压力（较压力式的料液压力低）的料液，送到高速旋转的圆盘上，由于离心力的作用，液体被拉成薄膜，并从盘的边缘抛出形成雾滴。在料液量大、转速高时，料液的雾化主要靠料液与空气的摩擦来形成，这时称作速度雾化。在料液量小、转速低时，料液的雾化主要靠离心力的作用，这时称作离心雾化。一般情况下，这两种雾化同时存在，但在工业生产中，大都采用高速旋转圆盘大液量操作，液体的雾化以速度雾化为主。

在进料量一定时，液滴雾化均匀性受下列因素影响：①圆盘运转时振动越大越不均匀；②圆盘的转速越高越均匀；③圆盘表面越平滑越均匀；④进料越稳定及分配越均匀雾化也越均匀；⑤离心圆盘的圆周速度小于 50 m/s 时，可得雾层不均匀。

离心圆盘式喷雾成型的优缺点如表 6-6 所示。

3. 气流式喷雾成型

这是利用速度为 200～300 m/s 的高速压缩气流对速度不超过 2 m/s 的料液流的摩擦分裂作用，达到雾化液的目的。雾化用压缩空气的压力一般为 203～709 kPa。

根据所用雾化器结构又可分为：①内混式，气体和液体在喷嘴内部混合后再从喷嘴喷出，由于操作温度高，喷嘴易被未干粉团堵塞。②外混式，液体在喷嘴出口处与气体混合而被雾化，操作相对较稳定。内混式或外混式也都称为二流式。③三流式，液体先与二次空气在喷嘴内部混合，然后在喷嘴出口处再与一次空气混合而被雾化。这种结构特别适用于高黏度料液及膏糊状物料。与一般内混式或外混式相比，在相同的压缩空气用量情况下，可增加雾化量，提高雾化均匀性。

雾化分散度与气流喷射速度、溶液和气体的物理性质、气液比及雾化器结构等因素有关。通常气液流向相对速度越大，雾滴越细，气液质量比就越大，雾滴越均匀。溶液黏度越大，也越不易得到粉状产品而得到絮状产品。气流式喷雾成型的优缺点如表 6-6 所示。

6.3.3.3　雾化器

料液的喷雾成型是在极短时间内完成的。为此，必须最大限度地增加其分散度，即增加单位体积溶液中的表面积，才能加速传热和传质过程。因此，使料液雾化所采用的雾化器是喷雾成型的关键。不同类型的雾化器具有不同的雾化机理和计算方法。

1）气流式雾化器

气流式雾化器是利用高速气流对于液膜产生摩擦分裂作用而把料液雾化的。当气流以很高速度从喷嘴喷出时，溶液的流出速度并不大，因此气流与液流间存在相当高的相对速度，由此而产生摩擦，使液体被拉成一条条细长丝。这些丝状体在较细处很快地断裂，而形成球状小雾滴，丝状体存在时间决定于气体的相对速度和溶液黏度。相对速度越高丝越细，存在时间就越短，所得雾滴也越细。料液黏度越高，丝状体存在时间就越长，往往未断裂也就干燥了，因此，以气流式雾化器喷雾成型某些高黏度料液时，所得产品往往不是粉状而是絮状。气流喷雾的分散度，取决于气体从雾化器流出的喷射速度、料液和气体的物理性质、雾化器的几何尺寸等因素。

2）压力式雾化器

压力式雾化器也称机械式雾化器，它有多种形式，其中常见的是切线旋涡式和离心式两种。切线旋涡式的液体由旋转室的切线入口进入后，经喷嘴喷出，考虑高速料液喷出的磨损问题，喷嘴可由碳化钨材料制造，或采用镶人造宝石的喷嘴孔。离心式是在雾化器内安装插头，料液通过插头变成旋转运动，然后经喷嘴喷出。无论是切线旋涡式或离心式雾化器，高压料液在旋转室切线方向进入后，产生旋转运动，其旋转速度与旋涡半径成反比，越靠近轴心，旋转速度越大，其静压强越小，结果在喷嘴中心形成一股压力等于大气压的空气旋流，而液体则形成绕空气心旋转的环形薄膜从喷嘴喷出，然后液膜伸长变薄并拉成细丝，最后细丝断裂而形成小液滴。

影响液滴大小的因素主要有以下几种：①进料量。进料量小于设计额定进料量时，滴径随进料量增加而变小；进料量超过额定进料量时，液滴将随进料量增加而增大。②操作压力。高压下液滴具有较大能量，因此液滴直径随压强增加而减少。估算时，在中等压力（小于 196 MPa）下，液滴直径随压力的–0.3 次方而变化。高压下若继续增加压力，对液滴大小基本上不发生影响。③料液黏度。黏度增加，平均液滴增大。一般平均滴径随料液黏度的 0.17～0.2 次方增大。④雾化角。雾化角决定于雾层的水平和垂直方向速度。喷嘴孔的加工好坏也会影响雾化角，雾化角增大可以产生较小的液滴，这是由于雾化角增大，流量系数变小，从而使进料量减少，因此在同样压力下可产生较小液滴。

3）旋转式雾化器

旋转式雾化器又称离心式雾化器，将料液送到高速旋转的盘上时，由于旋转盘的离心作用，液体在旋转面上被拉成薄膜，并以不断增长的速度由盘的边缘甩出而形成雾滴。它与压力式雾化器不同之处是，料液的压力小而又具有很高的喷射速度。

因此，旋转式雾化器的液滴大小和喷雾均匀性，主要决定于旋转盘的圆周速度和液膜厚度。喷雾均匀性随离心盘转速增加而增大，旋转盘小于 50 m/s 时，喷雾很不均匀，通常操作时，旋转盘圆周速度取 90～140 m/s 为宜。旋转式雾化器主要分为光滑盘式旋转雾化器及叶片式旋转雾化器。光滑盘式旋转雾化器也称作光滑轮，包括平板式、盘式、杯式、碗式等。其流体通道表面是光滑的，没有任何限制流体运动的结构。平板式结构是表面加工很平滑的圆板，结构最简单，料液加到旋转的圆板中心时，由于离心力作用，从边缘甩出并雾化。碗式、盘式及杯式结构相似，它们与平板式相比，可获得较大离心力，雾化效果好。

有时还可将制粒的各种原料、辅料以及黏合剂溶液混合，制成含固体量约为 50%～60%的混合浆，不断搅拌使其处于均匀混合状态。矿浆输入特殊的雾化器使在喷雾干燥器的热气流中雾化成大小适宜的液滴，干燥而得细小的近球形的颗粒并落于干燥器的底部。此法进一步简化了操作，可由其转速等控制液滴（颗粒）的大小[18]。

6.3.3.4　喷雾成型制备陶瓷粉料

陶瓷原料来自矿山、土壤，属天然原料，可以直接在矿山中挖掘；可塑性原料：黑泥、白泥等，决定了瓷砖的基础寿命；瘠性原料：石英等，决定了瓷砖的各种性能；溶剂原料：长石等，决定了瓷砖的活力与韧性[19]。

1）原料储备(均化、陈腐)

均化，是同一矿山不同时期的原料通过机械运动搅拌均匀的一道工序；陈腐，指把混合好的泥料放置一段时间，使泥料之间充分反应，使水分更均匀。只有经过均化、陈腐处理后的原料，才可以进行生产加工，才能保证批量生产的稳定。开采均化、进厂均化、加工(泥浆)后均化，三步缺一不可。多台挖掘机、开采机把几千上万吨的原料充分搂匀，均化处理后的原料才能进入半封闭的原料仓。

2）配料

配方确定的原则：坯料和釉料的组成应满足产品的物理、化学性质和使用要求；拟定配方时应考虑生产工艺及设备条件；了解各种原料对产品性质的影响；拟定配方时应考虑经济上的合理性以及资源是否丰富、来源是否稳定等。

3）球磨

球磨机是外铁内有燧石球衬的粉碎研磨大型设备，一般一个球磨机内一次可以加入：40 吨泥料、40 吨球石和 50 吨水。球磨机工作时，通过转动由球石把泥料磨碎。球磨工人还要根据配方清单，往球磨机里加入各种添加剂，球磨过程需激光粒径分析仪进行不断地检测泥浆的细度，达标后才能出球，原来的"原料＋水"就变成了含水 30%左右的泥浆。工厂采用大吨位球磨机，通过耐磨的氧化铝质球石长时间的球磨加工，保证将原材料中的粗颗粒变得更细，更均匀。

4）浆料

球磨后的浆料经检测合格后才能进入下一道生产工序，浆料性能要求：流动性、悬浮性要好，以便输送和储存；含水率要合适，确保制粉过程中粉料产量高，能源消耗低；合适的细度，保证产品尺寸收缩、烧成温度与性能的稳定；浆料滴浆，看坯体颜色。浆料进入过筛系统，把不符合要求的粗颗粒分离后返回球磨，直到合格为止。浆料经过除铁后把原料中有危害产品质量的铁、钛等杂质基本除掉。

5）喷雾造粒

浆料流入喷雾干燥塔进行干燥脱水，此工序的原理是利用柱塞泵的压力将浆料喷入约 10 m 高的空间，喷成雾状，在热风的作用下干燥脱水，浆料变成一个个直径 0.5～2 mm 不等的粉料颗粒。喷雾干燥后的粉料有一定的温度，且水分也不均匀，所以粉料一般需均化陈腐 48 小时后方可使用。喷雾造粒获得的粉料，其颗粒呈球形，并具有合适的颗粒级配，该粉料的流动性好。因此，现代墙地砖生产也可使用这种粉料。

6.3.4　转动成型

转动成型法是将矿物粉体原料和适量水(或黏合剂)送至转动的容器中，由于摩擦力和离心力的作用，容器中的物料时而被升举到容器上方，时而又借重力作用而滚落到容器下方，这样通过不断滚动作用，润湿的物料互相黏附起来，逐渐长大成为球形颗粒，根据成型时所使用的容器形式不同，又有不同类型的转动成型机。转动成型法也是矿物材料常用成型方法之一，可生产由 2～3 mm 至 7～8 mm 的球形颗粒。

6.3.4.1　转动成型机理

如上所述，转动成型是将矿物细粉加到转动的容器中，同时由喷嘴供给适量的水分(或黏合剂)，容器中的细粉由于受到摩擦和离心力的作用而被带到上部，然后在重力作用下又使其向下滚落，利用这种转动作用将细粉互相黏合长大成为球形颗粒。这种成球过程主要分为下面几个阶段。

1）核生成

在转动容器中粉体粒子与喷洒液体相接触时，液体在一些粉体粒子的接触点四周形成不连续的凹透镜样架桥，使得局部粒子黏结成松散的聚集体，称为核，随着容器转动，粒子互相压紧而空隙减少。这种聚集体进一步与喷洒液体及粉体粒子接触时，又能进一步生成更大的聚集体。这种聚集体有时也称作"种子"，并将这种长"种子"阶段称为核生成阶段。由此形成的"种子"就成为下阶段小球生长的核心。工业上有时也采用挤出造粒再经整形而制成细小的"种子"。

2）小球长大

生成的"种子"中，如粒子间隙的液体量分布均匀，就具有可塑性，由于液体表面张力及负压吸引作用，粉体直接附着在转动的"种子"润湿表面上，使"种子"不断长大成小球。同时，由于旋转运动及生成小球的压实作用，使成型物一边长大，一边压得更密实，并成长为球形颗粒。这一阶段就是小球长大阶段，也是转动成型的主要过程。为了获得符合要求的产品质量，要在这一过程认真控制操作参数。

3）生长停止

生长的圆球，随着球体直径长大，摩擦系数随之减小，转动过程中逐渐浮在表面。在转盘成球时，符合粒度要求的小球，便自动从圆盘的下边沿滚出，成为所需产品。这一阶段就称为终止阶段。

6.3.4.2　常用转动成型机械

1）转盘式成球机

转盘式成球机是在倾斜的转盘中加入粉体原料，同时在盘的上方通过喷嘴喷入适量水分(或黏合剂)，或者向转盘中投入含适量水分(或黏合剂)的物料。在转盘中的粉料由于摩擦力及离心力的作用，被升举到转盘上方，然后又借重力作用而滚落到转盘下方，通过不断转动，粉料反复这样运动就使粉体粒子互相黏附长大，产生一种滚雪球效应，最后成长为球形颗粒。当球长到一定大小，就从盘边溢出成为成品[20]。

转盘式成球机的主要优点如下：①操作直观，操作者可以直接观察成球情况，根据需要调节操作参数。②生产能力较大，产品球形度好，外观较光滑，强度也较高。③成型产品依靠分级作用出料，所得产品粒度也比较均匀。④设备占地面积较少。

除此以外，这种成型机也有一些缺点，主要列举如下：①操作时粉尘较大，操作条件较差。②操作者的操作经验对产品质量有一定影响，特别是黏合剂的最佳喷液位置，粉末加入位置需要根据球成长情况加以调节。

2）转筒式成型机

转筒式成型机的主要组成部分之一是一个长的圆形筒体。圆筒的全部重量支承于滚轮上，筒体轴线常与水平线成一个很小的角度。欲成型的矿物粉体物料由较高一端的加料槽中加入筒内，筒内物料连续不断地被筒壁带上和翻下，并与雾化方式喷入的黏合剂接触，粉料借圆筒的旋转而不断前进，粒子不断长大，最后以较大的球形粒子从较低的一端排出。这种成型机除圆形筒体外，还包括滚圈、托轮、挡轮与传动装置，以及加料等附属装置。

6.3.4.3　影响转动成型的因素

矿物材料经制造过程并完成其最终状态后，将经受装桶、运输、贮存以及装填反应器等操作所带来的损耗。而与压缩成型法及挤条成型法相比较，转动成型产品的强度较差。且在成型时要加入大量水或其他溶液作黏结剂，因而单位产品的除水量要较挤条成型及压缩成型的除水量多些。为了使转动成型产品获得较好的机械强度及形态保存性，就必须认真调节物料性质、选择合适的黏结剂及操作工艺条件，避免产品颗粒分层脱皮[21]。

1. 粉体原料的影响

1）粒子形状

矿物粉体粒子为球形或接近球形粒子时，在粉体转动成型的互相压实过程中，由于空隙率较高，颗粒成长速度慢，难以获得高强度成型产品，所以，采用无规则形状的粉碎粉料有利于转动成型。

2）原料粒度分布

随着矿物原料中细粉比例增大，小球抗压强度也随之增大。但实际上由于动力消耗等原因，工业粉体原料不可能全采用微粉，而是含一定量粗粉的粉体原料。从实际操作来看，粒度大小较为一致的粉体成型时，由于压紧程度较差，较难成型。而细粉比例较大，具有一定粒度分布的原料就容易成型。细粉聚集在粗粉四周，进而长大成球，如果粗粉过多，小球成长速度虽快，但液膜结合力变小，使产品强度降低。

3）原料含水率

在转动成型时，粉体适宜的水分量范围比较小，因而水分的调节十分重要。这种情况下，物料中既包含原料又包含水分。成型时又供给水分，其平衡关系相当复杂。有时，加入一些保水剂较好的助剂，如淀粉、羧甲基纤维素、聚乙酸乙烯酯等，可起到使成型适用范围扩大的效果。

2. 黏结剂的影响

加入黏结剂的目的是为了使矿物粉体粒子在转动时互相黏结在一起，并提高成型产品的强度。使用的黏结剂可以是固体粉末，也可以是液体。粉末黏结剂一般是预先混入成型用粉体原料中。液体黏结剂则是直接喷洒在转动粉料上。黏结剂用量与粉体的比表面积及孔容有关。

在转动成型中，液体黏结剂的作用主要有以下几个方面：①填充粉体粒子孔隙，起着基质的作用；②在粉体粒子四周形成液膜，兼有黏结剂及润滑剂的作用；③与粉体反应生成另一种物质，如氧化镁加氯化镁溶液。

转动成型中，粉末在回转容器中随之转动，与此同时上部喷洒水或黏结剂。这时可看作是固体、液体及气体三相共存的状态。水分少时，水在粒子接触点中心附着，液相是不连续的，随着水分增加，粒子表面形成水膜，特别当水分量增大时，固液两相就变为黏性状态。所以，转动成型时，存在着黏结剂最适宜加入量，其量大小决定于粉体性质及操作条件。黏结剂添加量不足时，难以成球，即使勉强成球状，在离开成型机时就会破碎。而当黏结剂量过多时，球形产品变软发黏。

3. 操作条件的影响

1）操作条件对球的孔隙率的影响

转动成型产品要求具有一定强度及形状保持性。而球的孔隙率越小，则因粒子间黏结剂的毛细作用越强，所以球的强度也就越好。孔隙率小，黏结剂用量相应减少，这有利于成球产品缩短干燥时间及减少能源消耗。但若孔隙率过小，则在快速加热干燥时，由于析出气体受到抑制，容易使产品发生龟裂。

影响孔隙率的因素，除了粉体原料的粒度分布及比表面积等性质以外，成型时的停留时间及转盘倾角等操作条件也影响很大。转盘成型时，转盘直径越大，由于转动时下落距离变长，球的动能变大，有利于球的压实，因此球的孔隙率变小。直径相同的转盘，盘的倾角小时，球转动时的落差随之减少，因此球的压实程度变差，孔隙率也相应增大。尽管如此，通过调节倾角来调节孔隙率的幅度不是太大，而有一定限度。转速增加，可使球转动时落差加大，有利于球的压实，从而使孔隙率减少。转盘倾角变化，球在容器中的停留时间相应发生变化，倾角变小，停留时间加长，促使球压实，孔隙率变小。所以，影响球的孔隙率的因素很多，操作时应根据粉体性质及产品要求进行适当调节。

2）操作条件对球的大小的影响

转动成型产品的球形度较好，而球的大小则受多种因素支配。如黏结剂加入量越多，停留时间越长，则球的尺寸越大。而停留时间与转盘的倾角有关。倾角加大时，球的尺寸相应减小。球的大小随处理量的增大而减小，随停留时间加长而增大，并随含水率增大而减小[22]。

6.3.4.4　转动成型制备矿物材料举例

1）无规聚丙烯碳酸钙橡塑填料

无规聚丙烯碳酸钙橡塑填料是以方解石和无规聚丙烯为基本原料，以一定的比例配制，通过密炼、开炼、转动成型造粒生产。方解石在和无规聚丙烯复合前须经表面活化处理。无规聚丙烯和方解石的配比一般为 1：3～1：10。为了改善无规聚丙烯的转动成型性能，一般转动成型时加入部分等规聚丙烯或部分聚乙烯。无规聚丙烯和活性碳酸钙的配比决定了方解石粒子表面包覆水平，从而最终影响无规聚丙烯碳酸钙橡塑填料的产品质量。

在无规聚丙烯碳酸钙橡塑填料制备过程中，方解石粒子四周被无规聚丙烯包覆，即方解石粒子均匀地分散在无规聚丙烯基料中。假设方解石粒子为标准立方体或球状颗粒，其边长或直径分别为 10 μm、50 μm、100 μm，则可根据无规聚丙烯和碳酸钙的质量比计算出每一碳酸钙颗粒表面包覆无规聚丙烯的平均假想厚度。表 6-7 列出了碳酸钙颗粒表面包覆的无规聚丙烯的理论转动成型厚度。理论上，转动成型过程中填充的方解石越多越好，即假想厚度越小越好。但实际厚度取决于成型工艺设备及操作条件。

表 6-7　　方解石颗粒表面转动成型包覆无规聚丙烯的厚度(%)

方解石颗粒假设粒度/μm	方解石与无规聚丙烯的质量比			
	3:1	4:1	5:1	6:1
100	12.5	9.6	8.0	7.0
50	6.3	4.8	4.0	3.5
10	1.3	1.0	0.8	0.7

2）玻璃材料

玻璃是一种古老的建筑材料,早在古埃及时期就已出现。伴随着人类社会共同发展,玻璃行业创造出了各种功能独特的玻璃,使玻璃家族不断兴旺,例如防弹玻璃、光电玻璃、真空玻璃等,都在各自的领域发挥着不可替代的作用。

玻璃是非晶无机非金属矿物材料,一般是用多种无机矿物(如石英砂、硼砂、硼酸、重晶石、碳酸钡、石灰石、长石、纯碱等)为主要原料,另外加入少量辅助原料制成的。它的主要成分为二氧化硅和其他氧化物。普通玻璃的化学组成是 Na_2SiO_3、$CaSiO_3$、SiO_2 或 Na_2O、CaO、SiO_2 等,主要成分是硅酸盐复盐,是一种无规则结构的非晶态固体,广泛应用于建筑物,用来隔风透光,属于混合物。另有混入了某些金属的氧化物或者盐类而显现出颜色的有色玻璃,以及通过物理或者化学的方法制得的钢化玻璃等。玻璃主要由转动-吹制成型制得,具体工艺如下:①原料预加工。将块状原料(石英砂、纯碱、石灰石、长石等)粉碎,使潮湿原料干燥,将含铁原料进行除铁处理,以保证玻璃质量。②配合料制备。③熔制。玻璃配合料在池窑或坩埚窑内进行高温(1550～1600℃)加热,使之形成均匀、无气泡,并符合成型要求的液态玻璃。④转动成型。将液态玻璃加工成所要求形状的制品,如平板、各种器皿等。⑤热处理。通过退火、淬火等工艺,清理或产生玻璃内部的应力、分相或晶化,以及改变玻璃的结构状态。

6.3.5　滚动成型

滚动成型是由转动成型发展而得的新工艺。这种方法把扁平的型刀改变为尖锥形或圆柱形的回转体滚动头。成型时,盛放着矿物泥料的模型和滚动头分别绕自己的轴线以一定速度旋转[23]。滚动头一面转动,一面压紧泥料。滚动成型可分为阳模滚动和阴模滚动。前者是指用滚头来决定坯体外表面的形状和大小,所以又称外滚;后者系指用滚头来形成坯体的内表面,又称内滚。当阳模滚动的坯体连模干燥时,模型支撑坯体,收缩均匀,不易变形。成型后可不必翻模直接送去干燥。但要求泥料水分少些，可塑性要好些，主轴转速不能太快，这样便于展开泥料，同时不会因离心力作用而把泥料甩向四周。用阳模滚动成型大件产品时，往往先将泥片预压，使它在滚动时容易沿模型下弯和延展开来，也可改善坯体结构。阴模滚动时，泥料受模型支撑和限制，主轴转速可大些，泥料水分稍多，可塑性稍低，均能满足成型要求。为了防止坯体变形，常将带坯的模型倒转放置，然后脱模干燥。

滚动成型属半干法成型，是将矿物粉状物料加水润湿，在不断滚动的过程中，由机械力和毛细力共同作用而成型，常用于冶金过程的原料预处理，制品为对尺寸要求不很严格的球状物料。

6.3.5.1　滚动成型对矿物泥料的要求

1. 水分的要求

滚动成型时，从滚头和泥料的运动来说，既有滚动又有滑动。从泥料受力的情况来说，主要受到压延力的作用。这种方法对泥料的可塑性有一定要求，一般希望水分少些。若可塑性太低，再加上水分少，滚动时易开裂，生坯破损多。若可塑性过强，水分又多，则会黏接滚头，坯体易变形。由于滚动成型时，泥料受压较大又较均匀，而且不像旋坯一样主要受剪切力的作用，从这个角度来说并不必过分强调泥料的可塑性。滚动成型的方法和产品的大小直接关系到泥料的质量要求。一般来说，阳模滚动时因泥料在模型外表，水分少些才不会甩离模型。此外，要求泥料一面延展开来，一面向下弯曲，因而希望可塑性强些。对于阴模滚动时，水分可稍多，可塑性可稍低些。滚头不加热，在常温下使用(称为冷滚动)时，泥料水分要少些，可塑性要好些，这时坯体底部不会粗糙。滚头加热至一定温度用于成型热滚头时，对泥料的可塑性和水分要求不严。成型小件产品时，水分可大些；成型大件产品时，泥料水分可少些。泥料水分还应适应滚头转速。滚头转速快时，泥料水分若多则易黏接滚头，甚至飞泥。

2. 滚头的要求

冷滚头与热滚头的比较而言，冷滚动的优点如下：节省加热滚头的装置；结构简单；在常温下操作；劳动条件较好；可采用易于加工整修的塑料滚头。但冷滚动同样存在一些缺点：对泥料的要求较高(塑性高，水分少)；成型后坯体较软，操作不当时易变形；塑料滚头易被泥料中的粗颗粒轧坏，伤口难以修补。热滚动时，滚头常用电加热至较高温度。这种滚头接触泥料时，表面产生一层气膜，泥料不会黏接滚头，滚动的表面光滑。坯体表面质量主要取决于滚头加热的温度。

从理论上说，全滚动时，矿物泥料均匀展开，颗粒之间不会引起互相牵制的应力，对克服变形是有好处的，但容易出现滚动的痕迹。由于形状的关系，坯体各部位不可能全处于滚动状态下。若滚头与泥料有相对滑动，则因不同部位泥料展开速度的不同，会引起内部应力，出现变形；但坯体表面可能光滑些。实际上，全滚动的情况是理想状态。滚头与泥料之间总是既有滚动又有滑动。问题在于成型过程的各阶段中，滚动与滑动是何种情况起主导作用并对提高和保证坯体质量有好处。日本有专利提出陶瓷产品的变速滚动成型法。这种操作方法把滚动过程分为三个阶段：第一阶段，滚头转数与模型转数相等；第二阶段，改变滚头转数，可大于或小于模型转数；第三阶段，又使滚头转数与模型转数相接近。这一方法实际上是认为第一、三阶段中(后者开始于泥料厚度比要求厚度大时)应以滚动为主；第二阶段(泥料厚度为成型前厚度时)中增加滑动的成分对提高坯体密度和"赶光"坯体表面是有益处的。

6.3.5.2　滚动成型的主要缺陷

（1）花心坯体底部中心小部分开裂称花心，原因是滚头中心温度太高，滚头尖顶稍上翘，滚头回转轴线超过主轴中心线过多。

（2）底部突起：指坯体底部中心向上突起，原因是滚头底部磨损、坯料水分过少等。解决的办法是将磨损的滚头锉尖，调整滚头顶部轮廓中心和坯体中心的距离，降低滚头转速。

（3）底部下垂：坯体脱模后干燥时，有时逐渐出现底部下垂。这可能是底部滚动不致密，坯料太软，滚头中心温度太低所致。应适当地调整滚头下压深度，减少坯料水分。

（4）卷泥：坯料在滚动时卷在滚头上的原因是坯料水分过多，滚头表面过于光滑。滚头转速过大、滚头倾斜角太大也会引起卷泥。

（5）起皱：坯体底部中心和底圈内部出现细小皱纹，可能是因为新模内部有油腻，模型太干，滚动时坯泥与模壁接触发生错动。模型底圈内沿棱角太尖也容易引起皱纹。滚头接触泥料时，主轴未达到最高转速时也容易产生皱纹。

6.3.5.3　滚动成型机械

1. 主要机械

1）圆盘造球机

圆盘造球机是球团生产工艺中的制造生球的设备，广泛应用于钢铁、有色冶金、水泥、肥料等工业领域。圆盘造球机的设计在其应用、发展中被不断完善，以使其成为结构先进、功能可靠、效果优良、耗能小、磨损少和便于维护的先进设备。新型圆盘造球机主要由圆盘体、传动系统、回转支承、旋转刮刀装置、盘体倾角调整装置、润滑系统等部分组成。

圆盘造球机是将细粒粉状物料制成粒度符合下一道作业要求的球状物料的圆盘形造球设备，用于冶金工业的炼铁球团生产及有色金属混合精矿的造球作业，以提高冶炼技术经济指标。造球物料在倾斜且旋转的圆盘中受重力、离心力和摩擦力共同作用产生滚动与搓动，在补充适当水分后形成母球。细粒度物料在潮湿的母球表面滚动，使得母球长大并具有一定强度。不同的球粒在圆盘中自动地沿不同轨道运行，符合要求的成品球粒从盘中排出。

2）圆筒造球机（或制粒机）

圆筒造球机是球团厂采用最早的造球设备。其构造与烧结厂用的圆筒混料机相似，圆筒内安装与筒壁平行的刮刀，圆筒的前端安装加水装置。

造球机是生产球团矿的关键设备，钢、铁的产量及质量与球团矿的产量、质量有着直接的关系，因此造球机运行的稳定性对于顺利开展钢铁生产有着重要作用。但是造球机的工作状况复杂，循环负荷很大，造球混合料在造球机滚筒内运动轨迹无规律，以及外载荷的变化，都是造成造球机故障的原因。正是这种复杂的情况，导致分析造球机故障的困难性加大。因此在研究造球机故障的过程中不仅要依靠先进的测量技术，积累丰富的故障诊断经验也很重要。

2. 工艺原理

相同点：造球机旋转时，矿物物料靠造球机内壁摩擦而上升运动至一定高度，然后物料靠重力而向下滚动，当物料滚动到造球机下部时，又靠造球机内壁摩擦而上升运动，如此循环往复，由于水分的作用，物料在滚动过程中互相黏附成型。

不同点：圆盘具有自动分级的特点，成型生球粒度较均匀。圆筒卸出的生球粒度差别大，作为造球设备，生球必须经过筛分，不合格生球返回圆筒造球机；作为制粒设备，卸出的制粒小球则直接进入下一道工序。

6.3.5.4　滚动成型制备矿物材料举例

1. 膨胀珍珠岩制品

膨胀珍珠岩制品是以膨胀珍珠岩为骨料，掺入适量的水、水泥、水玻璃、磷酸盐等黏结剂，经搅拌、滚动成型、干燥、焙烧或养护而成的具有一定形状和功能的产品，如板、管、瓦、砖等。各种制品通常按所用的黏结剂分类和命名，如水泥膨胀珍珠岩制品、水玻璃膨胀珍珠岩制品、沥青膨胀珍珠岩制品等。膨胀珍珠岩制品生产工艺主要是根据其制品的性能要求，如容重、热导率、机械强度、耐酸碱性、吸声、防水等，选择合适的黏结剂，确定最优的配合比、成型方法、烧成和养护条件。

生产膨胀珍珠岩制品所用主要原(材)料的质量要求见表6-8。

表 6-8　膨胀珍珠岩制品所用主要原(材)料的质量要求

原(材)料类别	作用	质量要求	备注
膨胀珍珠岩(骨料)	制品的主体材料	容重(堆积密度)60～120 kg/m³，粒度 0.05～1.5 mm(其中小于 0.5 mm 的质量小于10%)	蛭石等其他骨料
辅料(黏结剂)	黏结松散的膨胀珍珠岩颗粒，便于加工成一定形状和使其具有一定的机械强度	在该制品的使用条件下性能稳定，如高温不熔、在水或潮湿环境下不水解、在酸碱条件下不腐蚀等	常用的黏结剂为无机(如水泥等)和有机(如沥青等)黏结剂

2. 膨润土复合土壤调理材料

用膨润土作为复合型土壤调理材料的基础载体材料，不但可以为农作物提供一定的营养元素，还可以通过吸附-控释生物菌进行土壤微生物环境调控，改变土壤的水热条件，增强土壤的疏松透气性，促进农作物生长，为农作物提供良好的生长环境。因此，将膨润土与有机物结合引入土壤调理材料是一种良好的选择，但是由于膨润土遇水膨胀并且黏性较大，在成型及造粒方面还需要进一步研究，控制好滚动成型水量、膨润土与有机物配比、造粒机的转速与倾角等参数，以便更好地掌握膨润土基复合土壤调理材料造粒条件。

将膨润土与有机物按照一定比例进行复合搅拌，然后加入一定比例的生物菌再次进行复合搅拌，复合一定时间后将混合物料均匀倒入圆盘造粒机，以喷淋的方式加入一定量的水，进行滚动造粒，然后对滚动造粒后的成品进行筛分，筛出 1～5.60 mm 的颗粒为最终要求产品。目前，采用滚动成型造粒技术制备膨润土基复合土壤调理材料的工艺参数如下：利用圆盘造粒机进行膨润土基复合土壤调理材料滚动成型造粒过程中水分为15%，膨润土与有机物配比为 8∶1.5，圆盘造粒机转速为 65 r/min、倾角为 55°时，膨润土基复合土壤调理材料成型率高、粒型好、强度高、不易松散、粒度(1.00～4.75 mm 或 3.35～5.60 mm)达到91.6%，满足产品需求。

总的来说，矿物材料产品种类繁多，形状差别较大，所以成型的方法有多种。矿物原料中有一部分具有多种结晶态(如石英、氧化铝、二氧化钛、二氧化锆等)；另一部分具有特殊结构(如滑石有层片状和粒状结构)。在矿物材料的加工过程中，会发生多晶转变和结构变化，给制品带来不利影响。晶型转变时，必然会有体积变化，影响产品质量。片状结构的原料在压缩成型时致密度不易保证。在挤条坯成型时，容易呈现定向排列，烧成时不同方向收缩不一样，会引起开裂、变形。由于这些情况，同种产品可用不同的方法成型，通常确定产品的成型方法应从以下各方面考虑：①产品的复杂程度和尺寸、质量要求。②坯料的性能。③产品生产的数量如小批量单件生产时，应少采用专用设备，而选用简单的操作条件；大批量生产时，应采用专门设备和连续生产线。④考虑现有设备的利用及生产周期的长短和劳动强度的大小、成品率的高低及总的经济效果。

参 考 文 献

[1] 卢寿慈. 粉体技术手册. 北京: 化学工业出版社, 2004.

[2] 中国非金属矿工业协会专家委员会. 我国非金属矿物材料研发现状及发展思路. 非金属矿物材料论文选编, 2005(9): 1-16.

[3] OSTOLAZA M, ARRIZUBIETA J I, MURO M, et al. Methodology for embedding mineral insulated cables into DIN 1. 2311 tool steel for the manufacture of smart tooling. IOP Conference Series: Materials Science and Engineering, 2021, 1193(1): 012017.

[4] 娄广辉, 金彪, 姜卫国, 等. 利用煤矸石制备泡沫陶瓷的研究. 硅酸盐通报, 2020, 39(4): 5-11.

[5] 张耀君, 张叶, 韩智超, 等. 地质聚合物原位转化沸石分子筛的研究进展. 材料导报, 2020, 34(23): 9-16.

[6] 方亮. 材料成形技术基础. 北京: 高等教育出版社, 2004.

[7] 莫如胜. 工程材料与成型工艺基础. 广州: 华南理工大学出版社, 2004.

[8] 张彦华. 工程材料与成型技术. 北京: 北京航空航天大学出版社, 2005.

[9] 孙柯楠. 材料成型以及控制工程的金属材料加工技术. 建材发展导向, 2020, 18(3): 25-30.

[10] 常芳娥. 注压成型模具设计. 西安: 西北工业大学出版社, 2006.

[11] 崔春翔. 材料合成与制备. 上海: 华东理工大学出版社, 2010.

[12] 张以河. 材料制备化学. 北京: 化学工业出版社, 2013.

[13] 杨洁, 徐龙华, 王周杰, 等. 锂辉石浮选尾矿制备建筑装饰陶瓷材料及其性能. 化工进展, 2020, 39(9): 9.

[14] 郑水林. 非金属矿物材料. 北京: 化学工业出版社, 2007.

[15] 张以河. 矿物复合材料. 北京: 化学工业出版社, 2013.

[16] 倪星元. 纳米材料制备技术. 北京: 化学工业出版社, 2007.

[17] 徐如人. 无机合成与制备化学. 北京: 高等教育出版社, 2001.

[18] COSTA L C B, NOGUEIRA M A, ANDRADE H D, et al. Mechanical and durability performance of concretes produced with steel slag aggregate and mineral admixtures. Construction and Building Materials, 2022, 318: 126152.

[19] 马如飞, 李嘉, 桂佳俊, 等. 真空成型与热压罐成型复合材料的性能对比. 航空材料学报, 2022, 37(1): 5.

[20] 苗鸿. 新型陶瓷材料制备技术. 西安: 陕西科学技术出版社, 2003.

[21] 张长森. 粉体技术及设备. 上海: 华东理工大学出版社, 2007.

[22] 陈志平. 搅拌与混合设备设计选用手册. 北京: 化学工业出版社, 2004.

[23] 朱洪法. 催化剂成型. 北京: 中国石化出版社, 1992.

第7章 矿物材料烧结技术

7.1 概　述

烧结是将粉末状物料转变为致密体，人们很早就将此工艺用来生产粉末冶金、陶瓷、耐火材料、超高温材料。根据烧结粉末出现的宏观变化认为：一种或者多种固体(如黏土、金属、氧化物等)粉末经过成型，在加热到一定温度后开始收缩，在低于熔点温度下变成坚硬、致密的烧结体，这种过程称为烧结。

上述定义描述了坯体宏观上的变化，不能揭示其本质。一些学者认为烧结的本质涉及粉末颗粒表面的黏结以及粉末内部物质的传递和迁移，因为只有物质的迁移才能使气孔充填和强度增大。研究认为，由于固态中分子或原子的相互吸引，通过加热粉末体产生颗粒黏结，经过物质迁移使粉末体产生强度并导致致密化和再结晶的过程称为烧结。

粉料成型后形成具有一定外形的坯体，其中一般包含约 35%~60%的气体，颗粒间只有点接触(图 7-1a)，在高温下，颗粒间接触面积扩大，颗粒聚集；颗粒

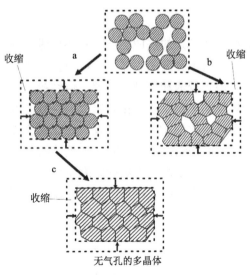

图 7-1　固相烧结现象示意图

a.颗粒聚集；b.开口堆积体中颗粒中心逼近；c.封闭堆积体中颗粒中心逼近

中心距逼近(图 7-1b)；逐渐形成晶界，气孔形状变化，体积缩小，从连通的气孔变成各自孤立的气孔并逐渐缩小，直至最后大部分甚至全部气孔从晶体中排除(图 7-1c)。

以陶瓷烧结为例说明固相烧结现象：陶瓷烧结分为固相烧结和液相烧结，对应不同的反应机理。液相烧结的反应机理可归纳为熔化、重排、溶解-沉淀、气孔排除。固相烧结机理按照烧结体的结构特征可划分为 3 个阶段，即烧结初期、烧结中期和烧结后期。烧结前期，颗粒相互靠近，不同颗粒间接触点通过物质扩散和坯体收缩形成颈部。在此阶段，颗粒内的晶粒不发生变化，颗粒的外形基本保持不变。烧结中期时，烧结颈部开始长大，原子向颗粒结合面迁移，颗粒间距离缩小，形成连续的孔隙网络，该阶段烧结体的密度和强度都增加。一般当烧结体密度达到 90%就进入烧结后期。此时，大多数孔隙被分隔，晶界上的物质继续向气孔扩散、填充，随着致密化继续进行，晶粒也继续长大。这个阶段烧结体主要通过小孔隙的消失和孔隙数量的减少来实现收缩，收缩缓慢。

以上为烧结所包含的主要物理过程。这些过程随着烧结温度的升高而逐渐推进，同时，粉末压块的性质也随这些过程出现各种变化，例如坯体收缩、气孔率下降、致密、强度增加、电阻率下降等。由于烧结体宏观上出现的各种变化，烧结程度可以用坯体收缩率、气孔率、吸水率或者相对密度(烧结体密度与理论密度之比)等指标来衡量。

7.1.1　相关概念

烧结与烧成：烧成是在一定的烧成制度下对坯体进行热处理，坯体在此过程发生变化，形成具有一定机械强度的制品。烧成包括多种物理和化学变化，如脱水、坯体内气体分解、多项反应和熔融、溶解、烧结等。烧成所发生的一系列物理化学反应，取决于坯体的矿物组成、化学组成、烧成温度、烧成速率等。而烧结仅仅指粉料经加热而致密化的简单物理过程，烧成的含义及范围更为宽泛，一般都发生在多相系统内。而烧结仅是烧成的一个重要部分。

烧结和熔融：烧结在远低于固态物质的熔融温度下进行，熔融时全部组元都转变为液相，而烧结时至少有一组元是处于固态。烧结温度 (T_s) 和熔融温度 (T_M) 的关系有一定规律：

$$金属粉末：\qquad T_s \approx 0.3 \sim 0.4\, T_M$$

$$盐类：\qquad T_s \approx 0.57\, T_M$$

$$硅酸盐：\qquad T_s \approx 0.8 \sim 0.9\, T_M$$

烧结和固相反应：二者均在低于材料的熔点或者熔融温度下进行，且始终都至少有一相是固态。但固相反应必须至少有两组元参加，并发生化学反应，该生成物与参与的组元结构性能不同。而烧结可以只有单组元或两组元参加，但两组元不发生化学反应，仅由粉体变为致密体。从结晶化学观点来看，烧结体除可见的收缩外，微观晶相组成并未变化，仅是晶相显微组织上排列致密和结晶程度更完善。当然随着粉末变为致密体，物理性能也随之变化。实际生产中往往不是纯物质的烧结。如纯氧化铝烧结时，除了加入的添加剂外，氧化铝中还有杂质，添加剂与杂质的存在，就出现了烧结的第二组元、甚至第三组元，因此固态物质烧结同时伴随发生固相反应或局部熔融出现液相。实际生产中，烧结、固相反应往往是同时穿插进行的。

7.1.2 烧结理论

7.1.2.1 烧结过程中的固相反应

固相反应狭义上是指固体与固体间发生化学反应生成新的固体的过程。但广义地讲，有固相参与的化学反应都可称为固相反应。混合料在烧结过程中被加热到熔融之前，各组分不断接触，在固态下使得反应进行，反应生成新的共熔体或者化合物，这一过程称作固相反应。离子扩散是引起固相反应的主要因素，而烧结料在烧结过程中被产生的高温气体不断加热的过程也为固相反应的发生提供了前提。在烧结料部分或全部熔化以前，料层中每一颗粒相互位置是不变动的，每个颗粒仅与它直接接触的颗粒发生反应。而且两种物质间反应的最初产物只能形成同一化合物。接触处产生的带状结构需经长期的保温后才能发生。而与反应物成分相符合的最后产物在大多数情况下需要很长时间才能完成。固相反应可以形成在原始料中所没有的新物质。在目前研究和发展的低温烧结中，固相反应将起着更重要的作用。例如，生产高碱度烧结矿时，固相下形成的针状铁酸钙将在联结过程中发挥有效的作用。

固相反应的实际研究常将固相反应依据参加反应物质聚集状态、反应的性质或反应进行的机理进行分类。依据反应的性质划分，固相反应可分成不同类型。而依反应机理划分，可分成化学转化速率控制过程、晶体长大控制过程、扩散控制过程等。固相反应的不同分类，只是在某一方面阐述了某一角度的问题，用专一的分类可以更系统地研究某一内部规律性的问题，而实际中，不同类型和性质的反应，其反应可能会有所差异，也可能大致相同，同时相异的外部反应条件也可以导致反应机理发生改变。

7.1.2.2　烧结过程中的液相生成

在高温作用下，烧结形成时部分熔点比较低的物质会熔化为液相，在降温冷却时，液相凝固析出，尚未熔化和熔入液相的颗粒此时难以再发生结晶过程，因为之前的析出物会阻碍它们的顺利析出，而形成一道坚固的连接桥。在烧结的原料之中，好多重要矿物都是熔点较高，所以在实际烧结过程中和相应的烧结温度下往往不能完全熔化。但是如果将参与烧结的物料继续加热到某种程度时，其内部各组分重新选择结合，形成与原组分有异的低熔点共存体，它们在此低温下共同作用生成液体物质，并逐渐熔融后析出。

7.1.2.3　烧结过程中的冷凝固结

燃烧带上的燃料烧结完成后，在高温环境中形成的熔融物质(液相)在抽风的作用下缓冷、逐渐凝结，之后发生矿物析晶和晶型转变的过程。在烧结层移动后，融化的矿物温度慢慢降下来，发生放热反应，即液相转变为固相或形成玻璃体。在此过程中，如果液相放出的能量几乎为全部能量，那么液相也将几乎全部结晶析出。可是在实际烧结过程中和烧结生产中，由于冷却速度很快，会有大量的潜热难以及时释放，造成潜热的蕴藏和保留，在烧结矿中，会有一部分硅酸盐类物质在烧结时的结晶过程中形成玻璃体而掺杂到烧结矿中，给后期实际使用中烧结矿的强度保证带来难题。玻璃体存在量的多少也取决于冷却过程中的冷却速率。可是，在烧结过程中，并不是所有的烧结料都会融化为液相而结晶，好多原料，尤其是大颗粒的原料，常常不等融化就会被周围的液相所包围并黏结。

7.2　烧　结　技　术

烧结过程是生坯在高温加热时发生一系列物理、化学变化(水的蒸发、盐类分解、有机物及碳化物的气化、晶型转型及熔化)，并使生坯体积收缩，强度、密度增加，最终形成致密、坚硬的具有某种显微结构烧结体的过程。常见的烧结方法有常压法、热压法、热等静压法、反应烧结法等。

烧结的目的是把粉末材料转变为致密体。烧结过程是许多物理化学变化的综合过程。这个过程不仅错综复杂，而且瞬息万变，在几分钟甚至几秒钟内，烧结料就因强烈的热交换而从 70℃以下被加热到 1200～1400℃，与此同时，它还要从固相中产生液相，然后液相又迅速冷却而凝固。这些物理化学变化包括：结构转变、高温膨胀、高温分解、高温熔融等。研究物质在烧结过程中的各种物理化学变化，对指导生产、控制产品质量，研制新型材料显得特别重要。

7.2.1　结构转变

显微结构是在各种显微镜下观察到的烧结材料(如陶瓷、耐火砖等)的内部组织结构,它包含丰富的内容:如晶粒尺寸分布、气孔尺寸分布及晶界体积分数。具体表现为不同晶相与玻璃相的存在与分布,晶粒的大小、形状与取向,气孔尺寸、形状与分布,各种杂质(包括添加物)、缺陷和微裂纹的存在形式和分布,以及晶界的特征等,这些因素综合起来,构成了烧结体的显微结构。在烧结的过程中,显微结构会发生显著的变化,它们对最终烧结材料的性能有不同程度的影响[1-5]。

7.2.1.1　晶粒

从显微结构上看,烧结材料如陶瓷主要是由取向各异的晶粒通过晶界集合而形成的聚合体。晶相是陶瓷材料的基本组成,晶相性能往往能表征材料的特性。晶粒是多晶陶瓷材料中晶相的存在形式和组成单元。晶粒是多晶体中无一定几何外形的小单晶。每一种晶体在形成过程中,按自身的结晶习性,长成有规则的几何多面体,这是认识和鉴别晶体的一个依据。如果晶体在较好的环境下自由生长,就能按自身的结晶习性发育成完全的晶形,称作自形晶体。但是当生长环境较差或生长时受到抑制,其晶形只能是部分完整的或是完全不完整的,分别称作半自形晶和他形晶。在陶瓷多晶材料中,最常见、最大量的晶粒都是呈不规则的他形晶。

晶粒会在烧结过程中生长、转化;晶粒的形状对材料的性能影响很大。例如晶粒呈现针状的 α-Si$_3$N$_4$ 陶瓷的抗折强度(650 MPa)比晶粒呈粒状或短柱状的 β-Si$_3$N$_4$ 陶瓷抗折强度(374 MPa)几乎大一倍。

因此,研究晶粒长大机理能够更好地控制烧结材料的性能。实际上,研究晶粒长大机理,就是要直接地或间接地搞清楚晶界移动的速率及控制过程,但这通常是很困难的,因为从动力学研究所得到的结果,并不能准确无误地解释为某一个单一机理。不过,如果把动力学研究与直接观察结合起来,有可能更好地确认它的控制机理。晶粒长大过程包括以下三种类型。

1. 初次再结晶

初次再结晶是指从塑性变形的、具有应变的基质中,生长出新的无应变晶粒的成核和长大过程。初次再结晶常发生在金属中,不过在矿物类材料如硅酸盐材料,特别是一些软性材料如 NaCl、CaF$_2$ 等中,由于较易发生塑性变形,也会发生初次再结晶过程。另外,由于硅酸盐烧结前都要破碎研磨成粉料,这时颗粒内常存在残余应变,烧结时也会出初次再结晶现象。初次再结晶包括两个步骤,即成核和长大。

2. 晶粒长大

所谓晶粒长大是指材料热处理时，无应变或几乎无应变的材料中平均晶粒连续增长的过程。在烧结中、后期，细小晶粒逐渐长大，而一些晶粒的长大过程也是另一部分晶粒缩小或消失的过程，其结果是平均晶粒尺寸增加。这一过程并不依赖于初次再结晶过程，晶粒长大，不是小晶粒的相互黏接，而是晶界移动的结果。晶粒长大的核心是晶粒平均尺寸增加。晶粒生长取决于晶界移动的速率。其推动力是基质塑性变形所增加的能量提供了使晶界移动和晶粒长大的足够能量。

1）单相体系

对于一个纯净的单相体系，原子从晶界的一边扩散到晶界的另一边，使部分晶粒缩小，另一部分晶粒长大，晶粒逐渐减小，平均晶粒尺寸不断增加。晶粒生长的动力是晶界曲面两边的压强差 ΔP，从而导致一个化学位 (μ) 梯度。驱动力可表示为

$$\vec{F} = \frac{\mathrm{d}\mu}{\mathrm{d}x} = \frac{\mathrm{d}(v\Delta P)}{\Delta x} \tag{7-1}$$

式中，$\vec{F}$ 为驱动力；μ 为化学位；x 为晶界曲面移动距离；v 为晶界移动速率；ΔP 为压强差。

图 7-2 是晶界结构示意图，弯曲晶界两边各有一个晶粒。小圆圈代表各晶粒中的原子，对凸面晶粒 A 曲率为正，呈正压，对凹面晶粒 B 呈负压。A 与 B 之间由于曲率不一而产生的压强差 ΔP 为

$$\Delta P = \gamma \left(\frac{1}{r_1} + \frac{1}{r_2} \right) \tag{7-2}$$

式中，γ 为界面张力；r_1、r_2 分别为曲率半径。

当系统仅做体积功而不做其他功时，根据热力学有

$$\Delta G = V\Delta P - S\Delta T \tag{7-3}$$

当温度不变时，

$$\Delta G = \overline{V}\Delta P = \overline{V}\gamma \left(\frac{1}{r_1} + \frac{1}{r_2} \right) \tag{7-4}$$

式中，$\overline{V}$ 为摩尔体积；ΔG 为晶粒 A 与 B 摩尔自由焓差，$\Delta G = G_A - G_B$。

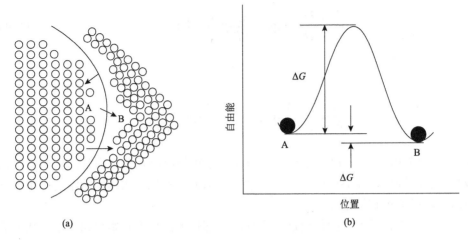

图 7-2　晶界结构(a)及原子跃迁的能量变化(b)

ΔG 差别使晶界向曲率中心移动，同时小晶粒长大，界面能减小。由于晶粒 A 的自由焓高于晶粒 B，A 内原子会向 B 跃迁，结果晶界移向 A 的曲率中心，晶粒 B 长大而晶粒 A 缩小，根据绝对转化速率理论，晶粒长大速度与原子跃迁过界面的速度有关，由图 7-2(b)可知，原子由 A 向 B 的跃迁频率：

$$f_{\mathrm{A-B}} = \frac{n_{\mathrm{s}}RT}{Nh} \exp\left(-\frac{\Delta G^{*}}{RT}\right) \tag{7-5}$$

如果是反向跃迁，其频率为

$$f_{\mathrm{B-A}} = \frac{n_{\mathrm{s}}RT}{Nh} \exp\left(-\frac{\Delta G^{*} + \Delta G}{RT}\right) \tag{7-6}$$

式中，R 为摩尔气体常量；N 为阿伏伽德罗常数；h 为普朗克常数；n_{s} 为界面上原子的面密度；ΔG^{*} 为晶粒 A 与 B 标准摩尔自由焓差。

设原子每次跃迁距离为 λ，则晶界移动速度 v 为

$$v = \lambda f = \lambda(f_{\mathrm{A-B}} - f_{\mathrm{B-A}}) = \lambda \frac{n_{\mathrm{s}}RT}{Nh} \exp\left(-\frac{\Delta G^{*}}{RT}\right)\left[1 - \exp\left(-\frac{\Delta G}{RT}\right)\right] \tag{7-7}$$

因为 $\Delta G \ll RT$，所以

$$1 - \exp\left(-\frac{\Delta G}{RT}\right) \approx \frac{\Delta G}{RT} \tag{7-8}$$

于是，晶界移动速率 v 为

$$v = \frac{n_s \lambda \gamma \overline{V}}{Nh} \exp(-\frac{\Delta G^*}{RT})(\frac{1}{r_1} + \frac{1}{r_2}) \tag{7-9}$$

或

$$v = \frac{n_s \lambda \gamma \overline{V}}{Nh}(\frac{1}{r_1} + \frac{1}{r_2}) \exp(-\frac{DS^*}{R}) \exp(-\frac{\Delta H^*}{RT}) \tag{7-10}$$

由式(7-10)可知，晶界移动速率与曲率半径与温度相关，而且随着曲率半径减小，温度降低，晶界向曲率中心移动速率增大。晶粒长大速率随温度呈指数规律增加，温度控制很重要。

在烧结中、后期，随传质过程进行，颈部长大，粒界开始移动，这时坯体通常是大小不等的晶粒聚集体，即体系是多晶体系。由许多晶粒组成的多晶体中晶界的移动情况如图 7-3 所示。三个晶粒在空间相遇，如果晶界上各界面张力相等或近似相等，则平衡时界面间交角为 120°。在二维截面上，晶粒呈六边形；实际多晶系统中多数晶粒间界面能不相等，所以从一个三界交汇点延伸到另一个三界交汇点的晶界都有一定的弯曲，界面张力将使晶界移向曲率中心。由图 7-3 可以看出，大多数晶界都是弯曲的，边数大于 6 的晶粒，其晶界向外凹，边数小于 6 的晶粒，其晶界向外凸。由于界面张力的作用，晶界总是向曲率中心移动。于是，边数大于 6 的晶粒趋于长大，而边数小于 6 的晶粒趋向缩小，结果是整体的平均粒径增加。

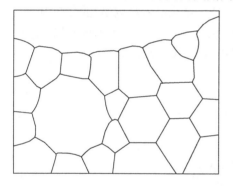

图 7-3　烧结后期晶粒长大示意图

对任意一个晶粒，每条边的曲率半径与晶粒直径 D 成比例，所以由晶界过剩自由焓引起的晶界移动速度与相应的晶粒长大速度与晶粒尺寸成反比，即

$$v = \frac{\mathrm{d}D}{\mathrm{d}t} = \frac{k'}{D} \tag{7-11}$$

积分得

$$D^2 - D_0^2 = kt \tag{7-12}$$

式中，D_0 为 $t = 0$ 时颗粒的平均直径。

到烧结后期 $D \gg D_0$，此时式(7-12)可写成

$$D^2 = kt \tag{7-13}$$

或

$$D = k''t^{1/2} \tag{7-14}$$

以 $\ln D$ 对 $\ln t$ 作图应为直线，且斜率为 1/2。在式(7-14)中，实验结果斜率在 $0.1\sim0.5$ 之间，较理论预测结果小。如一些氧化物陶瓷，其斜率接近 1/3。其原因是 D 并没有比 D_0 大很多，或是因晶界移动时遇到杂质，分离的溶质或气孔等的阻滞，使正常的晶粒长大停止。所以，包含的杂质愈多，晶粒长大过程结束得愈快，最终所得晶粒平均直径也愈小。

2）存在有二相物质的晶界体系，异常晶体长大

当晶界上有第二相包裹物存在时，如图 7-4 所示，它们对晶界的移动产生钉扎作用。原因是晶界移动遇到包裹物时，为了通过它，界面能就降低，降低的量正比于包裹物的横截面积。通过障碍后，弥补界面又要付出能量，结果使界面继续前进能力减弱，界面变得平直。当晶界前进的驱动和第二相物质造成的阻力相当时，晶界移动即停止。坯体晶粒尺寸达到一种稳定状态。

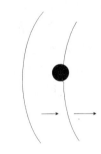

图 7-4　界面通过夹杂物时形状变化

根据 Zener 的研究结果，临界晶粒尺寸 D_c 和第二相杂质之间的关系为

$$D_c \approx \frac{4}{3}\frac{d}{V} \approx \frac{d}{V} \tag{7-15}$$

式中，d 为第二相质点的直径；V 为第二相质点的体积分数。

该式近似反映了最终晶粒平均尺寸与第二相物质阻碍作用间的平衡关系。临界晶粒尺寸 D_c 的含义是，当晶粒尺寸超过这个数值后，在晶界上有夹杂物或气孔时，晶粒的均匀生长将不能继续进行；烧结初期，气孔率很大，故 V 相当大，D_c 较小，此时，初始晶粒直径 D_0 总大于 D_c，因此晶粒不可能长大。随着烧结进行，小气孔向晶界聚集或排除，第二相质点直径 d 由小变大，而气孔的体积分数由大变小，D_c 随之增大。这时 D_c 远大于 D，晶粒开始均匀地长大，直到 D 等于 D_c 为止。表明，要防止晶粒过分长大，第二相物质或气孔的直径要小，而体积分数要大。

3. 二次再结晶

正常晶粒长大是晶界移动，晶粒的平均尺寸增加。如果晶界受到杂质等第二相质点阻碍，正常的晶粒长大便会停止。但是当坯体中若有大晶粒存在时，这些大晶粒边数较多，晶界曲率较大，能量较高，使晶界可以越过杂质或气孔继续移向邻近小晶粒的曲率中心。晶粒的进一步长大，增大了晶界的曲率使生长过程不断加速，直到大晶粒的边界相互接触为止。这个过程称为二次再结晶或异常的晶粒长大。

此过程的推动力仍然是晶界过剩界面能。因为大晶粒与邻近曲率半径小、界面成分高的小晶粒相比，大晶粒能量低，相对比较稳定。在界面能推动下，大晶粒的晶界向小晶粒中心移动，使大晶粒进一步长大而小晶粒消失。图 7-5 是二次再结晶的晶粒尺寸与原始颗粒尺寸的关系。造成二次再结晶的原因主要是原始物料粒度不均匀及烧结温度偏高。其次是成型压力不均匀及局部有不均匀的液相等。温度过高，晶界移动速度加快，使气孔来不及排除而被包裹在晶粒内部。原始物料粒度不均匀，特别是初始粒径较小时，由于基质中常存在少数比平均粒径大的晶粒，它们可以作为二次再结晶的晶核，使晶粒异常长大，最终晶粒尺寸较原始尺寸大得多。

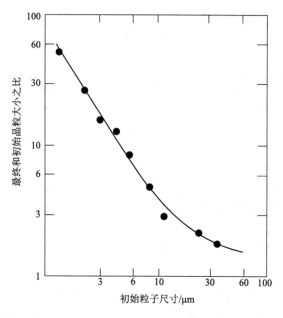

图 7-5   BeO 在 2000℃下 0.5 h 二次再结晶后的相对晶粒大小

当原始物料粒径增大时，晶粒尺寸比平均粒径有较大的机会相对减小，二次再结晶成核较难，最终的相对尺寸也较小。通常情况下，二次再结晶可能会造成晶粒异常长大，气孔没有办法即时排除影响强度；但并不是在任何情况下二次再结晶过程都是有害的。在现代新材料的开发中常利用二次再结晶过程来生产一些特种材料。如铁氧体硬磁材料 $BaFe_{12}O_{19}$ 的烧结中，控制大晶粒为二次再结晶的晶核，利用二次再结晶形成择优取向，使磁畴取向一致，从而得到高磁导率的硬磁材料。

7.2.1.2　晶界

晶界作为多晶陶瓷材料显微结构的一个重要组成部分，对材料的性能常常起着关键性影响，这里结合机械强度加以讨论。陶瓷材料的破坏大多是沿晶界断裂，对于细晶材料来说，晶界比例大，当沿晶界破坏时，裂纹的扩展要走迂回曲折的道路，晶粒愈细，该路程就越长。像陶瓷这类脆性材料，其初始裂纹尺寸与晶粒大小相当，故晶粒愈细，初始裂纹尺寸就愈小，机械强度也愈高。所以，为了获得好的机械性能，需研究并控制晶粒尺寸，晶粒大小问题实际上就是晶界在材料中所占的比例问题。

在晶界上由于质点排列不规则，质点分布疏密不均，因而形成微观的晶界应力。对于单相多晶材料，由于晶粒的取向不同，相邻晶粒在某同一方向上的热膨胀系数、弹性模量等均不相同；对于多相多晶体，各相间更有性能上的差异，这些性能上的差异，在陶瓷烧成后的冷却过程中，将会在晶界上产生很大的晶界应力。晶粒愈大，晶界应力也愈大。这种晶界应力甚至可以使大晶粒出现贯穿性断裂，致使大晶粒结构的陶瓷材料机械强度较差。

晶界是位错汇集的地方，如果使刃型位错上部质点用直径较小的质点代替，而其下部的质点用直径较大的质点来代替，其结果都可以减轻晶界上的内应力，降低系统的能量。这样一来，外来杂质就有向晶界富集的倾向。

另外，由于晶界是缺陷较多的区域，所以晶界内的扩散要比晶粒内大得多。晶界是物质迁移的重要通道。当前，所谓的"晶界工程"，即通过改变晶界状态，来提高整个材料的性能。包括以下方式：①提高晶界玻璃相的黏度；②晶界相的结晶化；③晶界相与晶粒起作用，使晶界相消失。

晶界上有气孔存在的体系，气孔和晶界可以相互作用，可以移动；有时晶界移动速率受气孔移动速率控制。设晶界移动速率为 v_b，气孔移动速率为 v_p，界面的迁移率为 B_p，数量为 n_b，晶界移动的驱动力为 $\vec{F}_b$。

烧结中期：气孔较多，牵制晶界移动，此时：

$$v_b = \vec{F}_b B_p / n_b \tag{7-16}$$

烧结后期：当温度控制适当，$v_b = v_p$ 时，晶界带动气孔正常移动，使气孔一起保持在晶界上，气孔可以利用晶界作为空位传递的快速通道逐步减少以至消失。若温度控制不当，由于晶界移动速度随温度呈指数增加，导致 v_b 大于 v_p，晶界越过气孔，气孔包入晶粒内部，使排除困难。

7.2.1.3　气孔

气孔是陶瓷显微结构的重要组成部分。有些陶瓷要求存在气孔，但对气孔尺寸和分布都有较严格的要求；而另一些陶瓷材料则要求气孔越小越好。陶瓷坯体经过烧结后，在其烧结体中几乎总要出现气相即气孔。与其他相比较，可以用气孔体积分数和它们的大小、形状分布来描述气孔的特征。

在烧结前，几乎全部气孔都作为开口气孔存在。在烧成过程中，气孔体积分数下降，虽然有一些开口气孔直接被排出，但许多气孔却变成闭口气孔，甚至由于陶瓷颗粒的再结晶而气孔被包裹在晶粒内部。在烧结后期接近结束时，闭口气孔才减少，当气孔率下降到 5%时，开口气孔通常已被排除。由于气孔特征不同，对陶瓷材料的性能有很大的影响。

杨氏模量基本上与构成陶瓷的晶相种类和分布有关，而不受晶粒尺寸和试样表面状态的影响，但与气孔率有很大的关系，气孔率小时，杨氏模量随气孔率的增加而直线减少，一般可用下式表示：

$$E = E_0(1 - kp) \tag{7-17}$$

式中，E_0 为没有气孔情况下的杨氏模量；k 为常数；p 为陶瓷内部的气孔率。

陶瓷强度与杨氏模量成正比，所以强度也随气孔率而变化。气孔愈多，承受负荷的有效截面愈小，强度也就愈低。当然，除气孔数量外，气孔的分布位置、尺寸和形状都有影响。要制备高强度的陶瓷，必须把气孔排除到最低限度。

二次再结晶发生后，气孔进入晶粒内部，成为孤立闭气孔，不易排除，使烧结速率降低甚至停止。因为小气孔中气体的压力大，它可能迁移扩散到低气压的大气孔中去，使晶界上的气孔随晶粒长大而变大，如图 7-6 所示。

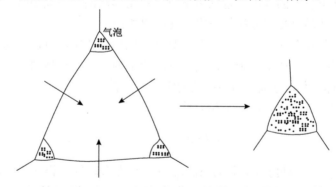

图 7-6　由于晶粒长大使气孔扩大示意图

此时晶粒继续长大的速度不仅反比于晶粒平均直径 D，而且反比于气孔直径 D_g，由于 D_g 与 D 成比例，所以：

$$\frac{dD}{dt} = \frac{k'}{D} \cdot \frac{k''}{D_g} = \frac{k'''}{D^2}$$ （7-18）

积分得到

$$D^3 - D_0^3 = kt$$ （7-19）

由上式可以看出，原始颗粒尺寸 D 愈小，二次再结晶速率愈大。气孔尺寸愈小，晶界愈易越过，二次再结晶速率亦愈高。

二次再结晶出现后，由于个别晶粒异常长大，使气孔不能排除，坯体不再致密，加之大晶粒的晶界上有应力存在，使其内部易出现隐裂纹，继续烧结时坯体易膨胀而开裂，使烧结体的机械、电学性能下降。所以工艺上常采用引入适当的添加剂，以减缓晶界的移动速度，使气孔及时沿晶界排除，从而防止或延缓二次再结晶的发生。例如，Al_2O_3 中添加 MgO、KCl 中添加 $CaCl_2$、ThO_2 中添加 Y_2O_3 等均会有效地阻止晶粒长大。而且包含的杂质越多，晶粒长大过程结束得越快，最后获得的晶粒平均直径 $D_{终}$ 也越小。

7.2.2 高温膨胀

绝大多数固体材料都会热胀冷缩，温度变化时，固体试样的长度和体积可发生变化。例如，制备陶瓷中的坯体、冶金团球、制造玻璃等在焙烧过程中都可能存在膨胀。例如，在高温烧结过程中，球团矿在还原过程中体积都会增大，强度相应降低，也就是常说的"膨胀"现象。根据球团矿体积膨胀值的大小可把膨胀分为正常膨胀、异常膨胀、恶性膨胀或灾难性膨胀。体积膨胀值小于 20%为正常膨胀，膨胀值在 20%～40%之间为异常膨胀，膨胀值大于 40%为恶性膨胀或灾难性膨胀[6-9]。

膨胀率的大小，通常用下式计算：

$$膨胀率（\%）= \frac{V_t - V_0}{V_0} \times 100$$ （7-20）

式中，V_t 为坯体在一定温度烧结后的体积，m^3；V_0 为胚体原始体积，m^3。

体积变化 ΔV 与温度变化 ΔT 的关系为

$$\frac{\Delta V}{V_0} = \frac{V_t - V_0}{V_0} = \alpha_v \Delta T \qquad\qquad (7\text{-}21)$$

式中，α_v 为体积膨胀系数，单位为 K^{-1}。

热膨胀的本质是原子间平均距离随温度的上升而增加。由于大多数固体材料热膨胀的基本原因是原子热振动引起的原子间距增大，所以它必然与热容相关。理论和实验都证明，热膨胀系数与热容成正比。热膨胀系数与热容随温度的变化趋势相似：在低温下热膨胀系数随温度的三次方 (T^3) 变化，在高温下趋于某个极限值。

根据势能与原子间距之间的关系可知，原子间键能越大，则势能谷越是窄而深，因此温度增加一定值时，原子间距的增量就越小，即膨胀系数越小。就同一类材料而言，结构不同，热膨胀系数也不同。

非晶态固体的聚集态结构属液相结构。这类材料在玻璃化转变温度以上的热膨胀，除了原子间距离增大之外，还有自由体积的膨胀。所谓自由体积是指物质中未被原子(或分子)占据的体积，它以空穴形式分散在整个物质中。在玻璃化转变温度以下，自由体积"冻结"，其大小基本上不随温度变化，热膨胀仅是原子间增大的结果；但在玻璃化转变温度以上，由于原子(分子)运动剧烈，有利于空穴从物质外部向物质内部扩散，因而自由体积也膨胀。

7.2.2.1　坯体或球团膨胀的原因

1. 相变引起的膨胀

相变对坯体的膨胀产生了很大影响，材料发生相变时，晶体结构发生转变，其晶胞体积和晶胞参数发生不连续变化，导致热膨胀系数改变。

当坯体中材料发生一级相变时(如同素异构转变、晶体熔化等)，质量体积(单位物质的体积，单位为 m^3/kg)发生突变，热膨胀系数达到无穷大。例如，还原时晶体变化引起的膨胀。赤铁矿还原成磁铁矿过程中，是由六方晶系转变立方晶系，如果六方晶体在各个方向上均匀地部分还原的情况下，磁铁矿层厚度增大，超过原来赤铁矿厚度。

材料发生二级相变时(如磁性转变、有序无序转变和玻璃化转变)，质量体积发生明显连续的变化，体膨胀系数发生突变。具体情况如下：①铁磁性转变引起的膨胀。因材料在居里温度附近发生磁矩的自旋变化而导致热膨胀性能前后的改变。②还原时晶格畸变引起的膨胀。坯体中有时添加碱金属之类化合物，对坯体膨胀有着不良影响。因为，碱金属离子相对其他金属离子半径相差较大，如 Na^+、K^+ 的离子半径为 0.98×10^{-10} m 和 1.33×10^{-10} m，Fe^{2+}、Fe^{3+} 的离子半径为 0.74×10^{-10} m 和 0.63×10^{-10} m，而在高温作用下，钠、钾离子以置换或填隙的形式渗入到铁氧化物晶格中而引起晶格畸变。晶格畸变本身具有较大的应力,在高温还原作用下,首先以局部化学反应的形式释放出来,从而使晶格受到破坏和周围地区结构紧密度下降。与此相反,这部分区域的还原条件却得到了改善,使铁离子迁移速度进一步加快和聚集,使得铁矿物球团矿或含铁体发生异常膨胀。

2. 晶体各向异性引起的膨胀

晶体在受热膨胀时,三个轴向表现出不同的膨胀性质,对应着原子之间的结合力的大小。晶体在一个轴向上的结合力增大,会影响其垂直轴方向上结合力的大小,进而影响其轴向的热膨胀性能。另外,矿物材料各组分之间的膨胀系数不一致,进而产生应力影响材料的热膨胀性能。

3. 球团膨胀现象及机理

球团会在不同氧化条件、还原条件、碱性条件下,在烧结过程中发生膨胀。如表 7-1 中,不同碱度区域对应着不同膨胀率范围。

表 7-1　不同种类工业性球团膨胀率

球团代号	1	2	3	4	5	6	7
膨胀率/%	11.5	22	12	13	13	40	14

针对球团在烧结过程中的膨胀行为,现在球团矿还原膨胀机理的观点主要有以下四种。

1) 气体压力论

安德姆使用一块纯度较高的赤铁矿块在 1000℃时进行还原实验。安德姆解释其膨胀原因为球团核内部气体压力增大的结果,这种情况主要在极高还原速度中形成,由于核内水分及二氧化碳生成速度过高,所以使球团内部结构疏松。

2) 碳沉积膨胀理论

在 400~600℃的还原温度下,发生析碳反应 $2CO = C + CO_2$,这个反应中所生成的碳会沉积在球团矿的孔洞中,从而导致球团矿体积膨胀。由于发生析碳反应的条件是低温、低流量还原气体,实际转化速率缓慢,一般认为在高炉内不会发生该反应。因此,这种观点只能解释在低温下球团矿还原膨胀的原因。

3) 铁氧化物的晶体变化和赤铁矿还原过程的各向异性行为

六方晶系的赤铁矿在还原过程中会转变为等轴晶系的磁铁矿。根据罗斯托夫采夫的资料,纯三氧化二铁还原过程中体积膨胀约为 11%。这一点已经得到学者们的公认。这种观点较为合理地解释了球团矿还原第一阶段的正常膨胀和异常膨胀。

4）铁晶须论

球团矿还原第三阶段在其内部会生成一种毛须状金属铁，这种金属铁使球团矿内部发生剧烈开裂从而导致还原第三阶段剧烈膨胀。此结论很好地解释了在 Fe_xO 转变为 Fe 过程中产生的剧烈膨胀，并被广大学界所接受。

7.2.2.2　抑制坯体或球团膨胀的方法

1. 加入添加物，改变脉石成分

球团矿内存有足够数量的 MgO，在焙烧过程中就会形成稳定的铁酸镁（$MgO \cdot Fe_2O_3$，熔点 1713℃），在还原时不会发生 Fe_2O_3 转变成 Fe_3O_4 的反应，而生成的是 FeO 和 MgO 的固溶体。另外，由于 Mg^{2+} 离子半径（0.6×10^{-10} m）小于 Fe^{2+} 离子半径（0.74×10^{-10} m）和 Ca^{2+} 离子半径（0.99×10^{-10} m），因而 Mg^{2+} 能均匀分布在浮氏体内，不致引起局部化学还原反应。

CaO 和 MgO 的影响较为一致，CaO 添加使球团矿生成铁酸钙和铁酸亚钙。铁酸盐较赤铁矿颗粒难于受侵蚀，另外 $CaO \cdot Fe_2O_3 \sim CaO \cdot 2Fe_2O_3$ 是低共熔物（1216℃），在焙烧过程中容易形成液相，而把铁氧化物颗粒牢固地黏结在一起。因此为了抑制球团矿还原体积膨胀，有些球团厂在球团混合料中配加白云石等矿物。

2. 调整球团矿碱度及脉石含量

碱度对球团矿膨胀率的影响是随着脉石含量的增大而减小，当脉石含量为 10%左右时，碱度便不起作用。

当碱度为 0～0.1 时，5%脉石含量足以使球团矿膨胀率控制在 20%以下；当碱度在 0.1～0.6 之间，需要将脉石量加大到 10%左右；随着碱度提高到 0.6 以上，此时，由于生成了 $CaO \cdot Fe_2O_3$，所需脉石量约低于 5%，球团矿的膨胀率也可控制在正常膨胀范围内。

3. 采用保护性气氛焙烧

采用保护性气氛，即在非氧化性气氛，如氮气、水蒸气或在 4%～6% CO+94%～96% CO_2 气氛内焙烧，使球团矿的固结类型为磁铁矿再结晶和部分相连接，避免了由于 $Fe_2O_3 \longrightarrow Fe_3O_4$ 时的晶型转变而产生的膨胀。

4. 提高焙烧温度

将焙烧温度略高于适宜的焙烧温度，虽然球团矿的常温强度有所降低，但是可增加球团矿中的液相黏结，球团结构更趋均匀，矿物结晶趋向完善并长大，避

免多重晶生成和出现共生状态，相对减少铁氧化物再结晶连接，从而增加了抵抗体积膨胀的应力，减少还原球团矿的体积膨胀。

5. 添加返矿

将返矿磨细加入到球团混合料中，这种球团矿由于返矿带入晶核，在焙烧过程中，易生成更多更细的连接键，一方面提高了球团矿的强度，另一方面分散了球团还原过程产生的应力，从而可降低球团矿的膨胀。

6. 卤化法处理

将球团浸泡到卤水中，使 $MgCl_2 \cdot 6H_2O$ 或 $CaCl_2$ 填充到球团矿的孔隙中并覆盖在赤铁矿颗粒表面，在还原过程中阻碍还原气体与赤铁矿的接触，减慢了赤铁矿晶体转变速度，使膨胀减轻。

7.2.3 高温分解

烧结过程中的分解反应主要是结晶水、碳酸盐、硫化物的分解反应。固相反应物分解为气相生成物[4-9]。反应方程如式（7-22）：

$$A(s) \longrightarrow B(s) + C(g) \uparrow \qquad (7-22)$$

反应的 $\Delta S_0 > 0$，表明上述反应物在低温下稳定。随着温度的提高，反应物的稳定性降低。吸热反应，温度越高，反应物的分解压越大。

7.2.3.1 结晶水的分解

大多数矿物原料的结晶水在 300～400℃开始分解，700℃时，所有结晶水可以完全分解。常见含结晶水矿物的开始分解温度见表 7-2。

表 7-2 常见含结晶水矿物的开始分解温度

矿物名称	化学式	开始分解温度/℃
水赤铁矿	$2Fe_2O_3 \cdot H_2O$	150～200
褐铁矿	$2Fe_2O_3 \cdot 3H_2O$	120～140
针铁矿	$Fe_2O_3 \cdot H_2O$	190～328
水铝矿	$Al(OH)_3$	290～340
高岭土	$2Al_2O_3 \cdot 2SiO_2 \cdot 2H_2O$	400～500
拜来石	$(Fe,Al)_2O_3 \cdot 3SiO_2 \cdot 2H_2O$	550～575

由于分解动力学因素影响，有 10%～20%的结晶水，必须在燃烧带的高温下才能脱除。结晶水分解热消耗大，其他条件相同时，烧结含结晶水的物料时，一般较烧结不含结晶水的物料的最高温度要低一些。为保证烧结矿物材料的质量，需要增加固体燃料 7%～8%。如果矿物粒度过大，燃料不足，一部分水合物及其分解产物未被高温带中的熔融物吸收，而进入烧结物料中，就会使烧结物料的强度下降。

结晶水分解的危害：混合料中结晶水的分解温度比游离水蒸发温度高得多。很多矿物结晶水的完全去除要到 1000℃左右，结晶水分解在预热层和燃烧层进行。

分解结晶水的危害是：①分解吸热，降低高温区温度；②点火时产生矿物炸裂；③混合料堆密度小，烧损大，成品率低；④烧结矿物材料收缩；⑤水汽冷凝，料层中产生过湿现象，恶化料层透气性。

消除结晶水危害采取的措施：①可添加更多燃料；②适当延长点火时间和保温时间；③提高混合料加水量；④添加一些物料；⑤提高混合料温度至超过露点温度（一般为 50～60℃），消除过湿。

7.2.3.2　碳酸盐的分解

烧结混合料中通常含有碳酸盐，如石灰石、白云石、菱铁矿、菱锰矿、菱镁矿等。烧结常见碳酸盐的分解温度见表 7-3。

表 7-3　烧结常见碳酸盐的分解温度

矿物名称	化学式	开始分解温度/℃	沸腾分解温度/℃
方解石	$CaCO_3$	530	910
菱镁矿	$MgCO_3$	320	680
菱铁矿	$FeCO_3$	230	400

1. 碳酸盐分解的热力学

$$MeO + CO_2 \Longrightarrow MeCO_3 \tag{7-23}$$

$$k_p = 1/p_{CO_2} \tag{7-24}$$

$$\Delta G = -RT \ln k_p = RT \ln p_{CO_2} \tag{7-25}$$

$$\ln k_p = A/T + B \tag{7-26}$$

式中，k_p 为碳酸盐的分解反应速率常数；P_{CO_2} 为 CO_2 的分压；ΔG 为反应的吉布斯自由能变化。

开始分解温度：分解压等于环境相应分压时的温度。沸腾温度：分解压等于环境总压时的温度。因此，需要计算在不同压力条件下，开始分解温度和沸腾温度，便于控制含碳酸钙矿物料的烧结条件控制。

一般烧结条件下，碳酸钙于 720℃ 开始分解，880℃ 剧烈分解，总共只有 2 min。

2. 碳酸盐分解的动力学

碳酸盐的分解为多相反应：①相界面上的结晶化学反应；②CO_2 在产物层 MeO 中的扩散符合收缩未反应核模型。

碳酸盐受热温度达到一定值时，发生分解反应，在烧结料碳酸盐中，最难分解的是石灰石，保证了 $CaCO_3$ 分解，如 $CaCO_3 \!=\!\!=\!\! CaO + CO_2$（–178 kJ），其他的也会分解。

实际烧结时，$CaCO_3$ 分解的开始温度约为 750℃，化学沸腾温度约为 900℃。其他碳酸盐开始分解温度较低，可在预热带进行，石灰石分解反应主要在燃烧带进行。碳酸盐分解反应从矿物表面开始逐渐向中心进行，分解反应速率与碳酸盐矿物的粒度大小有关，粒度愈小，分解反应速率愈快。烧结层中，碳酸盐分解吸收大量热量，使得石灰石颗粒周围的料温下降；或由于燃料偏析使高温区温度分布不均匀，常常出现石灰石不能完全分解的现象。生产中要求石灰石粒度必须小于 3 mm，同时考虑燃料的用量。

分解过程由界面上结晶化学反应控制时，

$$1-(1-R_1)^{1/3} = \frac{k}{r_0 \rho}t = k_1 t \tag{7-27}$$

式中，R_1 为反应分数，又称离解率；k 为分解反应速率常数；r_0 为碳酸盐颗粒半径，m；ρ 为碳酸盐密度，g/m^3；t 为反应时间，s。

分解产物虽然是多孔的，但随着反应向颗粒内部推移，CO_2 离开反应界面向外扩散的阻力将增大，当颗粒较大时尤甚。CO_2 的扩散成为过程的控制环节，D_e 为扩散系数：

$$1-\frac{2}{3}R_1-(1-R_1)^{2/3} = \frac{D_e}{r_0^2 \rho}t = k_2 t \tag{7-28}$$

7.2.3.3 碳、有机物和含硫矿物的氧化

矿物原料中通常含有碳、有机物或者各类含硫矿物，碳素、有机物和含硫矿

物会在高温条件下被氧化分解。例如，可塑性黏土(如紫木节)及硬质土(如煤矸石)往往含有碳素、硫化物及有机物，并带入坯体中。

1. 碳素及有机物分解

坯体中存在的碳素及有机物在 600℃以上开始氧化分解，这类反应一直要进行到高温。碳素、硫化物及有机物必须在本阶段氧化，产生的气体必须完全排除掉，不然会引起坯体起泡。

$$2C + O_2 \longrightarrow 2CO_2 \tag{7-29}$$

在烧成的低温阶段，坯体的气孔率较高，如式(7-29)所示，烟气中的 CO 被分解，析出的碳素也被吸附在坯体中气孔的表面。CO 的低温沉碳作用在有氧化亚铁存在时更为激烈，此反应一直进行到 800～900℃才停止。

$$2CO \longrightarrow 2C + O_2 \tag{7-30}$$

2. 含硫矿物的分解

烧结原料中硫的存在形式：以硫化物形式存在的矿物有黄铁矿(FeS_2)、黄铜矿($CuFeS_2$)、闪锌矿(ZnS)、辉铜矿(Cu_2S)、方铅矿(PbS)等；以硫酸盐形式存在的有 $BaSO_4$、$CaSO_4$ 和 $MgSO_4$ 等。

1）以有机硫形式存在的 S 的去除(95%)

燃料中的有机硫易被氧化，在加热到 700℃左右的焦粉着火温度时，有机硫燃烧生成 SO_2 逸出。

$$S_{有机} + O_2 \longrightarrow SO_2 \tag{7-31}$$

2）不同硫化物的分解脱硫反应

黄铁矿(FeS_2)脱硫特点是具有较大分解压，容易氧化去硫。闪锌矿(ZnS)、方铅矿(PbS)中的硫较易于脱除；黄铜矿($CuFeS_2$)、辉铜矿(Cu_2S)的氧化需要比较高的温度，因为这些化合物很稳定，所以从含铜硫化物的烧结料中脱硫是比较困难的。总体上，以硫化物形成存在的 S 的去除率可达 90%。

不同温度条件下的脱硫反应：黄铁矿着火(336～437℃)到 565℃，氧化去硫：

$$2FeS_2 + \frac{11}{2}O_2 \longrightarrow Fe_2O_3 + 4SO_2 \tag{7-32}$$

$$3FeS_2 + 8O_2 \longrightarrow Fe_3O_4 + 6SO_2 \tag{7-33}$$

当温度高于 565℃时，分解与氧化同时进行：

$$2FeS_2 \longrightarrow 2FeS+2S \tag{7-34}$$

$$S+O_2 \longrightarrow SO_2 \tag{7-35}$$

$$2FeS+\frac{7}{2}O_2 \longrightarrow Fe_2O_3+2SO_2 \tag{7-36}$$

$$3FeS+5O_2 \longrightarrow Fe_3O_4+3SO_2 \tag{7-37}$$

$$SO_2+\frac{1}{2}O_2 \longrightarrow SO_3 \tag{7-38}$$

FeS 氧化时，铁的生成物，当温度低于 1250~1300℃时，生成 Fe_2O_3；当温度更高时，生成 Fe_3O_4，这种情况下，Fe_2O_3 的分解压开始明显增大了。

例如，黏土中夹杂的硫化物在 800℃左右氧化完毕。

$$FeS_2 + O_2 \xrightarrow{350\sim450℃} FeS + SO_2 \tag{7-39}$$

$$4FeS + 7O_2 \xrightarrow{500\sim800℃} 2Fe_2O_3 + 4SO_2 \tag{7-40}$$

3）硫酸盐的分解脱硫反应

以硫酸盐形式存在的 S 的去除(70%)分解脱硫：

$$MSO_4 \xrightarrow{\triangle} MO+SO_2+\frac{1}{2}O_2 \tag{7-41}$$

升高温度、降低体系中 SO_2 含量，有利于硫酸盐的分解。

烧结料中有 Fe_2O_3、SiO_2 存在，改善了 $CaSO_4$、$BaSO_4$ 分解的热力学条件，使硫酸盐中的硫的脱除容易些。

对 $CaSO_4$ 系统，有 Fe_2O_3、SiO_2 和 Al_2O_3 存在时，可改善其分解的热力学条件：

$$CaSO_4+Fe_2O_3 \longrightarrow CaO \cdot Fe_2O_3+SO_2+\frac{1}{2}O_2 \tag{7-42}$$

在 975℃开始分解，1375℃分解反应剧烈进行。

对 $BaSO_4$，有 SiO_2 存在时，可以改善其分解的热力学条件，在 1185℃开始分解，1300~1400℃分解反应剧烈进行：

$$BaSO_4 + SiO_2 \longrightarrow BaO \cdot SiO_2 + SO_2 + \frac{1}{2}O_2 \qquad (7\text{-}43)$$

从以上分析可知，烧结过程中，黄铁矿等硫化物、有机硫的去除，主要是氧化去除；硫酸盐的硫的去除，主要是高温分解去除。

7.2.4 高温熔融

由于粉体中总含有杂质，大多数材料在烧结过程中都会出一些液相，即使没有杂质的纯固相系统，高温下也会出现"接触"熔融现象。因而，纯粹的固相烧结实际上难以实现，在材料制备过程中，液相烧结的应用更为广泛。根据液相量的不同，可以分为液相量较少的液相烧结和液相量较多的黏性流动烧结。

液相烧结致密化过程的主要优点是提高烧结速率，首先，液相烧结可以在比固相烧结低的温度，将用固相烧结难以致密的坯体达到烧结致密度；其次，液相烧结是一种制备具有可控微观结构和优化性能的陶瓷复合材料的方法[10,11]。

7.2.4.1 液相烧结

煅烧过程中，不同陶瓷的反应情况是不同的，普通陶瓷以及滑石质工业瓷，在煅烧阶段有较多的液相生成，这类瓷的烧成属于有液相参与的烧结过程，使瓷体致密化的驱动力来自于细小固体颗粒间液相的毛细管压力。在液相烧结时：①在毛细管压力的推动下，颗粒相对移动，进行重排；②颗粒间的接触点处有高的局部应力，导致塑性变形和蠕变，促使颗粒进一步重排；③颗粒间有液相存在时，颗粒互相压紧，提高了固体在液体中的溶解度，较小的颗粒溶解，而大颗粒再沉淀。在晶粒长大和变形的过程中，颗粒也将不断进行重排，颗粒中心相互靠近并产生收缩。由此可见，液相烧结过程的核心是固体的溶解和再沉淀，从而使晶粒尺寸和密度增大。影响液相烧结的因素有坯料的起始粒度、烧结温度和液相对固相的润湿能力等。因此，应根据相图选择合适的温度，以得到合适的液相量。

1. 液相烧结的不同阶段

图 7-7(a) 展示了烧结不同阶段。阶段 0 为过渡态，只产生可忽略的致密化。随着密度增加，致密化机理逐渐从重排(阶段Ⅰ)到溶解-沉淀(阶段Ⅱ)，最后的气孔排除(阶段Ⅲ)。从致密过程的速率看，分为三个阶段，随着烧结的进行，致密化速率显著减小，一般从 $10^{-3}/s$ 变为 $10^{-6}/s$。但在实际粉末烧结中，交接阶段之间存在明显的重叠[图 7-7(b)]。

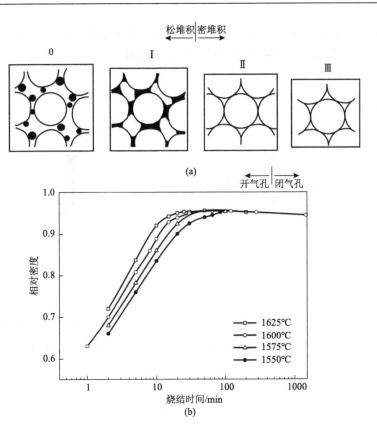

图 7-7　晶界气孔的变化：(a)液相烧结不同阶段的示意图(0 为溶化；Ⅰ 为重排；Ⅱ 为溶解及沉淀；Ⅲ 为气孔排除)。(b)在不同的温度下，氧化铝-玻璃体系中，实际致密化作为烧结时间的函数所示意的不同液相烧结阶段

2. 液相烧结的驱动力

液相烧结的推动力仍然是表面张力，通常固体表面能(γ_{SV})比液体表面能(γ_{LV})大。当满足 $\gamma_{SV}-\gamma_{SL}>\gamma_{LV}$ 条件时，液相将润湿固相，从图 7-8 可见，当达到平衡时，有如下关系：

$$\gamma_{SS}=2\gamma_{SL}\cos\frac{\varphi}{2} \qquad (7\text{-}44)$$

$$\gamma_{SV}>\gamma_{LV}>\gamma_{SS}>2\gamma_{SL} \qquad (7\text{-}45)$$

若 $2\gamma_{SL}>\gamma_{SS}$，$\varphi>0$，液相不能完全润湿颗粒；反之，$2\gamma_{SL}<\gamma_{SS}$ 时，满足式 (7-44)的 φ 角不成立，液相沿颗粒间界自由渗透使颗粒被分隔。当满足式(7-45)

时，固相颗粒将被液相润湿和拉紧。同时，在毛细孔引力的作用下，固相颗粒发生滑移、重排而趋于最紧密排列使两颗粒被相互拉紧，中间形成一层液膜，如图 7-9 所示。

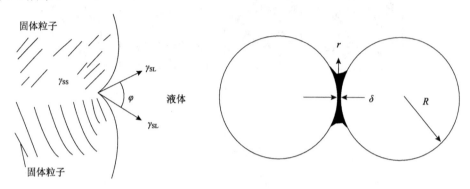

图 7-8　液相对固体颗粒的润湿情况图　　　图 7-9　固体颗粒被液相拉紧

最后，固相颗粒间的斥力与表面张力引起的拉力达到平衡，并使两颗粒接触点处受到很大的压力。卿格尔(Kingery)指出，此压力将引起接触点处固相化学位 μ 或活度 a 的增加，并可用下式表达：

$$\mu - \mu_0 = RT \ln \frac{a}{a_0} = \Delta p V_{\mathrm{M}} \tag{7-46}$$

或

$$\ln \frac{a}{a_0} = \frac{2K\gamma_{\mathrm{LV}}V_{\mathrm{M}}}{r_{\mathrm{p}}RT} \tag{7-47}$$

式中，μ、μ_0 为接触点处固相化学位；K 为常数；V_{M} 为摩尔体积；r_{p} 为气孔半径；a、a_0 分别为接触点处与平面处的离子活度。

接触处活度增加可以提供使物质传递迁移的推动力。例如，从接触点处开始溶解，然后在曲率半径较大的颗粒表面沉淀，以这种溶解-沉淀的机理来达到致密化。因此，可以认为，液相烧结过程也是以表面张力为动力，通过颗粒的重排、溶解-沉淀以及晶粒长大等步骤完成的。但是，要实现这一过程要满足三个基本条件：①在烧结温度下，必须有液相存在；否则相接触的两个固相颗粒就会直接黏附，这样就只有通过固体内部的传质才能进一步致密化，而液相的存在对这些过程就没有实质的影响。②固相可被液相很好地浸润(即低接触角)；否则，在表面张力作用下，物质传质就与固相烧结时类同。③固相必须在液相中有一定的溶解度；否则也难以有效地促进烧结。

3. 液相烧结的动力学

1）重排

颗粒重排首先是在表面张力作用下，通过黏性流动，以及在一些接触点上，由于局部应力发生的塑性流动进行的。因而在这阶段可粗略认为，致密化速度是与黏性流动相应，线收缩与时间约呈线性关系，即

$$\frac{\Delta L}{L_0} = \frac{1}{3}\frac{\Delta V}{V_0} \propto t^{1+y} \tag{7-48}$$

式中，L_0 为坯体原始长度，m；ΔL 为坯体原始长度变化，m；ΔV 为坯体在一定温度烧结后的体积变化，m^3；V_0 为胚体原始体积，m^3；t 为时间；y 为指数。指数 $y<1$，这是考虑到随烧结的进行，被包裹的小气孔尺寸减小，作为烧结推动力的毛细孔压力增大，故 $(1+y)$ 应稍大于 1。通过重排所能达到的致密度取决于液相量，当液相量较多时，可以通过液相填充空隙达到很高的致密化；若液相量较小，实则不然，这时必须通过溶解-沉淀过程才能使致密化进一步继续。

2）溶解-沉淀

由于表面张力的作用，使颗粒接触处承受压应力，并按式(7-47)关系引起该处活度增加，故接触点首先溶解，两颗粒中心互相靠近，如图 7-10 所示。

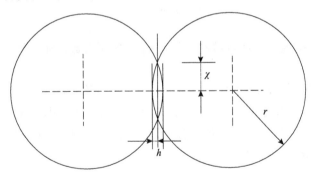

图 7-10　溶解-沉淀过程的双球模型烧结示意图

在图 7-10 中，在双球中心连线方向，每个球溶解量为 h，且形成半径为 x 的接触面：当 $h \ll x$ 时，被溶解的高度 h 与接触圆的半径有如下近似关系：

$$h = \frac{x^2}{2r} \tag{7-49}$$

已溶解的体积 V 约为

$$V = \frac{1}{2}\pi x^2 h = \frac{\pi x^4}{4r} \tag{7-50}$$

如果设物质迁移速度是自接触圆出发，沿其周围扩散的扩散流所决定，则此扩散流流量可与一个圆柱状的电热固体，自中心向周围的冷却表面所辐射的辐射热流相比拟，故每一单位厚度的界面扩散流 J 为

$$J = 4\pi D_e (C - C_0) \tag{7-51}$$

式中，J 为界面扩散流；D_e 为扩散系数；C、C_0 分别为小晶粒和平面晶粒的溶解度。

令边界厚度为 δ，故

$$\frac{dV}{dt} = \delta J = 4\pi D_e \delta (C - C_0) \tag{7-52}$$

如式(7-46)所示，接触区溶解度增加是由该处的压力所决定的，但接触区所受压力不能单纯从表面张力推导，为此，卿格尔(Kingery)假设，在球状颗粒堆积中，每个颗粒都对应一个空隙，若每个这样的空隙都形成一个气孔，那么颗粒半径与数量和它相等的气孔半径之间应存在有简单关系：

$$r_p = K_1 r \tag{7-53}$$

式中，r_p、r 分别为气孔和颗粒的半径；K_1 为比例常数，在烧结过程中可近似认为是不变的。

在烧结初期，因表面张力引起的接触区的应力及分布，可看作如同球状颗粒间的弹性应力，但当溶解作用开始后，双球间的几何关系即由图 7-9 变为图 7-10 那样。这时，可以合理认为，加在接触区上的压力与接触面积(πx^2)和颗粒投影面积(πr^2)之比成反比，故有

$$\Delta P' = \frac{K_2 \Delta P^0}{\dfrac{x^2}{r^2}} = \frac{K_2 r^2 2\gamma_{LV}}{x^2 r_p} = \frac{2K_2 \gamma_{LV} r}{K_1 x^2} \tag{7-54}$$

式中，K_2 为比例常数；ΔP^0 为接触区上的初始压力差。

把式(7-45)代入，整理后即求得浓度差 ΔC。

$$\Delta C = C - C_0 = C_0 [\exp(\frac{2K_2 \gamma_{LV} r V_0}{K_1 x^2 RT}) - 1] \tag{7-55}$$

由于自颗粒溶解的体积应与通过圆形接触区周围扩散的物质流量相当，考虑到式(7-51)或式(7-52)，则

$$\frac{dV}{dt} = 4\pi\delta D_e(C - C_0) = 4\pi\delta D_e C_0[\exp(\frac{2K_2\gamma_{LV}rV_0}{K_1x^2RT}) - 1] = \frac{\pi x^3}{r}\frac{dx}{dt} \tag{7-56}$$

将上式中指数部分展开成级数，取第一项并整理得

$$\frac{x^5}{r^2}dx = \frac{8K_2\delta D_e C_0\gamma_{LV}V_0}{K_1RT}dt \tag{7-57}$$

积分得

$$\frac{x^6}{r^2} = \frac{48K_2\delta D_e C_0\gamma_{LV}V_0}{K_1RT}t \tag{7-58}$$

或

$$h = (\frac{6K_2\delta D_e C_0\gamma_{LV}V_0}{K_1RT})^{1/3}t^{1/3}r^{-1/3} \tag{7-59}$$

根据选定模型可得烧结收缩为

$$\frac{\Delta L}{L_0} = \frac{h}{r} = (\frac{6K_2\delta D_e C_0\gamma_{LV}V_0}{K_1RT})^{1/3}t^{1/3}r^{-4/3} \tag{7-60}$$

比较式(7-60)与式(7-48)可见，在初期的重排阶段，相对收缩近似地和时间的 1/3 次方成比例，说明致密化速度减慢了，若将式(7-48)和式(7-60)对 lg$t$ 作图，则曲线斜率应分别接近于 1 和 1/3。

3）气孔排除

在烧结中期，相互连续的气孔通道收缩，形成封闭的气孔，对不同材料，气孔密度范围为 0.9～0.95。实际上，气孔封闭后，液相烧结后期马上开始。封闭气孔中包含的气体物质通常来源于烧结气氛和液态蒸气。气孔封闭后，致密化的驱动力 S_D 为

$$S_D = \frac{2\gamma_{LV}}{r_p} - \sigma_p \tag{7-61}$$

式中，σ_p 为气孔内部的气压；r_p 为气孔半径。

若 r_p 和 σ_p 保持很小，即 $S_D > 0$，那么致密化将进行。当固相颗粒间的接触

变平时，由溶解-沉淀决定的致密化速率将减小。但若由于晶粒生长和/或气孔粗化使颗粒尺寸增大以及由于内部反应而引起气体放出（例如，金属氧化还原和残余炭的氧化）使 σ_p 增大，致密化驱动力可能是负值，在某些情况下，引起反致密化。

在液相烧结后期，晶粒和气孔的生长和粗化，液相组分扩散进固相，固相、液相及气相间反应产物的形成等几个过程可以同时发生。由于缺少这些同时发生的过程实验和模型，液相烧结后期致密化难以预测。

压力辅助烧结技术，例如热压和热等静压（HIP），可用于降低烧结温度，达到更高最终密度，从而得到更均匀的微观结构。压力辅助烧结经常用于制造高性能和高质量的部件。施加的应力（或压力）提高了液相烧结三个阶段的致密化驱动力。在压力辅助液相烧结的后期，施加应力时的驱动力由下式给出：

$$S_D = \frac{2\gamma_{LV}}{r_p} + \sigma_a - \sigma_p \tag{7-62}$$

式中，σ_a 为施加应力。使用热等静压时，σ_a 可高至 400 MPa。因此，作为施加应力的函数，溶解-沉淀的上界限可移至更高的密度。气孔中的气体在液相中的溶解度，是气体压力和温度的函数。当气孔显著收缩时，气孔中的气体压力将增加。因此，对于采用压力辅助致密的密实体，在大气压下加热至高温时，根据不同的加热程度，会产生鼓泡和膨胀。

4. 晶粒生长

液相烧结的晶粒生长与固相烧结有很大不同。若固相可被液相很好地浸润，晶粒间的物质迁移只通过液相发生，液相既可以促进，也可阻碍晶粒生长。在某些情况下，由于物质通过液相迁移的速率较高，液相烧结晶粒生长速率要比固相烧结快得多。在另一些情况下，液相也能起晶粒生长抑制剂的作用。

一般在大量液相中，球形颗粒的晶粒生长由下式给出：

$$(r_s)^n - (r_s^0)^n = kt \tag{7-63}$$

式中，r_s 为在时间 t 时的晶粒平均半径；r_s^0 为在时间 0 时的晶粒平均半径；k 为晶粒生长速率常数；n 为粒径（或晶粒尺寸）指数，取决于晶粒生长机理；$n = 3$ 和 $n = 12$ 分别为扩散控制和界面反应控制。

当固相在液相中的溶解促进致密化时，不同形状和尺寸的颗粒溶解度不同，细小颗粒及颗粒尖角处溶质趋向于溶解，并在较粗大颗粒表面再沉淀。因此，当细小颗粒消失时，粗大颗粒长大。当液相量是晶粒生长的决定性变量时，液相中很小浓度的添加物会极大地影响晶粒生长的动力学和形貌。

7.2.4.2　黏性流动烧结

1. 黏性流动烧结的应用

黏性流动烧结是大多数传统陶瓷和烧结玻璃的主要致密化机理，这种高温下由液相流体造成完全致密化的致密过程，也称为玻璃化[8-11]。

烧结玻璃是通过玻璃化过程制得的，在玻璃转化温度以上，玻璃都具有一定的黏度，从而能发生黏滞流动。

传统陶瓷中的陶器、釉砖、卫生瓷、日用和工业搪瓷、堇青石瓷和一些传统耐火材料的烧结机理也是黏性流动。

在一些加热过程产生大量过渡液相的技术产品中，黏性流动烧结也起着一定的作用。例如，在用锆英石($ZrSiO_4$)作为原料的反应烧结过程中就会发生这种现象，在高温下(>1500℃，由杂质含量决定)，锆英石分解，产生的无定形 SiO_2 可与其他氧化物反应形成黏性液相硅酸盐。

2. 黏性流动烧结动力学

黏流动烧结的推动力是多孔体的表面积减少所造成的能量降低。人们建立的许多模型，根据能量平衡和形变来尝试描述这种现象。这些模型主要考虑了三方面的变量因素，即几何因素，颗粒尺寸；动力学因素，黏度；热力学因素，表面张力。

针对黏性流动烧结，人们提出了大量模型，主要有两类，一类是基于对理想系统的几何假设，即假定在整个过程中，球体的排列、黏性颗粒的几何尺寸、物理特性(表面能和黏度)都保持恒定不变；另一类是基于对致密化全过程的唯象描述。几何模型都是从 1945 年 Frenkel 假设出发推导得到的，都是将表面能的变化速率和能量消速率等同而推出应变速率(致密化)。这些模型只是在假定颗粒的几何特性方面有所不同，然而实际系统中几何条件并不这样简单，因为烧结过程中颈部形状会发生连续的变化。

1) 初始阶段

1945 年，Frenkel 首先提出了描述黏性材料烧结的模型，黏性流动的烧结可以用两个等径粉末颗粒的结合、兼并过程的模型。设两颗粒相互接触的瞬间，因流动、变形而形成半径为 x 的接触面积。为了简化，令此时颗粒半径保持不变，且可以类比，如图 7-10 所示。

两个球形颗粒在高温下彼此接触时，空位在表面张力作用下也可能发生类似的流动变形，形成圆形的接触面，这时系统总体积不变，但总表面积和表面能减少了。而减少了的总表面能，应等于黏性流动引起的内摩擦力或变形所消耗的功。Frenkel 导出了一定温度下描述玻璃化第一阶段的公式：

$$\frac{\Delta V}{V_0} = -\frac{9\gamma}{4\eta r_0}t \tag{7-64}$$

式中，V_0 为原始体积；γ 为表面张力；η 为黏度；r_0 为原始颗粒半径；t 为热处理时间。

根据这一模型，可以理解体积收缩与热处理时间成一定的比例关系。动力学常数则与表面张力、玻璃的黏度和粉体尺寸有关。大多数的实验结果，尤其是那些黏土的实验结果表明，这一公式的应用范围是十分有限的。因此，有研究者如 Lemaltre 和 Bulens 在 1976 年对 Frenkel 公式进行了修正。

2）中间阶段

1977～1987 年，Scherer 利用圆柱近似所形成的一个立方单元排列组合的颗粒链来取代单一球形颗粒模型，如图 7-11 所示。Scherer 描述了气孔相互连接的烧结中间阶段。

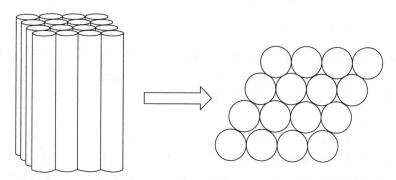

图 7-11　自圆柱近似的立方单元颗粒

按 Frenkel 表达[式(7-64)]，将复杂的应力张量计算分别通过立方胞中圆柱体的几何尺寸与表面张力、玻璃的黏度、坯体密度的增加及烧结时间的关系，计算出该结构模型的烧结速率：

$$\frac{\mathrm{d}x_l}{\mathrm{d}t} = \frac{\gamma}{2\eta l} \tag{7-65}$$

式中，$x_l \approx a/l$，a 为圆柱体半径，l 为立方单元长度，是时间的函数；η 为黏度，γ 为表面张力。于是，将式(7-64)按积分式表达，得到烧结体相对密度与时间的关系：

$$K(t - t_0) = \int_0^x \frac{2}{\sqrt[3]{(3\pi - 8\sqrt{2}x_l)x_l^2}} \tag{7-66}$$

式中，$K = \dfrac{\gamma}{\eta l_0}\sqrt[3]{\dfrac{\rho_s}{\rho_0}}$。

这一公式决定 $x_l \approx a/l$ 为时间的函数，因为 ρ_0/ρ_s 只是 $x_l(t)$ 的函数，单元的密度可用时间函数来确定。在积分之后，可得到一条理论曲线。

3）最终阶段

Mackenzie 和 Shuttleworth 对可以将气孔看作黏滞相基体中的孤立球体的致密化阶段提出了自己的理论[12]。根据他们的假设，固体材料中包含有如图 7-12 所示的大小一致的球形气孔。他们认为每一半径为 r_1 的气孔都被半径为 r_2-r_1 的不可压缩材料的球壳包围。假壳外部介质与"气孔-壳"系统的性质相同。这一系统如图 7-13 所示。

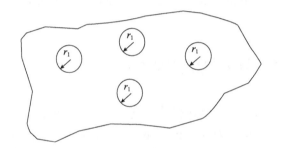
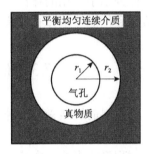

图 7-12　保留在黏滞基体中半径为 r_1 的球形气孔　　图 7-13　"气孔-壳层"系统示意图

这样的一个模型只有在 r_1/r_2 远远小于 1 时才成立，即气孔之间不发生任何作用。表面能的作用与气孔内压 $-2\gamma/r_1$ 相近，烧结过程是通过气孔半径的减小来描述的。通过在壳层中材料流动所消耗的能量与表面张力所做功之间建立等式关系就可求出气孔的封闭速率。

考虑到固体具有牛顿型黏滞特性，得到下式：

$$\frac{\mathrm{d}r_1}{\mathrm{d}t} = -\frac{\gamma}{2\eta} \times \frac{1}{\rho'} \tag{7-67}$$

式中，ρ' 是相对密度。单位体积内的气孔体积可表示为

$$\frac{1-\rho'}{\rho'} = n_P \frac{4}{3}\pi r_1^3 \tag{7-68}$$

式中，n_P 为气孔数。由这一表达式可定义和推导出 $r_1(\rho')$ 函数。导出函数与式 (7-66) 相结合就得到 Mackenzie 和 Shuttleworth 关系式：

$$\frac{\mathrm{d}\rho'}{\mathrm{d}t} = \frac{3}{2}\sqrt[3]{\frac{4\pi}{3}} \times \frac{\gamma\sqrt[3]{nP}}{\eta}\sqrt[3]{(1-\rho')^2}\sqrt[3]{\rho'} \tag{7-69}$$

$$\frac{\mathrm{d}P}{\mathrm{d}t} = \frac{3}{2}\sqrt[3]{\frac{4\pi}{3}} \times \frac{\gamma\sqrt[3]{nP}}{\eta}\sqrt[3]{P^2}\sqrt{1-P} \tag{7-70}$$

根据假设，这一模型只适用于闭气孔的排除，也就是说，适用于最终的致密化阶段。然而又发现在相对密度 0.7～1.0 的范围内理论与实验吻合得很好，即在一些仍为开气孔的区段也是如此。

液相烧结生产工艺的缺点为陶瓷易于变形和易于与垫板烧结，因此，应对成分和敏感的烧结周期严格控制。例如，液相的裂度应该足够高，以阻止烧结时的塌陷，此外由于液相的存在，液相与气相和气氛之间的反应很活跃，经常使表团层的成分和性能与基体有显著的差别。

7.3　矿物材料烧结影响因素

矿物材料的烧结受到多种因素制约，如矿物粉料的粒度、烧结添加剂、烧结温度、升温速率、保温时间、气氛和成型压力等，它们都对烧结后矿物材料的性能有不同程度的影响。本节将重点介绍升温速率、处理温度、保温时间、反应气氛这四方面因素对矿物材料烧结的影响。

7.3.1　升温速率

矿物烧结处理过程中，烧结制度是影响矿物结构与性能的主要因素。尤其是烧结制度中的升温速率，对矿物的透光性能、可切削性以及微观结构等都有很重要的影响。在烧结时间大量缩短且目标产物制备性能无变化的前提条件下，适当提高烧结过程的升温速率可有效缩短生产周期、提高生产效率并节约能源。同时，在适当的温度区间加快升温速率也可以控制晶粒的生长，从而改善烧结处理之后矿物材料的性能。

自然界中的矿物种类繁多，针对不同矿物需要不同的处理方法。其中黏土矿物是进行烧结处理最多的一类矿物。在对黏土矿物进行烧结处理后，黏土矿物可转变成为陶瓷材料。升温速率对其烧结后产品的性能有如下影响：当升温速率较慢时，其烧结时间长，导致晶粒长大，从而降低产品的力学性能；而升温速率较快时，矿物中气体来不及排出而被包裹在晶粒内，也会导致产品力学性能的下降。此外，在对矿物进行烧结处理的过程中，矿物会发生收缩，体积密度等都会发生变化。若是在矿物发生收缩阶段增大升温速率，矿物会发生快速收缩而导致矿物本身产生变形甚至开裂；若是矿物烧结过程中晶粒的晶界移动速率太快使气孔来不及排出而包裹在晶粒内，或是个别晶粒的晶界移动速率高于周围晶粒正常的生长速度使晶粒异常长大，从而影响矿物材料的性能。

为探究升温速率对矿物烧结产物的影响，Andreas 等采用动力学模型来模拟矿物烧结实验初始阶段的动力学过程[13]，从而可以针对升温速率对矿物烧结的影响提供合理的解释。该模型考虑了体系的浓度、反应的吉布斯自由能变化、表面积、成核速率、产物体积等随时间的变化。模拟实验结果表明，加热速率越快，晶粒成核速度越快，成核时间越短。该研究证明了在矿物烧结处理过程中，初始加热速率对实验反应速率有着显著影响，即反应速率随着加热速率的增加而降低。同时该研究也结合实验验证了动力学模拟的结论，说明了升温速率主要通过影响晶粒成核过程来影响矿物材料的性能。因此在矿物材料的烧结过程中，应该选择合适的升温速率来对矿物进行处理，以下将以实际例子来阐述烧结升温速率对矿物烧结产品性能的影响。

潘孟博等研究了烧结工艺对花岗岩基轻质隔热材料性能的影响，研究发现，隔热材料的表观密度和常温抗压强度均与升温速率有关[14]。研究人员采用单因素变量法研究了升温速率对材料性能的影响，在相同的烧结温度下，升温速率越慢的样品其样品密度和强度性能更为优良，不同升温速率制备的样品的宏观照片如图 7-14 所示。产生该现象的原因是当升温速率较慢时，在最高烧成温度保温时间就相对缩短，气孔孔径较小。随着升温速率的增加，在最高温保温阶段时间延长，致使孔径增大，使得孔壁变薄而导致抗压强度的降低。该实验研究可证明，通过控制实验升温速率能有效获得性能优异的产品。

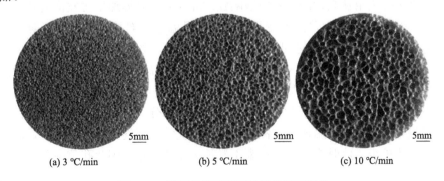

(a) 3 ℃/min   (b) 5 ℃/min   (c) 10 ℃/min

图 7-14 不同升温速率下试样的宏观照片

卢丹丽等研究了烧结工艺对莫来石增韧泡沫陶瓷强度的影响[15]。该实验通过向氧化铝基体材料中引入硅溶胶，使之在高温下合成莫来石晶体，达到氧化铝质泡沫陶瓷增韧的目的。研究人员发现坯体中晶体形成阶段的升温速率是影响坯体中晶体成核发育的最主要因素，对坯体的强度具有十分重要的影响。随着升温速率的逐渐降低，样品的抗压强度逐渐升高。当升温速率由 8℃/min 降低到 2℃/min 时，泡沫陶瓷的强度提升了一倍。当升温速率较高时，试样中出现少量异常长大的球状颗粒；当升温速率较低时，坯体内部的球状颗粒全部消失，取而代之的大量米粒状的晶体颗粒均匀分布在整个坯体内。这种米粒状晶体颗粒即为莫来石晶体，与通常的针状、柱状或板状的莫来石晶体形状不同，可能是因为晶体在形成阶段坯体内部的液相含量较少，晶体异向生长速率的差别太小，从而形成米粒状晶体，该形貌的晶体对泡沫陶瓷起到增韧作用，使其强度获得较大幅度的提升。不同升温速率坯体的形貌如图 7-15 所示。

图 7-15　不同升温速率下坯体的 SEM 图
(a)升温速率 8℃/min；(b)升温速率 2℃/min

梁宗宇等采用钛高炉渣制备发泡陶瓷，并探究了升温速率对发泡陶瓷性能的影响[16]。研究人员采用单因素变量法研究了升温速率对材料性能的影响，设定烧结温度为 1070℃，保温时间为 60 min 的条件下，探究不同升温速率对所制备的发泡陶瓷的体积密度的影响。实验表明，随着升温速率的增加，发泡陶瓷的体积密度出现了先减小后增大的趋势，如图 7-16 所示。产生这种现象的原因是升温速率较小时，升温到烧结温度时间过长，导致部分气孔融合形成连通孔而出现了坍塌现象。但是当升温速率过高时，升温到烧结温度的时间大幅减少，高温下产生的熔体极少，此时产生的气孔来不及长大即被固定，因此孔隙率降低，体积密度变大。

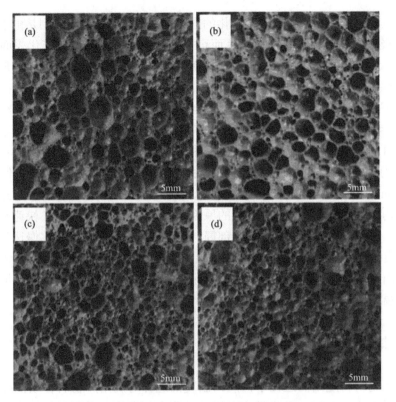

图 7-16 不同升温速率下所制备发泡陶瓷的宏观照片
升温速率：(a) 2℃/min，(b) 3℃/min，(c) 4℃/min，(d) 5℃/min

张其勇在利用金尾矿、粉煤灰、煤粉为主要成分烧制陶粒的过程中，研究了烧结升温速率对陶粒机械性能的影响[17]。研究人员采用单因素变量法研究了升温速率对材料性能的影响，保证烧制过程中其余条件不变，仅仅改变升温速率，分别以 1℃/min、3℃/min、5℃/min、7℃/min 和 9℃/min 等速率进行升温烧制陶粒，最后对其性能进行测试。其结果表示随着升温速率的加快，陶粒的机械强度有微弱降低，堆积密度下降，吸水率增加，其原因可能是由于升温速率加快，使陶粒各物相反应不充分，陶粒结构形成不完善，影响了陶粒的性能，导致其强度下降。同时升温速率加快，导致陶粒内部的液相增多，液相包裹着反应中生成的气体使之不能及时溢出，使焙烧后的陶粒气孔增多，堆积密度下降，故吸水率也增大。

近期，研究人员也研发出了新型的快速烧结技术，如放电等离子烧结等，来实现矿物材料的超快速烧结。该类烧结技术拥有超快的升温速率，可以高达每分钟数百摄氏度，可以在极短的时间内达到烧结的预定温度，从而极大地缩短了升温时间[18]。与传统的烧结技术相比，此类快速烧结技术展现出了不同的加工特点，可在促进材料快速致密化的同时抑制晶粒生长。其机制是由于快速烧结技术极大地缩短了升温过程，从而可以绕过低温阶段的非致密化表面扩散机制(引起晶粒粗化)；同时由于其升温速率快，使得在烧结的矿物材料内形成较大的温度梯度，能有效促进传质过程。例如，利用放电等离子烧结技术在两种升温速度下对比了氧化铝陶瓷的晶粒生长状况[19]，研究发现在较低的烧结温度下(1000℃＜T＜1200℃)，较高的升温速率容易引起晶粒的快速生长；而当烧结温度高于1200℃时，升温速率所引起的晶粒生长速率之间的差距显著减小；直至烧结温度为1300℃时，慢速升温更容易引起晶粒的快速生长。并且在保温温度1300℃/min、保温时间1 h的情况下发现快速升温(600℃/min)更容易导致微观结构的不均匀性。产生上述实验现象的原因是，在较低温度条件下，快速升温可能会导致晶粒颈部间会形成较高的颈部局域温度梯度，该温度梯度比慢速升温条件下的温度梯度高3～10倍。由于较高的温度梯度能够降低该部分晶粒的表面能，促进表面扩散进行，从而引起晶粒的快速生长，而且晶粒的快速生长能够消除晶粒间的温度梯度、促进建立新的热力学平衡[20]。

7.3.2　处理温度

在矿物材料烧结的过程中，烧结温度的选择对烧结产物的各项性能影响很大。随着温度的升高，矿物粉末在烧结过程中将发生一系列复杂的物理化学变化，包括脱水、气体产生、新的结晶相和液相生成等。一般来说烧结温度越高，越能促进烧结，但在实际烧制过程中，温度过高不但会增加生成的能耗成本，造成资源浪费，也容易使得烧制产品变形。而温度过低则会使质点排列过程变得十分缓慢，不利于烧结的进行。因此在实际的矿物材料烧结处理中需要选用合适的烧结处理温度。以下将以实际例子来阐述烧结处理温度对矿物烧结产品的微观形貌、机械强度以及物相组成的影响。

处理温度会对矿物烧结产品的微观形貌产生一定影响。这主要是因为处理温度的不同可影响材料内部低共熔相的特性，从而影响烧结产物中空隙的形成。例如，以粉煤灰为主要原料制备陶瓷复合材料，然后对比了在850℃、875℃、900℃、925℃、950℃等温度下烧结的陶瓷制品的特性[21]。通过烧结产物的断面形貌(图7-17)可以看出，在875～925℃这个阶段，随着处理温度的升高，独立气孔数量将逐渐减少，而继续升高温度，气孔的数量又会增加。这是由于在875～925℃这个阶段，处理温度的升高会导致材料体系产生的低共熔相(液相)含量增加。同时伴随温度升高，低共熔物的黏性也越低，其流动性也将越高，在表面张力的作用下，矿物材料颗粒产生形变，加速物质的传递和迁移，有利于气孔的排出，使得烧结产物内部结构的气孔逐渐减少。而当温度继续升高到 950℃时，虽然高温下低共熔相进一步增多，但同时高温过程也会使样品内部的气体剧烈膨胀，气体不能及时排除，最终导致样品结构气孔数量的增加，气孔尺寸也相应增大。

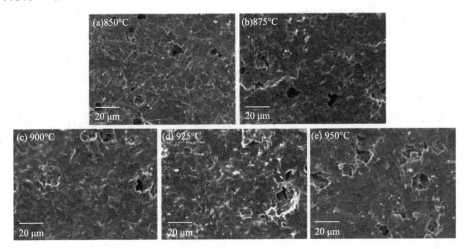

图 7-17　不同处理温度烧结后样品断面的 SEM 图

同时，处理温度的不同也会影响发泡剂的激发，从而影响烧结产物内部多孔结构的形成。如申思月等利用稀土尾矿、高岭石尾矿、长石尾矿等为主要原料，以碳化硅为发泡剂来烧制多孔陶瓷[22]。在保温时间 20 min、预烧温度 1000℃、预烧时间 30 min 条件下，探究不同处理温度如 1130℃、1135℃、1140℃、1145℃、1150℃等对烧结产物微观形貌的影响(图 7-18)。在 1135℃以下时，多孔陶瓷的气孔孔径小，气孔率低，仅为 58.6%，同时孔的均匀性较差。这是因为当烧成温度较低时，碳化硅未被充分氧化，产生的气体较少，也使得气泡形成后不能充分长大。同时由于处理温度较低，导致熔融液相含量少，无法均匀包裹产生的气体，从而影响试样的均匀性。当处理温度为 1140℃时，多孔陶瓷的气孔率增大至 78.3%，且孔均匀度较好，表明处理温度的升高有利于促进多孔陶瓷的

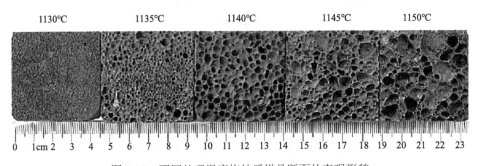

图 7-18　不同处理温度烧结后样品断面的表观形貌

发泡程度，坯体内部有足够多的能量促使气泡长大。此外，液相含量的增多可以均匀包裹内部产生的气体；而当处理温度继续升高时，气泡长大时相邻的两个气泡之间会相互挤压导致孔壁破裂形成穿孔，此时多孔陶瓷内部开始出现气孔融合现象，气孔大小又变得不均匀。

此外，随着处理温度的不同，烧结制备的产品的机械性能也会有所区别。还是以利用稀土尾矿、长石尾矿、高岭石尾矿等为主要原料，以碳化硅为发泡剂来烧制多孔陶瓷为例[22]。研究发现，随着处理温度的升高，多孔陶瓷的气孔率呈现上升趋势，而抗折强度则呈现出下降的趋势(图 7-19)。当处理温度为 1130℃时，多孔陶瓷的气孔率和抗折强度分别为 57%和 3.01 MPa。随着温度增长至1145℃，其气孔率增加至 78%，抗折强度降低至 1.27 MPa。而当烧成温度继续增大时，其气孔率和抗折强度不再急剧变化。这是由于坯体中的熔融性物质有限，生成的熔融液相随着烧成温度升高而黏度降低，熔融液相的流动性增加，碳化硅与氧气反应生成更多的气体且反应速率更快，从而导致低黏度的熔融液相无法包裹住气体，气体合并现象加剧且气体逸出熔体现象严重，最终使得气孔率增长平缓。

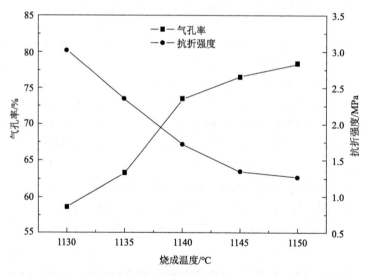

图 7-19　处理温度对烧结样品气孔率和抗折强度的影响

另外以金矿尾矿、黏土为主要成分制备烧结砖时也出现类似现象。通过试验，研究人员获得了金矿尾矿烧结砖性能随烧结温度的变化规律。研究发现随着烧结温度的增加，金尾矿烧结砖的体积密度不断增大，伴随而来的是其抗压强度也不断增加[23]；当烧结温度上升到 1100℃时，试样抗压强度大幅度增加，可达到 37.21 MPa。同时，随着烧结温度的增加，金矿尾矿烧结砖的内部结构变得越来越致密，因此烧结砖的吸水率也会变小。以上现象是由于，在烧结过程中，砖坯中产生了大量液相物质，同时砖坯中的方解石等原料会被高温分解，产生大量气体，从而在砖体内部产生气孔。伴随处理温度的升高，液相物质可在毛细管力和表面张力的双重作用下向四周空隙流动，填补在坯体内的气孔，使内部气孔变小或者变少，体积密度增大和机械强度增强。如果烧结温度不够，气孔率较高，影响烧制成品的最终性能。当然，如果温度过高，不仅会造成能源浪费，同时烧结砖外表也会呈黑褐色，出现过烧现象，并不利于烧制成品性能的进一步提高。

最后，处理温度也会对样品的物相组成产生一定的影响。以利用稀土尾矿、高岭石尾矿、长石尾矿等为原料烧制多孔陶瓷为例[22]。研究中发现，处理温度的改变对多孔陶瓷的物相衍射峰强度有一定影响，但对物相组成无影响。实验结果显示材料的主晶相在烧结处理前后都是石英、白榴石以及少量的莫来石[图 7-20(a)]。但不同之处在于，随着处理温度的升高，石英、白榴石以及莫来石的衍射峰强度增强。其可能原因是，随着处理温度的升高，更多的高岭石和微斜长石会转变成为莫来石和白榴石，并伴随着石英的生成。为了更好地揭示处理温度对烧结产品物相的影响，研究人员利用 XRD 图谱计算了试样中非晶相含量百分比在不同处理温度下的变化状况[图 7-20(b)]。从结果中可以发现，随着处理温度的升高，试样中非晶相含量逐渐增大，当温度从 1130℃升高到 1150℃时，试样中非晶相含量从 38.59%增加到了 58.02%。以上现象是由于在温度升高的过程中，矿物颗粒首先发生烧结，并逐渐产生熔融液相和形成非晶相。然后，随着温度的进一步升高，初始的熔融液相会将未熔融的物料不断熔解，促进了非晶相含量增加。同时，由于非晶相的生成速率通常也伴随着温度的升高而增大，因此较高的处理温度会致使产品中的非晶相含量增高，从而影响着产品的最终性能。

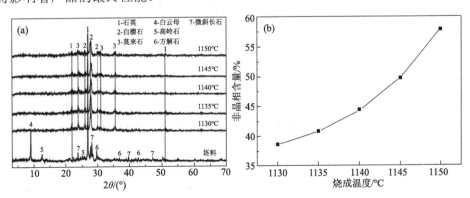

图 7-20　不同处理温度下试样的 XRD 图谱(a)与非晶相含量(b)

7.3.3　保温时间

　　烧结工艺中的保温时间可以直接影响矿物材料的孔隙分布以及晶粒的长大与发育，进而影响矿物材料的显微结构以及晶粒尺寸，最终对材料的性能产生影响。因此，在制备材料过程中，探索合理的保温时间，有利于找到最佳烧结工艺。以下将以实际例子来阐述烧结保温时间对矿物烧结产品的影响。

　　烧结保温时间会影响材料晶粒的生长，从而影响材料的密度与粒度。Koizumi 等[24]对镁橄榄石进行了真空烧结研究，如图 7-21 所示，采用 SEM 对样品进行分析，镁橄榄石在烧结 0.5 h 后晶粒逐渐生长，孔隙率显著下降，在烧结5 h 后晶粒基本保持不变。同样，SEM 分析烧结处理的顽火辉石，在 0～3 h 烧结过程中，顽火辉石的晶粒生长与镁橄榄石相似，而在烧结处理 5 h 后顽火辉石晶粒显著生长。对烧结处理的透辉石的研究发现，透辉石的晶粒生长速度相比于其他矿物较为显著，较短时间的烧结使其孔隙率达到恒定值。

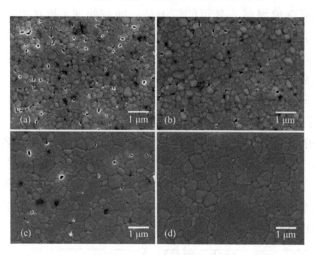

图 7-21　在 1260℃条件下镁橄榄石不同持续时间的恒温烧结 SEM 图
(a) 0 h；(b) 0.5 h；(c) 2 h；(d) 5 h

　　烧结保温时间对材料的孔隙以及致密度也有一定影响。由烧结机理可知，在矿物材料烧结的过程中，只有体积扩散才能导致坯体致密化，而表面扩散只能改变气孔形状而不能引起颗粒中心距的逼近，因此不出现致密化过程。在烧结高温阶段主要以体积扩散为主，而在低温阶段以表面扩散为主。如果材料的烧结在低温时间较长，不仅不会引起材料的致密化，反而会因表面扩散改变了气孔的形状而给制品性能带来了损害[25]。因此，依据理论，获得需求的材料应指定合理的保温时间以创造最佳体积扩散的条件。

　　Chen 等[26]研究了烧结保温时间对泡沫陶瓷微观结构以及容积密度的影响。如图 7-22 所示，在没有足够保温时间的情况下，样品内部的孔隙结构更加致密，孔隙尺寸太小，数量太少，无法充分扩大试样。这是因为较短的保温时间限制了产气量，导致相应的孔隙尺寸和数量减小。此外，当保温时间过长时，样品横截面上的孔隙大小变化很大，并且从下往上逐渐增大。这是因为，随着产气量的增加，延长的保温时间促进了孔隙在样品内向上移动的生成与合并。研究还发现相比于升温速度，保温时间对样品内部的密度和孔隙结构影响更为显著。此外，宋杰光等[27]研究发现随着保温时间的延长，陶瓷坯体中的液相量逐渐增加，部分孔洞被填充堵塞，从而导致密度增大，气孔率降低。

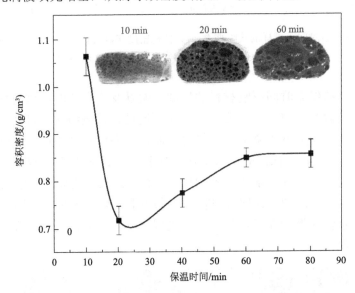

图 7-22　在 1170 ℃ 下烧结保温时间对试样容积密度的影响

　　烧结保温时间对材料机械性能(抗折抗压强度、抗热震性等性能)的影响主要源自不同的烧结保温时间影响矿物相的组成以及矿物晶粒的发育程度。陈宁等[28]研究了烧成工艺对堇青石-莫来石窑具材料性能的影响。如图 7-23 所示，对不同烧结保温时间的试样进行 XRD 与强度分析，发现保温 5 h 的试样中堇青石相含量低于保温 3 h 的试样，保温 5 h 的试样常温抗折强度虽略有提高，但是高温抗折强度有所降低。同时，保温 5 h 试样热震后的残余强度与残余强度保持率均比保温 3 h 的低。这表明保温时间过长会导致堇青石过多分解，从而导致试样的常温性能、高温抗折强度及抗热震性都有所降低。此外，卢丹丽等[14]在实验中将保温时间从 20 min 延长 80 min 时，发现坯体内部莫来石晶体由少量米粒状转变成大量针状晶体，坯体的抗压强度由 2.86 MPa 迅速提高到 3.72 MPa。

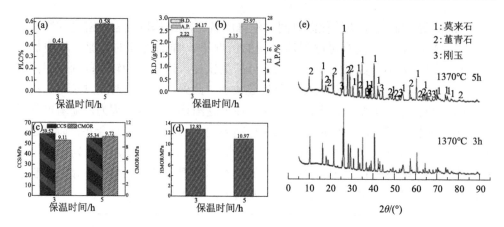

图 7-23　不同保温时间下试样的线收缩率(a)、体积密度和显气孔率(b)、常温抗折强度和常温耐压强度(c)、高温抗折强度(d)、XRD 谱图(e)

　　不同的烧结保温时间影响材料的机械性能以及透水性能，这与材料的矿物晶体发育以及微观孔隙分布有关。李波等[29]通过延长烧结保温时间，发现陶瓷的透水性能呈先降后升再降的变化趋势，而抗折强度与之相反，线性收缩率也呈波动变化(表 7-4)。保温时间较短时，颗粒之间因未发生反应而呈现机械强度较低。随着保温时间的增加，矿物颗粒发育，连接更为紧密(图 7-24)，进而抗折强度性能增加，当保温时间进一步增加时，颗粒间的小孔隙汇聚成大孔隙，此时透水性能增加而且保持一定的机械强度。然而，过度的保温时间会降低材料的透水性能。

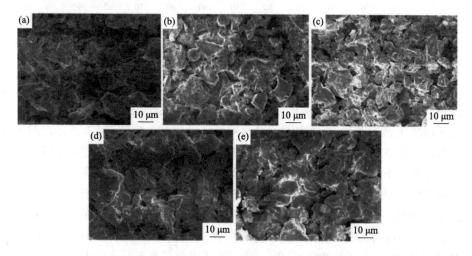

图 7-24　不同保温时间所制得的粉煤灰-黄土基陶瓷膜支撑体的 SEM 图
(a)1.5 h，(b)2.0 h，(c)2.5 h，(d)3.0 h，(e)3.5 h

表 7-4　保温时间对支撑体性能的影响

样品	保温时间/h	水通量/[L/(m²·h·MPa)]	抗折强度/MPa	线收缩率/%
B1	1.5	2755.62 ± 16.43	16.55 ± 0.77	2.54 ± 0.76
B2	2.0	2243.54 ± 19.14	22.28 ± 0.39	5.07 ± 0.09
B3	2.5	2846.89 ± 23.88	17.15 ± 0.21	4.48 ± 0.67
B4	3.0	2266.96 ± 23.98	19.83 ± 0.24	2.29 ± 0.41
B5	3.5	2236.97 ± 4.28	21.55 ± 0.77	4.72 ± 0.39

　　为了提高矿物材料的应用，人们常通过延长保温时间来改善材料的性能。然而，延长烧结的保温时间会消耗大量的能量，为了解决这一问题，人们将一些特定矿物加入到材料烧结过程中，以此到达降低烧结保温时间的目的，减少矿物材料生产中的成本。例如：Zhou 等[30]将生石灰添加到铁矿石的烧结过程中，随着生石灰的增加，床层渗透性增加，也改善了铁矿石的传热性能和渗透特性。如图 7-25 所示，与不添加生石灰条件相比，添加 1%生石灰可以使烧结气体流量从 30.16 m³/h 提高到 41.12 m³/h，说明在原料中添加生石灰可以提高床层渗透性。生石灰添加量为 0 时的烧结时间比生石灰添加量为 1%时的烧结时间长约 196 s。生石灰的增加提高了床层的透气性，从而提高了火焰速度，缩短了烧结时间。

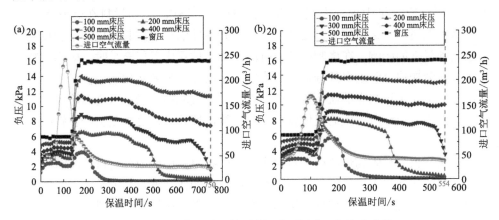

图 7-25　烧结窑试验风箱压力、床层压力、气流率曲线
(a)生石灰掺量 0%；(b)生石灰掺量 1%

7.3.4　反应气氛

　　烧结过程中的反应气氛会影响矿物材料在高温下的物化反应、晶粒生长、体积变化与气孔收缩等，会对最终烧结产物的颜色、透光度和机械性能等产生

显著影响。通常而言，在烧结后期，矿物材料中孤立闭气孔逐渐收缩，气孔内压力逐步增大，会慢慢抵消用来推进烧结进程的表面张力作用，致使烧结难以进一步进行。这时闭气孔中的气体成分在固体中的溶解和扩散作用对矿物材料的继续致密化起着相当重要的作用，选择适当的反应气氛，有助于推进矿物材料的烧结进程。更重要的是，气体介质还会与矿物原料之间发生化学反应。比较常见是空气中的氧气能与矿物原料发生氧化反应，从而影响矿物材料的烧结。根据反应气氛中的游离氧含量，可将反应气氛分为氧化气氛和还原气氛两种。同样的原料在不同气氛下可生成不同的产物，如含铁矿物在氧化气氛中主要是生成赤铁矿，在还原气氛中则生成磁铁矿[31]。在实际生产中，采用何种反应气氛来烧制矿物材料，需要根据原料的组成、烧制过程中各阶段的物化反应等实际情况情况来确定。以下将以实际例子来阐述反应气氛对矿物烧结产品的影响。

反应气氛的氧气可对矿物烧结产生正面作用。氧气能消耗掉矿物原料中诸如有机物、碳化物、硫化物等杂质，避免烧制后的产品中产生黑心缺陷。当反应气氛中的氧气不足时，矿物原料中的有机物、碳化物、硫化物等会因氧化不足而生成碳粒和铁质等还原副产物，致使坯体中间产生黑心缺陷。黑心缺陷会影响烧制产品的机械强度、吸水率、色泽等。在实际的生产中，为保障产品质量，黑心缺陷必须消除，因此须在预热带让有机物、铁化合物和碳等杂质充分氧化，也就是说，应在反应气氛中保证充足的氧气含量[32]。另外，矿物材料在烧制的过程中，除了上述的氧化反应外，还经常会伴随碳酸盐的分解，其转化速率和反应程度也受到氧气的影响。在烧制的低温阶段，如果体系中氧气充足时，矿物原料中的碳酸盐会加快分解速率且分解得更为完全；反之，分解转化速率会变慢且不能完全反应。如果这些碳酸盐不能在低温阶段完全反应掉，当进入高温阶段后，坯体出现液相，反应所产生的气体将无法自由排出坯体外，这样便会产生针孔、气泡等缺陷。

但氧气也会对矿物烧结产生负面作用。矿物原料中的成分有可能与氧气剧烈反应，短时间产生大量气泡，从而影响烧结产物的致密度，又或是与氧气反应生成副产物阻碍烧结反应的进程。例如，李盼等在以金矿尾渣为原料制备烧结型陶瓷材料的过程中，探究了氮气气氛和空气气氛对金矿尾渣陶瓷样品的物理性能的影响[33]。图 7-26 所示为在氮气气氛和空气气氛下，于 1090℃烧制 90 min 后的陶瓷样品。由图可看出，在氮气气氛下烧制的样品表面完整，样品整体无鼓泡变形；而在空气气氛下制备的样品有明显黑心现象和蜂窝状气孔，且样品有明显鼓包现象。这是由于金矿尾渣含有大量的 FeS_2，在空气气氛中，FeS_2 在氧气作用下发生剧烈的分解反应，生成大量的 SO_2，使得陶瓷样品急剧膨胀而产生裂纹，

同时在 SO_2 外逃牵引力的作用下形成多蜂窝状气孔，使得样品的机械性能较差。同时在烧结过程的后期，坯体中产生了大量的液相，阻碍了坯体中的气相传质，样品内部的 FeS_2 未被充分氧化，Fe^{2+} 的含量远大于样品外部，由于 Fe^{2+} 的助熔效果远好于 Fe^{3+}，使得样品内外的烧结反应进程不一致，所以在内部形成了鼓包的黑心现象。相比之下，在氮气的氛围下，由于氧气含量极少，FeS_2 的分解过程变得较为缓慢，有效地减少了样品在烧结过程中 SO_2 的产生量，避免陶瓷样品产生急剧膨胀而导致机械性能变差。同时在氮气气氛中，样品内外区域的 FeS_2 都处于未充分氧化的状态，因此相较于在空气气氛下烧结，氮气气氛处理下的坯体中所含的 Fe^{2+} 分布更为均一，可缩小坯体外部和坯体内部的烧结反应进程，在一定程度上避免黑心鼓泡缺陷的产生。

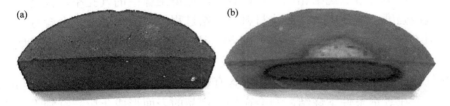

图 7-26　(a)氮气气氛与(b)空气气氛下以金尾矿为原料烧制的陶瓷制品

又例如，以碳化硼水选废料为主要原料，铝粉为烧结助剂烧制碳化硼耐火材料，研究了不同烧结反应气氛对试样性能的影响[34]。图 7-27(a)所示为在不同反应气氛下所烧制试样的表面形貌。如图所示，在空气气氛下烧制的样品，其表面存在着许多细小的白色颗粒，这是原料在高温烧结过程中被氧化所产生的副产物。而其余样品表面则不存在这些白色颗粒。研究人员通过进一步的探究发现，在空气气氛烧制的试样的气孔率最高，致密度较低，机械性能较差；通氩气烧制

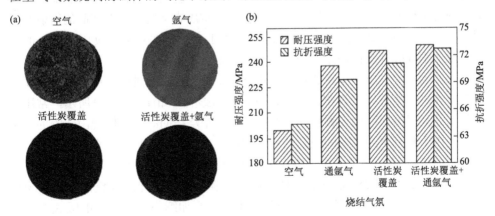

图 7-27　不同反应气氛下烧制的耐火材料的表观形貌(a)及其机械性能(b)

的样品气孔率降低，致密度增加，机械性能得到改善；活性炭覆盖烧制的样品气孔率进一步降低，致密度进一步增加，机械性能大幅增强；通氮气同时覆盖活性炭烧制的试样气孔率最低，相应的致密度机械性能等参数也是最优的。这是因为，在空气气氛下，试样被严重氧化，原料中的 B_4C 被氧化生成了 B_2O_3，阻碍了烧结反应的进行，从而降低了烧制样品的致密度和机械性能。通氩气和覆盖活性炭可有效降低烧结过程中原料的氧化程度，从而提高样品的致密度和机械性能 [图 7-27 (b)]。同时，活性炭覆盖不仅可以阻止样品被氧化，也可渗入到样品原料中抑制碳化硼晶粒的粗化长大，最终提高烧结试样的致密化程度。

最后，真空作为一种特殊的气氛条件，也会对烧结过程产生较为特殊的影响。真空烧结与常压烧结相比，可以有效降低烧结体中的气孔率，提高烧制产品的机械强度；这是由于在矿物材料的烧结过程中，原料中通常会含有较多气体如 $H_2O(g)$、O_2、CO、CO_2 以及 N_2 等。这些气体需要借助溶解以及扩散从坯体中逸出，但部分气体如 CO、CO_2 以及 N_2 等溶解度较低，扩散较慢，不易从原料气孔中逸出，从而导致烧结体中含有较多气孔，影响制品的密实度和机械强度。而在真空条件下烧结，则会在烧制样品的表面形成负压，有利于上述气体的排除，使得制品密实度增高，强度也更为优异。同时，由于真空环境有利于气体的排出，使得矿物原料之间作用得更为紧密，从而也可以有效降低烧结时所需的温度。此外，由于真空气氛下，矿物材料可在相对较低的温度下进行烧结，从而可有效抑制晶粒的生长，使得烧结制品中的晶粒较小，进一步增强了制品的强度[35]。

例如，李稳利用真空烧结制备了粉煤灰陶瓷复合材料[21]。根据烧结后样品的 XRD 谱图，研究人员发现真空烧结与常压烧结这两种方法所制备的陶瓷复合材料在物相和结构上有较大的差异。在真空条件下烧结，所得的烧结制品的物相衍射峰与矿粉原料的物相衍射峰基本一致，但常压烧结所制备的产品的衍射峰却明显多于原料样品的衍射峰。上述现象是由于真空条件营造了负压和无氧的环境，致使铝硅酸钾晶体停止了生长。相比之下，常压条件下，铝硅酸钾晶体可自由生长，因此会多出不少新的物相。接下来，研究人员通过研究两种样品的断面微观结构进一步探究了真空烧结对矿物材料的影响。如图 7-28 (a) 所示，常压烧结的制品呈现出松散的大颗粒柱状结构，而真空烧结的制品则展现出致密的微小晶粒。由于具有更为致密的微观结构，相比于常压烧结的制品，真空烧结的制品具有更高的强度。同时，由于烧结方式的不同，这两种样品在外观质地上也有明显差异。如图 7-28 (b) 所示，真空烧结的制品其表面光洁度更高，且呈现出较深的颜色。这是因为真空烧结的制品中晶粒更加细小，其对光的吸收会向短波长方向移动。

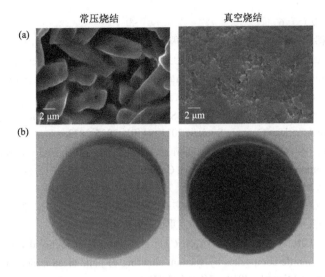

图 7-28　不同烧结条件下陶瓷复合材料的微观结构(a)与表观形貌(b)

参 考 文 献

[1] 徐海芳. 烧结矿生产. 北京: 化学工业出版社, 2013.

[2] 张汉泉. 烧结球团理论与工艺. 北京: 化学工业出版社, 2015.

[3] 高乐. 材料成型及控制工程的设计制造与方向探究. 科技创新与应用, 2021, 11(19): 3-10.

[4] 李世普. 特种陶瓷工艺学. 2 版. 武汉: 武汉工业大学出版社, 1997.

[5] 张联盟, 黄学辉, 宋晓岚. 材料科学基础. 2 版. 武汉: 武汉理工大学出版社, 2008.

[6] 张志杰. 材料物理化学. 北京: 化学工业出版社, 2006.

[7] 陆佩文. 无机材料科学基础. 武汉: 武汉工业大学出版社, 1996.

[8] 赵品, 谢辅洲, 孙振国. 材料科学基础教程. 哈尔滨: 哈尔滨工业大学出版社, 2016.

[9] 朱世富, 赵北君. 材料制备科学与技术. 北京: 高等教育出版社, 2006.

[10] 戴金辉, 葛兆明. 无机非金属材料概论. 哈尔滨: 哈尔滨工业大学出版社, 2002.

[11] 傅菊英, 朱德庆. 铁矿氧化球团基本原理、工艺及设备. 长沙: 中南大学出版社, 2004.

[12] MACKENZIE J K, SHUTTLEWORTH R. A phenomenological theory of sintering. Proceedings of the Physical Society, 1949, 62B: 833.

[13] LüTTGE A, NEUMANN U, LASAGA A C. The influence of heating rate on the kinetics of mineral reactions: An experimental study and computer models. American Mineralogist, 1998, 83(5-6): 501-515.

[14] 潘孟博, 李祥, 戚文豪, 等. 烧成工艺对花岗岩基轻质隔热材料性能的影响. 硅酸盐通报, 2021, 40(10): 3226-3231.

[15] 卢丹丽, 何志平, 黄毅, 等. 烧成工艺对莫来石增韧泡沫陶瓷强度的影响. 山东陶瓷, 2009(2): 7-10.

[16] 梁宗宇, 张华, 马明龙, 等. 烧成工艺制度对含钛高炉渣制备发泡陶瓷性能的影响. 硅酸盐

通报, 2020, 39 (5): 6.

[17] 张其勇, 徐郡, 赵蔚琳. 影响烧结陶粒性能的因素分析. 山东化工, 2019, 18: 26-29.

[18] MUNIR Z A, ANSELMI-TAMBURINI U, OHYANAGI M. The effect of electric field and pressure on the synthesis and consolidation of materials: A review of the spark plasma sintering method. Journal of Materials Science, 2006, 41 (3): 763-777.

[19] AMAN Y, GARNIER V, DJURADO E. Spark plasma sintering kinetics of pure α-alumina. Journal of the American Ceramic Society, 2011, 94 (9): 2825-2833.

[20] POULIER C, SMITH D S, ABSI J. Thermal conductivity of pressed powder compacts: Tin oxide and alumina. Journal of the European Ceramic Society, 2007, 27 (2): 475-478.

[21] 李稳. 粉煤灰陶瓷复合材料的制备工艺研究. 郑州: 郑州大学, 2014.

[22] 申思月, 丁威, 黄阳, 等. 稀土尾矿制备多孔陶瓷及其性能. 非金属矿, 2021, 44 (3): 1-4.

[23] 庄孙宁. 金尾矿制备烧结砖的试验研究. 重庆: 重庆大学, 2019.

[24] KOIZUMI S, HIRAGA T, TACHIBANA C, et al. Synthesis of highly dense and fine-grained aggregates of mantle composites by vacuum sintering of nano-sized mineral powders. Physics and Chemistry of Minerals, 2010, 37 (8): 505-518.

[25] 陆佩文, 等. 无机材料科学基础. 武汉: 武汉工业大学出版社, 1996.

[26] CHEN Z, WANG H, JI R, et al. Reuse of mineral wool waste and recycled glass in ceramic foams. Ceramics International, 2019, 45 (12): 15057-15064.

[27] 宋杰光, 王芳, 鞠银燕, 等. 烧成工艺制度对石英砂基多孔陶瓷材料孔结构及性能的影响. 材料导报, 2011, 25 (22): 115-117.

[28] 陈宁, 李素平, 丁颖颖, 等. 烧成工艺对堇青石-莫来石窑具材料性能的影响. 中国陶瓷, 2017, 53 (1): 86-90.

[29] 李波, 郭磊, 同帜, 等. 烧结制度对粉煤灰-黄土基陶瓷膜支撑体性能的影响. 陶瓷学报, 2021, 42 (5): 774-780.

[30] ZHOU H, WANG J, MA P, et al. Influence of quick lime on pore characteristics of high-temperature zone in iron ore sinter based on XCT technology. Journal of Materials Research and Technology, 2021, 15: 4475-86.

[31] 于滨. 烧结砖中矿物相的研究. 砖瓦世界, 2008 (2): 32-33.

[32] 秦祥. 简析陶瓷窑炉烧成气氛的影响及控制. 内蒙古科技与经济, 2007, 8: 313-314.

[33] 李盼, 张强, 葛雪祥, 等. 不同气氛下某金矿尾渣制备烧结型陶瓷材料的试验和机理研究. 硅酸盐通报, 2020, 39 (7): 6-12.

[34] 董开朝, 高帅波, 崔晓华, 等. 烧结气氛对碳化硼水选废料制备耐火材料性能的影响. 耐火材料, 2018, 52 (6): 438-441.

[35] JIN L, ZHOU G, SHIMAI S, et al. ZrO_2-doped Y_2O_3 transparent ceramics via slip casting and vacuum sintering. Journal of the European Ceramic Society, 2010, 30 (10): 2139-2143.

第8章　矿物材料表面改性技术

8.1　概　　述

矿物材料表面改性是指利用物理、化学或机械等方法对矿物颗粒表面进行处理，从而有目的地改变矿物颗粒表面的物理化学性质，如表面成分、结构和官能团、表面能、表面润湿性、电性、吸附和反应特性等，以满足新材料、新工艺和新技术发展的需要[1]。

矿物材料在塑料、橡胶、胶黏剂等高分子材料应用领域中具有重要的作用，不仅可以降低材料的生产成本，而且可以提高材料的硬度、刚性或尺寸稳定性，改善材料的力学性能并赋予材料某些特殊的功能，如耐腐蚀性、耐候性、阻燃性、导电性和绝缘性等。但由于无机矿物粉体材料与有机高聚物基质的表界面性质不同，相容性差，在基质中难以均匀分散，直接填充会导致材料的性能劣化。通过某种方式对矿物材料粉体表面进行改性，改善其表面物理化学性能，可增强其与高分子基质间的相容性和分散性，提高材料的机械强度和综合性能。另外，矿物材料粉体经常用于涂料领域，对矿物材料粉体表面进行改性可有效改善涂料的光泽、着色力、耐候性、耐热性、抗菌防霉性和保色性等。在具有电、磁、声、热、光、抗菌防霉、防腐、防辐射、装饰等功能涂料的生产中，必须对矿物材料粉体进行表面处理，使其具有一定的"功能"。矿物材料在吸附和催化领域同样有着广泛的应用，为了提高吸附和催化活性以及选择性、稳定性及力学强度等性能，也需对其表面进行改性。

矿物粉体的表面改性方法有多种。根据性质的不同，可分为物理方法、化学方法及其他特种表面改性法；根据具体工艺的差别，可分为涂覆法、偶联剂法、煅烧法和水沥滤法；根据改性前和改性过程中的物质形态，可分为固相法、液相法和气相法。综合改性作用的性质、手段和目的，可分为机械物理改性、物理气相沉积、物理涂覆、机械化学改性、化学气相沉积、化学包覆改性、偶联剂改性以及特种表面改性方法。

8.2 矿物材料物理表面改性技术

8.2.1 机械物理改性

机械物理改性是指通过机械物理的方法对矿物材料粉体表面特性进行调控,在改性过程中无化学反应发生。机械物理改性的方法根据改性工艺和设备的不同,可分为润湿与浸渍法、机械复合法、辐射处理法、热处理法等。

1. 润湿与浸渍法

润湿与浸渍是界面处理的最基本方法,目的是使被处理的矿物颗粒的界面被液体充分润湿并吸附相应的液体物质,如水、油等,这种液体物质通常也称为润湿剂。常用的润湿与浸渍方法是将矿物材料完全置于液体介质中,达到矿物颗粒表面被液体润湿的目的。在实施润湿与浸渍的过程中可通过搅拌来提高处理的效果。如在生产复合材料时,增强纤维及其编织物(石棉布、玻璃纤维等)要经过预浸渍作业,才能保证所制得的复合材料的强度和质量。润湿与浸渍工艺通常也作为化学处理技术的辅助作业,通过预浸渍处理可提高矿物材料的化学转化速率和反应过程中生成产物的均匀性。

2. 机械复合法

机械复合法是指在一定温度下,利用挤压、剪切、冲击、摩擦等机械力使两种或两种以上的粒子进行黏附复合,将作为包覆剂的无机颗粒附着或吸附在被改性颗粒(母粒)表面。机械复合法的基本原理是机械力化学效应和物理吸附(静电作用力和范德瓦耳斯力)。一方面高强度和长时间的机械作用激活颗粒表面,导致粉体表面晶格结构的变化、无定形化或在表面形成新相以及两种物料在一起研磨时产生机械化学反应,生成新产物。另一方面,通过研磨过程 pH 值的调节或添加助剂增强颗粒间的静电吸引力、凝聚作用力,使包覆剂粒子吸附在母颗粒表面。这种方法的优点是生成成本较低,缺点是很难实现均匀、有序和牢固的包覆,因为它是异质颗粒之间的复合改性,不同于化学法的颗粒表面包覆物经过可控成核、生长和晶化的无机包覆改性与复合过程。目前,机械复合法主要有干法的高能球磨法和高速气流冲击法以及湿法的超细搅拌研磨法。

1)高能球磨法

高能球磨法是近年来发展起来的一种制备包覆型复合粒子的方法。此法无须外部加热,通过球磨将大晶粒颗粒变为小晶粒颗粒,结合颗粒间的固相反应可以制备包覆型复合粒子。例如，将纯铝粉和 CeO_2 粉末在高能球磨机里进行球磨可以制备纳米 CeO_2/Al 复合粉末[2]。

2）高速气流冲击法

高速气流冲击法是利用气流对粉体的高速冲击产生的冲击力，使粉体颗粒相互压缩、摩擦和剪切，在短时间内对粉体进行包覆。例如，利用高速气流冲击法可以制备出表面光滑、显著球形化的 TiB_2/BN 复合粉体材料[3]。

3）超细搅拌研磨法

超细搅拌研磨法是通过调节研磨矿浆 pH 值和利用化学助剂调节粉体颗粒的表面性质，特别是表面电性和吸附特性，采用高能搅拌磨或砂磨机对两种以上粉体材料进行复合的方法。其工艺过程包括超细研磨和粉体(包括母粒子和表面包覆物粒子)表面性质的调节、浆液过滤、干燥与解聚分级等。其中，颗粒表面性质的调节是关键。这种方法已用于白色矿粉基钛白粉复合粉体材料的制备，如 $TiO_2/$煅烧高岭土、$TiO_2/$碳酸钙、$TiO_2/$滑石，此外，还有氧化铁红/煅烧硅藻土等[4-7]。

3. 辐射处理法

辐射处理是使用放射性射线照射矿物材料从而达到改善其性能的目的。如某些宝石矿物经放射性辐射或高速电子轰击，可使其结构中产生色心而呈现出特定的颜色。市场上常见的紫水晶相当一部分是经辐射处理的结果，需注意的是，经辐射处理的宝石早期含有放射性，须经过一定的放射性衰变后才可使用。

4. 热处理法

热处理改性是通过加热的方法来实现矿物材料化学组成、物理性质等的改变。高岭土热处理改性可除去约 14%的结构水，还可除去一部分挥发物和有机物。经过加热处理后的高岭土与普通高岭土的物理化学性质差异主要为白度增高，密度减小，比表面积增大，吸油性、遮盖力和耐磨性提高，绝缘性和热稳定性提高。改性后高岭土可用作塑料、橡胶的填料及耐火材料等。高岭土的煅烧工艺对产品质量有显著影响，一般煅烧温度在 470～900℃时产品具有较好的松密度和孔隙率，有较高的活性、极好的电性能，可用作高压电缆的功能填料。当温度达到 900～1050℃时，产品白度最佳。温度继续升高，高岭石将向偏高岭石转变，并朝假莫来石和莫来石相转变(温度 1300℃)，此时，白度较高，硬度和密度明显增加。在同一温度下，热处理时间越长，则白度越高，但硬度也增大。热处理技术在煤系高岭土的开发利用中占有重要地位，基本上是必需的工艺。

8.2.2　物理气相沉积

沉积改性是通过无机化合物在矿物材料颗粒表面的沉淀反应，在颗粒表面形成一层或多层包膜，以达到改善粉体表面性质，如光泽、着色力、遮盖力、保色性、耐候性，以及电、磁、热性和体相性质等目的的表面改性方法。这是一种"无机/无机包覆"或"无机纳米粉体包覆"的粉体表面改性方法。

物理气相沉积(physical vapor deposition，PVD)技术表示在真空条件下，采用物理方法，将固体或液体表面气化成气态原子、分子或部分电离成离子，并通过低压气体(或等离子体)过程，在基体表面沉积具有某种特殊功能的薄膜的技术。物理气相沉积的主要方法有：真空蒸镀、溅射镀膜、电弧等离子体镀、离子镀膜，以及分子束外延等。发展到目前，物理气相沉积技术不仅可沉积金属膜、合金膜，还可以沉积化合物、陶瓷、半导体、聚合物膜等。

1. 真空蒸镀

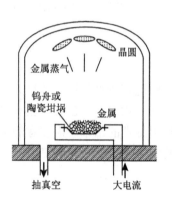

图 8-1　真空蒸镀示意图

真空蒸镀的原理极为简单，可以简单解释为，在真空室内通过加热使材料靶材蒸发，形成蒸气流，同时保证待镀件较低的温度，使得靶材在待镀件表面凝固，真空蒸镀示意图如图 8-1 所示。真空蒸镀优点是无论从原理上还是从方法上都比较简单。而其主要缺点是，靶材对于镀件几乎没有冲击，薄膜与基片(待镀件)的集合不是十分紧密，此外其镀膜速度较低、绕射性差(对基片的背面以及侧面的沉积能力)。此方法只适合制备低熔点材料薄膜。

2. 磁控溅射

磁控溅射是在真空室内加入正交的电磁场，空间中的电子在电磁场的作用下不断做螺旋线运动，电子运动撞击空间中气体粒子(一般氮气、氩气)，使其离子化并产生运动着的电子，继续撞击其他稀有气体粒子，于是电子越来越多，形成电子云环绕在阳离子周围，构成等离子体，阳离子在电场力的作用下轰击靶材(靶材接负压)，溅射出靶材离子，在基片上沉积(图 8-2)。相比于蒸镀，磁控溅射能精准控制膜层厚度，沉积薄膜的致密度有所加强，既可以沉积金属膜层，也可以沉积非金属膜层、化合物膜层。但是，离子化率较低，基片轰击不够强。

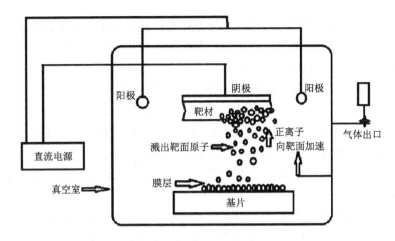

图 8-2　磁控溅射示意图

3. 电弧离子镀

实现电弧离子镀的第一步是引弧，引起的弧斑在靶材上运动（可以通过磁场进行控制），利用电弧的高温和高压使靶材产生离化的气体，并在电场力的作用下轰击基片。电弧离子镀优点是离化率高，沉积速率大，轰击剧烈，膜层致密与基片结合好。缺点是由于电弧处的高温以及离化粒子的撞击，电弧离子镀极易产生一些大颗粒，这严重影响了镀膜质量。

8.2.3　物理涂覆改性

物理涂覆改性是一种较早使用的传统的改性方法，它是利用高聚物或树脂等对粉体表面进行"包覆"而达到表面改性的方法。

物理涂覆改性主要是以有机助剂等作为改性剂，以简单物理作业方式将其涂覆在颗粒表面的改性方法[1,8]，作为改性剂的有机物，主要是高聚物、树脂、表面活性剂、水溶性或油溶性高分子化合物及脂肪酸皂等，通过物理涂覆改性能显著提高颗粒及粉体的使用特性。如用酚醛树脂或呋喃树脂等涂覆石英砂可提高精细铸造砂的黏结性能，使用时能获得高的熔模铸造速度，又能在模具和模芯生产中保持高抗卷壳和抗开裂性能；用呋喃树脂涂抹的石英砂用于油井钻探时可提高产量。

以用树脂涂覆石英砂为例，表面涂覆改性工艺可分为冷法和热法两种。在涂覆处理前应对石英砂进行冲洗或擦洗和干燥。冷法覆膜砂在室温下制备。工艺过程为先将粉状树脂与砂混匀，然后加入溶剂（工业酒精、丙酮或糠醛）。再继续混碾至溶剂挥发完全，干燥后经粉碎和筛分即得产品。溶剂加入量根据混砂机能否封闭而定。对于封闭混砂机，乙醇用量为树脂用量的 40%～50%；对于不能封闭的混砂机，乙醇用量为树脂用量的 70%～80%。该法有机溶剂用量大，仅适用于少量生产。树脂在混砂机中混匀(其中树脂用量为石英砂用量的 2%～5%)，这时树脂被热砂软化，包覆在砂粒表面，随着温度降低而变黏，此时加入乌洛托品，使其分布在砂粒表面，并使砂激冷(乌洛托品作为催化剂可在壳膜形成时使树脂固化)。再加硬脂酸钙(防止结块)，混数秒钟出砂，然后粉碎、过筛、冷却后即得产品。此法工艺效果较好，适合大量生产；但工艺控制较复杂，并需要专门的混砂设备。

影响表面涂覆处理效果的主要因素有，颗粒的形状、比表面积、孔隙率、涂覆剂的种类及用量、涂覆处理工艺等。W. J. Iley 用 Wurster 流化床研究了高聚物涂覆无机颗粒时颗粒粒度和孔隙率对表面涂覆效果的影响。结果表明，颗粒越细(比表面积越大)的粉体表面需要涂覆的高聚物量也越大，对于存在孔隙的颗粒，由于毛细管的吸力作用，涂覆材料(即高聚物)进入孔隙中，表面涂覆效果较差；无孔隙的高密度球形颗粒的涂覆效果最好。

8.3　矿物材料化学表面改性技术

通过改性剂与颗粒表面组分进行化学反应或化学吸附方式实现改性剂在颗粒表面附着的改性方法称为表面化学改性。显然，该方法中，改性剂在颗粒表面的结合是牢固的，因此具有很好的改性效果。表面化学改性是目前生产中应用最广泛的改性方法，主要用来加工生产在橡胶和塑料中使用的起分散、补强等作用的矿物填料。也用于其他行业，如在黏结永磁的生产中，使用锆类偶联剂对亲水性的磁粉进行表面改性，可增强其与亲油性载体的黏合作用。

表面化学改性常用的改性剂主要有偶联剂、高级脂肪酸及其盐、不饱和有机酸和有机硅等[9]。偶联剂是最常用的表面改性剂，按照化学结构分为硅烷类、钛酸酯类、锆类和有机络合物等类型；高级脂肪酸及其盐是最早使用的矿物表面改性剂，特别适合于表面含金属活性离子的矿物；近些年来出现的铝酸酯偶联剂及有机铝、磷、硼等化合物，使用效果良好。对改性剂的具体选用要综合考虑无机粉体的表面性质、改性后产品的质量要求和用途、表面改性工艺以及表面改性剂的成本等因素。除表面改性剂外，改性工艺和改性设备也是影响表面化学改性效果的重要因素。

接枝改性是在一定的外部激发条件下，将单体烯烃或聚烯烃引入粉体颗粒表面的改性过程，有时还需在引入单体烯烃后再激发，使附在表面的单体烯烃聚合。以液相化学法进行的聚合物接枝包覆改性包括预先接枝不饱和基团和预先接枝引发基团两种形式[10]，如毋伟等[11]采用前一种方法，借助二氧化硅颗粒表面的羟基，先用硅烷偶联剂对其进行表面处理从而引入双键，再在其上接枝聚合聚苯乙烯，改性效果良好；Boven 和 Tsubokawa 等[12,13]分别在二氧化硅颗粒表面首先固定偶氮和过氧基团，再通过这类基团分解产生的自由基引发甲基丙烯酸甲酯的改性均属于后一种改性。

借助高能处理条件，可实现更有效的接枝改性，这在材料科学领域有许多研究实践，如玻璃纤维和 γ-Al_2O_3 等经 γ 射线照射，可实现苯乙烯等单体在其表面的聚合接枝。碳酸钙和云母分别经辐照和等离子体处理可实现乙烯单体在其表面的接枝等。除利用紫外线、红外线、电晕放电、等离子体照射等方法作为激发手段外，机械力化学效应也是接枝改性的激发手段之一，因为它能导致无机矿物表面产生与聚合物呈现良好结合力的新鲜表面和瞬时活性中心。Hasegawa 等[14]在振动棒磨机湿法研磨石英的条件下，借助引发剂，成功实现了甲基丙烯酸甲酯的聚合反应和形成聚合物在石英表面的接枝。

8.3.1　机械化学改性

21 世纪初，Wilhem Ostwaid 首次提出了"机械力化学"概念。他将机械力化学作为了化学的一个相互独立的分支，如同热化学和光化学一样。K. Perters 认为机械能作用而导致的机械力化学反应伴随有系统化学组成的变化。机械力化学涉及因采用机械能使固体材料变形、解离、分散而导致的结构和物理化学变化（包括化学反应）。之后，这个词的内容和意义发生了变化，并被赋予了全新的含义，其应用范围迅速扩展。机械力化学是关于施加于固体、液体和气体物质上的各种形式的机械能，如压缩、剪切、冲击、摩擦、拉伸、弯曲等引起的物质物理化学性质变化等一系列的化学现象。它是涉及固体化学、结晶学、材料科学和机械工程等多学科的边缘科学[15]。

在粉体工程中，物料在机械力作用下，直观的变化是颗粒的细化、微细化和比表面积的增大。在颗粒的细化过程中，它不单是一种简单的机械物理过程，而且也是一个从量变到质变的复杂物理化学过程。所施加的机械能，除了消耗于颗粒细化上，还有相当一部分贮聚在颗粒体系内部，导致颗粒晶格畸变、缺陷、无定形化、游离基生成、表面吉布斯自由能增大、电子放射及出现等离子态等，促使颗粒活性提高，反应力增强，赋予颗粒在工业中有新的应用[16]。本节主要介绍机械力诱导颗粒表面物理化学性质的变化。

在研磨过程中，伴随着颗粒粒度减小、比表面积增大和晶体结构发生变化的同时，颗粒表面的物理化学性质也将发生变化，主要表现为溶解度和溶解速率的提高、颗粒表面的吸附能力增强、离子交换或置换能力增强、生成游离基、产生电荷和表面吉布斯自由能发生变化等。

1. 溶解度

某些硅酸盐颗粒的溶解度与其比表面积的关系如图 8-3 所示。由图 8-3 可见，减小颗粒的粒度、增大比表面积，对颗粒可溶性是至关重要的。同样，其他颗粒如方解石、高岭土、刚玉等经研磨后，在无机酸中的溶解度及溶解速率也均有所增大。

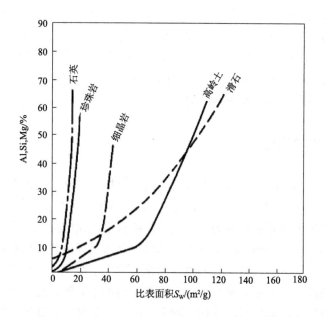

图 8-3　硅酸盐颗粒的溶解度与其比表面积的关系[17]

2. 离子交换容量

部分硅酸盐颗粒，特别是膨润土、高岭土等一些黏土矿物，研磨后阳离子交换容量发生了明显的变化。图 8-4 给出了机械研磨对膨润土离子交换反应的影响。随着研磨时间的延长，离子交换容量(Γ)在增大到 105 mg/100 g 以上时呈下降趋势；而 Ca^{2+}离子交换容量则随研磨时间的延长不断下降，研磨产品的电导率 χ 及 Ca^{2+}周围配位的水分子数(H_2O/Ca^{2+})则在开始时随研磨时间增长而急剧下降，达到最低值后基本上不再变化。

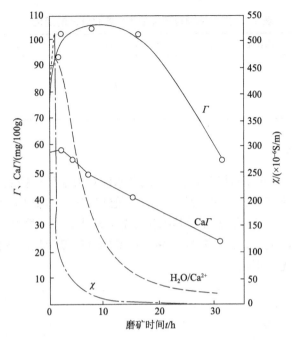

图 8-4　膨润土的阳离子交换容量及其他性能与研磨时间的关系[17]

Γ 为阳离子交换容量；$Ca\Gamma$ 为 Ca^{2+} 交换容量；χ 为电导率；H_2O/Ca^{2+} 为 Ca^{2+} 周围配位的水分子数

3. 电性

研磨对颗粒表面电性有显著的影响。黑云母在研磨作用后其等电点和表面 ζ 电位均发生了明显的变化，见表 8-1。图 8-5 表示研磨对两种黏土颗粒 ζ 电位的影响。这两种颗粒在 pH 值 2～11 的广阔范围内都带负电，研磨后两种颗粒的 ζ 电位均由负变正。

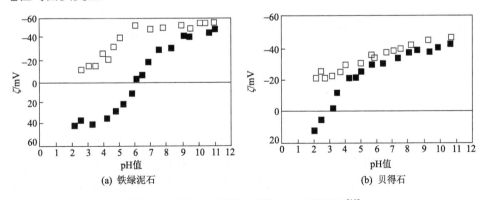

图 8-5　研磨对两种黏土颗粒 ζ 电位的影响[18]

□研磨前；■研磨后

表 8-1　黑云母颗粒研磨后表面物化性质的变化[15]

样品名称	比表面积/(m²/g)	等电点 pH 值	ζ 电位(pH ＝ 4)/mV
原样品	1.1	1.5	−31
干磨样品	14.4	3.7	−3
湿磨样品	12.6	1.5	−18

4. 水化性能

研究表明，延长研磨时间可引起水泥及水泥颗粒晶体结构的变化，这些变化影响着水泥的水化速度、水泥产品的性能及凝结过程。如图 8-6 所示，水泥颗粒 β-C_2S(二钙硅酸盐)在研磨 20 h 后其水化热显著增大，当研磨 90 h 后仍呈增大趋势，在 20～90 h 之间，由于颗粒团聚，产品的分散度明显地变化，引起了大多数晶格的破坏和无定形化。

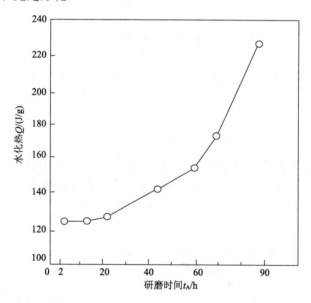

图 8-6　β-C_2S 的水化热与研磨时间的关系

5. 表面吸附能力

利用搅拌磨湿法将重质 $CaCO_3$ 研磨 1 h 后的吸水率与未研磨时的吸水率相比，重质 $CaCO_3$ 研磨产物的吸水能力明显强于未研磨的吸水能力，与后者相比，前者不仅在相同作用时间下的吸水率和达到饱和之后的吸水率均大大高于后者，而且达到饱和的时间也比较短。研磨 1 h 产物在 14 天达到吸水饱和，饱和吸水率为 13.33%，未研磨产物的相应值分别为 21 天和 3.77%[19]。

　　粉体超细化技术是许多高新技术的重要基础，但由于超细粉体极易团聚等原因严重影响了其物化特性的发挥，必须进行表面改性；表面改性也是矿物深加工的重要方法，如为了改善作为有机物填料的无机粉体与高聚物的相容性，亦必须对无机粉体进行改性处理。机械力化学的应用研究成果为粉体的表面改性提供了新方法，即可在使粉体超细化的同时达到表面改性的目的。粉体在超细磨过程中高活性表面的出现及微观结构的变化，引起表面能量增高是实施机械化学改性的基础。高能机械力使被研磨粉体表面键发生断裂，形成具有很高反应活性的表面"悬键"，可与存在的有机物分子作用，在表面发生聚合反应或将高分子嵌段聚合物"锚定"在粉体的表面，使粉体的表面性质发生显著改变。机械化学改性既可在干态也可在湿态下进行。影响机械化学改性效果的主要因素是：所采用的改性机械在进行改性处理时的搅拌、研磨、冲击的强度、作用的时间及改性时的温度等。通过机械化学法表面改性可设计和制备自然界中不存在的复合材料，使粉体表面具有所期望的特性，达到资源高值化利用[20]。

　　超细 ZrO_2 粉体和聚酰胺微粒子置于混合机械中，由于机械力的作用而使 ZrO_2 粉末渗入聚酰胺粒子表层形成牢固的结合，从而使聚酰胺粒子表面均匀地包覆 ZrO_2，复合的 ZrO_2 可代替 ZrO_2 粉末用作颜料和各种涂料的基材、研磨剂和填充剂。Masato 用机械化学法制备了以有机物为基体的复合粒子；在超细粉碎重质碳酸钙时，用硬脂酸钠作改性剂对其进行表面改性，得到具有良好疏水性的重钙颗粒，所制备样品粒度减小且比表面积增大，提高了作为填料的功能性，根据机械化学原理用硬脂酸作改性剂对硅灰石进行表面改性，也取得了较好的效果。利用干式处理技术可实现金属、无机及有机粉体之间均匀的包覆改性，该技术已用于硼化物系陶瓷合金喷涂材料的开发、新型化妆品的生产和改善难溶药物的溶解性等。

　　对于以化学助剂为改性剂的粉体表面改性，机械力化学改性的实质是对表面化学改性和接枝改性的促进与强化，也可理解为是机械力强化条件下的表面化学改性或接枝改性。

　　仅仅依靠机械激活作用进行表面改性还难以满足应用领域对粉体表面物理化学性质的要求。机械化学力一方面激活了粉体颗粒表面，可以提高颗粒与其他无机物或有机物的作用活性；另一方面新生表面产生的游离基或活性基团可以引发苯乙烯、烯烃类进行聚合，形成聚合物接枝的复合粉体。因此，如果在粉体超细粉碎过程中的某个环节添加适量的表面改性剂，那么机械激活作用可以促进表面改性剂分子在粉体表面的化学吸附或化学反应，达到在粉碎过程中使粉体表面有机改性的目的。此外，可在一种矿物的粉碎过程中添加另一种无机物或金属粉，使矿粉颗粒表面包覆金属粉或另一种无机粉体，或进行机械化学反应生成新相，如将石英和方解石一起研磨时生成 CO_2 和少量 $CaSiO_3$；以煅烧高岭土、滑石、重质碳酸钙等粉体为核心颗粒，钛白粉为包覆物，进行超细研磨、复合、干燥后可以制得以煅烧高岭土、滑石、重质碳酸钙为"核"，钛白粉为"壳"的复合粉体材料。这种方法的不足之处是难以实现钛白粉在"核"颗粒表面的均匀、牢固包覆。

机械力化学改性方法还可用于实施粉体的接枝改性。如以聚苯乙烯作为改性剂，在搅拌磨中对重质碳酸钙进行超细研磨的同时，完成聚合物(聚苯乙烯)对超细重质碳酸钙粉体的接枝改性。可用作机械力化学接枝改性的聚合物和单体种类如下所述。

（1）与树脂本体一致的高聚物、聚合物单体或者低分子量聚合物。如聚乙烯、聚苯乙烯、丙烯酸、聚乙烯蜡、苯乙烯等。

（2）树脂接枝改性的产品、含树脂单体的共聚物、改性单体、带双键的偶联剂等。如聚乙烯接枝马来酸酐的产品、丙烯酸-(甲基)丙烯酸酯共聚物、芳香族衍生物的聚氧乙烯醚、聚乙烯醇、硬脂酸聚氧乙烯酯、丙烯酸甲酯、丙烯酸丁酯、硬脂酸乙烯酯、A-151 硅烷偶联剂、A-172 硅烷偶联剂、A-174 硅烷偶联剂等。

（3）能与树脂反应生成交联聚合物的聚合物或者单体。如丙烯腈、丙烯酸铵、羧丙基(甲基)纤维素等。

对粉体材料进行机械激活的设备主要是各种类型的球磨机(旋转筒式球磨机、行星球磨机、振动球磨机、搅拌球磨机、砂磨机等)、气流粉碎机、高速机械冲击磨及离心磨机等。

机械力化学和有机表面改性复合工艺有干法和湿法改性两种典型的改性工艺。湿法改性工艺中改性剂必须是水溶性的或亲水性的。其工艺流程分别如图 8-7 所示，主要用于橡胶填料、人造石、涂料填料和陶瓷颜料的表面改性。

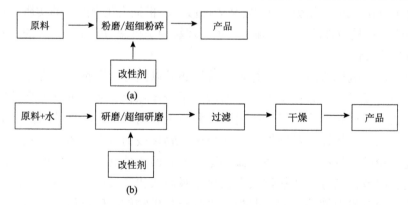

图 8-7　机械力化学和有机表面改性复合工艺的工艺流程
(a)干法；(b)湿法

机械力化学改性也是对颗粒粒度这一重要的工艺因素的优化，当改性对象是非金属矿物粉体时，更是对非金属矿物加工工艺的简化。由于工业应用领域对粉体填充材料功能的要求不断提高，所以矿物等超细粉体不仅在表面性质，而且在粒度特性上也应更好地满足应用的需要，由此将矿物粉体材料的表面改性与超细粉碎工艺实现结合越来越引起重视。这一方面因粉碎过程呈现的机械力化学效应对表面改性起到了强化和促进作用；另一方面也使非金属矿物的加工工艺简化，节约成本，效率提高。

8.3.2　化学气相沉积

化学气相沉积(chemical vapor deposition，CVD)是利用气态或蒸气态的物质在气相或气固界面上发生反应生成固态沉积物的过程。对于矿物材料粉体表面改性，即是通过气相沉积的方式将生成物作为改性剂沉积在矿物材料粉体的表面，形成一层极薄的包覆层，以达到改性的目的，使其满足所需的使用要求。化学气相沉积过程分为三个重要阶段：反应气体向基体表面扩散、反应气体吸附于基体表面、在基体表面上发生化学反应形成固态沉积物及产生的气相副产物脱离基体表面。按体系反应类型，可将气相化学反应法分为气相分解和气相合成两类方法；如按反应前原料物态划分，又可分为气-气反应法、气-固反应法和气-液反应法。要使化学反应发生，还必须活化反应物系分子，一般利用加热和射线辐照方式来活化反应物系的分子。通常气相化学反应物系活化方式有电阻炉加热、化学火焰加热、等离子体加热、激光诱导、γ 射线辐射等多种方式。

化学气相沉积具有如下特点：沉积物种类多，可以沉积金属薄膜、非金属薄膜，也可以按要求制备多组分合金的薄膜，以及陶瓷或化合物层；CVD 反应在常压或低真空进行，镀膜的绕射性好，对于形状复杂的表面或工件的深孔、细孔都能均匀镀覆；能得到纯度高、致密性好、残余应力小、结晶良好的薄膜镀层；由于薄膜生长的温度比膜材料的熔点低得多，由此可以得到纯度高、结晶完全的膜层，这是有些半导体膜层所必需的；利用调节沉积的参数，可以有效地控制覆层的化学成分、形貌、晶体结构和晶粒度等；设备简单、操作维修方便；反应温度高，一般要在 850~1100℃下进行，许多基体材料都耐受不住 CVD 的高温。采用等离子或激光辅助技术可以降低沉积温度。

化学气相沉积的方法很多，如常压化学气相沉积(atmospheric pressure CVD，APCVD)、低压化学气相沉积(low pressure CVD，LPCVD)、超高真空化学气相沉积(ultrahigh vacuum CVD，UHVCVD)、激光诱导化学气相沉积(laser CVD，LCVD)、金属有机物化学气相沉积(metal-organic CVD，MOCVD)、等离子体化学气相沉积(plasma enhanced CVD，PECVD)等。根据 CVD 的加热方式，可以

将 CVD 分为热壁和冷壁两种。常见的化学气相沉积系统通常是热壁 CVD，直接依靠炉体的升温对生长区进行加热。热壁 CVD 工艺相对更加成熟，制备成本较低，且在材料生长中表现出良好的可靠性。冷壁 CVD 系统通过恒流源直接对导电衬底供电加热，腔壁和样品无直接接触，仅由于热辐射传导而略微升温，因此称为"冷壁"。它的优点是其降温速度可以通过所加的恒流源控制，能够在较大的范围内控制降温速率。

1. 气相分解法

气相分解法又称单一化合物热分解法。一般是对待分解的化合物或经前期预处理的中间化合物进行加热、蒸发、分解，得到目标物质的纳米颗粒。其原料通常是容易挥发、蒸气压高、反应性高的有机硅、金属氯化物或其他化合物，如 $Fe(CO)_5$、SiH_4、$Si(OH)_4$ 等。热分解一般具有以下反应形式：

$$A(g) \longrightarrow B(s) + C(g) \uparrow \qquad (8\text{-}1)$$

2. 气相合成法

气相合成法通常是利用两种以上物质之间的气相化学反应，在高温下合成出相应的化合物，再经过快速冷凝，从而制备各类物质的纳米颗粒。利用气相合成法可以进行多种纳米颗粒的合成，具有灵活性和互换性，其反应可以表示为以下形式：

$$A(g) + B(g) \longrightarrow C(s) + D(g) \uparrow \qquad (8\text{-}2)$$

气相反应法制备纳米颗粒具有多方面优点，如产物纯度高、颗粒分散性好、颗粒均匀、粒径小、粒径分布窄、粒子比表面积大、化学反应活性高等。气相化学反应法适合于制备各类金属、氯化物、氮化物、碳化物、硼化物等纳米颗粒，特别是通过控制气体介质和相应的合成工艺参数，可以合成高质量的各类物质的纳米颗粒。

3. 激光诱导气相化学反应法

自激光问世以来，激光技术迅速发展并被广泛地应用于各个领域，其中的一个重要领域是新材料合成。20 世纪 70 年代以后人们就开始研究依靠激光激发引起气体、液体、固体表面的化学反应以合成纳米颗粒为目的化学反应机制。目前，采用激光法已经制备出各种金属氧化物、碳化物、氮化物等纳米颗粒，其中有相当一部分研究成果已经开始走向工业化。激光诱导气相化学反应法是利用激光光子能量加热反应体系来制备纳米颗粒的一种方法，其基本原理是利用大功率激光器的激光束照射于反应气体，反应气体通过对入射激光光子的强吸收，气体分子或原子在瞬间得到加热、活化，在极短的时间内完成反应、成核凝聚、生长等过程，从而制得相应物质的纳米颗粒。根据 J. S. Haggert 的估算，激光加热到反应最高温度的时间小于 10^{-4} s。被加热的反应气流将在反应区域内形成稳定分布的火焰，火焰中心处的温度一般远高于相应化学反应所需要的温度，因此，反应在 10^{-3} s 内即可完成。

　　激光法合成纳米颗粒的主要过程包括原料处理、原料蒸发、反应气配制、成核与生长、捕集等。生成的核粒子在载气流的吹送下迅速脱离反应区，经短暂的生长过程到达收集室。为了保证反应生成的核粒子快速冷凝，获得超细的颗粒，需要采用冷壁反应室。通常采用的技术是水冷式反应器壁和透明辐射式反应器壁。这样，有利于在反应室中构成大的温度梯度分布，加速生成核粒子的冷凝，抑制其过分生长。此外，为了防止颗粒碰撞、粘连团聚，甚至烧结，还需要在反应器内配备惰性保护气体，使生成的纳米颗粒的粒径得到保护。

　　合成过程中首先要根据反应需要调节激光器的输出功率，调整激光束半径以及经过聚焦后的光斑尺寸，并预先调整好激光束光斑在反应区域中的最佳位置。其次，要做好反应室净化处理，即进行抽真空准备，同时充入高纯惰性保护气体，这样可以保证反应能在清洁的环境中进行。

　　图 8-8 是用激光合成微粉的装置示意图。激光束的入射方向与反应气流成垂直方向。所使用的是二氧化碳激光波长为 10.6 μm，最大输出功率为 150 W。激光束强度在散焦状态下为 270～1020 W/cm^2；在集焦状态为 105 W/cm^2。把反应容器内气体压力调整到 $(0.08～1.0) \times 10^5$Pa，通过 KCl 窗口向反应容器射入激光束。激光束射到气流上时，在反应室内形成反应焰。反应焰之所以向左偏斜，是为了防止粉体与热量向 KCl 窗口移动而引入氩气流。微粉在图 8-8 中实线所示的反应焰内生成，如果用氩气流载体将点线所围的微粒柱向上方输送，就能把微粉留在微过滤器上。用激光合成微粉，由于反应的空间可以取在离开反应器壁的反应器内任意部位，所以该方法没有除反应物以外的杂质混入，可制造超纯微粉。另外，因为该方法能够提供一个与周围环境绝热的、相当均匀的高温反应空间，所以合成条件容易控制，能合成单分散性的微粉。用 SiH_4 合成 Si、SiC、Si_3N_4 的反应如下：

$$SiH_4(g) \longrightarrow Si(g) + 2H_2(g) \uparrow \tag{8-3}$$

$$3SiH_4(g) + 4NH_3(g) \longrightarrow Si_3N_4(s) + 12H_2(g) \uparrow \tag{8-4}$$

$$SiH_4(g) + CH_4(g) \longrightarrow SiC(s) + 4H_2(g) \uparrow \tag{8-5}$$

$$2SiH_4(g) + C_2H_4(g) \longrightarrow 2SiC(s) + 6H_2(g) \uparrow \tag{8-6}$$

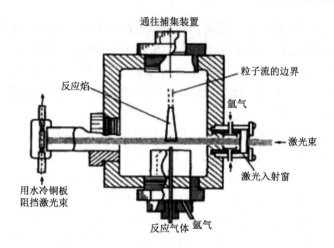

图 8-8　激光合成微粉的装置示意图

所得到的微粒都是球形的、凝集成链状；Si 的平均粒径约为 50 nm、SiH_4 的平均粒径为 $10\sim20nm$、SiC 的为 $18\sim26$ nm；Si 和 Si_3N_4 的氧含量在 0.1%（质量分数）以下，属高纯粉末；而 SiC 微粉则富 Si 或 C。

8.3.3　化学包覆改性

化学沉淀包覆改性工艺是一种湿法无机表面改性工艺，目的是赋予或改善粉体的催化、抗菌、光泽、着色力、遮盖力、保色性、耐候性、阻燃、电、磁、热等性能[21,22]。其工艺流程如图 8-9 所示。

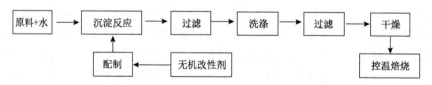

图 8-9　化学沉淀包覆改性工艺的工艺流程

该工艺是目前无机包覆改性或复合最主要的工艺之一，广泛应用于珠光云母、纳米 TiO_2/多孔矿物复合环保功能材料以及钛白粉包覆氧化硅、氧化铝和氧化锆等复合功能粉体材料。化学沉淀包覆和有机表面改性复合工艺的目的是既要改善粉体的催化、抗菌、光泽、着色力、遮盖力、保色性、耐候性、阻燃、电、磁、热等性能，又要改善粉体与有机聚合物或树脂之间的相容性。可采用湿法和干法结合工艺。其工艺流程如图 8-10 所示。

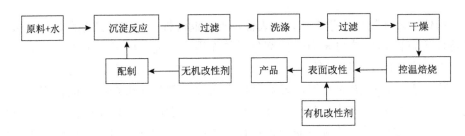

图 8-10　化学沉淀包覆和表面有机改性复合工艺的工艺流程

　　这是利用有机物分子中的官能团在无机粉体表面的吸附或化学反应对颗粒表面进行包覆使颗粒表面改性的方法。除利用表面官能团改性外，这种方法还包括利用自由基反应、整合反应、溶胶吸附等进行表面包覆改性。表面化学包覆改性所用的表面改性剂种类很多，如硅烷、钛酸酯、铝酸酯、锆铝酸盐、有机铬等各种偶联剂，高级脂肪酸及其盐、有机铵盐、磷酸酯、不饱和有机酸、水溶性有机高聚物及其他各种类型表面活性剂，如磷酸酯、不饱和有机酸、水溶性有机高聚物等。因此，选择的范围较大。具体选用时要综合考虑无机粉体的表面性质、改性后产品的质量要求和用途、表面改性工艺以及表面改性剂的成本等因素。

　　表面化学包覆改性工艺可分为干法和湿法两种。干法工艺一般在高速加热混合机或捏合机、流态化床、连续式粉体表面改性机、涡流磨等设备中进行。在溶液中湿法进行表面包覆改性处理一般采用反应釜或反应罐，包覆改性后再进行过滤和干燥脱水。影响无机粉体物料表面有机物化学包覆改性效果的主要因素如下所述。

1. 粉体的表面性质

　　粉体的比表面积、粒度大小和粒度分布、比表面能、表面官能团的类型、表面酸碱性、表面电性、润湿性、溶解或水解特性、水分含量、团聚性等均对有机物化学包覆改性效果有影响，是选择表面改性剂配方、工艺方法和设备的重要因素。

　　在忽略粉体孔隙率的情况下，粉体的比表面积与其粒度大小呈反比关系，即粒度越细，粉体的比表面积越大。在要求一定单分子层包覆率和使用同一种表面改性剂的情况下，粉体的粒度越细，比表面积越大，表面改性剂的用量也越大。比表面能大的粉体物料，一般倾向于团聚，这种团聚体如果不能在表面改性过程中解聚，就会影响表面改性后粉体产品的应用性能。因此，团聚倾向很强的粉体最好在与表面改性剂作用前进行解团聚。

粉体的表面物理化学性质，如表面电性、润湿性、官能团或基团、溶解或水解特性等直接影响其与表面改性剂分子的作用，从而影响其表面改性效果。因此，表面物理化学性质也是选择表面改性工艺方法的重要考量因素之一。

粉体表面官能团的类型，影响有机表面改性剂与无机颗粒表面作用力的强弱，能与有机表面改性剂分子中极性基团产生化学键合或化学吸附到无机颗粒表面，表面改性剂在颗粒表面的包覆较牢固；仅靠物理吸附与无机颗粒表面作用的表面改性剂，与表面的作用力较弱，在颗粒表面包覆不牢固，在一定条件下（如剪切、搅拌、洗涤）可能脱附。所以，选择表面改性剂时也要考虑无机颗粒表面官能团的类型。例如，对石英粉、黏土、硅灰石、水铝石等酸性矿物，选用硅烷偶联剂效果较好；对不含游离酸的碳酸钙等碱性矿物填料，用硅烷偶联剂效果欠佳。这是因为硅烷偶联剂分子与石英表面官能团的作用较强，而与碳酸钙表面官能团的作用较弱。颗粒表面的酸碱性也对颗粒表面与表面改性剂分子的作用有影响。用表面活性剂对无机颜料或填料进行表面化学包覆改性时，颜料或填料粒子表面与各种有机官能团作用的强弱顺序大致是：当表面呈酸性时，羧酸>胺>苯酚>醇；当表面呈碱性时，羧酸>苯酚>胺>醇。

无机颗粒表面的含水量也对颗粒与某些表面改性剂的作用产生影响，例如单烷氧基型铁酸酯的耐水性较差，不适合于含湿（吸附水）较高的无机填料或颜料；而单烷氧基焦磷酸酯型和整合型钛酸酯偶联剂则能用于含湿量或吸附水较高的无机填料或颜料，如陶土、滑石粉等的表面改性。

2. 表面改性剂的配方

粉体的表面化学包覆改性在很大程度上是通过表面改性剂在粉体表面的作用来实现的，因此，表面改性剂的配方（品种、用量和用法）对粉体表面的改性效果和改性后产品的应用性能有重要影响。

（1）表面改性剂的品种。表面改性剂的品种是实现粉体表面改性预期目的的关键，具有很强的针对性。从表面改性剂分子与无机粉体表面作用的角度来考虑，应尽可能选择能与粉体颗粒表面进行化学反应或化学吸附的表面改性剂，因为物理吸附在其后应用过程中的强烈搅拌或挤压作用下容易脱附。但是，在实际选用时还必须考虑其他因素，如产品用途、产品质量标准或要求、改性工艺以及成本、环保等。

产品的用途是选择表面改性剂品种最重要的考虑因素。不同应用领域对粉体应用性能的技术要求不同，如表面润湿性、分散性、电性能、耐候性、光泽、抗菌性等，这就是要根据用途来选择表面改性剂品种的原因之一。例如，用于各种塑料、橡胶、胶黏剂、油性或溶剂型涂料的无机粉体（填料或颜料），要求表面亲油性好，即与有机高聚物基料有良好的亲和性或相容性，这就要求选择能使无机粉体表面疏水亲油的表面改性剂；在选择用于包覆电缆绝缘材料填料的煅烧高岭土时，还要考虑表面改性剂对介电性能及体积电阻率的影响；对于陶瓷坯料中使用的无机颜料，不仅要求其在干态下有良好的分散性，而且要求其与无机坯料的亲和性好，能够在坯料中均匀分散；对于水性漆或涂料中使用的无机粉体（填料或颜料）的表面改性剂则要求改性后粉体在水相中的分散性、沉降稳定性和配伍性好。同时，不同应用体系的组分不同，选择表面改性剂时还须考虑与应用体系组分的相容性和配伍性，避免因表面改性剂而导致体系中其他组分功能的失效。此外，选择表面改性剂品种时还要考虑应用时的工艺因素，如温度、压力以及环境因素等。所有的有机表面改性剂都会在一定温度下分解，如硅烷偶联剂在 100~310℃变化。因此，所选择的表面改性剂的分解温度或沸点最好高于应用时的加工温度。

　　改性工艺也是选择表面改性剂品种的重要考虑因素之一。目前的表面改性工艺主要采用干法和湿法两种。对于干法工艺不必考虑其水溶性的问题，但对于湿法工艺要考虑表面改性剂的水溶性，因为只有能溶于水才能在湿法环境下与粉体颗粒充分地接触和反应。例如，碳酸钙粉体干法表面改性时可以用硬脂酸（直接添加或用有机溶剂溶解后添加均可），但在湿法表面改性时，如直接添加硬脂酸，不仅难以达到预期的表面改性效果（主要是物理吸附），而且利用率低，过滤后表面改性剂流失严重，滤液中有机物排放超标。其他类型的有机表面改性剂也有类似情况。因此，对于不能直接水溶而又必须在湿法环境下使用的表面改性剂，必须预先将其皂化、胺化或乳化，使其能在水溶液中溶解和分散。

　　最后，选择表面改性剂还要考虑价格和环境因素。在满足应用性能要求或应用性能优化的前提下，尽量选用价格较便宜的表面改性剂，以降低表面改性的成本。

　　（2）表面改性剂的用量。理论上在颗粒表面达到单分子层吸附所需的用量为最佳用量，该用量与粉体原料的比表面积和表面改性剂分子的截面积有关，实际最佳用量要通过改性实验和应用性能实验来确定，这是因为表面改性剂的用量不仅与表面改性时表面改性剂的分散和包覆的均匀性有关，还与应用体系对粉体原料的表面性质和技术指标的具体要求有关。

　　对于湿法改性，表面改性剂在粉体表面的实际包覆量不一定等于表面改性剂的用量，因为总是有部分表面改性剂未能与粉体颗粒作用，在过滤时流失掉。因此，实际用量要大于达到单分子层吸附所需的用量。进行化学包覆改性时，表面改性剂的用量与包覆率存在一定的对应关系。一般来说，在开始时，随着用量的增加，粉体表面包覆量提高较快，但随后增势趋缓，至一定用量后，表面包覆量不再增加。因此，从经济角度来说，用量过多是不必要的。

（3）表面改性剂的使用方法。表面改性剂的使用方法是表面改性剂配方的重要组成部分之一，对粉体的表面改性效果有重要影响。好的使用方法可以提高表面改性剂的分散程度和与粉体的表面改性效果；反之，使用方法不当就可能使表面改性剂的用量增加，改性效果达不到预期的目的。表面改性剂的用法包括配制、分散和添加方法以及使用两种以上表面改性剂时的加药顺序。表面改性剂的配制方法要依表面改性剂的品种、改性工艺和改性设备而定。

不同表面改性剂需要不同的配制方法，例如，对于硅烷偶联剂，与粉体表面起键合作用的是硅醇，因此，要达到好的改性效果(化学吸附)，最好在添加前进行水解。对于使用前需要稀释和溶解的其他有机表面改性剂，如钛酸酯、铝酸酯、硬脂酸等要采用相应的有机溶剂，如无水乙醇、异丙醇、甘油、甲苯、乙醚、丙酮等进行稀释和溶解。对于在湿法改性工艺中使用的硬脂酸、钛酸酯、铝酸酯等不能直接溶于水的有机表面改性剂，要预先将其皂化、胺化或乳化为能溶于水的产物。

添加表面改性剂的最好方法是使表面改性剂与粉体均匀和充分地接触，以达到表面改性剂的高度分散和表面改性剂在粒子表面的均匀包覆。因此，最好采用与粉体给料速度联动的连续喷雾或滴(添)加方式，当然只有采用连续式的粉体表面改性机才能做到连续添加表面改性剂。由于粉体表面，尤其是无机填料或颜料表面性质的不均一性，有时混合使用表面改性剂较使用单一表面改性剂的效果要好。例如，联合使用钛酸酯偶联剂和硬脂酸对碳酸钙进行表面改性，不仅可以提高表面处理效果，而且还可减少钛酸酯偶联剂的用量，降低生产成本。但是，在选用两种以上的表面改性剂对粉体进行处理时，加药顺序对最终表面改性效果有一定影响。在确定表面改性剂的添加顺序时，首先要分析两种表面改性剂各自所起的作用和与粉体表面的作用方式(是物理吸附为主还是化学吸附为主)。一般来说，先加起主要作用和以化学吸附为主的表面改性剂，后加起次要作用和以物理吸附为主的表面改性剂。

3. 表面改性工艺

表面改性剂配方确定以后，表面改性工艺是决定表面化学包覆改性效果最重要的影响因素之一。表面改性工艺要满足表面改性剂的应用要求或应用条件，对表面改性剂的分散性好，能够实现表面改性剂在粉体表面均匀且牢固的包覆；同时要求工艺简单、参数可控性好、产品质量稳定，而且能耗低、污染小。因此，选择表面改性工艺时至少要考虑以下因素：①表面改性剂的特性，如水溶性、水解性、沸点或分解温度等；②前段粉碎或粉体制备作业是湿法还是干法，如果是湿法作业可考虑采用湿法改性工艺；③改性工艺条件，如反应温度和反应时间等，为了达到良好的表面化学包覆效果，一定的反应温度和反应时间是必需的。选择温度范围应首先考虑表面改性剂对温度的敏感性，以防止表面改性剂因温度过高而分解、挥发。但温度过低不仅反应时间较长，而且包覆率低。对于通过溶剂溶解的表面改性剂来说，温度过低，溶剂挥发不完全，也将影响化学包覆改性的效果。反应时间影响表面改性剂在颗粒表面的包覆量，一般随着时间的延长，开始时包覆量迅速增加，然后逐渐趋缓，到指定时间达到最大值，此后，继续延长反应时间，包覆量不再增加甚至还有所下降（因强烈机械作用，如剪切或冲击导致部分解吸附）。

4. 表面改性设备

在表面改性剂配方和表面改性工艺确定的情况下，表面改性设备成为影响粉体表面化学包覆改性的关键因素。

表面改性设备性能的优劣，不在其转速的高低或结构复杂与否，关键在于以下基本工艺特性：①对粉体及表面改性剂的分散性；②粉体与表面改性剂的接触或作用的机会；③改性温度和停留时间；④单位产品能耗和磨耗；⑤粉尘污染；⑥设备的运转状态。

高性能的表面改性机应能够使粉体及表面改性剂的分散性好、粉体与表面改性剂的接触或作用机会均等，以达到均匀的单分子层吸附，减少改性剂用量。同时，能方便调节改性温度和反应或停留时间，以达到牢固包覆和使溶剂或稀释剂完全蒸发（如果使用了溶剂或稀释剂）。此外，单位产品能耗和磨耗应较低，无粉尘污染（粉体外溢不仅污染环境，恶化工作条件，而且损失物料，增加生产成本），设备操作简便，运行平稳。

8.3.4　偶联剂表面改性

偶联剂是指分子结构上为两性结构的一类化学物质。偶联剂分子中的部分基团可通过与颗粒表面官能团反应的方式，使偶联剂与粉体颗粒间形成强有力的化学键合；另一部分基团则与有机聚合物发生化学反应或物理缠绕。由此，将聚合物和无机粉体两种性质差异很大的材料牢固地结合起来[23]。

将无机粉体和偶联剂首先形成结合，可实现偶联剂对粉体的表面改性，即通过偶联剂在粉体颗粒表面的包覆，使粉体颗粒表面疏水化和有机化。这既能抑制填充体系"相"的分离，又能增加其与有机基料的亲和性，从而改善制品的综合性能，特别是抗张强度、冲击强度、柔韧性、挠曲强度等力学性能。

偶联剂按其化学结构和成分可分为硅烷类、钛酸酯类、铝酸酯类、锆铝酸盐及有机络合物等几种，适用于各种不同的有机高聚物和无机填料的复合材料体系[24]，其中，硅烷占全部偶联剂的用量曾达到80%[25]。

图 8-11 为钛酸酯和铝酸酯偶联剂的合计用量为颗粒填料量的 10%时，钛酸酯和铝酸酯偶联剂的配比对滑石-透闪石复合填料活化指数的影响[1]。由图可见，单独使用铝酸酯偶联剂时，滑石-透闪石复合填料的活化指数约为 90%，随着钛酸酯和铝酸酯偶联剂中钛酸酯偶联剂质量分数的增加，滑石-透闪石复合填料的活化指数逐渐增大，当钛酸酯偶联剂的质量分数达到 0.5%左右时，复合填料的活化指数可达 95%以上。钛酸酯和铝酸酯偶联剂改性滑石-透闪石复合填料后，铝酸酯、钛酸酯偶联剂都与无机填料颗粒表面发生吸附作用，吸附键合于填料颗粒表面，从而使填料颗粒表面有机化，改变了填料颗粒的表面性质。

图 8-12 为硬脂酸和硅烷偶联剂配比(质量比 1∶1)，药剂用量对高岭土-硅藻土复合填料活化指数的影响。由图 8-12 可见，随着硬脂酸和硅烷偶联剂用量增加，高岭土-硅藻土复合填料的活化指数逐渐增大，当用量达到一定值(约1.5%)后，高岭土-硅藻土复合填料颗粒的活化指数不再增大，而是趋于一定值(约 98%)。说明高岭土-硅藻土颗粒表面基本被硬脂酸和硅烷偶联剂所覆盖。

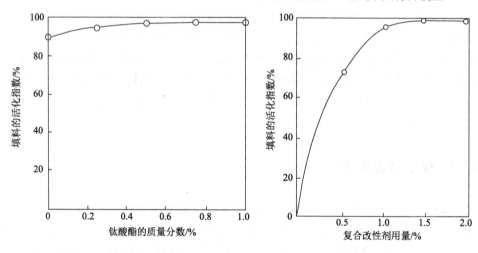

图 8-11　钛酸酯和铝酸酯偶联剂配比对滑石-透闪石复合填料活化指数的影响　　图 8-12　硬脂酸和硅烷偶联剂对高岭土-硅藻土复合填料活化指数的影响

红外光谱分析结果表明，用硬脂酸-硅烷偶联剂改性高岭土-硅藻土复合填料颗粒，硬脂酸分子以物理吸附和机械黏附的形式吸附于颗粒表面。硅烷偶联剂改性高岭土-硅藻土复合颗粒时，首先是硅烷偶联剂分子水解形成硅醇，然后硅醇分子与复合颗粒的表面羟基形成氢键或缩合成—Si—M 共价键（M 为颗粒表面），同时，硅烷偶联剂各分子间的硅醇又相互缩合、齐聚形成网状结构的膜，覆盖于复合颗粒的表面。因此，经硬脂酸-硅烷偶联剂改性后，高岭土-硅藻土颗粒表面的吸附层结构如图 8-13 所示[1]。

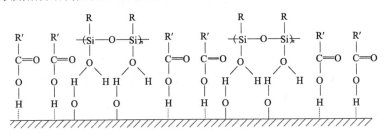

图 8-13　表面改性后高岭土-硅藻土复合颗粒表面的吸附层结构示意图

表面改性剂通过与粉体颗粒表面作用，形成在颗粒表面的吸附、反应、包覆或包膜等形式，从而改变和调整颗粒表面性质。因此，表面改性剂是对改性工艺和改性效果具有决定性影响的因素。毫无疑问，表面改性剂成为粉体表面改性，特别是以化学助剂为改性剂的表面改性技术的重要研究内容。化学助剂类的表面改性剂种类很多，目前还没有一个权威的分类方法，常用的改性剂有偶联剂、表面活性剂、有机低聚物、不饱和有机酸、有机硅、水溶性高分子、超分散剂以及金属氧化物及其盐等。

1. 硅烷偶联剂

硅烷偶联剂的化学通式为 RSiX$_3$，是一类具有特殊结构的低分子有机硅化合物。式中 X 代表能够水解的基团，如卤素、酰氧基和烷氧基等；R 代表与聚合物分子有亲和力或反应能力的活性官能团，如氧基、巯基、乙烯基、环氧基、酰胺基、氨丙基等[26,27]。

硅烷偶联剂在对无机粉体进行改性时，X 基团首先水解形成硅醇，然后与粉体颗粒表面上的羟基反应，形成氢键并缩合成—Si—O—M 共价键（M 表示颗粒表面）。同时，硅烷各分子的硅醇又相互缔合聚集形成网状结构，以这种结构形成的膜覆盖在颗粒表面，从而导致粉体表面有机化。其化学反应过程如下：

水解：

$$RSiX_3 + 3H_2O \xrightarrow[\text{催化剂}]{pH} RSi(OH)_3 + 3HX$$

通常 HX 为醇或酸。

缩合：

$$3RSi(OH)_3 \longrightarrow HO-\underset{\underset{OH}{|}}{\overset{\overset{R}{|}}{Si}}-O-\underset{\underset{OH}{|}}{\overset{\overset{R}{|}}{Si}}-O-\underset{\underset{OH}{|}}{\overset{\overset{R}{|}}{Si}}-OH + 2H_2O$$

氢键形成：

$$R-\underset{\underset{OH}{|}}{\overset{\overset{OH}{|}}{Si}}-O\cdots\overset{H}{\underset{}{}}\ \ \overset{H}{O} + HOM \rightleftharpoons R-\underset{\underset{OH}{|}}{\overset{\overset{OH}{|}}{Si}}-OM + 2H_2O$$

共价键形成：

$$R-\underset{\underset{OH}{|}}{\overset{\overset{OH}{|}}{Si}}-O\cdots\overset{H}{\underset{H}{}}O-H + HOM \rightleftharpoons R-\underset{\underset{OH}{|}}{\overset{\overset{OH}{|}}{Si}}-OM + 2H_2O$$

无机颜料和填料等粉体经硅烷偶联剂改性后，首先表现为在液态有机相中的分散性显著提高，其原因是：无机颜料和填料因具有天然亲水性，表面往往吸附一层水，所以很难被非极性的疏水基料润湿和分散，用硅烷对其表面改性后，硅烷取代粉体颗粒表面的水并对颗粒进行包覆。由于硅烷结构中的 R 基团朝外，所以颗粒表面变得亲油、疏水。这样，颗粒就容易被有机基料润湿。而经过润湿，基料分子就会插入无机颜料或填料颗粒之间，将它们隔开，使之分散稳定，防止沉淀和结块。

硅烷偶联剂改性的无机粉体在聚合物基复合材料中，通过硅烷结构中 R 基团与聚合物基团间的作用将粉体颗粒与聚合物紧紧连接在一起，并改善复合制品的各种性能。有关 R 基团与聚合物基团间的作用机制主要有化学键理论、表面浸润理论、变形层理论、拘束层理论和可逆水解理论等[28,29]，形成了硅烷偶联剂与有机聚合物的作用机理。

根据硅烷偶联剂分子结构中 R 基团的不同，可分为氨基硅烷、环氧基硅烷、硫基硅烷、乙烯基硅烷、甲基丙烯酰氧基硅烷、脲基硅烷和异氰酸酯基硅烷等。国内生产的代表性的产品主要有：

（1）氨基硅烷。包括氨丙基三乙氧基硅烷[代号 KH-550，分子式 $NH_2(CH_2)_3Si(OCH_2CH_3)_3$]、1-氨乙基-氨丙基三甲氧基硅烷[代号 KH-792，分子式 $NH_2(CH_2)_2Si(OCH_3)_3$]等。

（2）环氧基硅烷。包括缩水甘油醚氧丙基三乙氧基硅烷[代号 KH-560，分子式 $CH_2OCHCH_2O(CH_2)_3Si(OCH_3)_3$]等。

（3）硫基硅烷。硫基丙基三甲氧基硅烷［代号 KH-590，分子式 $HS(CH_2)_3Si(OCH_3)_3$］。

（4）乙烯基硅烷。乙烯基三甲氧基硅烷［代号 SCA-1603，分子式 $CH_2=CHSi(OCH_3)_3$］、乙烯基-三（2-甲氧基乙氧基）硅烷［代号 SCA-1623，分子式 $CH_2=CHSi(OCH_2CH_2OCH_3)_3$］。

（5）甲基丙烯酰氧基硅烷。甲基丙烯酰氧基丙基三甲氧基硅烷［代号 KH-570，分子式 $CH_2=C(CH_3)CO_2(CH_2)_3Si(OCH_3)_3$］。

（6）硅烷酯类。甲基三甲氧基硅烷［代号 SCA-103，分子式 $CH_3Si(OCH_3)_3$］、甲基三乙氧基硅烷［代号 SCA-113，分子式 $CH_3Si(OCH_2CH_3)_3$］和辛基三乙氧基硅烷［代号 SCA-213B，分子式 $CH(CH_2)_7Si(OCH_2CH_3)_3$］。

硅烷偶联剂对不同种类的无机粉体适应性较强，其中对表面主要含 Si—O 或 Si—OH 成分的石英、玻璃纤维、白炭黑等改性效果最好，对表面羟基丰富的高岭土、水合氧化铝、氢氧化镁等效果也较好。

硅烷偶联剂对与其作用的有机聚合物一般具有选择性，如果硅烷和聚合物二者在结构和组分等特性方面相互匹配，则相互作用强；否则，相互作用弱，改性粉体就不能取得理想的应用效果。因此，选择硅烷偶联剂对粉体进行表面改性时还一定要考虑所应用聚合物的种类。有关研究者已总结出常用的硅烷偶联剂与聚合物基料的适用性，可供应用参考。

大多数硅烷偶联剂既可以用于干法表面改性，也可以用于湿法表面改性。硅烷偶联剂的使用方法有两种：一是预处理方法，即将硅烷配成水溶液，以其对无机粉体改性后再与树脂等有机聚合物混合；二是迁移法，将硅烷与粉体及有机聚合物基料混合硅烷偶联剂用量一般可选定为粉体质量的 0.10%~1.50%。

2. 钛酸酯偶联剂

钛酸酯类偶联剂首先由美国 Kenrich 石油化学公司在 20 世纪 70 年代开发和生产，广泛用于无机填料和颜料的改性，对热塑性和热固性塑料及橡胶等具有很好的偶联效果。钛酸酯偶联剂的分子结构通式为 $(RO)_m—Ti—(OX—R'—Y)_n$，式中，R 和 R′分别代表短碳链烷烃基和长碳链烷烃基，X 代表 C、N、P、S 等元素，Y 代表羟基、氨基和环氧基等双键基团。m 和 n 的约束条件为：$1 \leqslant m \leqslant 4$，$m+n \leqslant 6$。

在钛酸酯的分子结构中，各元素和基团均具有自身的功能作用。其中，$(RO)_m$ 是与无机粉体颗粒形成偶联结合的基团。在改性过程中，钛酸酯偶联剂通过 $(RO)_m$ 与无机颗粒表面的微量羟基或质子发生脱羟基反应或化学吸附而偶联到颗粒表面，形成—Ti—$(OX—R'—Y)_n$。朝外的单分子层，$(RO)_m$ 同时与 OH—结合释放出醇；Ti—O……为酯基转移和交联基团，某些钛酸酯与有机高分子中的酯基、羧基等进行酯基转移和交联使钛酸酯、颗粒和有机高分子之间形成交联；R 为长链的烃基基团，因其链比较柔软可与有机基料进行弯曲缠绕，从而增强与基体的结合力，提高相容性；Y 为固化反应基团，能使钛酸酯偶联剂和有机聚合物进行化学反应而交联[30-32]。

根据分子结构和偶联机理，钛酸酯偶联剂分为三种类型：单烷氧基型、螯合型和配位型。

1）单烷氧基型钛酸酯

是指分子式中 $m=1$ 的钛酸酯，它是钛酸酯偶联剂中品种最多的类型，具有多种功能基团的特点，广泛应用于塑料、橡胶、涂料、胶黏剂工业。除含乙醇胺基和焦磷酸基的单烷氧基型外，大多数品种耐水性差，只适用于干燥的填料和颜料颗粒的改性，或在不含水的溶剂涂料中使用。单烷氧基型钛酸酯的代表性品种有单烷氧基三羧酸钛、单烷氧基三(磷酸酯)钛和单烷氧基三(焦磷酸酯)钛等。

单烷氧基三羧酸钛的分子通式为 $i\text{-}C_3H_7OTi(OCOR_3)$，典型品种异丙氧基三异硬脂酸钛(代号 KR-TTS，美国 Kenrich 公司生产)的分子式为 $i\text{-}C_3H_7OTi[OCO(CH_2)_{14}CH(CH_3)_2]_3$。KR-TTS 改性的无机颜料和填料等粉体，在高聚物基料中的填充量显著提高，且可改善高聚物的分散性、熔融流动性等，制品的延伸率、抗冲击强度等力学性能明显得以增强。单烷氧基三羧酸钛与颗粒的作用机理如图 8-14 所示。

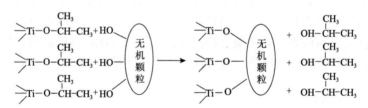

图 8-14　单烷氧基三羧酸钛偶联剂与无机颗粒的作用机理

钛酸酯偶联剂的典型代表异丙氧基三(磷酸二辛酯)钛适用于干燥的无机粉体的表面处理。用于溶剂型涂料可对 $\gamma\text{-}Fe_2O_3$、铁红和钛白粉等颜料具有明显的分散防沉效果，提高钛白粉等在聚丙烯、热熔性萜类树脂、丙烯酸树脂以及醇酸树脂中的分散性。在聚酰胺固化环氧树脂中，用量为粉体的 0.9%，即能明显提高涂膜性能。

单烷氧基三(焦磷酸酯)钛偶联剂适合于含湿量较高的粉体的改性，除单烷氧基与颗粒的羟基反应形成偶联外，焦磷酸酯基还可分解成磷酸酯基。单烷氧基三(焦磷酸酯)钛的典型代表为异丙氧基三(焦磷酸二辛酯)钛，单烷氧基三(焦磷酸酯)钛的改性作用机理示于图 8-15。

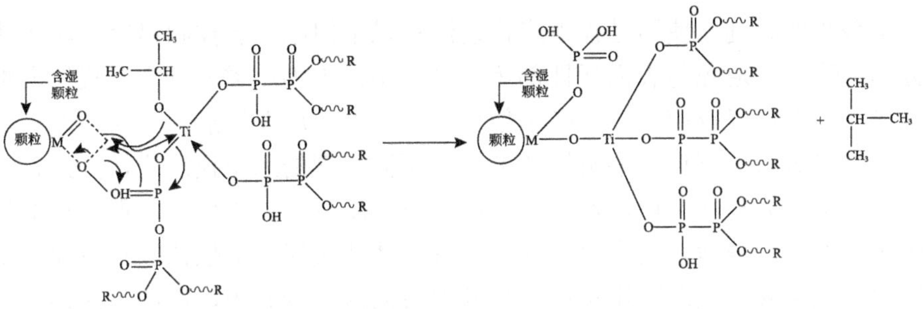

图 8-15　焦磷酸酯型钛酸酯改性湿颗粒的吸湿机理

2）螯合型

螯合型钛酸酯是指其结构中 $(RO)_m$ 为螯合剂的钛酸酯偶联剂，根据美国 Kenrich 公司的系统分类，螯合型钛酸酯分为螯合 100 型和螯合 200 型两种，螯合 100 型钛酸酯含有氧乙酸螯合剂，螯合 200 型钛酸酯含有乙二醇螯合剂。螯合 100 型钛酸酯的典型产品是二（焦磷酸二辛酯）羟乙酸钛酸酯（代号 CTDPP-138S 或 KR-138S），螯合 200 型钛酸酯的典型产品是二（磷酸二辛酯）钛酸乙二（醇）酯（代号 ETDOP-212S 或 KR-212S），

螯合型钛酸酯具有良好的耐腐蚀、阻燃、黏结性和耐水性，适用改性处理含湿量较大的无机粉体。它既可溶解在甲苯、二甲苯等溶剂中，也可用烷醇胺或胺类试剂季铵盐化后溶解在水中使用。

3）配位型

配位型钛酸酯偶联剂的结构通式为 $(RO)_4—Ti—(OX—R—Y)_2$，由该结构式可见，钛原子由 4 价键转变为 6 价键，这无疑会降低钛酸酯的反应活性，提高耐水性，因此，它适用于多种无机粉体填料和含水聚合物体系，并可避免 4 价钛酸酯在树脂等体系中的副反应。从改性原理分析，改性时所用钛酸酯偶联剂分子中的全部异丙氧基应与无机粉体表面所提供的羟基或质子相当即可，没有必要过量加入。一般钛酸酯偶联剂的用量为改性粉体量的 0.1%～30%。颗粒的粒度越细，粉体比表面积越大，偶联剂的用量就越大。通常可用黏度法探索合适的钛酸酯偶联剂用量。

根据钛酸酯偶联剂耐水性的不同，其使用方法存在很大差异。单烷氧基型钛酸酯除含三乙醇胶基（又属单螯合型）、焦酸酯基两类外，大多数耐水性差，所以使用时一般将其预先溶解在少量甲苯和二甲苯等烃类药剂中，然后与被改性粉体在一定温度下搅拌发挥改性作用；螯合型与配位型钛酸酯耐水性好，它们既可溶解在有机溶剂中，也可以直接分散在水相中对粉体进行改性。由于螯合型与配位型钛酸酯大多不溶于水，所以二者在水相中的分散一般通过使用表面活性剂使之在水中乳化或溶解，或以季铵盐化后再溶解的方法进行。

钛酸酯偶联剂在使用过程中应特别注意以下问题：①控制温度，防止钛酸酯分解；②尽量避免与表面活性剂等助剂并用，因为这类助剂会干扰钛酸酯在颗粒界面上的偶联反应，如果必须使用这些助剂，应在钛酸酯对粉体改性后再加入；③多数钛酸酯可与酯类增塑剂发生不同程度的酯交换反应，因此，加药顺序应避免首先与酯类增塑剂接触，以免发生副反应而失效；④保证钛酸酯与粉体颗粒的均匀分散，只有二者的均匀分散才能实现钛酸酯偶联剂对粉体颗粒的均匀包覆及减少偶联剂用量；⑤与其他表面改性剂并用，可产生改性协同效应和降低成本。

3. 铝酸酯偶联剂

铝酸酯类偶联剂的结构通式见图 8-16(a)，式中，D_n 代表配位基团，如 N、O 等；RO 为与粉体颗粒表面质子或官能团作用的基团；—COR′为与高聚物基料作用的基团。图 8-16(b) 为铝酸酯偶联剂分子的空间结构示意图。

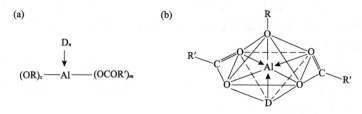

图 8-16　铝酸酯偶联剂分子的空间结构

粉体表面具有反应活性大等特点，并且在使用时因无须稀释而操作便利，因此在各种无机填料、颜料和阻燃剂等粉体的改性中得到了广泛应用，如碳酸钙（重钙、轻钙）、碳酸镁、磷酸钙、硫酸钡、钛白粉、铁红、炭黑、白炭黑、云母粉、高岭土、氢氧化镁、氢氧化铝和三氧化二锑等。研究发现，铝酸酯偶联剂在PVC 填充体系中具有很好的热稳定协同效应和一定的润湿增塑效果。

铝酸酯偶联剂与无机粉体表面的作用机理如图 8-17 所示[33-36]。铝酸酯偶联剂常温下为白色固体或浅色液体，可采用预处理法或直接加入法对粉体进行改性。改性时，将粉体加热至 110℃左右，然后加入粉碎后的铝酸酯偶联剂，用高速加热混合机或其他表面改性设备进行表面化学包覆改性。铝酸酯偶联剂的用量一般为粉体质量的 0.3%～1.0%。如果改性粉体作为注射或挤出成型的塑料硬制品的填料，则其用量为填料质量的 1.0%左右。其他工艺成型的制品、软制品及发泡制品，用量为填料质量的 0.3%～0.5%。对于氢氧化铝、氢氧化镁、白炭黑等超细和高比表面积的填料，铝酸酯的用量可达 1.0%～2.0%。经铝酸酯偶联剂改性后，无机填料等粉体表面由亲水性变成亲油性，因而颗粒度变小、吸油量减少、沉降体积增大。铝酸酯偶联剂对许多无机填料/有机物分散体系有明显的降黏作用，如用于塑料、橡胶或涂料等复合制品中，可改善加工性能、增加填料用量、提高制品的综合性能。

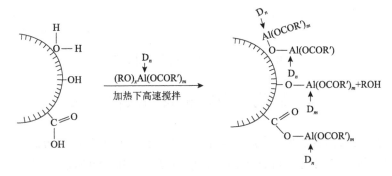

图 8-17　铝酸酯偶联剂与无机粉体表面的作用

4. 锆铝酸盐偶联剂

锆铝酸盐偶联剂由水合氯氧化锆($ZrOCl_2·8H_2O$)、氯醇铝[$Al_2(OH)_5Cl$]、丙烯醇、羧酸等为原料合成。锆铝酸盐偶联剂分子结构中含有锆和铝两个无机部分和一个有机功能配位体，因此，与硅烷等偶联剂相比，分子中无机特性部分较大，据此推断：锆铝酸盐偶联剂分子具有比硅烷更多的无机反应点，这对增强无机粉体表面的作用有益。

锆铝酸盐偶联剂通过氢氧化锆和氢氧化铝基团的缩合作用与羟基化的表面形成共键联结，但是，其更为重要的特性是能够参与金属表面羟基的形成并在金属表面形成氧络桥联的复合物。锆铝酸盐偶联剂根据分子中金属含量(无机特性部分比例)和有机配位基的性质，分为七类，前六种有机配位基分别为氨基羧基、甲基丙烯酸、甲基丙烯酸/亲脂基团、亲脂基团和巯基。它们分别适用于聚烯烃、聚酯环氧树脂、尼龙、丙烯酸类树脂、聚氨酯、合成橡胶等的填充。锆铝酸盐偶联剂均为液态，改性时可直接加入无机粉体的水浆或非水浆料中进行表面包覆改性，也可事先将其溶解在溶剂中，再对无机粉体进行改性。

5. 有机铬偶联剂

有机铬偶联剂由不饱和有机酸与铬原子形成的配价型金属络合物组成，为络合物偶联剂。它在玻璃纤维增强塑料中偶联效果较好，且成本较低。但其品种单调，使用范围及偶联效果均不及硅烷及钛酸酯偶联剂。有机铬偶联剂的主要品种是甲基丙烯酸氯铬络合物和反丁烯二酸硝铬络合物，它们一端含有活泼的不饱和基团，可与高聚物基料反应，另一端依靠配位的铬原子与玻璃纤维表面的硅氧键结合。有机铬偶联剂作用机理如图 8-18 所示。

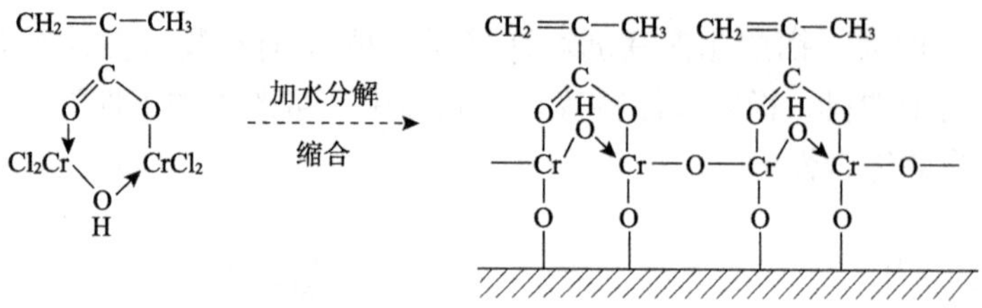

图 8-18　有机铬偶联剂的作用机理

8.4　矿物材料特种表面改性技术

特种表面改性是指利用微波、紫外线、红外线、电晕放电、等离子体照射和电子束辐射等方法对粉体进行表面改性的方法。如用 ArC_3H_6 低温等离子处理 $CaCO_3$ 可改善 $CaCO_3$ 与聚丙烯的界面黏结性。这是因为经低温等离子处理后的 $CaCO_3$ 表面存在一非极性有机层作为界面相，可以降低 $CaCO_3$ 的极性，提高与聚丙烯的相容性。电子束辐射可使石英、方解石等粉体的荷电量发生变化。

8.4.1　微波表面改性

8.4.1.1　微波的性质

微波是一种电磁波，其波长范围为 1 mm 至 1 m，是分米波、厘米波、毫米波的统称，微波频率对应在 300 GHz 至 300 MHz，介于红外光和无线电波之间。作为一种典型的电磁波，微波由相互垂直的电波分量和磁波分量构成，具有典型的波粒二象性，与物质的作用显示出了穿透、反射和吸收这三种特性。微波比其他用于辐射加热的电磁波，如红外线、远红外线等波长更长，因此具有更好的穿透性。微波透入介质时，由于微波能与介质发生一定的相互作用，以微波频率 2450 MHz，使介质的分子每秒产生 24 亿 5 千万次的震动，介质的分子间互相产生摩擦，引起的介质温度的升高，使介质材料内部、外部几乎同时加热升温，形成体热源状态，大大缩短了常规加热中的热传导时间，且在条件为介质损耗因数与介质温度呈负相关关系时，物料内外加热均匀一致。物质吸收微波的能力，主要由其介质损耗因数来决定。介质损耗因数大的物质对微波的吸收能力就强，相反，介质损耗因数小的物质吸收微波的能力也弱。由于各物质的损耗因数存在差异，微波加热就表现出选择性加热的特点。物质不同，产生的热效果也不同。水分子属极性分子，介电常数较大，其介质损耗因数也很大，对微波具有强吸收能力。而蛋白质、碳水化合物等的介电常数相对较小，其对微波的吸收能力比水小得多。

8.4.1.2 微波与材料的相互作用及加热原理

目前，热化学反应或转化，主要采用水浴、油浴、电炉、烘箱等热传递类型的加热源。其在液相反应中，最高温度受溶液沸点限制。由于这些加热模式过度依赖于材料本身的热传导系数，其对于混合体系存在传递不均匀的现象；而其由外而内的加热和热传递模式，更会导致加热速度慢、效率低、内外温度不一致等诸多问题。

在微波场中，含有微波介质的物质能吸收微波的能量进行自身加热。与传统加热不同，微波加热不需要外部热源，而是向被加热物质内部辐射微波电磁场，推动其偶极子运动，使之相互碰撞、摩擦而生热。其特点是微波加热使激发物质内部分子作超高频振动、摩擦，可实现分子水平上的"搅拌"。由于物质吸收微波能的能力取决于物质自身的介电特性，因此可对改性物料中的各组分进行选择性加热，从而提高反应的选择性。微波加热无滞后效应，当关闭微波源后，即无微波能量传向物质，利用这一特性可进行对温度控制要求高的改性处理。微波加热是物质在电磁场中因本身介质损耗而引起的体积加热，因此，微波加热不仅能量利用率很高、升温迅速，而且具有逆温度梯度和零温度梯度加热、降低反应温度、加快转化速率等特殊功能。

8.4.1.3 微波在矿物材料表面改性中的应用

陈育良[37]从硅灰石粉体表面湿法改性技术和微波化学的角度，研究了微波加热辅助下硅灰石粉体表面湿法改性的可行性和优越性；研究了微波对硅灰石粉体表面与硅烷偶联剂之间的物理化学作用机理；进行正交试验，探索最佳改性工艺条件，并对微波辅助改性效果进行评价，同时与传统水浴改性效果对比。研究表明，微波加热辅助湿法改性，可以促进硅灰石粉体表面与偶联剂更为快速有效地发生反应，实现精确控温，使改性过程的热效率和加热速度大幅提高，并且使改性样品具有更高的化学接枝率。

通过与传统的加热搅拌改性方法的比较，微波辅助改性方法在浊度、浸润度、接触角等方面都优于传统改性方法。实验结果表明，该方法不仅能取代传统的改性加热方式，实现对粉料的表面改性，而且可激发物质内部分子进行超高频振动、摩擦，实现分子水平上的"搅拌"，这种"激发效应"已开始在高分子合成和固化反应中应用。叶菁等[38]发明了一种粉体表面微波辅助改性方法，提出了一套微波辅助改性装置，并以此对重质碳酸钙粉体表面进行异丙基三异硬脂酸基钛酸酯(TTS)改性，实验表明其效果优于传统的加热搅拌改性。

8.4.2　等离子表面改性

等离子体是物质存在的第四种状态。它由电离的导电气体组成，其中包括六种典型的粒子，即电子、正离子、负离子、激发态的原子或分子、基态的原子或分子以及光子。事实上，等离子体就是由上述大量正负带电粒子和中性粒子组成的，并表现出一种准中性气体。目前，产生等离子体的技术很多，如直流电弧等离子体、射频等离子体、混合等离子体、微波等离子体等。按等离子体火焰温度，可将等离子体分为热等离子体和冷等离子体，其区分标准一般是按照电场强度与气体压强之比 E/P，即将该比值较低的等离子体称为热等离子体，该比值高的称为冷等离子体。无论是热等离子体，还是冷等离子体，相应火焰温度都可以达到 2700℃以上，这样高的温度都可以应用于材料切割、焊接表面改性，甚至材料合成[39]。

由于等离子体是一种高温、高活性、离子化的导电气体，处于等离子体状态下的物质颗粒通过相互作用可以很快地获得高温、高焓、高活性，这些颗粒将具有很高的化学活性，在一定的条件下获得比较完全的反应产物。因此，利用等离子体空间作为加热、蒸发和反应空间，可以制备出各类物质的纳米颗粒。其基本原理是在等离子体发生装置中引入干燥气体，使干燥气体电离，并在反应室中形成稳定的高温等离子体焰流。高温等离子体焰流中的活性原子、分子、离子或电子以高速射到各种金属或化合物原料表面，使原料瞬间加热熔融并蒸发，蒸发的气相原料与等离子体或反应性气体发生气相化学反应、成核、凝聚、生长，并迅速脱离反应区域，经过短暂的快速冷凝过程后得到相应物质的纳米颗粒。纳米颗粒经载气携带进入收集装置中，尾气经处理后排出或经分离纯化后循环使用。采用直流与射频混合式的等离子体技术，或采用微波等离子体技术，可以实现无极放电，这样就可以在一定程度上避免因电极材料污染而造成的杂质引入，制备出高纯度的纳米颗粒。

在惰性气体保护下，采用等离子体火焰直接蒸发各种金属或金属化合物，使之热分解可以制备各种纳米金属颗粒。若采用反应性等离子体蒸发法，在输入金属和保护性气体的同时，再输入相应的各种反应性气体，或采用等离子体化学气相沉积法，输入各种化合物气体和保护性的惰性气体，并输入相应的反应性气体，可以合成出各种化合物，如金属氧化物、氮化物、碳化合物等的纳米颗粒。

采用等离子体气相化学反应法制备物质的纳米颗粒具有很多优点，如等离子体中具有较高的电密度和离解度，可以得到多种活性组分，有利于各类化学反应进行；等离子体反应空间大可以使相应的物质化学反应完全；与激光法比较，等离子体技术更容易实现工业化生产，这是等离子体法制备纳米颗粒的一个明显优势。

通过放电的方法制造等离子体状态，即分离成离子和电子，具有导电性能。在这种等离子体中，通常含有带正电荷的离子和带负电荷的电子。等离子体中发生的是一个气相非平衡反应。传递到颗粒上的能量 E 与颗粒的质量 m 及电场的振动频率 f 有关：

$$E \propto \frac{1}{mf^2} \tag{8-7}$$

从式(8-7)可以看出，由于电子质量小，将获得较离子或自由基更多的能量。另外在等离子体区，传递到颗粒上的能量还与不带电的分子及原子的碰撞频率 z 有关：

$$E \propto \frac{1}{m} \times \frac{z}{f^2 + z^2} \tag{8-8}$$

碰撞频率随气体压力的增加而增加。当 $f = z$ 时，传递的能量 E 有最大值。

近年来，在等离子体刻蚀的研究中普遍发现，遭受离子轰击的表面反应速率大大加快。图 8-19 中曲线可按时间分为三个阶段：$t < 200$ s 时，为 Si 膜暴露于 XeF_2 中的转让刻蚀速率；200 s $< t < 640$ s 时，利用 Ar^+ 离子束和 XeF_2 分子束同时作用，结果导致刻蚀速率加快；当 $t > 640$ s 时，单独用 Ar^+ 离子束进行物理溅射。实际上，Ar^+ 和 XeF_2 分子同时作用的 Si 刻蚀速率大约是二者单独刻蚀速率之和的 8 倍。

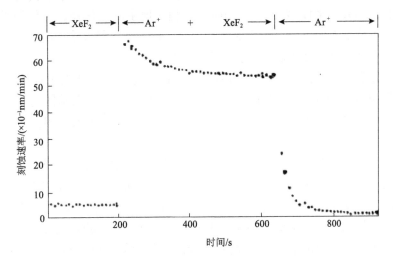

图 8-19 离子增强的气体-表面化学反应
Ar^+能量=450 eV；Ar^+电流=2.5 μA ($t > 200$s)；XeF_2能量=2×1015 mol/s ($t < 640$s)

图 8-20 给出了 N_2^+ 轰击 W 时，W 表面单位面积内所含的 N 原子数与入射离子数的关系。入射离子能量分别为 450 eV 和 300 eV，表面形成的氮化物层厚度约为 $3\sim10$ nm（$30\sim100$ Å），黏附概率可由曲线初始部分的斜率求得。

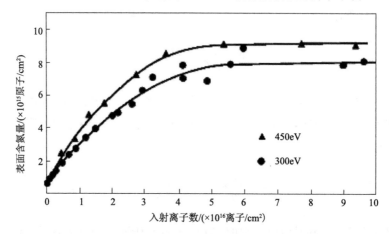

图 8-20　表面含氮量与入射离子数的关系（N_2^+ 轰击 W）

等离子体对聚四氟乙烯表面处理前后的润湿接触角有明显影响，并具有改善润湿性的作用。在处理 10 s 后，其润湿接触角显著变小，这表明已变得相当容易被水润湿了。在等离子体环境中，当颗粒表面受到化学活性离子（如 N_2^+、O_2^+、CH_4^+ 等）轰击时，将产生一个化学改性的表面层。此表面层含有入射离子的组分，其厚度至少为 $2\sim3$ nm，表面改性的区域不小于离子的投射范围。例如，以 N_2^+、O_2^+、CH_4^+ 轰击粒表面时，会相应地生成氧化物、氮化物或碳化物表面层。也就是表面氧化、表面氮化或表面碳化。当入射离子的组分不易挥发且离子能量不太高时，更可能发生这种表面反应。

等离子体作用机制通常应包括以下几步：气相物种被吸附在固体颗粒表面；被吸附气体粒子的离解（即离解性化学吸附）；被吸附的基团与固体颗粒表面分子反应生成其他化合物（产物分子）；产物分子解吸进入气相；反应残留物脱离颗粒表面。

一般来说，反应的第一步总是发生的，因为未分解的分子和颗粒表面间通常存在着吸引力。这一步往往形成一种预吸附态，此状态下的分子可以移动经扩散越过表面直到离解为止。这种情况有可能发生在一个阶梯上，也可能发生在位错、空位等其他晶格缺陷处。离子轰击能促进表面化学反应，同样电子也有类似的作用。在无电子轰击情况下，暴露于 XeF_2 气体中的 SiO_2、Si_3N_4 或 SiC 表面均可生成氟化物吸附层，而 Xe 被轰击脱附进入气相。然而，当存在电子轰击时则生成气态 SiF_4 和其他挥发性产物[40,41]。

对于 Si_3N_4 和 SiC 也能得到与 SiO_2 类似的结果，但 Si_3N_4 反应更快，而 SiC 的反应则比较慢。共同点是这类反应都需要荷能粒子和化学活性物质的协同作用。其作用机制与上述粒子诱导化学反应的增效机制相类似。当然这只不过是用简单模式描述一种可能机制，实际上涉及的作用机理可能要复杂得多。

8.4.3　电磁波辐射表面改性

按波长大小，电磁波可分为 γ 射线、X 射线、紫外线、可见光、红外线、微波、无线电波等。电磁波、中子流在无机颗粒表面改性领域都有应用。辐照能改变颗粒的结构、电极电位、吸附性、润湿性等。基科因等测定了强 γ 射线（22 MeV）辐照前后固体颗粒在甘油中的接触角的变化，见表 8-2，当辐照剂量达到 0.258 C/kg 时，固体颗粒的润湿性变化极其显著[42]。

表 8-2　几种固体颗粒在甘油介质中辐照前后接触角的变化

颗粒	接触角 θ		颗粒	接触角 θ	
	辐照前	辐照后		辐照前	辐照后
Fe_2O_3	28°	56°	$\gamma\text{-}Fe_2O_3$	39°	59°
MnO_2	35°	73°	$CaCO_3 \cdot Cu(OH)_2$	49°	61°
$CaWO_4$	20°	53°	Fe_2O_3（假象）	50°	61°
$FeTiO_2$	44°	54°			

辐照可以产生自由基，并加速颗粒在水或空气中的表面氧化。例如，水在强射线的作用下分解产生自由基 e、H、OH 及激发态水分子 H_2O：

$$H{:}O{:}H \longrightarrow (H{:}O{:}H)^+ + e \tag{8-9}$$

H_2O^+ 及自由电子 e 极快地与水分子相互作用：

$$H_2O^+ + H_2O \longrightarrow H_3O^+ + OH \tag{8-10}$$

$$e + H_2O \longrightarrow H_3O^- \longrightarrow H^+ + OH^- \tag{8-11}$$

自由基 H、OH 极不稳定，生成

$$H + H \longrightarrow H_2 \tag{8-12}$$

$$OH + H \longrightarrow H_2O \tag{8-13}$$

$$OH + OH \longrightarrow H_2O_2 \qquad\qquad (8\text{-}14)$$

在整个辐射反应中，一系列中间物均具有与邻近分子作用的较大活性。溶于水中的氧在射线辐照下也发生变化，生成臭氧而显著提高化学活性。

参 考 文 献

[1] 郑水林. 粉体表面改性. 北京: 中国建材工业出版社, 2003.

[2] 骆心怡, 朱正吼, 卢翔, 李顺林. 高能球磨制备纳米 CeO_2/Al 复合粉末. 热加工工艺, 2003(2): 14-16.

[3] 周婷婷, 冯彩梅. 高速气流冲击法制备 NB 包覆 TiB_2 复合粉末. 武汉理工大学学报, 2004, 8(26): 1-3.

[4] 刘杰, 郑水林, 张晓波, 刘桂花. 煅烧高岭土与钛白粉的湿法研磨复合工艺研究. 化工矿物与加工, 2009, 38(8): 14-16.

[5] 侯喜峰, 丁浩, 李燚, 等. 硅灰石/TiO_2复合颗粒材料的制备及表征. 中国非金属矿工业导刊, 2010(6): 26-28.

[6] 姜伟, 丁浩, 李渊. 水镁石/ TiO_2 复合颗粒材料的制备及颜料性能研究. 中国非金属矿工业导刊, 2010(5): 36-39.

[7] 薛强, 杜高翔, 丁浩, 赵朝兴. 煅烧硅藻土/氧化铁红复合颜料的制备工艺研究. 非金属矿, 2010(5): 45-47.

[8] 王淀佐, 胡岳华, 杨华明. 资源加工学. 北京: 科学出版社, 2005.

[9] 黄美华. 矿物的表面改性及改性剂. 矿产保护与利用, 1991(3): 34-36.

[10] 毋伟, 陈建峰, 卢寿慈. 超细粉体表面修饰. 北京: 化学工业出版社, 2004: 155-165.

[11] WU W, LU S C. Mechano-chemical surface modification of calcium carbonate particles by polymer grafting. Powder Technology, 2003, 137: 41-48.

[12] BOVEN G, OOSTERLING M L C M, Challa G, et al. Surface modification of silicon dioxide. Polymer, 1990, 31: 2377.

[13] TSUBOKAWA N, ISHIDA H. Modificaton of silicon dioxide with encapsulatfing oxygenous polymer on the surface. Polymer Science Part A, 1992, 30: 2241-2246.

[14] HASEGAWA M, KANDA Y. Surface modification of fine inorganic powders by wet grinding with soapless emulsion polymerization. Powder Technology, 1994, 78: 159-463.

[15] 杨华明, 陈德良, 邱冠周. 超细粉碎机械化学的研究进展. 中国粉体技术, 2002, 8(2): 32-37.

[16] 傅正义, 魏诗梅. 氧化钙的机械力化学活化. 硅酸盐学报, 1989(4): 308-314.

[17] 郑水林. 超细粉碎. 北京: 中国建材工业出版社, 1999: 79.

[18] SONDI I, STUBIČAR M, PRAVDIĆ V. Surface properties of ripidolite and beidellite clays modified by high-energy ball milling. Colloids & Surfaces A: Physicochemical & Engineering Aspects, 1997, 127(1): 141-149.

[19] 丁浩. 非金属矿物湿法超细化表面改性工艺与理论. 北京: 北京科技大学, 1997.

[20] 张长森. 粉体技术及设备. 上海: 华东理工大学出版社, 2007.

[21] 姜奉华, 陶珍东. 粉体制备原理与技术. 北京: 化学工业出版社, 2018.

[22] 卢寿慈. 粉体加工技术. 北京: 中国轻工业出版社, 1998.

[23] 丁浩. 粉体表面改性与应用. 北京: 清华大学出版社, 2013.

[24] 钱逢麟. 涂料助剂——品种和质量手册. 北京: 化学工业出版社. 1990.

[25] 乐志强, 苏威. 无机粉体表面处理适用技术. 无机盐工业, 1990(2): 27-30.

[26] 杨维生, 毛晓丽. 有机硅偶联剂的开发及在高分子材料中的应用. 高分子材料, 1995(3): 18-27.

[27] 蔡宏国, 申建一. 硅烷偶联剂及其进展. 现代塑料加工应用, 1993(5): 47-51.

[28] 方春山, 张忠义, 黄锐. 填料的某些性质对填充塑料性能的影响. 塑料, 1987(3): 29-33, 20.

[29] 傅永林. 偶联剂在复合材料中的应用. 中国塑料, 1991, 5(3): 20-23.

[30] 山西省化工研究所. 塑料橡胶加工助剂. 北京: 化学工业出版社, 1983.

[31] 营汉生. 利用钛酸酯系偶联剂进行表面改性. 国外塑料, 1990(4): 29-34, 28.

[32] 刘颖悟. 碳酸钙的活化改性. 无机盐工业, 1990(6): 34-36.

[33] 章文贡, 陈田安, 陈文定. 新型铝酸酯偶联剂 DL-411-A 在硬聚氯乙烯制品中的应用. 塑料工业, 1988(4): 51-53, 6.

[34] 章文贡, 陈田安, 陈文定. 铝酸酯偶联剂改性碳酸钙的性能与应用. 中国塑料, 1988(1): 23-24.

[35] 姚凌, 王玉兴, 王锦明. 铝酸酯偶联剂活化碳酸钙的工艺及其应用. 塑料, 1991(2): 15-19.

[36] 章文贡, 章永化. 大分子铝酸酯的表面活性与改性作用的研究. 精细化工, 1992(3): 1-3.

[37] 陈育良. 微波辅助硅灰石粉体表面改性. 长春: 吉林大学, 2009.

[38] 叶菁, 李红. 重质碳酸钙粉体表面微波辅助改性的研究. 中国粉体技术, 2004(3): 13-16.

[39] 赵化侨. 等离子体化学与工艺. 合肥: 中国科学技术大学出版社, 1993.

[40] COBURN J W, WINTERS H F. Ion- and electron-assisted gas-surface chemistry: An important effect in plasma etching. Journal of Applied Physics, 1979, 50(5): 3189-3196.

[41] WINTERS H F. Surface processes in plasma-assisted etching environments. Journal of Vacuum Science & Technology B: Microelectronics and Nanometer Structures, 1983, 1(2): 469-480.

[42] 卢寿慈, 翁达. 界面分选原理及应用. 北京: 冶金工业出版社, 1992: 60.

第9章　矿物材料调控技术

9.1　概　　述

矿物材料因其具有高表面积、孔隙率、表面电荷、阳离子交换容量、酸度和不同类型的活性位点等优势和特点被广泛地应用于能源、环境、生物医药等诸多领域，然而其应用效果却参差不齐，甚至来自不同地区的同种矿物材料，也很难取得同样的应用效果。黏土矿物的表面、层间以及结构中具备活性以及可调性。黏土矿物表面由于残缺引起的不饱和价键导致表面形成各种布朗斯特酸(Brønsted acid，B 酸)、路易斯酸(Lewis acid，L 酸)等的活性中心；矿物结构间的结合力(如分子键、氢键以及离子键)非常弱；矿物结构内硅氧四面体、铝氧八面体存在结构不饱和以及类质同象等现象；矿物的表面及结构中存在功能基团如铝羟基、硅羟基等。改性调控是矿物材料高端应用的必要环节，经过改性后的矿物具有更大应用潜力。矿物材料的应用关键在于功能化改性以及调控技术，未经调控改性的矿物材料难以满足当今新材料的发展要求[1]。

为了更好地开发和利用矿物材料，使其充分发挥在相应领域中的作用，国内外学者将研究重心逐渐转移为矿物材料的改性与调控，对矿物材料的结构、成分、性能进行调控，使其具有更广泛、更稳定、更有效的应用价值。矿物的改性包含以下几种技术：①碱熔改性，将不溶性矿物与氢氧化钠(或碳酸钠)共热熔融，使其中的某些组分变为可溶性物质。②煅烧改性，加热可以改变矿物的形状、大小、孔隙度、非晶化和结晶，调控矿物微观结构和宏观特征。③插层改性，利用矿物特有的层状结构，晶体层之间结合力较弱(如分子键或范德瓦耳斯键)或存在可交换阳离子等特性，通过化学反应或离子交换反应，将无机离子团、有机分子插入矿物层间，使得矿物材料的物理化学性能显著地改变，从而使得矿物在高分子材料、固体电解质、高性能陶瓷等领域得到广泛的应用。④掺杂改性，通过在纯净的基质中利用物理或者化学方法掺入其他杂质元素或化合物，以改变原基质材料的性能，如亲水性、生物相容性、抗静电性、吸附性、导电性等。矿物常用的掺杂改性方法主要有表面接枝技术(可以根据需要将不同类型的有机官能团引入矿物的结构中，引起矿物表面物理化学性质的变化)、离子掺杂技术等。⑤外场改性，是指矿物在外场力的作用下发生微观晶体结构和物理化学性质变化的改性方法。矿物常用的外场改性方法主要有微波改性、超声改性和机械改性。

9.2　矿物材料结构调控技术

9.2.1　碱熔改性

9.2.1.1　粉煤灰碱熔改性

粉煤灰可作为工业过程中的吸附剂。然而，由于其低比表面积和孔隙率，去除的污染物效率较低，导致该工艺需要大量吸附剂。因此，对于粉煤灰作为吸附剂的应用，需要对其进行改性，从而改变材料的结晶度和孔隙度。用碱熔法对粉煤灰进行改性使其发生非晶化，改善了材料的比表面积和孔体积等结构特征，得到一种去除水中甲基紫染料的高效吸附剂，粉煤灰和碱熔改性粉煤灰样品的染料去除率分别为 10% 和 83%。碱熔改性粉煤灰对模拟废水的脱色率为62.3%，在 5 个吸附/再生循环中均保持良好的吸附能力。因此，碱熔改性粉煤灰具有良好的吸附性能，可作为废水处理的替代吸附剂[2]。

粉煤灰由非晶态铝硅酸盐材料组成，以 α-石英(SiO_2)和莫来石$(3Al_2O_3 \cdot 2SiO_2)$为主，将这些物质转化为沸石受到了极大的关注。沸石是水合、结晶和微孔的铝硅酸盐，由氧原子连接成三维四面体$[AlO_4]$和$[SiO_4]$网络，这些体系赋予沸石独特的性能和应用领域，如吸附能力、离子交换、分子筛和催化性能。以粉煤灰为原料合成的沸石在类似合成沸石的领域中得到了广泛应用。近年来的研究表明，粉煤灰合成的沸石还可以作为放射性污染物处置场址的渗透性反应屏障、衬垫和回填材料。此外，由粉煤灰合成的 X 分子筛由于其孔径大、孔洞深、阳离子交换容量值大，在吸附剂、催化剂、洗涤助剂和阳离子交换剂等方面具有很高的应用潜力。为了在现有方法的基础上寻找更有效、更经济的路线，研究了新的合成方法。在水热结晶前加入碱性熔融步骤，形成水溶性硅酸钠和铝酸钠化合物，提高沸石含量。另一方面，当氢氧化钠用于熔融步骤时，钠离子可作为沸石晶体结构的亚结构单元稳定剂。虽然这种方法已被证明可以增加沸石含量，但反应时间仍然太长，应缩短反应时间，以节省时间和成本的过程。最近提出了碱性熔融-超声辅助合成法合成 X 沸石分子筛的新方法(图 9-1)[3]，该合成方法将老化时间从 24 小时缩短到 2 小时。

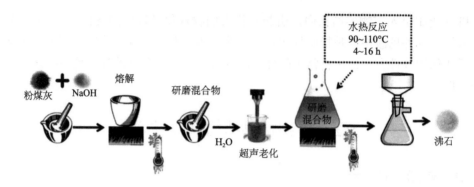

图 9-1　粉煤灰碱熔合成沸石方案

9.2.1.2　高岭土碱熔改性

自从 20 世纪 60 年代 Howell 等成功地利用高岭土合成 4A 沸石分子筛以来，人们对以高岭土为原料来合成分子筛进行了广泛的研究。从高岭土中合成 A 型沸石包括两个基本步骤：偏高岭土化，即高岭土在高温下煅烧，将化学稳定的高岭土转变为一种反应性很强但无定形的材料偏高岭土；沸石化，即用氢氧化钠溶液对煅烧的高岭土进行水热处理。基于此，高岭土在不同合成方法下合成 A 型沸石已被广泛报道。高岭石通过两种不同的途径合成 A 型沸石：传统的水热合成路线和水热反应前的碱熔路线。使用第一种方法，观察不同沸石类型结构的混合物，如钠沸石，而碱熔法则促进了纯单相 A 沸石的结晶，这可以归因于碱熔比水热法更有效，且碱熔法形成的 A 沸石具有热力学稳定性。研究证明以低品位高岭土为原料，采用常规法和碱熔法合成 A 型沸石。传统水热法合成的 A 型沸石为立方晶，边缘圆角，最佳结晶度为 75%，无水 A 型沸石离子交换容量（CEC）为 250 mg CaCO$_3$/g。碱熔法在没有纯化步骤的情况下得到了圆角边的 A 型沸石立方晶体，最佳结晶度为 84%，CEC 为 300 mg CaCO$_3$/g 的无水 A 型沸石。因此，与传统的水热合成法相比，碱熔合成法在时间、能源成本甚至产品质量等方面都是最佳的合成方法[4]。

然而采用先高温煅烧活化原矿粉（700℃以上）再加热碱水晶化的方式来合成 A 型沸石的方法存在煅烧温度较高、不能充分活化原料、晶化时间较长等缺点；而采用碱液溶出高岭土中的硅铝酸盐过滤后用其滤液合成 4A 沸石的工艺虽能提高产品的纯度，却存在工艺复杂、硅铝利用率低等缺点。最近研究证明采用低温（400℃）碱熔活化的方法，可降低煅烧的温度，使高岭土生成可溶性硅铝酸盐及无定形态偏高岭土晶化的时间减少了，获得了高品质的 4A 型沸石分子筛产品[5]。

9.2.1.3 膨润土的碱熔改性

膨润土是一种含水铝硅酸盐黏土矿，主要矿物是蒙脱石，它廉价易得、资源丰富，广泛应用于冶金、铸造、石油开采与加工、日用化工、化学建材等各个领域。有关膨润土的深加工，普遍采用酸活化的方法来破坏层状结构，把膨润土中的硅转变成活性二氧化硅，铝转变成可溶性铝盐，然后再通过与其他物质反应或控制工艺条件得到目的产品。此方法存在硅铝浸出速度和浸出率低、活化时间长、废酸液不易处理、工艺流程复杂等缺点。采用 NaOH 或 Na_2CO_3 碱性物质作为活化剂与膨润土反应，破坏其晶格结构，使膨润土中的硅铝生成非晶态活性的硅铝酸盐，也能够达到活化膨润土目的。碱熔活化法不仅提高了硅铝浸出率，而且简化了工艺。因此，近年来碱熔活化法得到了人们的更多关注。采用碳酸钠为活化剂，以高温碱熔的方法活化膨润土，通过 XRD、TG-DTA 研究了碳酸钠对膨润土活化的过程，发现碳酸钠能有效破坏膨润土晶体结构并反应生成活性硅酸钠从而起到活化作用。通过 XRD 分析了操作参数(温度、碳酸钠用量和时间)对产物物相的影响，得出膨润土与碳酸钠质量比为 1∶1.5、在 850℃碱熔活化 2 h 的最优活化工艺，在此条件下硅的一次浸出率可达 47.22%[6]。

以廉价的膨润土为原料制备 4A 沸石分子筛产品，对提高膨润土原料的附加值、发展绿色环保型产业有着重要的环境效益和经济效益。一般在高温条件下使膨润土与熔融态下的 NaOH 或 Na_2CO_3 发生反应，提高硅铝的溶出，然后经过补铝晶化合成分子筛。该工艺相对酸法可以节省原料、简化工艺流程、缩短生产周期。以天然膨润土为原料，采用对膨润土和补加的铝源(氢氧化铝)一步高温碱熔活化的方式来直接水热合成 4A 分子筛。此法不仅避免了以往二次投加氢氧化铝及铝源难于活化的问题，也简化了常规碱法合成的工艺，缩短了生产周期，得到了质量较高的产物。通过上述研究优化出最佳的碱熔活化温度与原料配比，分子筛结晶程度较好，晶粒十分完整，呈立方体形貌且晶粒不团聚，样品的 Ca^{2+} 交换容量达到了 314 mg $CaCO_3$/g，超过其他方法制备的 4A 分子筛的钙离子交换度[7]。

NaP 沸石分子筛具有优良的 Ca^{2+} 和 Mg^{2+} 交换性能，用它来替代三聚磷酸钠生产无磷洗衣粉，具有比 4A 沸石分子筛更大的离子交换量，是更理想的三聚磷酸钠替代品。采用向膨润土中加入 Na_2CO_3 在 850℃煅烧 1 h 的方法，破坏了原矿中的蒙脱石和石英晶体，得到了以硅铝酸钠和硅酸钠及以非晶态存在的活性的氧化硅和氧化铝，活化了膨润土中的蒙脱石和石英成分，获得了高活性的原料；运用水热合成的方法，获得了 NaP 沸石分子筛，并采用正交实验对合成的工艺条件进行了优化。膨润土加碱在 850℃焙烧 1 h 后，膨润土被充分活化。通过正交实验，确定了合成 NaP 沸石分子筛的优化条件，所得产物为纯净的 NaP 沸石分子筛，产物的 Ca^{2+} 交换量为 315 mg/g[8]。

9.2.2　煅烧改性

煅烧改性是在低于矿物材料的熔点对材料进行加热改性，使其成分发生分解，去除其内部的结晶水、碳化物、硫化物等挥发性物质，从而改变矿物材料的物理化学性质。煅烧改性的作用因素包括升温速率、处理温度、保温时间、氧化还原氛围等。

在对某类型的矿物进行煅烧改性时，在某一温度下一种类型矿物可能会转化为另一类型的矿物，或者在同一类型下发生种类的转变，而相变的温度也取决于颗粒的大小和加热的方法。黏土矿物的热处理温度范围可以根据其加热过程中发生的结构变化分为 3 个范围。①脱水-脱羟基温度范围：当温度从室温加热到脱羟基温度下限时，矿物开始脱出吸附水和结合水，其结果是导致层内空间坍塌，孔的结构发生变化，此时矿物的表面和层内酸性发生本质变化。②高于脱羟基结构彻底破坏温度范围：这个温度范围因矿物种类不同而差异很大。羟基的脱除会破坏八面体层的结构，一些矿物在保持晶体形态的状态下由晶体形态变为无定形态。③出现新物相的温度范围：脱羟基的矿物可能并未转化成非晶态，但随着加热温度的升高，矿物可能直接转化为高温相的晶体形态[9]。对于一些三八面体矿物，①和②之间的转化温度间隔很小，因此中间相形成后很可能未能被观察到。当新的晶体形态出现时，即使新产物的晶体方位跟初始矿物保持一致，其原始特性也会消失。

矿物可以不同形式加热：①不加任何添加剂或预处理；②加热前与各种试剂混合；③经过酸活化等预处理；④经过预热和预处理，如通过酸活化和随后的再加热。鉴于原料种类繁多，加热过程中涉及的变量众多，对矿物进行热改性有一系列的选择。不同的矿物需要不同的预活化温度来形成理想的性质，或防止不良性质的形成。一些矿物质最好以脱水形式使用，另一些则以脱羟基形式使用。下面以具体的矿物为例讨论煅烧处理使矿物的某些性质发生变化或被改性的问题。

9.2.2.1　累托石的煅烧改性

通过原位 FTIR 分析了累托石在煅烧过程中基团的变化(图 9-2)。对于累托石，3638 cm^{-1} 处的明显谱带归因于 Al—O—H 单元的—OH 拉伸振动，3405 cm^{-1} 处的宽带与 H—O—H 的拉伸振动有关，在 1643 cm^{-1} 处也观察到—OH 的弯曲振动。1019 cm^{-1} 处是 Si—O—Si 的拉伸振动，935 cm^{-1} 处的峰是 Al—OH 的特征振动，702 cm^{-1} 处的峰归因于平面弯曲/变形中的 Si—O—Al 振动。而 546 cm^{-1} 处的峰归因于 Si—O 的弯曲振动。300℃煅烧的累托石在 3405 cm^{-1} 和 1643 cm^{-1} 处氢键的 H—O—H 宽带逐渐减弱并消失，说明累托石脱水。对于煅烧样品 R500，在 3638 cm^{-1} 处 Al—OH 基团的—OH 强度和在 702 cm^{-1} 处的 Si—O—Al 基团的—OH

强度略有降低，峰的位置向较低带移动。同时，在 935 cm⁻¹ 处的 Al—OH 振动强度和在 819 cm⁻¹ 处的 Al—OH 面外振动强度也降低，这是由于结构变形和收缩所致，表明脱羟基反应在约 500℃开始。300℃煅烧累托石的 FTIR 图谱发生了较大变化：Al—OH 释放带(在 935 cm⁻¹ 处)缩小为一个肩峰，然后与 Si—O—Si 结合，在 1019 cm⁻¹ 处拉伸振动形成一个宽峰。在 819 cm⁻¹ 和 700 cm⁻¹ 处的 Al—OH 面外振动和 Si—O—Al 面内弯曲带完全消失，同时在 560 cm⁻¹ 处出现了一个新带，并保持稳定。在 700℃脱羟基后，Si—O—Si 拉伸带从 1019 cm⁻¹ 移至 995 cm⁻¹ 处，这种轻微的变化归因于结构分解，因为脱羟基始终被认为是导致晶体分解的化学反应。800℃煅烧累托石的—OH 基团完全消失，表明脱羟基反应完成，由于水分子的释放，两个 Al—OH 基团转变为新的 Al—O—Al 结合[10]。

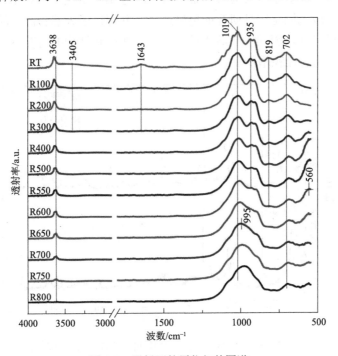

图 9-2　累托石的原位红外图谱

9.2.2.2　膨润土的煅烧改性

膨润土是一种以蒙脱土为主的 2∶1 型层状结构黏土矿物。其基本结构包括一个氧化铝八面体片和两个二氧化硅四面体片。自然地，由于在其晶格中阳离子的取代(同构)，膨润土具有负表面电荷，例如在氧化铝八面体片中 Mg²⁺取代 Al³⁺，在二氧化硅四面体片中 Al³⁺取代 Si⁴⁺。由于其特性，膨润土被用于去除阴离子和阳离子污染物。热处理会改变膨润土的粒度、渗透性、含水量、黏聚力和密度等物理化学性质，经过热处理的膨润土和黏土被用作建筑和土壤稳定的砖块。

通过 XRD 衍射图来评价热活化前后黏土吸附剂层状结构的变化[11]。膨润土(BC)和热活化膨润土(TB)的 XRD 图谱如图 9-3 所示。XRD 峰证实了蒙脱石和石英的存在。BC 中也存在高岭石峰，$2\theta = 5.5°$ 是蒙脱石峰的主要特征峰，在 2θ 值为 20° 和 36° 时也出现蒙脱石峰。而热活化膨润土中无高岭石峰，膨润土热活化后蒙脱石主峰的强度明显降低，2θ 值为 8.3° 时，主峰的强度略有向右偏移，说明 TB 层间距的减小。根据布拉格定律，层间距离由 BC 的 1.61 nm 减小到 TB 的 1.07 nm，这一结果可以归因于水分子从晶格片上的去除。此外，热活化过程中使用的高温导致了晶体结构的扭曲。因此，与 BC 相比，TB 在水介质中更加稳定，使 TB 成为固定床柱研究的更好选择，并解决了天然膨润土的膨胀问题。由 XRD 分析可知，膨润土热活化后，在不改变层状结构的情况下，膨润土的结合吸附位点和比表面积增加。

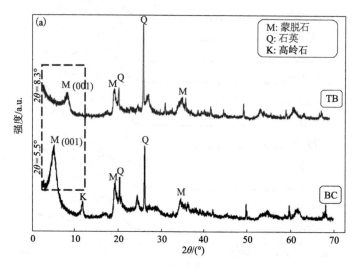

图 9-3 膨润土(BC)和热活化膨润土(TB)的 XRD 图谱

BC 和 TB 中最丰富的成分是 O、Si 和 Al，这是黏土矿物的基本成分。此外，还存在 Fe、K、Ca、Mg 和 Na，这些阳离子在膨润土样品中的存在可称为聚阳离子膨润土，有利于吸附过程的进行，热活化前后吸附剂的组成没有显著差异。膨润土煅烧前后都表现出具有可识别轮廓、绒毛状形貌和不规则片状的单个颗粒，形成大而厚的结块。材料的表面形貌没有其他显著差异。然而，经过热活化后，颗粒粗糙度略有增加，物理结构几乎没有损失，这种煅烧后的形态变化与天然膨润土的来源和组成有关。

9.2.2.3　高岭石的煅烧改性

高岭石煅烧处理是指利用物理的方法对高岭土进行高温加热，把表面的一部分或者所有的羟基脱掉，从而得到特殊的表面性质，如果能在适当的温度下进行煅烧处理，使得羟基全部脱出，同时新的稳定相（莫来石、方石英等）又未能形成，此时高岭土中硅和铝的溶出量最大，因而活性就很强；此外，煅烧处理还能使高岭土的晶体结构发生变化，由原来的有序片层晶体结构的高岭石变为无序片层晶体结构的偏高岭石，使得原晶体内的一些基团裸露，而且由于结构水的脱去，表面活性点的种类和数量同时增加，致使活性大大加强。高岭土活性增强的实质是其中的铝氧八面体羟基脱去，导致高岭土中铝原子的配位数由 6 变成了 4 或者 5。同时经过煅烧处理的高岭土的粒径可能增大，虽然它的比表面积减小，吸附性减弱，但是表面能降低，而且无定形化使其结构变得更加松散，分散性增加。煅烧高岭土经过研磨细化后可以用作橡胶、塑料的补强填料。此外，煅烧改性还会使高岭土产生如下变化：硬度增大、耐磨性增强、酸性增加、电绝缘性提高、白度提高[12]。

由于纯高岭石样品不含层间水，在煅烧过程中不存在脱水步骤，高岭石的热诱导结构转变完全由脱羟基过程控制，高岭石的煅烧过程主要有三个热诱导阶段。根据下面的反应，第一个过程为亚稳偏高岭土相的吸热脱羟基反应，发生在 450～700℃的温度范围内；立方尖晶石和无定形二氧化硅在 700～950℃范围内产生；在 1100℃以上通过放热反应形成热力学稳定的莫来石相，在此范围以外的无定形二氧化硅相由方石英结晶形成。

通过 XRD 和 UV-Raman 进一步表征了高岭石向偏高岭石的相变随温度的变化规律[13]。如图 9-4 所示，未热处理的样品显示出高岭石和杂质锐钛矿的特征峰（$2\theta = 25.33°$），高岭石晶体在(001)面和(002)面处的强度随温度的升高而降低。600℃以上的 XRD 图谱只显示锐钛矿反射，这表明高岭石已完全脱羟基化为无定形偏高岭石。在化学方程式(9-1)中，温度范围为 600～700℃时，偏高岭土开始脱羟基向无定形偏高岭土相转变。

$$Al_2[Si_2O_5](OH)_4 \longrightarrow Al_2O_3 \cdot 2SiO_2 + 2H_2O \tag{9-1}$$

在 UV-Raman 数据分析中（图 9-5），高岭石或偏高岭石条带分为两个区域：低值区 200～1200 cm^{-1} 和羟基拉伸区 3000～4000 cm^{-1}。对于高岭石，在 3619 cm^{-1}、3652 cm^{-1}、3665 cm^{-1} 和 3683 cm^{-1} 处的羟基拉伸区域有四条条带。随着温度的升高，这些带的强度降低。在 600℃以上，这四个条带消失了，证实高岭石已完全脱羟基[13]。

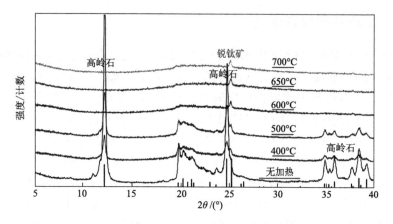

图 9-4　热处理高岭石的 XRD 谱图

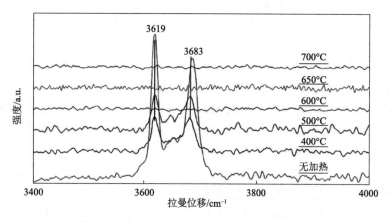

图 9-5　热处理高岭石羟基拉伸区的拉曼光谱

9.2.2.4　蒙脱石的煅烧改性

　　原矿蒙脱石(RM)和 600℃热活化蒙脱石(TAM)样品的 FTIR 光谱如图 9-6 所示[14]。在 RM 样品的光谱中，1034.9 cm^{-1} 处的峰代表 Si—O—Si 的拉伸振动，795.9 cm^{-1} 和 468 cm^{-1} 处的峰代表 Si—O—Fe 的拉伸和弯曲振动，520.3 cm^{-1} 的峰代表 Si—O—Mg 的弯曲振动。3626.1 cm^{-1} 附近的峰代表 Si—OH—Al 中 OH 的伸缩振动，914.5 cm^{-1} 附近的峰代表 Al—Al—OH 的羟基振动。3447.5 cm^{-1} 和 1637.2 cm^{-1} 处的峰与水的 O—H 键的伸缩振动吸附带和弯曲振动吸附带相关。与 RM 相比，TAM 样品保持了大部分蒙脱石基本结构的吸收带。然而，与—OH 基团和吸附水相关的波段出现了变化，在代表 H$_2$O 的区域(RM 样品为 3447.5 cm^{-1} 和 1637.2 cm^{-1})的跃迁强度明显降低，表明被吸附水已经脱除，3626.1 cm^{-1} 和 914.5 cm^{-1} 峰的收缩表明在高温煅烧过程中结构—OH 基团脱除。

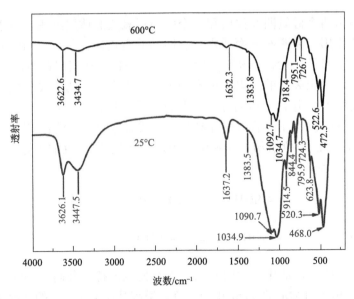

图 9-6　原矿蒙脱石和热活化蒙脱石样品的 FTIR 光谱

XRD 是研究晶体材料层状结构和层间距的有效技术[14]，RM 和 TAM 样品的 XRD 谱图如图 9-7 所示。很明显，RM 和 TAM 的 XRD 谱图之间存在一些差异，$2\theta = 7°$ 处的峰为 d_{001} 的衍射角，代表 RM 的层间距。结果表明，高温使 d_{001} 增加，强度降低，煅烧后蒙脱石夹层的空间距离减小。结合 XRD 和 FTIR 结果，可以推断 d_{001} 增加的原因是由于层间水的流失。

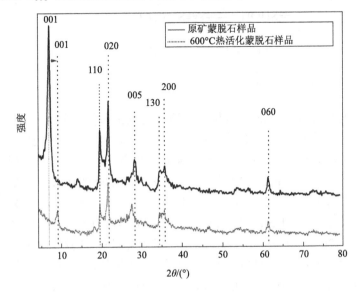

图 9-7　原矿蒙脱石和热活化蒙脱石样品的 XRD 谱图

蒙脱石由两个硅氧四面体层和一个中心铝氧八面体层组成，由于晶格损伤和同构取代作用，蒙脱石表面通常具有明显的电负性。负电荷由吸附在层间和基底间隙的阳离子（如 Na^+、K^+ 或 Ca^{2+}、Mg^{2+}）补偿。在层间距中，层间 H_2O 的缺失可能与蒙脱土表面的负电荷位点通过氢键连接，水的流失导致这些部位直接暴露在高温下。由于 H_2O 分子是中性的，表面电位不会发生变化，但由于电阻的降低，这些位点在溶液中很容易与质子或其他阳离子结合[14]。因此，TAM 在溶液中的 Zeta 电位增加。在水溶液中，界面羟基（$\equiv SOH$）发生去质子化和质子化反应：

$$\equiv SOH \rightleftharpoons \equiv SO^- + H^+ \tag{9-2}$$

$$\equiv SOH + H^+ \rightleftharpoons \equiv SOH_2^+ \tag{9-3}$$

需要指出的是，活化温度的升高并没有使电位持续升高。当活化温度高于600℃时，溶液中 TAM 的 Zeta 电位下降。原因是在温度过高的情况下，脱羟反应可能会发生另一个过程。首先，表面羟基中的质子转移到另一个相邻羟基上[式(9-4)]；然后，脱水反应发生在有两个质子的羟基位点上；最后，两个活性羟基通过硅氧键相互形成稳定的结构而失活[式(9-5)和式(9-6)]；因此，当焙烧温度过高时，部分电负性位点消失。

$$\equiv SOH + \equiv SOH \rightleftharpoons \equiv SOH^+ + \equiv SO^- \tag{9-4}$$

$$\equiv SHOH^+ \longrightarrow \equiv S^+ + H_2O\uparrow \tag{9-5}$$

$$\equiv SO^- + \equiv S^+ \longrightarrow \equiv {}_S^S\!\!>O \tag{9-6}$$

9.2.2.5 埃洛石煅烧改性

为了研究热处理、加热时间和加热速率对埃洛石纳米管结构和结构性能的影响，用 XRD 表征了埃洛石纳米管的晶体结构，确定了其脱水或水合形态。图 9-8(a)、(d)显示了在选定参数下，未加热和激活的埃洛石纳米管的 X 射线衍射图。埃洛石纳米管的 XRD 谱图显示在 $2\theta = 12.09°$ 处有一个尖锐的衍射峰，转化为层间距为 7 Å，在 $2\theta = 62.78°$ 处观察到的另一个衍射峰表明埃洛石样品具有典型的纳米管结构。HNT3 和 HNT4 在不同温度和 10℃/min 的加热速率下焙烧 2 h 后，在 $2\theta = 10°\sim25°$ 的范围内出现了非常弱而宽的峰。250℃和450℃热处理除 HNT1 和 HNT2 的高岭土特征峰强度增加外，没有引起结构的显著变化，这表明埃洛石的结晶结构在 450℃是稳定的。HNT2 的 XRD 谱图与 HNT1

相似,但到 600℃时,所有埃洛石的 XRD 峰都变弱了。HNT3、HNT7、HNT8 在 600℃的衍射图中[图 9-8(a)、(c)],没有观察到清晰的衍射峰。XRD 也显示在 600℃时非晶相有一个宽的基峰。HNT3、HNT7 和 HNT8 的衍射图显示出较宽的衍射最大值,这是由于去羟基化和非晶态结构的形成。随着退火温度和时间的增加,XRD 谱图信噪比很大,峰的强度较低。此外,随着温度的升高,$2\theta = 62.85°$处的衍射峰保持不变,并在 1000℃时移向更高的值。XRD 显示,1000℃时,在约 45°和 65°的 2θ 角处出现了一个新峰[图 9-8(a)]。随着退火时间的增加,峰的强度降低。经过热处理后,所有的反射强度都增加,在 450℃下煅烧 2 h,$2\theta = 12.09°$变得尖锐[图 9-8(a)、(b)]。在 600℃热处理的样品中,没有观察到原始样品中出现的 XRD 峰。在 450℃和 5℃/min 的加热速率下,埃洛石纳米管的衍射峰没有明显变化。当温度升高到 450℃时,埃洛石的结晶度增加,到 600℃时晶格水慢慢消失,埃洛石结构开始破坏。然后观察到晶格水完全消失,因此结晶度降低[15]。

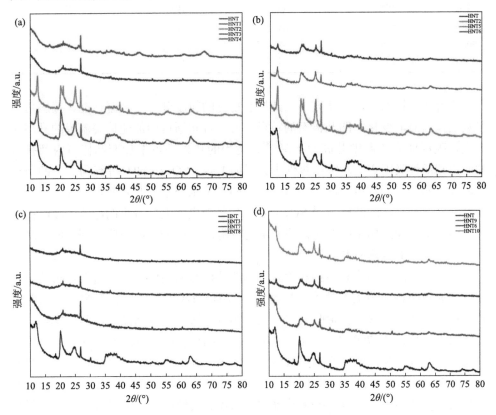

图 9-8 埃洛石纳米管的 XRD 谱图

(a) 450~600℃煅烧 2 h;(b) 450℃煅烧 2~6 h;(c) 600℃煅烧 2~6 h;(d) 以 5~20℃/min 加热速率到 450℃ 煅烧 6 h

9.2.2.6　凹凸棒石煅烧改性

热改性是处理凹凸棒石的常用方法，目前已经有较多的应用研究。通过采用差热、热重、X 射线衍射、透射电镜等表征手段，研究了凹凸棒石经过热活化改性后脱水作用与结构、形貌之间的变化关系[16]。结果表明：热处理温度 250°C会导致脱出部分结晶水，凹凸棒石孔道折叠，孔道直径和内表面积变小；热活化处理凹凸棒石吸附性能和测得的比表面积增大主要与脱水引起的表面性质变化有关。研究了热处理过程中凹凸棒石的表面特性，其比表面积和微孔体积数据见表 9-1[17]。热处理选取 150°C为最佳温度，温度过高会导致内部烧结等现象发生，反而不利于增大比表面积。

表 9-1　热处理后凹凸棒黏土的比表面积

温度	比表面积/(m²/g)	内表面积/(m²/g)	外表面积/(m²/g)	内部孔体积/(m²/g)
室温	196	93	103	47
150°C	206	93	113	46
200°C	205	95	110	47
300°C	130	92	108	10

通过热改性的方法，研究了凹凸棒石粉体的粒度分布、吸湿性能、接触角等参数改性前后的变化，凹凸棒石的粒径和表面吉布斯自由能随焙烧温度的升高而增大，吸湿能力随温度升高而下降[18]。适当的热处理可增加凹凸棒石内部孔道的面积和活性吸附点，对吸附极性小分子如 H_2S、SO_2 和 NH_3 等有利[19]。凹凸棒石内部结构变化的程度与凹凸棒石表面不同形态水分子的脱除密切相关。随着热处理温度的升高，凹凸棒石对 SO_2 的吸附量呈现先增大后减少的趋势；凹凸棒石的表面吸附水和结构水的存在占用大量的吸附位，对 SO_2 的吸附不利；而结晶水的存在对 SO_2 的吸附有利。

凹凸棒石的结晶水和结构水含量影响凹凸棒石的晶体结构，进而影响其各项性能。通过不同温度的焙烧实验发现，在 104～140°C，凹凸棒石脱去外表面吸附水；在 280°C，脱去孔道吸附水；到 480°C，脱除部分结晶水，凹凸棒石结构开始出现折叠；达 700°C时，晶层结构坍塌，结构折叠，孔道被阻塞，凹凸棒石表面积、孔容值和离子交换容量数值急剧下降，并形成新的矿物晶相；在 870°C左右，脱除其余结晶水和结构水[20]。热加工显著提高了凹凸棒石对磷污染水体的吸附净化能力，其中以 700°C热处理凹凸棒石的磷吸附能力最强，其对实际水体的磷素吸附净化效率可达 97%。研究表明，热改性能够增大凹凸棒石的比表面积，增加活性中心和吸附点位，但温度过高，会导致内部烧结等现象发生，反而不利于吸附。因此，热改性处理存在温度临界点，该方法是凹凸棒石作为吸附剂、脱色剂、催化剂必要的处理手段。

9.2.2.7 硅藻土的煅烧改性

硅藻土属于黏土矿物的一种，近年来被用作吸附剂的研发与制造。针对硅藻原土可操作性差这一缺陷，开展了硅藻土改性研究，其中煅烧是一种最简单、最有效的硅藻土改性工艺。煅烧可以氧化挥发有机质、蒸发毛细管水、疏通孔道、增大比表面积，从而提高硅藻土对水中污染物的吸附容量。通过对硅藻土进行了900℃煅烧 3 h 的处理，结果表明，煅烧后硅藻土的微孔和大孔数量均有所增加，对亚甲基蓝的吸附去除率由原来的 76.12%提高至 95.2%[21]。同样，考察了 6 组不同热处理温度对硅藻土比表面积和吸附性能的影响，随着温度的升高，有机质烧失微孔逐渐暴露，比表面积增大，硅藻土对罗丹明 B 的吸附量也不断增加，600℃时达到最大，继续升温，吸附量呈下降趋势[22]。这是因为一定的高温会破坏硅藻的孔结构，导致比表面积减小，从而致使吸附性能降低。通过热处理对硅藻土进行了深入研究，结果发现，经 550℃煅烧后硅藻土的比表面积对比于原始硅藻土略有减小，但吸附性能却提高了 1.71 倍[23]。分析表明，550℃处理后的硅藻土表面因吸附水去除，氢键减少，暴露出更多的裸露硅羟基($Si—OH$)，表面 L 碱位数得以增多，与 Ni^{2+}、Ag^+离子的配位作用增强，从而提高了硅藻土的吸附性能。综合分析得知，热处理不仅可以改善孔结构，还可以调控硅藻表面电位来提高硅藻土对水中污染物的吸附能力。

9.2.2.8 海泡石煅烧改性

煅烧法是指通过系列升温可以使得海泡石中所含有的一些有机物、碳酸盐类物质在高温条件下被烧结或者发生相态的转变，在该过程中也伴随着海泡石中吸附水、沸石水、结晶水和结构水依次脱出使其结构发生了相应变化。通过水热处理的海泡石不仅可以解决纤维单体聚集的现象，而且增加了比表面积和酸活化速度，但在处理过程中应选择适当的搅拌温度、搅拌速度以及搅拌时间；煅烧法在增加海泡石比表面积的同时会使其结构发生破坏。以原状海泡石为原料，研究了程序升温对海泡石纤维相变和形貌的影响[24]。研究发现海泡石黏土中吸附水和沸石水的相转变温度分别为 120℃和 340℃，结晶水和结构水的相转变温度分别为 500℃和 810℃；此外，脱出结构水后斜方顽辉石($MgSiO_3$)于 852℃再结晶，在 970℃转变成原顽火辉石并随着温度的上升，原顽火辉石晶体沿着 c 轴持续长大；海泡石脱出结构水的非晶态相在 1130～1200℃范围内再结晶为方晶石，并开始在该温度范围内熔化。当温度达到 1100℃时，出现烧结现象，随温度持续升高到 1200℃，海泡石纤维束部分熔化并相互黏合形成多孔结构，当温度升高到 1300℃时，除小部分原顽火辉石和方晶石外基本熔化。

9.2.3　插层改性

9.2.3.1　插层改性概述

插层改性是指利用层状结构的矿物晶体层之间结合力较弱和存在可交换阳离子等特性，将化学物质插入到矿物层间并通过作用力或新的化学键形成稳定结构的改性方法。化学插层改性的本质是通过离子交换或化学反应改变矿物的层间和界面性质。根据改性剂种类的不同，化学插层改性可分为有机插层和无机插层，有机插层即利用有机药剂对材料进行插层改性，例如三甲基十八烷基氯化铵、十六烷基溴化铵(CTAB)和十八烷基胺(ODA)等；无机插层即利用无机药剂对材料进行插层改性，例如甲酰胺、甲基甲酰胺(NMF)、二甲基亚砜(DMSO)、肼、尿素、乙酸钾、氟化铯等。

自从 2004 年 Geim 小组采用机械剥离法成功制备了二维石墨烯，二维材料独特的电学、光学、磁学性质便引起了广泛关注，被认为在电子信息、能源存储与转换等领域有着广泛的应用前景。插层是目前调控二维材料性质的主要方法之一。它利用层状材料不同层间范德瓦耳斯力微弱、在特定方向上易于膨胀的特点，使客体分子在平面间快速扩散，从而将客体分子高效均匀地引入至主体材料层间。插层过程通常受插层化合物的稳定性、客体分子大小与主体材料层间距的相对关系等多种复杂因素影响，并往往伴有主体材料电导率、光透射率、能带结构等多种物理及化学性质的改变，有时也会导致晶格畸变。根据插层过程所处的聚集态，插层方法可以分为机械化学法、液相插层以及新型插层法，下面将简述各类插层方法。

1. 机械化学法

机械化学法插层是通过外力的机械研磨、搅拌、剪切、摩擦等作用，使较大的叠层剥开，插层物借助机械力进入矿物层间，将层间距撑大，甚至剥离。研磨法是目前常见的插层方法，技术也比较成熟，主要包括手动研磨和机械设备研磨，通过机械化学法在无水条件下共磨尿素和低活性高岭土来获得完整的尿素夹层[25]。通过对比机械化学法和溶液法的插层效果，高岭土溶液插层法插层困难，插层率只有 12%。而在和固体尿素共研磨 2 h 后，插层率达到 100%。由于共研磨作用使高缺陷的高岭土被包裹，低缺陷的高岭土离子可以插层，从而达到全部插层。

2. 液相插层法

液相插层法是指液态、溶液或熔融状态下插层剂进入层间发生插层反应的方法，主要借助溶液的浓度梯度为插层动力。根据插层反应的步骤分为直接插层法、两步插层法和三步插层法。对于不能直接发生插层反应的分子，插层高岭石一般需要以高岭土/甲醇复合物为前驱体，通过多步替代或夹带置换预先插层的分子使有机物分子进入层间。甲酰胺/高岭石复合物、聚乙烯吡咯烷酮(PVP)/高岭石插层复合物都可通过多次插层法制得。利用浸泡法制备了高岭石/醋酸钾插层复合物，通过对其 XRD 衍射图谱表征分析，探讨了高岭石的插层与温度、插层剂浓度、pH 值、结晶度等的关系[26]。实验表明，弱碱性条件下，高浓度、较高的高岭土结晶度有利于插层反应的进行，而温度则对反应的影响不大。

3. 新型插层方法

1）微波法

微波是一种波长极短的电磁波，通常波长范围为 1 mm～1 m，即频率范围为 300 MHz 至 300 GHz 的电磁波。它和无线电波、红外线、可见光一样，都属于电磁波。微波加热具有受热均匀、加热速度快的特点，在加热过程中，微波中的电磁场以每秒数亿次甚至数十亿次的频率转换方向，极性有机物分子的偶极矩的转向运动滞后于交变电场的变化，材料产生内部摩擦而发热，产生所谓的"内加热"。同时，有机物分子吸收微波，吸收微波的能量与分子平动能量发生自由交换，通过改变分子排列等焓或熵效应，使反应活化能降低，从而促使并加快极性有机物分子进入矿物层间。采用微波法诱导二甲基亚砜(DMSO)对高岭石进行插层，可使插层反应时间大大降低，当微波诱导插层时间达到 30 min 时，插层率即可达到 75%以上[27]。利用微波诱导不同插层剂的插层过程，实验结果显示微波对不同插层剂的作用效果不同。DMSO 因其偶极矩大而分子尺寸相对较小，在微波作用下插层速率提高显著[28]。而以乙酸钾为代表的盐类插层剂，由于 K⁺ 等金属离子对水分子的吸引作用，降低了其偶极矩变化速率，同时较大的分子尺寸也不利于微波的诱导作用。

2）超声法

超声波是由一系列疏密相间的纵波构成的一种频率高于 20000 Hz 的声波通过液体介质向四周传播，其方向性好，穿透能力强，易于获得较集中的声能，在水中传播距离远。当超声波能量足够高时，会产生"超声空化"现象。空化气泡的寿命约为 0.1 μs，它在爆炸时释放出巨大的能量并产生速度约为 110 m/s 的具有强烈冲击力的辐射流使碰撞密度高达 1.5 kg/cm²。空化气泡在爆炸的瞬间产生约 4000 K 和 100 MPa 的局部高温高压环境，冷却速度可达 10⁹ K/s。这些条件足以使有机物在空化气泡内发生化学键断裂、水相燃烧或热分解，并能促进非均相界面间的扰动和相界面更新，从而加速界面间的传质和传热过程。化学反应和物理过程的超声强化作用主要是由于液体的超声空化产生的能量效应和机械效应引起的。与传统的搅拌加热技术相比，空化作用更容易实现反应物均匀混合，消除局部浓度不匀，提高转化速率，刺激新相的形成，对团聚体还可起到剪切作用。利用超声波诱导有机物插层，超声波的机械特性促进高岭土和插层剂的均匀混合，同时其空化作用产生的高温可以为插层作用提供部分能量，对插层过程有明显的促进作用，可以提高插层率、缩短插层时间。利用超声诱导制备高岭土/DMSO 插层复合物，经超声处理后，高岭土比表面积增大，分散性和吸附性变好，层间距增大甚至剥离，使有机物分子更快地进入高岭土层间，提高黏土插层率[29]。用超声法将高岭土与醋酸钾、尿素和二甲基亚砜的插层复合物进行片处理，使高岭土颗粒在纳米化的同时保证完好的晶粒结构，其中高岭石/醋酸钾复合物的剥片效果最为明显[30]。

9.2.3.2　常见矿物插层改性

　　矿物具有多种活性位点：层间位点、表面位点、边缘位点和粒子间位点，这些活性位点可以与其他成分发生反应或相互作用，因此可以用于修饰矿物（图 9-9）[31]。改性可以通过酸处理、离子交换、插层、接枝和柱撑等方法进行。下面就几种矿物的插层改性分别进行介绍。

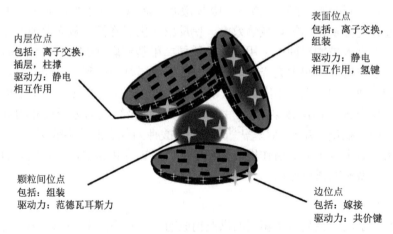

内层位点
包括：离子交换，
插层，柱撑
驱动力：静电
相互作用

表面位点
包括：离子交换，
组装
驱动力：静电
相互作用，氢键

颗粒间位点
包括：组装
驱动力：范德瓦耳斯力

边位点
包括：嫁接
驱动力：共价键

图 9-9　有机分子与黏土颗粒表面、层间孔隙和颗粒间相互作用

1. 膨润土的插层改性

　　膨润土是一种优良的土壤重金属钝化材料，为了进一步提高其对土壤中重金属的作用效果，运用化学方法增大其比表面积及层间距，有利于重金属进入其层

间通过离子交换或吸附作用而得以稳定。首先将膨润土置于氯化钠溶液中，制备钠基膨润土，然后在连续搅拌的条件下添加氢氧化钠与氯化铝柱化储备液，恒温老化后洗涤、干燥、焙烧、研磨、过筛，即制成铝柱撑膨润土。与添加未改性膨润土的土壤相比，柱撑膨润土的添加量对苋菜的生物量有显著影响，在第一次和第二次收获时分别使苋菜的生长增加 77%和 80%，体内重金属含量呈不同幅度的下降，植物生长的这种改善是通过铝柱撑膨润土修复减轻植物对重金属的胁迫而实现的，因为较大的表面积提高了柱撑膨润土的吸附能力，降低了土壤溶液中阳离子的浓度，从而减少了植物对重金属的吸收[32]。

采用等体积浸渍法可以制备得到氢氧化钾/铝柱撑膨润土固体催化剂，用以催化麻疯树油脂交换制备生物柴油，铝柱撑膨润土经由等体积浸渍氢氧化钾处理后，颗粒粒径明显减小，排列更加紧密，其表面附着有鳞片状物质，催化剂具有较大的层间距，d_{001} 层间距为 11.9 nm。在最佳条件下，生物柴油转化率为 99.2%；再生处理的催化剂催化酯交换反应，生物柴油转化率高达 98%[33]。

此外，采用水热法，以钠基膨润土为原料加入镧柱化剂制备镧柱撑膨润土，并考察其对水体中重金属铅的吸附行为，该材料表现出较好的铅去除能力[34]；用氯化铁、十六烷基三甲基溴化铵制备碳柱撑磁性膨润土，构建碳柱撑磁性膨润土/H_2O_2 芬顿体系，以苯酚溶液模拟焦化废水进行催化降解实验，重复使用 5 次以后，苯酚去除率仍可达到 87.64%，证明碳柱撑磁性膨润土/H_2O_2 芬顿体系有良好的吸附性和稳定性[35]。

2. 高岭石的插层改性

众所周知，对高岭石插层的研究始于 20 世纪 60 年代。然而，高岭石的阳离子交换容量很小，很难将有机客体插入层空间。这是因为任何两个相邻的高岭石层是通过氢键连接的，氢键是由 Al—OH 和 Si—O 基团之间的相互作用产生的。直接插层的有限客体物种只有 N-甲基甲酰胺、二甲亚砜、尿素、乙酸钾、水合肼等，它们可以直接进入高岭石夹层。随着对高岭石插层机理的探讨，从早期的直接插层发展为驱替夹带插层。迄今为止，以甲醇接枝高岭石化合物为前驱体，成功地将系列烷基胺、系列季铵盐、系列带氨基的硅烷、苄基烷基铵氯化物、系列脂肪酸和盐插入高岭石层中。

近年来，高岭石因其高耐火度、良好的保温隔热性能和良好的化学稳定性，被广泛应用于阻燃剂等领域。高岭土是一种成本低、抑烟效果显著的无机含硅阻燃剂。当聚合物燃烧时，形成二氧化硅覆盖炭层，起到隔热和屏蔽的双重作用。然而，未经处理的高岭石容易在聚合物中聚集，需要大量阻燃剂。高岭石可以插入二甲亚砜（DMSO）、尿素、氨基硅烷等高极性分子中，使层间距增大。同时，这些化合物中的氮、硅、硫等元素具有阻燃作用，理论上可以提高高岭石的阻燃效果。以 DMSO 作为高岭石插层的前驱体，用尿素取代 DMSO 形成有机改性高岭石-尿素插层配合物(KUIC)(图 9-10)，并制备了不饱和聚酯(UP)/多磷酸铵(APP)/KUIC 复合材料，其中 APP 提高了 UP 树脂的阻燃性，KUIC 提高了 UP 树脂的热性能。与 UP 相比，UP 的抗拉强度和冲击强度随着 APP 加载量的增加而降低，而随着高岭石和 KUIC 的增加而增加。同时，在 UP/APP/KUIC 复合材料中，KUIC 的加入提高了热稳定性和炭产率并达到良好的阻燃性[36]。

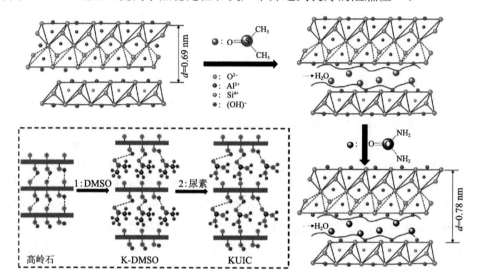

图 9-10　高岭石尿素插层配合物的制备工艺

3. 蒙脱石的插层改性

蒙脱石(MMT)是一种天然层状纳米硅酸盐材料，由硅氧四面体与铝氧八面体片层以 2∶1 比例堆叠构成。蒙脱石特殊的层状结构以及大量的游离阳离子使其具有良好的吸附性、膨胀性、离子交换性等特性。利用蒙脱石的离子交换特性，可以使各种有机阳离子进入蒙脱石片层空间，实现对蒙脱石的有机改性，调控其吸附能力、热稳定性以及亲疏水性等性质，进而达到对改性蒙脱石的理化性质有效提升，以满足材料多样性的应用需求。近年来，相关研究已成为新材料领域的研究热点。蒙脱石独有的离子交换功能，可用阳离子表面活性剂进行插层改性。目前常用的阳离子表面改性剂主要有：十二烷基三甲基溴化铵、十四烷基三甲基溴化铵、十六烷基三甲基溴化铵、十六烷基二甲基苄基氯化铵、十二烷基三甲基溴化铵、十六烷基吡啶溴酸盐、十八烷基三甲基氯化铵、十八烷基二甲基苄基氯化铵、二十二烷基三甲基氯化铵、双十八烷基甲基苄基溴化铵。也有不少学者采用双阳离子季铵盐、阴-阳离子复合改性剂对蒙脱石进行有机表面改性研究。采用烷基季铵盐表面活性剂改性蒙脱石，表面活性剂的用量为蒙脱石阳离子交换容量的 1.2 倍，当表面活性剂为单长链烷基季铵盐时，其在蒙脱石层间的排列倾向于倾斜双层排列，蒙脱石层间域小于烷基链长度，季铵盐中有苄基存在时，烷基链与蒙脱石片层倾角变大，层间域略有增大［图 9-11（a）］；当表面活性剂为双长链烷基季铵盐时，其在蒙脱石层间的排列仍倾向于倾斜双层排列，但由于双长链的空间位阻效应，蒙脱石层间域尺寸介于单根烷基链长度与双烷基链长度之间［图 9-11（b）］。表面活性剂改性蒙脱石在醇酸树脂中直接分散形成胶体的增稠和触变性能受到改性剂大小、蒙脱石层间撑开的大小以及改性剂结构等多种因素的综合影响。增稠和触变性能最好的改性剂为双十八烷基甲基苄基氯化铵（D1817），其次是十六烷基三甲基氯化铵（1631）。表面活性剂改性蒙脱石在醇酸树脂中的分散性能（细度）主要受到蒙脱石层间域的大小的影响，双长链烷基季铵盐改性有机蒙脱石在醇酸树脂体系中有更好分散状态，其中 D1817 改性有机蒙脱石的分散性能最佳，其改性蒙脱石层间域最大[37]。

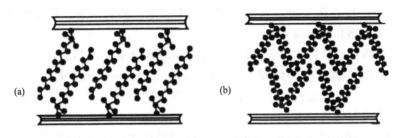

图 9-11 表面活性剂在蒙脱石层间排列模式

研究人员以天然蒙脱石和漆酚为原料，研制了一种新型防腐涂料。采用原位聚合法合成漆酚钛聚合物插层蒙脱石（UTPOMMT），再将该蒙脱石加入环氧树脂（EP）中得到复合涂料（UTPOMMT/EP）。在 MMT 中加入漆酚钛聚合物的方法增加了 MMT 层之间的间距，因此，MMT 层在环氧树脂中更容易剥落，填充更紧密，从而提高了涂层的阻隔性能。耐腐蚀试验结果表明，EP 中 UTPOMMT 的加入量对复合镀层的耐腐蚀性能有显著影响。在不同载荷下制备的复合材料中，含 5wt% UTPOMMT 的复合涂层的耐蚀性和耐盐雾性最好。此外，紫外加速老化测试的结果表明，UTPOMMT/PE 复合涂料有良好的抗老化性，5wt% UTPOMMT制备的复合涂层耐老化时间（720 h）最长。由于蒙脱石与漆酚钛聚合物的协同作用，所制备的 UTPOMMT/EP 复合材料具有良好的防腐和抗老化性能，可作为显著延长防腐涂层使用寿命的框架[38]。

通过离子交换和自组装技术合成纳米多孔蒙脱土异质结构，该复合材料具有较高的基间距值（d_{001} = 3.45 nm）、较大的 BET 比表面积和多孔结构[39]。通过增加硅柱中 Al 含量，提高热稳定性（高达 750℃）和改善路易斯酸位点。在另一项研究中，由 Zr 插层蒙脱石和 Zr 柱撑衍生物合成多孔黏土异质结构（PCH）材料的研究，与他们之前的工作类似[40]。与锆柱撑衍生物相比，由锆嵌层黏土合成的 PCH 材料具有更高的 BET 比表面积、酸性位点和孔隙结构。然而，Barakan 和 Aghazadeh[41]最近的工作介绍了一种合成高比表面积 PCH 的新方法（>900 m^2/g），微介孔率大，采用超声和微波技术与浓缩初始 Al、Fe 混合金属柱状纳米膨润土的联合作用制备了 PCH，这种合成方法可以解决以往研究人员报道的从柱状黏土中生成 PCH 的问题。

4. 水滑石的插层改性

水滑石和类似水滑石的化合物称为层状双金属氢氧化物（layered double hydroxide，LDH）。它们具有特殊的物理化学性质，以及层状结构。它们的片层间距为纳米级，具有可交换阴离子，可插入层间空间形成多种复合材料。无机阴离子、聚氧阴离子、有机阴离子等各种阴离子以及大分子的引入赋予了复合材料独特的性质，使其在吸附、催化、聚合物添加剂、药物传递、超级电容器、阻燃、生物传感器和光学设备具有广泛的应用。

以柠檬酸插层镁铝水滑石为原料制备柠檬酸水滑石，然后采用一锅水热法合成层状双氢氧化物-石墨烯量子点（graphene quantum dots，GQDs）复合材料（LDH-GQDs）。水滑石约束法合成的石墨烯量子点不易聚集，具有良好的荧光稳定性。在合成复合物的基础上，成功构建了检测抗坏血酸和植酸酶的关闭荧光探针（图9-12）。通过引入 LDH，GQDs 具有均匀的结构和良好的荧光稳定性。Fe^{3+} 对荧光探针的猝灭机制可能是动态猝灭和电子转移效应，而抗坏血酸对荧光探针的荧光恢复是基于氧化还原反应的。所合成的荧光探针材料已成功应用于果汁中抗坏血酸和饲料中植酸酶的测定[42]。

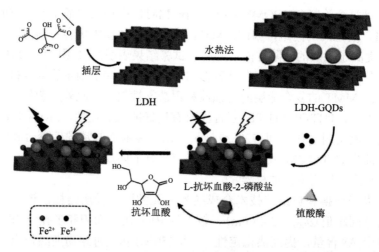

图9-12 LDH-GQDs 荧光探针的制备过程及其对抗坏血酸和植酸酶的传感机理示意图

根据 LDH 空间结构的可调节性，可以对 LDH 本身进行修饰，制备一种新的复合层状材料。在目前的工作中，碳酸盐基水滑石因其热稳定性高、价格低、环保，是一种优良的阻燃剂而被选用。然而，LDH 的一个主要问题是碳酸和水滑石之间的亲和力高，不容易被其他阴离子插层取代。为解决这一问题，选择碳酸盐层间阴离子水滑石作为改性前驱体。用离子交换法成功地将磷酸二氢插入到碳酸盐型镁铝水滑石层中，成功地获得了改性水滑石。LDH 与磷酸二氢插层可有效改善软质聚氨酯泡沫(FPUF)的阻燃性能。这是因为 LDH 的中间层含有结晶水，结晶水通过蒸发和吸收热量来降低温度。此外，LDH 在燃烧过程中产生的分解水蒸气和二氧化碳，可以稀释可燃气体，起到气相阻燃的作用。改性水滑石夹层中的磷元素将促进碳的形成反应，有助于形成致密碳层，在 FPUFs 的燃烧过程中，它可以隔离空气和阻碍传热，从而抑制燃烧反应和发挥凝聚相阻燃的作用[43]。

由于水滑石独特的层状结构和表面丰富的羟基基团，对重金属离子有较好的吸附效果，而有机阴离子插层的水滑石，有利于提高对重金属的吸附性能。采用反向微乳液法制备了十二烷基硫酸钠插层锌铝水滑石，并研究了所制备的水滑石对于 $Cu(II)$ 的吸附性能[44]。结果表明：十二烷基硫酸钠插层锌铝水滑石对模拟废水中的 Cu^{2+} 有着良好的吸附效果，最大吸附量为 64.10 mg/g。该吸附剂对 Cu^{2+} 的吸附过程符合准二级吸附动力学模型和 Langmuir 模型，属于化学吸附。该吸附过程属于自动吸热过程。在 pH 值为 6 的条件下，对模拟 Cu^{2+} 废水有较好的吸附效果。综上所述，十二烷基硫酸钠插层锌铝水滑石是一种很有前景的吸附 Cu^{2+} 的材料。

5. 伊利石插层改性

伊利石片层间结合力较强，片层上电荷密度高，离子交换容量低，导致其与聚合物之间相容性差，不易达到理想的增强效果。为使伊利石在聚合物中达到良好分散并实现适度界面黏结以体现出其纳米效应并赋予其功能性，需同时削弱其层间作用力并降低其表面张力。常见的改性方法包括利用小分子插层改性、长链烷基季铵盐改性、硅烷偶联剂改性、原位聚合改性、表面吸附聚合物改性、机械球磨法改性等。

通常先对伊利石进行酸化预处理，弱化其层间键合力，以利于有机分子插层或在伊利石表面附着，强化改性效果。酸化预处理的机理(见图 9-13)为：当伊利石处于无机酸介质中时，酸质子会进入到片层之中，置换出层间 K^+，同时也使伊利石的层间作用力削弱，为进一步的插层提供条件。用硝酸处理伊利石，并对酸处理前后的伊利石做了表征分析，发现酸处理伊利石的(001)晶面间距发生变化且晶格变得稍不对称，而热处理后并无此种变化，因此酸处理后伊利石层间发生了弹性变形[45,46]，这是由 H⁺进入到伊利石层间置换出 K⁺所致。此外，酸处理后伊利石的表面缺陷增多，譬如表面裸露的 Si—O 结构为表面改性提供了前提。当酸浓度足够高时，黏土表面的 Si—O 键被破坏，在表面形成二氧化硅，这可作为硅烷偶联剂改性的反应位点，从而提高改性效果。此外，酸化后的黏土八面体和四面体结构基本保持相对稳定。

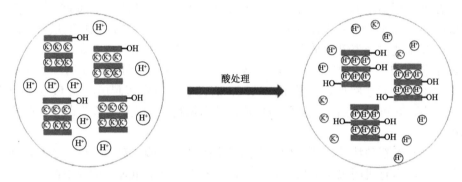

图 9-13 酸处理伊利石示意图

鉴于伊利石层间结合较为紧密，与采用长碳链季铵盐进行插层改性相比，小分子具有体积小、极性强、可与伊利石表面的羟基或氧形成氢键键合等优势，更容易在层间插层或者在表面附着。将伊利石采用水合肼溶液浸泡，制备了伊利石/水合肼插层复合物，并利用机械力使其片层剥离，研究了该复合物对聚丙烯(PP)的增强作用，发现与纯 PP 相比，添加水合肼改性伊利石的 PP 拉伸强度提高了22.24%，弹性模量也有所提高[47]。利用阳离子表面活性剂如长链烷基季铵盐改性伊利石是最常见的一种改性方法。其改性机理(见图 9-14)为：伊利石的层间阳离子与烷基铵等阳离子表面活性剂进行离子交换，引入的表面活性剂烷基链可降低伊利石的表面能，改善与聚合物分子链的相容性；表面活性剂的长碳链可

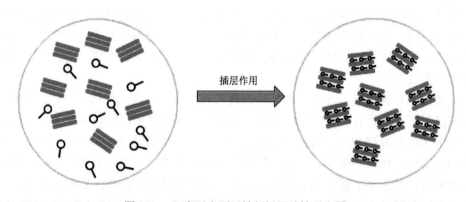

图 9-14 阳离子表面活性剂插层改性示意图

以插入到伊利石层间,使层间距加大,有利于伊利石在应力下剥离分散。研究发现,与采用十六烷基三甲基溴化铵(CTAB)直接改性伊利石相比,CTAB 在盐酸酸洗后的伊利石上的结合量更高,表明酸洗有利于 CTAB 与伊利石的结合。但是,随着盐酸质量分数的增大,伊利石表面形成的二氧化硅将阻碍其与CTAB 的结合,因此控制酸预处理时的酸浓度和处理条件对改性剂与伊利石的结合尤其重要[48]。

9.2.4 掺杂改性

无机有机杂化材料已成为材料科学中最具吸引力和新兴的课题之一。结合不同的有机和无机部分,可以制备具有独特性能的掺杂材料,作为先进材料具有多种潜在应用。这种杂化材料的制备旨在将无机和有机成分的优势结合在同一固体中,使设计具有无机材料的高机械、结构和水热稳定性,并具有有机化合物典型的灵活性和功能性的材料成为可能。在这方面,矿物由于其显著的结构多样性和不同的化学成分,成为制备纳米结构高级无机有机杂化材料的通用无机载体来源。

9.2.4.1 蒙脱石掺杂改性

增加有机分子与黏土矿物表面之间良好相互作用的一种方法是在层表面上引入一些疏水性基团。这种黏土矿物改性方法可以通过硅烷与黏土层状结构中发现的硅醇基团的反应实现。所述技术利用在黏土结构中发现的现有硅醇基团与有机硅烷试剂发生反应。由于破碎的边缘和结晶缺陷,硅醇基团(Si—OH)位于黏土边缘。使用氯或烷氧基硅烷作为改性剂,可以在黏土中引入几种功能。与离子交换黏土不同,通过硅烷基硅氢化反应获得的共价改性黏土具有更强的热稳定性。

在制备光催化活性复合材料时,蒙脱石经常被用作主要光催化剂的支撑材料之一。同构取代主要发生在八面体片上,中心 Al(Ⅲ)被 Fe(Ⅲ)、Mg(Ⅱ)、Fe(Ⅱ)或其他阳离子取代,Si(Ⅳ)也有可能被 Al(Ⅲ)或其他阳离子取代。通过在八面体层引入 Na(Ⅰ)和 Ca(Ⅱ)等交换性阳离子,在四面体层引入微量 Fe(Ⅱ/Ⅲ)、Mg(Ⅱ)和 Al(Ⅲ),在四面体层引入 Ti(Ⅳ),平衡了同构取代后产生的永久负电荷。大多数的研究认识到黏土只是作为一种支撑材料来提高对污染物的吸附能力、光催化反应时的比表面积和沉降性能,而不参与任何光催化反应。一些研究人员也试图探测蒙脱石和半导体之间可能的光学和光催化机制。在酸性条件下通过 Fe(Ⅲ)的简单吸附法制备 Fe(Ⅲ)掺杂蒙脱石。改性后样品的 H/MMT 和

Fe/MMT 特征(001)衍射峰因 Fe(Ⅱ/Ⅲ)层而发生位移[49]。通过电感耦合等离子体发射光谱和原子吸收光谱验证了制备过程中离子的释放和吸附。合成的样品经 FTIR、XPS 和 XANES 进一步确证，Fe/MMT 样品的 Fe Kedge XAS 光谱振荡与标准 Fe_2O_3、Fe_3O_4 和 FeOOH 不同，证实了 Fe/MMT 结构中 Fe 的插层形式。此外，酸改性引起 MMT 表面的侵蚀，而 Fe(Ⅲ)的加入又再次破坏了 MMT，因为 Fe(Ⅲ)可能会在 MMT 结构的八面体位置被 Al 取代。对于光催化 Cr(Ⅵ)修复，Fe(Ⅲ)-掺杂的 MMT 样品的性能明显提高。这是由于光吸收改善，E_g 减少，电子密度和转移增强所致。Fe/MMT 结构中价带(VB)和导带(CB)之间 Fe(Ⅲ)费米能级的产生可能是其光学性能改善的原因[49]。

　　天然黏土蒙脱石因其自身层状结构的特性，在催化领域得到了广泛应用，其中之一是通过酸改性、氧化物柱撑等处理制备蒙脱石基固体酸催化剂。通过元素掺杂是调控催化剂酸性的有力手段，利用合适的方法对蒙脱石进行元素掺杂亦是获得元素掺杂型蒙脱石固体酸的可行途径。水热反应是实现蒙脱石元素掺杂的有效方式，通过水热反应，镍元素可同晶取代蒙脱石中的硅元素得到镍掺杂蒙脱石样品，镍掺杂样品进一步还原后得到高度分散的负载型金属镍催化剂。通过水热反应的方法制备了锆(Zr)掺杂蒙脱石固体酸催化剂，通过对掺杂蒙脱石基样品掺杂元素紫外漫反射、X 射线衍射、X 荧光元素分析的表征结果，可以得到以下结论：水热反应可以使锆元素掺杂进蒙脱石的骨架上，且锆是以氧化锆的形式存在的[50]。通过 Si/Al 比的增加，表明锆掺杂是取代蒙脱石骨架上的铝物质，锆的负载量达到了 17.24%，再通过对煅烧温度、煅烧氛围、离子交换方式以及离子交换前是否对载体进行煅烧等不同条件下制备的催化剂用吡啶吸附红外以及程序升温脱附等表征以探讨催化剂在酸性位、酸强度、酸量上的不同。结果表明，煅烧温度对催化剂的酸性有很大的影响，当煅烧温度为 550℃时最佳，过高的煅烧温度反而会降低催化剂的酸性，影响催化剂的活性。同时活化氛围对催化剂的活性同样有很大的影响，当在氢气氛围下活化，催化剂几乎不显示酸性，而在空气氛围下煅烧的催化剂则显示出非常好的酸性。离子交换的方式对催化剂的酸性同样有很大的影响，铵根离子进行离子交换比用氢离子进行离子交换的酸性更强，酸量更大，且在离子交换前先煅烧处理催化剂载体对催化剂酸性也有促进作用。从对于 Ti、Al 元素掺杂蒙脱石基固体酸催化剂的表征结果来看，元素 Ti 是可以通过水热反应以氧化物的形式掺杂进蒙脱石的骨架上，并且通过氢离子交换以后酸性有一定程度的提高，主要表现出来的是 L 酸酸性，这对芳烃的选择性裂解有很大的促进作用。而 Al 元素通过水热反应无法掺杂进骨架上，只是和蒙脱石原土层间结构中的阳离子发生离子交换反应，几乎不表现出任何的酸性。

9.2.4.2 埃洛石掺杂改性

埃洛石(Hal)外表面由硅氧烷(Si—O—Si)基团和少量暴露在埃洛石边缘和表面缺陷上的铝醇(Al—OH)和硅醇(Si—OH)基团组成。层间表面和内腔表面由铝醇(Al—OH)的三水铝石状阵列组成。在 pH 值为 2.5～8.5 的范围内,埃洛石的内外表面之间的化学差异导致内部表面的 Zeta 电位为正,而外部表面的 Zeta 电位为负。埃洛石的外表面硅氧烷的化学活性较低,不能被有机化合物接枝。然而,由于在较宽的 pH 范围内具有负的表面电位,通过吸附某些特定的阳离子可以改变 Hal 的外表面性质。内表面和外表面的不同化学成分,以及埃洛石纳米管较大的内径,使它们可能被接受用于容纳各种掺杂剂[51]。

为了提高原矿物的吸附能力,几十年来人们采用了各种改性方法。不同的处理方法可以有效地去除多种重金属,能有效提高黏土材料的吸附能力。为了提高埃洛石的吸附能力和固液分离性能,对其表面进行了 Fe_3O_4 纳米颗粒修饰和硅烷偶联剂修饰[52]。成功地将 Fe_3O_4 纳米颗粒生长在埃洛石纳米管(HNTs)上,再用硅烷偶联剂修饰,合成了一种新型吸附剂。苯胺-甲基-三乙氧基硅烷(KH-42)改性 HNTs/Fe_3O_4 复合材料对 Cr(Ⅵ)具有较高的吸附能力,并能同时去除 Sb(Ⅴ)和 Cr(Ⅵ)。对 Sb(Ⅴ)的最大去除率由单溶质体系的 67.0%提高到双溶质体系的 98.9%,表明 Cr(Ⅵ)的存在促进了 m-HNTs/Fe_3O_4 吸附剂对 Sb(Ⅴ)的吸附。研究表明,m-HNTs/Fe_3O_4 在处理 Sb(Ⅴ)、Cr(Ⅵ)等重金属离子共存的废水中具有巨大的潜力。静电引力为 Cr(Ⅵ)与 m-HNTs/Fe_3O_4 表面的结合提供了初始驱动力。络合是吸附 Cr(Ⅵ)和 Sb(Ⅴ)的另一个关键因素。在络合过程中,Cr(Ⅵ)首先通过官能团和阴离子-π 作用吸附到 HNTs/Fe_3O_4 吸附剂表面,H_3SbO_4 通过 Cr(Ⅵ)-O Sb-(Ⅴ)作用吸附到 HNTs/Fe_3O_4 吸附剂表面。

9.2.4.3 高岭石掺杂改性

由于高岭石具有多重缺陷,利用第一性原理计算方法从微观角度研究不同掺杂阳离子对高岭石的电子结构和力学性能的影响是非常重要的。研究表明,Mg^{2+} 和 Na^+ 的掺杂使高岭石晶体的离子键和层间距发生变化,掺杂离子与 O 原子之间化学键的键长与掺杂阳离子的原子半径正相关[53]。与未掺杂的高岭石晶体相比,掺杂镁和掺杂钠的高岭石晶体禁带宽度较大,但保持了典型的绝缘特性。与未掺杂高岭石晶体相比,Mg^+ 掺杂和 Na^+ 掺杂高岭石晶体有更多的电子向 O 转移,而 Mg—O 键和 Na—O 键比 Al—O 键具有更多的离子键性质和较少的共价键组成。掺杂阳离子对 Al—OH 层和 Al—O_a 层的层间距有一定影响,而对离掺杂原子较远的 Si—O_a 层和 Si—O_b 层的层间距影响不大。通过对晶体电子结构的分析,镁掺杂和钠掺杂的高岭石的带隙宽度增大,这表明 Mg^{2+} 和 Na^+ 的掺杂使得电子更难获得足够的能量从价带态向导带态移动。与 Al 相比，Na 和 Mg 有更多的电子向相邻的 O 转移；即 O 周围的电荷密度沿掺杂原子(Mg/Na)方向下降，Mg—O 键和 Na—O 键共价键组成比 Al—O 键弱，离子键较强。

高岭石的物理化学性质可由其内部原子结构，特别是 Al 在 Al—O 四面体中的取代来调节。利用密度泛函理论(DFT)计算方法，分别研究了 Mn、Fe、Co、Ni 和 Si 取代 Al 前后高岭石的电子结构变化[54]。结果表明，CO_2 在不同类型高岭石上的吸附强度取决于高岭石表面的羟基和掺杂原子的原子半径。在常规计算分析的基础上，利用 Pearson 相关分析确定了控制 CO_2 与高岭石相互作用的关键因素。密度函数理论计算表明，Si 掺杂使 CO_2 与高岭石之间的相互作用最强，其原子半径或离子半径最小，从而使不同掺杂剂(Mn、Fe、Co、Ni 和 Si)之间的 l_4 距离最短。这可能是由这些掺杂剂的价差造成的，从而为 CO_2 吸附剂的设计开辟了潜在的新途径。

由于高岭石对铯在环境中的固定和迁移起着特别重要的作用，铯在高岭石上的吸附已被广泛研究。不同元素原子掺杂高岭石会导致高岭石内部晶体出现缺陷，从而改变高岭石的物理化学性质。利用 DFT 计算方法，研究了 Ag、Pd、Rh、Tc、Zn 和 Zr 取代 Al 前后高岭石的电子结构变化[55]。然后，通过分析吸附能、电子转移和态密度，系统研究了铯(Cs)与原始高岭石(001)之间的相互作用。在众多的过渡金属掺杂高岭石体系中，Zn-Kaol 对铯的吸附能最高(3.82 eV)，远高于原始高岭石的吸附能(0.18 eV)。高岭石中 Zn 原子取代 Al 原子形成电子缺陷位点，从而提高了掺杂原子周围羟基的活性。通过冗余度分析和 Pearson 相关分析，得出了影响高岭石对碳吸附能的关键因素。不同掺杂类型高岭石对 Cs 的吸附能强度与 Cs 原子的电子转移以及 Cs 原子与掺杂原子之间的距离有关。

9.2.4.4　膨润土掺杂改性

膨润土是一种以蒙脱石为主要矿物成分的非金属矿，其颗粒细小，比表面积较大，层间具有膨胀性，层电荷数较低，其他低价离子会抢占硅氧四面体中的硅、铝氧八面体中的铝的位置，使蒙脱石层间带永久性负电荷，使其具有优良的物理化学性质。利用酸和 Fe^{2+} 为联合改性剂，在微波辐射处理下，对膨润土进行改性，得到微波改性 Fe^{2+} 掺杂酸改性膨润土，考察了微波辐射功率和时间、改性剂(H_2SO_4 和 $FeSO_4$ 质量分数)、改性膨润土投加量、pH 值和反应时间等对活性磷的去除效果影响[56]。实验结果显示，在微波辐射为 350 W、时间为 5 min，30 g 钠基膨润土用 50 mL 质量分数 8%的 H_2SO_4 和质量分数 4%的 $FeSO_4$ 溶液制备的改性膨润土效果最好。微波改性 Fe^{2+} 掺杂酸改性膨润土的层间距和比表面积比未改性膨润土分别增加了 52.2%和 80.2%。改性膨润土投加量为 0.10 g，处理 100 mL 初始质量浓度为 10 mg/L 的含活性磷 PO_4^{3-}(DRP)废水，pH 值在 7 左右，搅拌 3 min，处理效果最好，且改性后的膨润土对 DRP 吸附等温曲线符合 Freundlich 吸附等温曲线。微波改性 Fe^{2+} 掺杂酸改性膨润土应用于自然水体中 DRP 的去除时，虽然会受到水体中其他物质的干扰，但仍具有较高的去除率；而且制备过程中所有原料均无毒无害，对水体生态系统无毒性作用，因而该改性矿物是处理自然水体中 DRP 的有效材料。

9.2.4.5　海泡石掺杂改性

海泡石是一种天然纤维状黏土矿物（$[Si_{12}Mg_8O_{30}(OH)_4(H_2O)_4]\cdot 8H_2O$），是由两个连续的四面体片和一个不连续的八面体片组成的交错滑石片组成的，它提供沿着纤维轴方向的通道。这些独特结构特征的存在可能意味着它具有较高的吸附能力，为反应物提供更多的催化位点，并具有增强金属在其表面分散的潜力。研究人员开发了一系列采用共沉淀法制备的不同镧(La)含量的 Co/xLa-SEP 多组分催化剂，考察了 La 对罂粟籽气化的催化性能，以探讨 La 对气体组成和产物分布的影响[57]。在不添加催化剂的情况下，由于 Boudouard 反应、水气反应和焦油裂化反应的增强，温度对合成气组成有重大影响。考虑 La 的加入对催化剂性能的影响，表明 La 的加入不仅改变了含 La 催化剂的物理化学性质，而且提高了催化剂的活性和稳定性。从这个意义上说，得益于 Co 和 La 催化性能的协同作用以及 La 作为结构和结构促进剂的作用，Co/6La-SEP 对 H_2 生成的催化性能不受温度变化的影响。

通过真空浸渍法将月桂酸(LA)浸渍到海泡石(SEP)中，制备了一系列新型复合相变材料[58]。采用一系列方法来提高天然 SEP 的吸附性能，研究了煅烧、碱浸和盐酸处理对天然 SEP 的改性效果。HS-LA4 复合材料中 LA 的最大加载量（质量分数）为 60%，比原 SEP 提高了 50%。经酸处理后，孔隙被疏通放大，孔隙尺寸变大，BET 比表面积增大，整体形貌发生变化。LA 较好地浸渍在 HSEP 的多孔结构中，具有较好的相容性，过冷程度降低，热稳定性和可靠性好。制备的复合材料 PCM 具有合适的熔点/冻结温度（42.5℃ /41.3℃）和较大的熔点/冻结潜热（125.2 J/g 和 113.9 J/g），其导热系数比原始 LA 高 0.59 W/(m·K)。

9.2.4.6　水滑石掺杂改性

镁铝水滑石是一种阴离子无机材料，具有层状结构，并且化学成分、粒度和分布可调。此外，它具有可调的二维孔隙结构、表面碱度、良好的热稳定性。采用共沉淀法制备了 Pd、K 共掺杂的镁铝水滑石催化剂，并在含硫气氛中测试了催化剂对污染物的去除性能[59]。当镁在 LDH 层中被钾部分取代时，出现了新的特性和催化性能，当 Pd、K 在镁铝水滑石上共载时，NO 的催化储存能力显著增强。含钾混合氧化物是煤烟低温氧化生成二氧化碳的活性催化剂。K 掺杂后，晶格氧原子数量减少，氧空位增多，有利于催化剂活性的提高。K/MgAlO 催化剂显著降低了烟灰的着火温度。证明了掺 K 镁铝水滑石催化剂燃烧烟尘的机理是氧溢出。Pd/K/MgAlO 催化剂在 FTIR 表征中呈现出 K_2CO_3 的特征吸收峰，有利于 NO_x 的储存。Pd 负载有效地提高了 Pd/K/MgAlO 催化剂的氧化还原性能，在 71℃ 的低温下出现了一个还原峰（Pd^{2+} 转化为 Pd），并且 Pd 和 K 之间存在相互作用，形成一种 Pd—O—K 键，增强了 K 的分散，K、Pd 共掺杂有效降低了 CO_2 和 N_2 的活化能，同时降低了烟灰点火温度，提高了 NO_x 的去除效率。

9.2.5　外场改性

9.2.5.1　微波改性

微波改性作用的强弱与被改性的矿物材料的性质相关，常见的微波改性设备有微波炉等，因此微波改性的主要影响因素有微波功率、改性时间等。

1. 高岭石的微波改性

插层或改性高岭石作为一种二维材料，由于其独特的性能，如成本效益和环境友好，已被广泛研究。纯亲水高岭石是较差的乳化稳定剂，而颗粒的部分润湿有利于乳化。因此，开发一种快速、直接的高岭石改性方法，以提高油水界面的稳定性是非常重要的。由于接枝制备的有机黏土具有良好的化学稳定性、结构稳定性和热稳定性，因此采用有机硅烷接枝改性高岭石的疏水性。已报道将乙烯基三甲氧基硅烷（VTMS）、γ-氨丙基三乙氧基硅烷（APTES）或 γ-巯基丙基三甲氧基硅烷（MPTMS）等有机硅烷用于高岭石接枝改性，以改善其疏水性，提高油水乳液的稳定性。然而，由于大部分有机硅烷分子尺寸较大，高岭石接枝反应条件苛刻，反应温度较高。例如，APTES 在温和反应条件下不能进入高岭石层间空间。在另一种情况下，将 DMSO 预插层的高岭石用 APTES 接枝，温度范围为 175～220℃。一般来说，高岭石的插层或改性过程如果是在室温附近进行或采用传统的对流加热，方法往往比较复杂和耗时。据报道，由于高岭石的表面载体，微波加热高岭石的效率很高。与常规加热相比，微波加热下高岭石转化为莫来石的温度更低，加热时间更短，产品效率更高，缩短了高岭石的插层时间。由于微波辐射直接加热反应物，较低的反应温度可能足以进行微波辅助反应。通过 DMSO 插层，采用快速一步微波辅助方法接枝 3-氨基丙基三甲氧基硅烷（APTMS）。尽管高岭石具有较强的层间氢键，但具有高偶极矩的 DMSO 可以通过微波法插层到高岭石中。在此基础上，认为 DMSO 有利于高岭石接枝前的插层，APTMS 作为一种有机硅烷，由于其与硅酸盐的反应活性，用于高岭石的接枝。在此基础上提出了一种简单的微波一步改性高岭石的方法，通过 DMSO 和 APTMS 实现了对 Pickering 乳液的稳定。与传统方法相比，所采用的方法具有反应时间短的优点[60]。

2. 膨润土的微波改性

膨润土因其对重金属离子具有很强的物理吸附能力和较好的静电吸附作用，已作为良好的吸附剂广泛用于污水处理。采用膨润土为吸附剂，在微波辅助加热下去除湖南省某大型锌冶炼废水中 Zn^{2+}、Pb^{2+}、Cd^{2+} 等重金属离子，去除效率均在 90% 以上，利用膨润土作为水体中金属吸附剂具有较强抗冲击负荷能力。而微波改性作为处理流程的重要环节，其改性机理研究受到广泛重视，目前，有关微波改性膨润土的作用机理大致解释如下：膨润土是以蒙脱石为主要矿物成分的非金属矿产，蒙脱石晶胞形成的层状结构存在某些阳离子，如 Cu^{2+}、Mg^{2+}、Na^+、K^+ 等，且这些阳离子与蒙脱石晶胞的作用很不牢固，易被其他阳离子交换，故具有较好的离子交换性。虽然微波加热对膨润土的结构、微观形貌均没有明显的影响，但微波加热能提高膨润土对重金属离子的吸附能力，这是因为微波作为一种电磁波，具有波粒二象性和独特的加热方式，对流体中物质进行选择性加热，对吸收波的物质有低温催化作用，能促进重金属离子与蒙脱石晶胞内的某些阳离子之间的交换，能促进吸附剂与污染物之间形成积聚物的沉淀反应更完全、更快速。

3. 海泡石的微波改性

海泡石作为吸附性能强、价格低廉的吸附剂，是新型矿物材料吸附剂的研发热点之一，在含铅重金属废水的治理中已经有应用案例。在海泡石的改性研究中，微波辅助复合改性方法取得诸多实验结果。在含铅废水的处理研究中，运用微波-硫酸亚铁法改性海泡石进行铅的吸附处理取得了很好的处理效果。改性后海泡石中的较大片状结构明显减少，这可能是因为微波改性过程中发生了层间剥离，且微波作用使海泡石表面覆盖了一层细丝状的结构，比改性前的海泡石表面更为粗糙，改性过程对海泡石的表面结构产生了很大的影响；同时微波作用可提高海泡石的铁元素含量，使铁成功负载到海泡石表面，有利于水体处理时絮凝作用的发生，而这些变化均能有效地提高改性海泡石的吸附能力。海泡石的微波改性研究也为开发经济高效的处理含铅废水的方法奠定了理论和实际基础。

4. 蛭石的微波改性

蛭石是一种含镁的水铝硅酸盐次生变质层状结构矿物。研究发现微波作用也可使蛭石发生一定程度的剥落,由于蛭石本身具有膨胀性及吸附性,比表面积又可通过改性增大,蛭石与改性蛭石被广泛应用于吸附剂、助滤剂、化学制品和化肥的活性载体、污水处理、海水油污吸附、香烟过滤嘴等生产和处理工艺中。当然,不同产地的蛭石性质存在个别差异,因此对于不同矿产来源的蛭石,改性工艺最佳条件需要单独优化。对韩国某地蛭石研究发现,将蛭石在 440 W 功率下微波 330 s,可将原蛭石最大化剥离,在此条件下制得的蛭石比表面积最大、体积密度最小并且单位质量原料能量消耗最低,剥离后的蛭石对暴雨径流水体中重金属铅、镉、锌、铜吸附量明显提高,处理效果随着水体初始 pH 值升高而逐渐变好,在 pH=5 时,重金属去除率到达 96%[61]。

9.2.5.2 超声波改性

运用超声波强大的穿透力和能量对材料的结构、成分进行改变,进而影响材料的物理化学性能。在超声波改性及其处理污染物的工艺中,一些反应直接对材料进行改性,用以制备新型矿物功能材料,一些超声作用则在反应进行中辅助化学反应的发生。超声波改性具有效率高、条件易于控制、耗能低等,用超声技术改性矿物材料,无论是材料的制备还是对改性过程、工艺反应的辅助,均是矿物材料改性与应用的可选方法。

1. 石墨的超声波改性

采用超声浸渍技术在石墨表面包覆热解炭,即先将酚醛树脂在超声振荡的条件下与天然石墨分散均匀,将均匀的溶液蒸发固化后,复合材料置于高温条件下真空处理,所得材料就是热解炭包覆石墨复合材料。这种炭-炭复合材料内部石墨的晶体结构并未变化,制备的复合材料为以石墨晶体为“核心”的热解炭包覆材料,材料表面的石墨性质被掩盖,由此表明,超声浸渍改善了天然石墨的界面性质,有利于天然石墨的均层包覆和深度包覆。这种复合材料实际上是热解炭外表的石墨核体结构,既保留了石墨结构的储锂空间,又改善了材料原有的表面性质,进而提高了石墨的环境性能。

2. 含钛矿物材料的超声波改性

二氧化钛的光催化作用被广泛应用于大气、水体净化中,污染气体中的醛类、挥发性有机污染物(VOC)类,水体中的罗丹明、氨基黑、柠檬黄、乙醇、异丙醇等均能利用光催化原理进行分解处理。然而,一些含钛材料的催化作用受钛含量、材料结构等影响不易发挥完全，导致光催化效率降低。例如，矿渣中杂质含量较高，透光性差，由于自然光能量低，同时催化剂中杂质阻碍了光的吸收，因此自然光很难使矿渣产生光催化活性。为了节约成本，充分利用矿渣等废弃物，人们运用超声手段辅助催化作用的发生，运用超声波改性与含钛材料光催化复合作用降解水体中的有机物。其原理大致如下：在超声条件下，当水体中空化泡形成时，两泡壁间因产生较大的电位差而引起放电，致使腔内的气体活化，这种活化了的气体进而使催化剂表面的二氧化钛接受电能而活化，形成光生电子-空穴，使吸附在催化剂表面的硝基苯分子发生一系列的氧化-还原反应，产生催化效果。加之超声本身的分散作用和剪切作用，使催化剂表面吸附的硝基苯不断更新，随着降解时间的进行，硝基苯降解可持续进行下去。超声与含钛矿物催化剂联合作用时，催化剂微粒悬浮分散于液相中，处理效果得到明显改善，相同条件下使用高钛渣作用 160 min，硝基苯降解率可达 84%，明显大于超声单独作用的降解率，由此可以推断超声与含钛矿物降解硝基苯具有协同作用[62]。

3. 膨润土的超声波改性

利用膨润土层间阳离子的可交换性以及片层的可膨胀性，可将长碳链有机季铵盐置换得到有机化膨润土。超声波改性具有效率高、条件易于控制、耗能低、作用效果好等，用超声技术改性环境矿物材料，无论是材料的制备还是对改性过程、工艺反应的辅助，均是矿物材料改性与应用的可选方法。

9.2.5.3　机械力改性

机械力化学又称机械化学，是一门研究物质在粉磨过程中，通过冲击、挤压、剪切、摩擦等机械力的诱发和作用下发生微观晶体结构和物理化学性质变化的新兴交叉学科[63]。影响机械力改性效果的主要因素有：机械改性操作时间、机械介质的尺寸和形状、矿物材料的原始粒度及均匀度、矿物材料的硬度等。目前，在矿物加工领域，除了制备功能型矿物材料外，机械力化学技术主要用来对天然矿物进行活化及改性处理，即利用天然矿物的机械力化学效应，改变其晶体结构、表面性质和理化特性，使其在资源环境、农林化工、涂料填料等领域发挥更大应用价值。

物质在机械力化学反应过程中理化性质的变化较为复杂，影响其反应过程的因素也较多，且多种因素相互制约，因此关于其反应原理尚无明确定论。目前机械力化学作用机理主要有 3 种理论：第一种为机械摩擦作用的等离子机理，即认为在有限的空间内，较大的外力作用于物体时，物体结构遭到破坏，晶格松弛，离子在这一区域散发出来，形成等离子区。在高激发状态下被诱发的等离子体可以产生远超一般热化学与光化学的电子能量，促使反应速率加快。第二种为局部升温机理，即认为粒状原料在机械研磨时，会与研磨壁在特定范围内进行碰撞，从而发生外部化学键的断裂，而内部晶体则趋于非晶化、晶格缺失和晶形畸变，物料的内能增高，产生的裂纹使其顶端升温，其反应速率与反应平衡常数升高。第三种为固态合成反应机理，即从扩散理论出发，根据高能球磨过程中的扩散特点，对固态合成反应进行分析计算及理论建模。

天然矿物在细碎粉磨时，粒度减小、比表面积增大，而且随着大量新鲜表面的持续生成，其表面吉布斯自由能不断增加，理化反应活性也随之提升。天然矿物典型的机械力效应主要体现在 3 个方面：一是物理效应，即颗粒及晶粒细化、表面产生裂纹、比表面积增大、密度变化等；二是结晶性质，包括产生晶格缺陷、晶格形变、结晶度降低、晶体无定形化等；三是化学变化，包括结晶水或结构羟基的脱除、反应活化能的降低、化学键断裂及重排等。利用矿物的机械力化学效应产生的各种变化，可进行材料性能优化、难选难冶矿物资源选择性提取、矿物表面改性和废物污染处理等。使用湿法搅拌对天然沸石进行细磨时发现，天然沸石颗粒细化的同时，其主要组成矿物斜发沸石、蒙脱石、石英均产生了晶形结构的变化，而且斜发沸石与石英还发生了晶形畸变与非晶化的现象，导致颗粒表面活性提高和相间反应能力增强，有效提高了天然沸石作为掺料对硬化混凝土的增强作用[64]。在研究机械力化学效应对煤矸石水泥性能的影响中发现，机械力化学作用可以充分发挥煅烧后煤矸石的活性，高能球磨后掺量为 40% 时的水泥胶砂强度最优，为 44.1 MPa，此时煤矸石越细，标准稠度下的用水量越大，凝结效果越好[65]。

天然矿物中富含的大量金属或非金属元素，为化工、能源、农业、冶金等人类工业生产环节提供了重要的原材料。从资源有效利用的角度，应尽可能地实现矿物中有用元素的最大化提取。但是，各类天然矿物的晶格能过高，必须进行活化才能实现有效利用。通过机械力化学活化，可以使输入的机械能以晶格畸变、位错等缺陷形式转变为化学能，储存在矿物晶体中，使其处于较高活性状态，利于有用组分的浸出提取。使用行星式球磨机干磨蛇纹石，考察了活化前后蛇纹石在酸溶液中镁和硅的浸出效果[66]。结果显示，机械力化学作用引发了蛇纹石结构中镁原子周边组织的无序化，特别是与镁八面体相连接的羟基的脱离，导致蛇纹石的非晶化，提高了其结构中各原子的反应活性，使镁和硅的酸浸出率相较于活化前有了大幅度的提升。在干磨活化体系中提高球磨机研磨强度、采用无助磨剂或增加浸出剂碱的用量，均可以强化未经焙烧的煤矸石中硅的浸出[67]；在此基础上，又研究了不同机械力化学活化设备及条件对低品位磷矿中磷的强化浸出[68]，采用高能球磨机，在恒温条件下，球料比为 20∶1，时间为 5 min，加入助磨剂后，可使磷的最大浸出率从原料的 3.1% 提高到 15.3%。而在机械力化学活化强化黄铜矿中铜的浸出研究中，同样证实提高研磨强度、增加氧化剂用量可以显著提高铜的浸出效果：在 348 K、pH 值为 1.0 的浓硫酸中反应 1.5 h 后，铜的浸出率提高到了 98%以上[69]。

通过研磨介质的添加，使矿物材料与研磨介质混合形成新的均匀材料，定向调控材料的吸附性能。球磨膨润土、振动磨蛭石等改性环境矿物材料对水体中重金属 Cu^{2+}、Cd^{2+}、Pb^{2+}、Zn^{2+} 等离子具有很强的吸附性能，研究发现，研磨时间、矿物粒度等条件均是影响其对重金属离子吸附性能的重要因素。运用振动磨机对蛭石进行处理，可以显著降低蛭石颗粒尺寸并增加矿物比表面积，并且生成了位于黏土颗粒边缘和无定形二氧化硅相上的表面羟基（硅烷醇、氧化镁和铝氧烷）基团，这些由机械力改性造成的蛭石物理化学性能的变化有效改善了其对铅离子的吸附能力。

综上所述，机械力改性具有操作简便、成本低廉、产物易于控制、节能降耗、无二次污染的优点，同时机械力改性可作为复合改性的重要环节，辅助其他工艺流程的生产应用，是一种具有批量、规模应用前景的改性方法。

参 考 文 献

[1] 严春杰, 刘意, 李珍, 等. 粘土硅酸盐矿物改性技术研究现状. 矿产保护与利用, 2018(5): 139-142.

[2] GRASSI P, DRUMM F C, FRANCO D S P, et al. Application of fly ash modified by alkaline fusion as an effective adsorbent to remove methyl violet 10B in water. Chemical Engineering Communications, 2022, 209(2): 184-195.

[3] DERE OZDEMIR O, PISKIN S. A novel synthesis method of zeolite X from coal fly ash: Alkaline fusion followed by ultrasonic-assisted synthesis method. Waste and Biomass Valorization, 2019, 10(1): 143-154.

[4] AYELE L, PéREZ-PARIENTE J, CHEBUDE Y, et al. Conventional versus alkali fusion synthesis of zeolite A from low grade kaolin. Applied Clay Science, 2016, 132-133: 485-190.

[5] 孔德顺, 艾德春, 李志, 等. 煤系高岭土碱熔-水热晶化合成 4A 沸石分子筛. 硅酸盐通报, 2011, 30(2): 336-340.

[6] MA H, YAO Q, FU Y, et al. Synthesis of zeolite of type A from bentonite by alkali fusion activation using Na_2CO_3. Industrial & Engineering Chemistry Research, 2010, 49(2): 454-458.

[7] 方亮. 微波改性海泡石处理含铅废水的研究. 南昌: 南昌大学, 2014.

[8] 伊莉, 马红超, 付颖寰, 等. 膨润土碱熔活化合成 4A 分子筛. 应用化学, 2009, 26(12): 1445-1449.

[9] HELLER-KALLAI L. Chapter 10.2 — Thermally Modified Clay Minerals//BERGAYA F, LAGALY G. Developments in Clay Science. Amsterdam: Elsevier, 2013: 411-433.

[10] XIE W, WANG J, FU L, et al. Evolution of the crystallographic structure and physicochemical aspects of rectorite upon calcination. Applied Clay Science, 2020, 185: 105374.

[11] MAGED A, IQBAL J, KHARBISH S, et al. Tuning tetracycline removal from aqueous solution onto activated 2∶1 layered clay mineral: Characterization, sorption and mechanistic studies. Journal of Hazardous Materials, 2020, 384: 121320.

[12] BARAKAN S, AGHAZADEH V. The advantages of clay mineral modification methods for enhancing adsorption efficiency in wastewater treatment: A review. Environmental Science and Pollution Research, 2021, 28(3): 2572-2599.

[13] CLAVERIE M, MARTIN F, TARDY J P, et al. Structural and chemical changes in kaolinite caused by flash calcination: Formation of spherical particles. Applied Clay Science, 2015, 114: 247-255.

[14] ZUO Q, GAO X, YANG J, et al. Investigation on the thermal activation of montmorillonite and its application for the removal of U(Ⅵ) in aqueous solution. Journal of the Taiwan Institute of Chemical Engineers, 2017, 80: 754-760.

[15] AYTEKİN M T, HOŞGüN H L. Characterization studies of heat-treated halloysite nanotubes. Chemical Papers, 2020, 74(12): 4547-4557.

[16] 陈天虎, 王健, 庆承松, 等. 热处理对凹凸棒石结构、形貌和表面性质的影响. 硅酸盐学报, 2006, 34(11): 1406-1410.

[17] 樊国栋, 沈茂. 凹凸棒黏土的研究及应用进展. 化工进展, 2009, 28(1): 99-105.

[18] 汤庆国, 沈上越, 周咸立, 等. 板桥坡坡缕石矿提纯及性能研究. 非金属矿, 2003, 26(5): 38-40.

[19] 张先龙, 姜伟平, 吴雪平, 等. 热处理对凹凸棒石结构及其脱硫性能的影响. 化工学报, 2012, 63(3): 916-923.

[20] 干方群, 杭小帅, 马毅杰. 热加工对凹凸棒石黏土矿物结构和吸附特性的影响. 非金属矿, 2013, 36(4): 60-62.

[21] MOHAMED E A, SELIM A Q, ZAYED A M, et al. Enhancing adsorption capacity of Egyptian diatomaceous earth by thermo-chemical purification: Methylene blue uptake. Journal of Colloid and Interface Science, 2019, 534: 408-419.

[22] 贾泽慧, 胡颖媛, 张小超, 等. 临江高品位硅藻土的物理化学提纯. 人工晶体学报, 2017, 46(11): 2266-2270.

[23] OUARDI Y E, BRANGER C, TOUFIK H, et al. An insight of enhanced natural material (calcined diatomite) efficiency in nickel and silver retention: Application to natural effluents. Environmental Technology & Innovation, 2020, 18: 100768.

[24] ZHANG Y, WANG L, WANG F, et al. Phase transformation and morphology evolution of sepiolite fibers during thermal treatment. Applied Clay Science, 2017, 143: 205-211.

[25] MAKó É, KRISTóF J, HORVáTH E, et al. Mechanochemical intercalation of low reactivity kaolinite. Applied Clay Science, 2013, 83-84: 24-31.

[26] 刘钦甫, 程宏飞, 杜小满, 等. 高岭石/醋酸钾插层复合物的制备及其影响因素. 矿物学报, 2010, 30(2): 153-159.

[27] 张先如, 樊东辉, 徐政. 微波诱导快速制备高岭石/二甲亚砜插层复合物. 同济大学学报(自然科学版), 2005, 33(12): 1646-1650.

[28] 孙嘉, 徐政. 微波对不同插层剂插入高岭石的作用与比较. 硅酸盐学报, 2005, 33(5): 593-598.

[29] 缪敏洁，蒋荣立，姚丽鑫. 插层反应前高岭土的超声酸活化实验研究. 硅酸盐通报，2011，30(2)：251-255.

[30] 阎琳琳，张存满，徐政. 高岭石插层-超声法剥片可行性研究. 非金属矿，2007，30(1)：1-4.

[31] ZHANG J, ZHOU C H, PETIT S, et al. Hectorite: Synthesis, modification, assembly and applications. Applied Clay Science, 2019, 177: 114-138.

[32] EREN E. Removal of lead ions by Unye (Turkey) bentonite in iron and magnesium oxide-coated forms. Journal of Hazardous Materials, 2009, 165(1): 63-70.

[33] 蒋文艳，魏光涛，张琳叶，等. KOH/铝柱撑膨润土催化麻疯树油酯交换反应制备生物柴油. 中国油脂，2018，43(3)：100-104.

[34] 张连科，刘心宇，王维大，等. 镧柱撑膨润土对铅的吸附特性. 环境污染与防治，2018，40(4)：435-439.

[35] 肖宇强，章青芳，乔晨，等. 碳柱撑磁性膨润土催化降解焦化废水的研究. 煤炭技术，2017，367：280-282.

[36] YUE L, LI J, ZHOU X, et al. Flame retardancy and thermal behavior of an unsaturated polyester modified with kaolinite-urea intercalation complexes. Molecules, 2020, 25(20): 4731.

[37] 李静静，王建黎，王春伟，等. 插层改性蒙脱石及其在醇酸树脂中分散性能的研究. 涂料工业，2021，51(6)：1-6.

[38] CHEN Y, BAI W, CHEN J, et al. *In-situ* intercalation of montmorillonite/urushiol titanium polymer nanocomposite for anti-corrosion and anti-aging of epoxy coatings. Progress in Organic Coatings, 2022, 165: 106738.

[39] ZHOU C, LI X, GE Z, et al. Synthesis and acid catalysis of nanoporous silica/alumina-clay composites. Catalysis Today, 2004, 93-95: 607-613.

[40] KOOLI F, LIU Y, HBAIEB K, et al. Characterization and catalytic properties of porous clay heterostructures from zirconium intercalated clay and its pillared derivatives. Microporous and Mesoporous Materials, 2016, 226: 482-492.

[41] BARAKAN S, AGHAZADEH V. Synthesis and characterization of hierarchical porous clay heterostructure from Al, Fe-pillared nano-bentonite using microwave and ultrasonic techniques. Microporous and Mesoporous Materials, 2019, 278: 138-148.

[42] SHI H, CHEN L, NIU N. An off-on fluorescent probe based on graphene quantum dots intercalated hydrotalcite for determination of ascorbic acid and phytase. Sensors and Actuators B: Chemical, 2021, 345: 130353.

[43] ZHANG X, WEN Y, LI S, et al. Fabrication and characterization of flame-retardant and smoke-suppressant of flexible polyurethane foam with modified hydrotalcite. Polymers for Advanced Technologies, 2021, 32(6): 2609-2621.

[44] 邬清臣，陈宇佳，杨保俊. 十二烷基硫酸钠插层水滑石对水中 Cu^{2+} 的吸附研究. 安徽化工，2022，48(2)：61-63.

[45] ZHEN R, JIANG Y S, LI F F, et al. A study on the intercalation and exfoliation of illite. Research on Chemical Intermediates, 2017, 43(2): 679-692.

[46] CREDOZ A, BILDSTEIN O, JULLIEN M, et al. Mixed-layer illite-smectite reactivity in

acidified solutions: Implications for clayey caprock stability in CO_2 geological storage. Applied Clay Science, 2011, 53(3): 402-408.

[47] 谢盼盼, 余志伟. 伊利石插层剥片及增强 PP 研究. 非金属矿, 2016, 39(2): 65-67.

[48] 苑春晖, 孙丽娟, 杨永恒, 等. 改性伊利石在天然橡胶中的应用研究. 橡胶科技, 2018, 16(10): 9-15.

[49] ZHANG L, CHUAICHAM C, BALAKUMAR V, et al. Effect of ionic Fe(Ⅲ) doping on montmorillonite for photocatalytic reduction of Cr(Ⅵ) in wastewater. Journal of Photochemistry and Photobiology A: Chemistry, 2022, 429: 113909.

[50] 管秀丽. 元素掺杂蒙脱石固体酸的制备、表征及其芳烃开环裂解性能. 马鞍山: 安徽工业大学, 2016.

[51] YUAN P, TAN D, ANNABI-BERGAYA F. Properties and applications of halloysite nanotubes: Recent research advances and future prospects. Applied Clay Science, 2015, 112-113: 75-93.

[52] ZHU K, DUAN Y, WANG F, et al. Silane-modified halloysite/Fe_3O_4 nanocomposites: Simultaneous removal of Cr(Ⅵ) and Sb(Ⅴ) and positive effects of Cr(Ⅵ) on Sb(Ⅴ) adsorption. Chemical Engineering Journal, 2017, 311: 236-246.

[53] ZHAO J, QIN X, WANG J, et al. Effect of Mg(Ⅱ) and Na(Ⅰ) doping on the electronic structure and mechanical properties of kaolinite. Minerals, 2020, 10(4): 10040368.

[54] HOU J, CHEN M, ZHOU Y, et al. Regulating the effect of element doping on the CO_2 capture performance of kaolinite: A density functional theory study. Applied Surface Science, 2020, 512: 145642.

[55] ZHANG M, XIA M, LI D, et al. The effects of transitional metal element doping on the Cs(Ⅰ) adsorption of kaolinite (001): A density functional theory study. Applied Surface Science, 2021, 547: 149210.

[56] 王珍, 兰旺荣, 邓禄安, 等. 微波辅助合成 Fe^{2+} 掺杂酸改性膨润土对水体中活性磷去除的研究. 武汉工程大学学报, 2019, 41(5): 461-465.

[57] ÇAKAN A, KIREN B, AYAS N. Catalytic poppy seed gasification by lanthanum-doped cobalt supported on sepiolite. International Journal of Hydrogen Energy, 2022, 47(45): 19365-19380.

[58] SHEN Q, OUYANG J, ZHANG Y, et al. Lauric acid/modified sepiolite composite as a form-stable phase change material for thermal energy storage. Applied Clay Science, 2017, 146: 14-22.

[59] YANG L, ZHANG C, SHU X, et al. The mechanism of Pd, K co-doping on Mg-Al hydrotalcite for simultaneous removal of diesel soot and NO_x in SO_2-containing atmosphere. Fuel, 2019, 240: 244-251.

[60] MO S, PAN T, WU F, et al. Facile one-step microwave-assisted modification of kaolinite and performance evaluation of pickering emulsion stabilization for oil recovery application. Journal of Environmental Management, 2019, 238: 257-262.

[61] LEE T. Removal of heavy metals in storm water runoff using porous vermiculite expanded by microwave preparation. Water, Air, & Soil Pollution, 2012, 223(6): 3399-3408.

[62] 康艳红. 含钛矿物催化降解废水中硝基苯的研究. 沈阳: 东北大学, 2009.

[63] 刘春琦, 马天, 李钊, 等. 天然矿物的机械力化学活化改性研究进展. 金属矿山, 2021(10): 75-81.

[64] 丁浩, 邢锋, 冯乃谦. 天然沸石搅拌磨湿法细磨中机械力化学效应的研究. 矿产综合利用, 2000(6): 26-31.

[65] 芋艳梅, 方莹, 张少明. 机械力化学效应对煤矸石水泥性能的影响. 硅酸盐通报, 2006, 25(4): 59-62.

[66] ZHANG Q, SUGIYAMA K, SAITO F. Enhancement of acid extraction of magnesium and silicon from serpentine by mechanochemical treatment. Hydrometallurgy, 1997, 45(3): 323-331.

[67] 刘淑红, 高宏, 兰喜杰. 机械力化学活化煤矸石强化硅的浸出. 硅酸盐通报, 2011, 30(4): 887-890.

[68] 王晨, 高宏, 刘淑红, 等. 中低品位磷矿粉的机械力化学活化与活性表征. 化工矿物与加工, 2012, 41(7): 1-4.

[69] LI Y, WANG B, XIAO Q, et al. The mechanisms of improved chalcopyrite leaching due to mechanical activation. Hydrometallurgy, 2017, 173: 149-155.

第10章 矿物材料结构/功能复合技术

10.1 概 述

随着科学技术的不断进步和国家创新创造战略需求的不断增长，多功能材料的研究正日新月异。而在功能材料的开发和研究的过程中，天然矿物以其储量大、易获取和价格低廉的特点迅速走进研究者的视线，成为制备功能材料主要的原料之一。除此之外，不同产地和不同地层的天然矿物由于成因的不同，具有其独特的结构，而这些结构赋予了天然矿物特有的性质和不同的功能。例如，图 10-1 中展示了不同结构天然矿物的微观形貌[1]，依次为颗粒状石英[图 10-1(a)]、层状蒙脱石[图 10-1(b)]、层状高岭土[图 10-1(c)]、管状埃洛石[图 10-1(d)]、棒状凹凸棒石[图 10-1(e)]、纤维棒状海泡石[图 10-1(f)]。石英的颗粒状微观形貌使得其晶格紧密堆积，这使得石英的密度和硬度要大于常见的黏土矿物；而具有独特层状结构的蒙脱石和高岭土，具有较大的比表面积、更多的反应结合位点；同时，管状的埃洛石和棒状的凹凸棒石、海泡石同样具有特有的性质。

图 10-1 (a)石英、(b)蒙脱石、(c)高岭土、(d)埃洛石、(e)凹凸棒石、(f)海泡石的扫描
电子显微镜图像

科学技术的不断发展使得大量的新型功能材料不断涌现，但是受限于较短的研究时间和有限的研究资源，研究者们通常注重于强化功能材料的单一功能性，

而非考虑材料的整体性能。为解决这一缺陷，科研工作者在对天然矿物不断研究和探索后发现，将天然矿物与新型功能材料进行结构/功能一体化复合之后能够对现有材料不足的方面进行改良或赋予这些材料新的功能。研究表明，将天然矿物与其他材料经过特定的方式复合之后，复合材料能够兼具二者的性质，且不同结构的天然矿物对复合材料的结构和功能有不同方向和程度的影响。例如，颗粒状的天然矿物具有体积小、比表面积大且易分散的特点，在与基体材料进行结构/功能一体化复合后能够得到高度均一和紧密堆积的复合材料；层状的天然矿物则具有较大的比表面积和较大的片层结构，可以通过向矿物层间插层或将高度分散和剥离的层状矿物与基体进行结构/功能一体化复合，得到规则排列和各向异性的复合材料，以增强材料的力学性能和电学性能等；与层状材料类似，通过定向排列的方式将棒状材料和基体进行结构/功能一体化复合后，得到具有各向异性和更好的电子传导性能的新型复合功能材料；管状材料具有和棒状材料相同的功能，但其特有的孔道结构可以赋予其更好的离子传导能力，且具备在孔道中填充物质这一种棒状材料所不具备的性能，将其与基体材料进行结构/功能一体化复合后，能够得到高负载量和具有优异的电学性能的复合材料。因而，以天然矿物为主要原料制备的具有其他功能效应的功能矿物材料得到了迅速发展。

10.2 矿物材料结构/功能一体化复合技术

10.2.1 颗粒矿物结构/功能复合技术

颗粒状矿物是指基本结构为立体体相、球状或者笼状的天然矿物，其中较为有代表性的有石英、沸石等，特有的立体结构使得颗粒矿物具有良好的孔道结构和内部空间，这使得颗粒矿物具有较大的比表面积和较多的反应活性位点。但是天然矿物由于其地质成因问题，通常处于与有机物、金属氧化物混杂的状态，难以体现出良好的物理化学性能，因此通常需要一定的改性处理才能够体现出良好的性质。其中结构/功能一体化技术是最常见也是最实用的改性技术，采用结构/功能一体化技术不仅能够改善矿物的物理化学性能，同时也能够将天然矿物的特有性质赋予复合材料，以得到优质的复合材料。

10.2.1.1 吸附领域

天然沸石作为水合铝硅酸盐矿物，是由 SiO_4 和 AlO_4 四面体组成的三维微孔骨架。斜发沸石、丝光沸石、片沸石等天然沸石因其成本低廉而成为废水处理的有效吸附剂，受到了人们的广泛关注。其中斜发沸石是一类常用于吸附水中有毒物质的天然沸石。然而，由于未改性的天然沸石吸附容量较低，其直接应用受到了较大的限制。此外，天然沸石大多表面带有负电荷，因此通常只对阳离子污染物有较好的吸附能力，常用于处理废水中的重金属离子（铅、铜、镍、镉、钴等）、阳离子染料等。然而，铬（通常以酸根离子形式存在）、阴离子染料等阴离子也是废水中的重要污染物，因此，如何利用天然沸石去除水中的阴离子是一个具有挑战性的问题。

使用无机材料对天然沸石进行结构/功能一体化改性是常用的功能化改性方法，这不仅能够提高天然沸石吸附能力，同时也能改善天然沸石的物理化学性质，如比表面积、孔隙率和热稳定性等，使得天然沸石能够用作长期有效的吸附剂用于处理实际废水。

研究表明，将纳米零价铁负载到天然沸石上，得到的天然沸石/纳米零价铁复合材料具有比天然沸石和纳米零价铁更高的比表面积，天然沸石/纳米零价铁复合材料具有从水溶液中吸附铅离子的更大的潜力。纳米零价铁/铜双金属掺杂天然沸石复合材料通过吸附与超声耦合的方式去除水溶液中的砷（Ⅲ）。在吸附剂用量为 0.3 mg/L、吸附时间为 60 min、超声频率为 80 kHz 的条件下，从实际样品（初始浓度为 0.026 mg/L）中去除砷（Ⅲ）的效率为90%以上[2]。利用纳米零价铁功能化的天然沸石在单一组分和砷（Ⅴ）/硒（Ⅵ）多组分系统中对砷（Ⅴ）的吸附发现，该复合吸附剂在单组分和多组分系统中对砷的吸附平衡时间分别为 60 min 和 90 min，其在单组分和砷（Ⅴ）/硒（Ⅵ）多组分体系中对砷（Ⅴ）的最大吸附量分别为 38.26 mg/g 和 49.42 mg/g，复合材料在单组分和多组分体系中的吸附容量约为纯纳米零价铁的 1.5 倍[3]。

通过将沸石的吸附性能和金属氧化物（如 TiO_2 和铁氧体纳米颗粒）进行合理的结合，能够有效地提高复合材料的环境处理能力，即通过功能一体化方法，合成接枝在沸石上的金属氧化物，以得到具有高效去除水中有毒污染物的复合材料。将 TiO_2 纳米粒子涂覆在天然沸石表面，以吸附/光催化还原水溶液中的腐殖酸，在沸石表面涂覆 TiO_2 纳米颗粒可显著提高腐殖酸的去除效率（沸石/TiO_2 复合物和未加工沸石的去除效率分别为 80% 和 20%）。此外，在紫外光照射下进行五次吸附/脱附循环后，去除效率没有显著变化，这表明沸石/TiO_2 复合材料具有良好的再生性能。将 TiO_2 纳米粒子包覆在天然沸石上用于在紫外线照射下从水中吸附/光催化降解磺胺嘧啶[4]，沸石（吸附剂）/TiO_2（光催化剂）功能一体化的复合材料对磺胺嘧啶的去除效率大于 90%，而在吸附剂用量为 1 g/L 时，天然沸石在中性 pH 条件下的去除效率仅为 15%。

除了功能一体化技术，通过结构一体化将天然沸石和金属氧化物纳米颗粒相结合还可以提高天然沸石的吸附能力。这是因为纳米颗粒具有高比表面积，并且可显著增强天然沸石吸附水中污染物的活性位点。使用天然沸石/TiO_2 复合物作为吸附剂去除磷酸盐，CuO 纳米颗粒/银斜发沸石复合材料作为吸附剂从水中吸附锶-90，去除率超过 97%。斜发沸石锌/氧化锌复合材料用于吸附水中的亚甲基蓝，复合材料在 30 min 后对初始浓度为 2 mg/L 的亚甲基蓝溶液的去除率为100%，天然沸石及其结构/功能一体化复合材料被广泛用于吸附水中的重金属。

然而，由于天然沸石的表面带有大量的负电荷并具有亲水性，其对有机物的吸附能力较差。研究表明，将天然沸石与活性炭、氧化石墨烯、碳纳米管等含碳材料进行结构/功能一体化复合可以有效提高沸石对水中有机污染物的去除效果。当用于吸附垃圾渗滤液中的氨时，活性炭/沸石与未经处理的沸石(17.45 mg/g)和活性炭(6.08 mg/g)相比，具有更高的吸附容量(24.39 mg/g)。研究了天然沸石/生物炭复合材料从水中吸附磷酸盐和腐殖酸盐的能力[5]，由于生物炭具有更高的比表面积和更多可在吸附过程利用的活性位点，与生物炭负载的沸石复合材料相比，纯生物炭对磷酸盐和腐殖酸盐的吸附具有更高的吸附能力，这表明其结构/功能一体化技术仍有可以改良的空间。

将有机物和天然沸石进行复合也是改良其性能的常用方法。壳聚糖/斜发沸石复合材料从水溶液中吸附铜、钴和镍离子[6]，壳聚糖/斜发沸石复合材料在最适pH 值为 5 和吸附时间为 24 h 的情况下对铜、钴和镍离子的最大单层吸附容量分别为 11.32 mmol/g、7.94 mmol/g 和 4.209 mmol/g。动力学和平衡数据通过伪二级和 Langmuir 等温线模型拟合良好。壳聚糖/斜发沸石复合微球对 UO_2^{2+} 和 Th^{4+} 离子的吸附[7]，最大吸附容量分别为 328.32 mg/g 和 408.62 mg/g。斜发沸石对氟的吸附能力较低，导致壳聚糖对氟的吸附能力降低，沸石在复合材料中的主要作用是提高壳聚糖的力学性能。利用表面活性剂改性壳聚糖/天然沸石复合材料从水溶液中吸附腐殖酸[8]，壳聚糖/天然沸石复合材料吸附腐殖酸的可能机制是静电相互作用、有机络合和氢键作用。在 pH 值为 9 时(初始浓度 43.75 mg/L 和吸附剂用量 2.5 g/L)，斜发沸石/壳聚糖复合物在水溶液中对亚甲基蓝染料的最大吸附量为 24.5 mg/g。考察了用相转化法制备的聚醚砜/丝光沸石复合纤维吸附剂对水溶液中铅、镉、铜和镍离子的吸附能力[9]，复合材料在 pH 值为 5 时去除金属离子的亲和性为 Pb^{2+}(0.67 mmol/g) > Cd^{2+}(0.50 mmol/g) > Cu^{2+}(0.40 mmol/g) > Ni^{2+}(0.34 mmol/g)。通过原位自由基聚合合成了聚(丙烯腈-co-N-乙烯基吡咯烷酮)/天然沸石复合材料用于从水溶液中吸附亮绿阳离子染料[10]，对于初始浓度为40.2 mg/L、吸附时间为 121.6 min 且吸附剂用量 4 g/L 时，复合材料对染料的最大去除率为99.91%。

10.2.1.2 光催化领域

沸石负载半导体光催化剂的制备方法对其性能有重要影响，其合成方法主要包括非原位法、浸渍法、溶胶-凝胶法、离子交换法、水热合成法和光诱导沉积法。

1. 非原位法

非原位法是一种将先前制备的半导体粉末装载到沸石表面的通用技术，包括机械混合、固态扩散、冷冻干燥技术和超声波分散混合。非原位法是一种简单且易于扩展的制备高钛沸石基复合材料的方法，其可以适配于任何大小和形状的半导体。然而，由于半导体和沸石随机分散，相互作用较弱，因此很难控制复合材料的复合程度和均匀度。通过非原位方法在沸石上合成负载型 P25（商业 TiO₂），已被证明是一种简单有效的技术。此外，据研究表明，具有高(001)暴露面的十面体锐钛矿型二氧化钛颗粒(DAP)在降解有机污染物方面表现出较高的光催化活性，通过冷冻干燥技术合成的沸石/磷酸二铵杂化光催化剂显示出比商业 TiO₂ 更好的光催化性能[11]。

2. 浸渍法

浸渍法是合成固定化催化剂的一种常用而简便的方法。在此过程中，将金属前体溶解在水溶液或有机溶液中以获得含金属的溶液，然后将沸石添加到溶液中。随后，溶液可通过毛细管作用吸入孔隙。然后，通过干燥和煅烧去除溶液中的挥发性成分，将半导体沉积到沸石表面。与非原位法相比，半导体与沸石之间的相互作用变得更加复杂和强烈。通过机械混合方法和初期湿润浸渍对合成 ZSM-5/TiO₂ 杂化物的物理化学和光催化性能影响的比较研究，发现初期湿润浸渍法令大量 TiO₂ 纳米颗粒均匀分散在沸石表面，这使得每克 TiO₂ 的 VOC 光降解率更高[12]。

3. 溶胶-凝胶法

溶胶-凝胶法是一种很好地将金属氧化物，尤其是 TiO₂ 锚定到沸石基底上的方法。在该化学复合过程中，通过钛前驱体(例如醇盐钛和卤化钛)的水解和缩聚反应形成胶体溶液。随后，液体溶胶逐渐演化为黏性凝胶相，并通过干燥和热处理转变为纳米晶体。在溶胶形成过程中，将沸石添加到液体中，其独特的微孔结构可以通过吸附和缓释水，为控制水解速率提供有利条件，从而抑制大尺寸 TiO₂ 溶胶聚集的形成，提高 TiO₂ 粒子的分散性和光催化活性。通过溶胶-凝胶法制备的 TiO₂/沸石复合材料由于化学键合的作用，在 TiO₂ 和沸石之间表现出很强的附着力。

4. 离子交换法

由于沸石的离子交换和离子导电特性，离子交换法被广泛用于合成金属离子掺杂沸石基光催化剂。在此过程中，金属离子取代沸石骨架内的可交换阳离子，形成一种新的金属/沸石复合材料。通过离子交换法将卤化银固定在斜发沸石纳米粒子上，以提高这些卤化银的光催化性能。还通过一步和两步离子交换法制备了两种掺银 Y 型沸石(Ag-NaY、Ag-HY)，二者均具有增强的光催化性能。此外，在此研究中，NaY 沸石表现出比 HY 更高的阳离子交换能力。尽管离子交换法有效地对沸石进行了改性，但由于沸石本身的阳离子交换能力有限，用这种方法制备的光催化剂的金属半导体负载量仍然相对较低。

5. 水热合成法

水热合成法已被广泛应用于沸石表面修饰半导体。这通常在 100～250℃的密封高压釜中进行。在这样一个封闭的体系中，在高蒸气压条件下，所需的晶体会沉积在水溶液中的沸石表面。此外，通过控制水热条件，可以很容易地调整所制备复合材料的半导体晶体的形貌和尺寸。通过简易超声协同水热法制备的光催化剂，具有较大的比表面积和较高的可见光吸收，并增加了活性中心的数量。

6. 光诱导沉积法

光诱导沉积法是一种简单、经济的半导体分子筛沉积技术。首先，采用超声辅助浸渍法在 Y 型沸石上制备了 TiO_2 光催化剂。其次，采用光沉积法在 TiO_2/Y 型沸石材料上沉积铁，选择乙腈和草酸为溶剂。最后，通过在 300℃下缓慢蒸发和煅烧，获得了 Fe^{3+}/TiO_2/Y 型沸石复合材料，通过沉积形成的赤铁矿被定义为电子受体，从而增强 TiO_2 的光诱导载流子分离。此外，与采用光沉积法的 Fe^{3+}/TiO_2/Y 型沸石复合材料相比，赤铁矿形态具有更好的分布和分散性[13]。

在可见光下，原位金纳米粒子负载的沸石-HX 光催化剂在苯酚降解方面的光催化活性明显高于 HX 沸石本身。此外，将金属离子嵌入沸石骨架中，以增强沸石基光催化剂的光催化性能，开发金属离子改性沸石基光催化剂也是一种颇有研究价值的方法，因而各种非贵金属，如铁、锰、铜、钛和镍也被用于沸石的掺杂。将这些金属加入沸石骨架中可产生活性物种，不仅可有效改性沸石的酸性，还可促进光诱导载体的分离，从而增强光催化活性。通过湿润浸渍法获得了不同浓度的铁改性 ZSM-11 沸石[14]，与未改性的 ZSM-11 相比，Fe/ZSM-11(6 wt%)光催化剂对敌敌畏的降解表现出更好的光催化性能。此外，通过 EPR、TPR 和 UV-Vis DRS 证实了铁物种的形式。结果表明，在煅烧过程中，亚铁物种在沸石表面被氧化，Fe_2O_3 的形成增加了 Fe/ZSM-11 样品在 300～600 nm 区域的吸收能力。此外，通过溶胶-凝胶法制备了含 Fe 杂化物的 Ti 高分散 HZSM-5 沸石[15]，研究发现在紫外光照射下会同时形成 Fe-O 和 Ti-O 激发物种，这有利于光生电子的分离和迁移，从而有效地增强了光催化剂的光催化活性。

除上述光催化剂外，许多具有良好光催化性能的其他类型的沸石基复合材料，包括钙钛矿族/沸石、尖晶石复合材料/沸石、多金属氧酸盐/沸石等。在这些光催化系统中，钙钛矿复合材料作为潜在的光催化材料在降解有机污染物方面有着越来越多的应用。通过溶胶-凝胶法在 HZSM-5 沸石上负载的钙钛矿的光催化活性增强，如 $La_2Ti_2O_7$/HZSM-5、$SrTiO_3$/HZSM-5、$Gd_2Ti_2O_7$/HZSM-5。通过浸渍法制备了掺杂 $LaFeO_3$ 的酸改性天然沸石，其对罗丹明 B(RhB)的降解效率高于纯 $LaFeO_3$[16]。这种增强可归因于 HZSM-5 的高吸附能力与 $LaFeO_3$ 提供的丰富活性中心的协同效应。类似地，g-C_3N_4/沸石复合材料因其良好的光催化活性而备受关注。g-C_3N_4 具有较高的电子空穴复合率和较低的比表面积，是一种性能较差的光催化剂。因此，沸石和 g-C_3N_4 可以有效集成，以克服这些限制。通过简易煅烧方法合成了多孔 g-C_3N_4/H-ZSM-5 纳米复合材料，对去除亚甲基蓝(MB)和氟虫腈表现出优异的光催化活性[17]。

10.2.2　层状矿物结构/功能复合技术

层状矿物是指基本结构为规则排列的片层状天然矿物，其结构大多类似于图 10-2，微观形貌通常表现为连续或断裂的片。特有的层状结构使得层状矿物具有较大的比表面积和结合位点，使得其本身具有较好的吸附、离子交换和力学性能，与其他基体材料复合之后，能够增强材料的负载能力和离子交换传输能力；同时，将其作为填充剂时，通过一定的结构/功能复合技术，如自组装、定向排列等方法，能够有效地增强复合材料的力学性能。常见的层状矿物有蒙脱石、膨润土、高岭土、滑石、云母、叶蜡石、绿泥石、蛭石和石墨等。

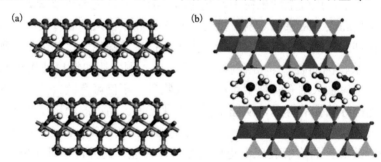

图 10-2　层状矿物的空间结构
(a)滑石；(b)蒙脱石

10.2.2.1　吸附领域

层状矿物由于层与层之间的规则排列使得其具有长程有序性，这赋予了层状矿物较大的比表面积，使得层状矿物晶格中的原子或基团大量暴露在片层的表面，因而层状矿物具有大量的反应结合位点。层状矿物的这个特点令其具有很好的吸附能力和离子交换能力，将其与基体材料复合后可以赋予或增强复合材料吸附固定以及离子交换的能力。因此，首先以碳酸钠为催化剂，以间苯二酚(R)和甲醛(F)在水中进行常规溶胶-凝胶聚合，合成了纳米多孔间苯二酚/甲醛(RF)聚合物树脂，然后以膨润土作为填料，将树脂与10%(质量分数)的膨润土在蒸馏水中混合，直到形成均匀的糊状物并干燥，之后对材料进行粉碎和筛分，以获得颗粒状的树脂/黏合剂复合材料，并控制粒径。这样制备的复合材料对 NH_3 在干燥和潮湿条件下的吸附容量分别达到 38.0 mg/g 和 12.4 mg/g，远远超过单一的间苯二酚/甲醛聚合物树脂材料。

除此之外，通过将黏土剥片后制备的 2D 黏土纳米片可以完全释放活性吸附位点，大大增加比表面积，有利于吸附性能的提高。蒙脱石具有良好的水化膨胀性能，易于剥离成二维纳米片，是最常用于制备二维纳米黏土片的原料之一。通过制备一系列先进的功能性纳米复合材料，剥离后活性位点充分暴露的二维蒙脱土纳米片(MMTNS)进一步促进了蒙脱土作为吸附剂的应用[18]。在各种 MMTNS 基吸附剂中，具有三维宏观系统的水凝胶形式对于从溶液中去除污染物后的固液分离非常有用。此外，离子在水凝胶中的扩散速率与在水中的扩散速率相当，这可以导致更快的吸附动力学。因此，如何利用水凝胶制备新型吸附剂以有效去除水中污染物已成为研究的重点之一[19]。剥离后的 2D MMTNS 在层表面具有永久负电荷，在边缘表面具有丰富的羟基官能团，这自然适合通过氢键和静电相互作用等超分子力与交联剂形成自组装水凝胶[20]。传统水凝胶体系的三维结构一般由一维分子或分子聚集体(纳米纤维)组成，而由二维层状单元构成的水凝胶空间结构具有层次性。

通过将剥离的 2D MMTNS 与有机聚合物黏合剂螯合，成功制备了一系列 MMTNS 基水凝胶，该黏合剂可用作去除重金属和染料的高效吸附剂[21]。在水凝胶中，MMTNS 不仅提供多孔结构作为主要骨架，而且有利于功能分子和污染物的结合和吸附。MMTNS 层上的天然负电荷和边缘的羟基以及良好的化学和热稳定性也为 MMTNS 基水凝胶吸附剂提供了巨大的应用优势。通过 MMTNS 边缘的铝羟基(Al—OH)与壳聚糖(CS)主链上的官能团(—NH_3^+)之间的相互作用制备了 2D MMTNS-CS 水凝胶[22]，如图 10-3 (a)所示。制备的 MMTNS-CS 水凝胶的横截面 SEM 图像具有层状结构，由许多 MMTNS 在平面内连续连接而成。所制备的 MMTNS-CS 水凝胶的 BET 表面积为 395.84 m^2/g，远远大于未经处理的 MMT (48.49 m^2/g)和剥离的 MMTNS (112.80 m^2/g)。这种 MMTNS-CS 水凝胶对亚甲基蓝(MB)的吸附是自发吸热的，可达到 530 mg/g 的最大吸附容量[23]。

MB 通过阳离子交换和氢键加载在其上。基于这种层状 MMTNS-CS 水凝胶，合成了一种 CS-聚(丙烯酸)交联 3D 网络结构 MMTNS 水凝胶[24]，该水凝胶是通过 MMTNS 与多孔结构多糖之间的聚合和分子力形成的。使用这种水凝胶，即使在 5 次再生循环后，也可以在 120 min 内以 0.2 g/L 的小剂量完全去除 MB。此外，通过氢键和静电相互作用制备了一种新型聚乙烯醇-海藻酸钠-CS-MMTNS 水凝胶[25]，作为具有多孔和稳定结构的微珠[图 10-3 (b)、(c)]。MMTNS 维持水凝胶珠的框架，并且由于羟基脱质子化引发的更强电负性，在高环境 pH 值下，水凝胶珠对 MB 具有更高的亲和力。

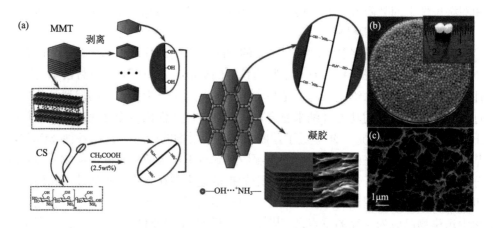

图 10-3　(a) MMTNS-CS 水凝胶的自组装示意图[22]；(b) 聚乙烯醇-海藻酸钠-CS-MMTNS 水凝胶珠[25]；(c) 氢珠的多孔和稳定内部结构[25]

10.2.2.2　电化学领域

　　因具有较好的离子交换性能和特有的层间结构，层状矿物具有定向较快的离子传输能力，这使得层状矿物有应用于电化学领域的潜力。众所周知，锂离子电池因具有比能量高、质量轻、易于携带和安装迅速的特点而被广泛应用，但是商业锂离子电池使用的液体电解质往往含有有毒物质且易燃，例如，乙酸乙酯、碳酸二甲酯、碳酸二乙酯和碳酸乙烯酯的沸点分别只有 77℃、90℃、127℃和 243℃；同时商用隔膜的组成材料是聚乙烯(PE)或聚丙烯(PP)，当温度高达 60℃时会变形。因此，一旦工作温度(>60℃)超过临界温度，隔膜就会收缩，使得阴极和阳极失去了物理空间阻隔，从而导致内部短路。相比之下，固体电解质，由于其较好的热稳定性、化学耐受性和电化学兼容性，是解决上述电解质问题的较优策略。但是固体电解质与液体电解质相比，由于固体的流动性差，空间限域能力强，其离子传输的能力较差，使得电化学反应的速率下降，电池的循环性能逐渐降低。研究表明，蒙脱石等层状黏土矿物在实际应用中具有较高的离子传导性能，用作固体电解质填料时，能够有效地增强固体电解质的离子传输和导电性能。用聚氧化乙烯(polyethylene oxide，PEO)、锂双(三氟甲基磺酰)酰亚胺和 $Li_{6.4}La_3Zr_{1.4}Ta_{0.6}O_{12}$ 为原料制备了固体聚合物电解质(solid polymer electrolyte，SPE)，并向其中添加了蒙脱石，制备了蒙脱石/聚合物固体电解质材料[26]。结果表明，在 PEO 框架中加入少量的蒙脱石作为路易斯碱中心，使 SPE 实现了高离子导电性。蒙脱石的均匀分布使 SPE 的电化学窗口从 3.9V 提高到 4.6V。该项研究展示了一种优异的电化学性能，即制备的 $LiFePO_4$ 电池在 70℃下，负载量为 2 mg/cm^2 提供 150.3 $mA·h/g$ 的高放电容量，远远超过对照样品(119.1 $mA·h/g$)。因此，基于路易斯酸碱理论提出的研究方法是实现大容量、高倍率锂离子电池的一种有前景的途径。通过自组装刚性亲水蛭石(Vr)纳米片，制备了一个 13 mm 厚的层流框架和 1.3 nm 的层间通道[27]。然后，将 $Li_{0.33}La_{0.557}TiO_3$(LLTO)前驱体浸渍在层间通道中，原位烧结成大尺寸、定向且无缺陷的 LLTO 晶体。研究结果证明，空间限域效应允许 LLTO 晶体沿 c 轴(Li^+转移最快的方向)有序排列，允许生成的 15 mm 厚 Vr-LLTO 电解质具有 $8.22×10^{-5}$ S/m 的离子电导率，在 30℃时电导率为 87.2 S/m，这比传统的 LLTO 基电解质高出几倍。

10.2.2.3　催化领域

层状矿物在层间和层面内的化学键结合能力和结构差异性，可以使其他原子、分子、离子非常容易地进入其层间并被锚定，形成层间化合物和柱撑化合物。催化剂的催化性能通常与其表面积和活性位点息息相关。通常来说，纳米级的催化剂具有较好的催化性能，但由于范德瓦耳斯力的相互作用，使得催化剂纳米颗粒极易团聚，这极大地影响了催化剂的催化性能。层状矿物的空间限域和化学键合固定能力能够很好地防止催化剂的团聚，使其暴露更多的反应活性位点，因此这种新型的复合光催化剂具有较大的比表面积和较强的吸附能力，有利于催化反应的进行。

层状黏土矿物还可以用于光催化领域，因其具有丰富的吸附和反应活化位点、较高的吸附和催化性能、较强的阳离子交换性、独特的空间结构，可用于不同维度的组装、加速催化反应，以及改善载流子分离。此外，基于天然黏土矿物和光催化剂的尺寸差异，可以有效地建立纳米/微米组装系统，形成紧密的界面组合。在众多天然黏土矿物中，高岭石(1∶1 型)、蒙脱石(2∶1 型)和累托石(混合型)是三种具有代表性的矿物，在催化剂的分散、催化、分离和回收中起着关键作用。

1972 年，Fujishima 和 Honda 发现，使用 TiO_2 电极对水进行光解可以快速生成氢气，这引发了一波解决能源危机的光催化研究浪潮。不久之后，Frank 和 Bard 的研究进一步开创了基于光催化技术的环境污染物处理领域的先例。随后，对光催化剂类型及其应用的探索逐渐扩大。TiO_2、ZnO、CdS、$CdSe$、$BiOBr$、$BiOI$、Ag_3PO_4、$g-C_3N_4$、WO_3、钙钛矿、聚苯胺等光催化剂中，TiO_2 具有关键优势，例如在广泛的环境条件下具有高稳定性、低毒性、丰富性和相对较低的成本等，因此它是研究最广泛的光催化剂之一[28]。考虑到高岭石和 TiO_2 的特有性质，已有大量关于界面控制和耦合机制的案例研究。TiO_2 的亲水性有助于内部组分和表面的相互作用，包括四面体表面、边缘和八面体表面。具有丰富的表面羟基的天然高岭石由于具有多种载体功能，在环境应用领域得到了广泛的研究和应用。大多数应用都强调通过控制载流子的复合和转移进行结构组装，从而进一步调控光催化性能[29]。为了优化能带和电子结构，已经探索并专门设计了外场调制、晶面刻蚀、化学键和界面成分的构造[30]。例如，通过机械化学过程在 $P25-TiO_2$ 和天然高岭石纳米片之间建立了界面化学键，并证明由于高岭石的 Al—OH 基团与锐钛矿 TiO_2 的(101)表面之间的相互作用，形成了稳定的 Al—O—Ti 键[31]。由于 TiO_2 的不饱和 Ti 和 O 原子及其在吸引羟基方面的高活性和强亲和力，OH 取向异质结构的层间距离比 O 取向高岭石/TiO_2 的短。由于电荷密度差异，电荷在锐钛矿(101)表面耗尽，并在高岭石的—OH 表面附近积聚，这意味着层间电子转移的方向。除了机械化学方法外，还采用沉淀、溶胶-凝胶、水热法和其他方法来实现不同组分的组装。通过采用连续间歇式环形浆液光反应器研究了二级废水中的卡马西平降解过程，这表明溶胶-凝胶法负载高岭石的 TiO_2 是改善持久性药物连续降解的一种有希望的策略；此外，TiO_2 浸渍高岭石具有良好的细菌灭活效率。细菌灭活曲线呈"乙"状，拖尾延长，肩部有力[32,33]。使用浸渍法制备了多功能纳米多孔材料（即 TiO_2/高岭石），并在城市废水回收中表现出良好的性能[34]。目前，虽然高岭石的加入部分解决了 TiO_2 的应用限制，但由于太阳能利用率低、量子效率低，TiO_2 固有的局限性仍然限制了其实际应用。迄今为止，改性技术主要包括元素掺杂、表面络合、自掺杂、贵金属沉积、质子化、异质结等，有效拓宽了 TiO_2/高岭石的光谱响应范围以及相应的光催化性能[35]。

自 2009 年以来，$g-C_3N_4$ 已在污染物降解、CO_2 转化、水分解等领域得到广泛应用。$g-C_3N_4$ 是一种独特的可见光光催化剂，具有可调的电子结构和优异的化学稳定性。然而，由于煅烧过程中容易团聚结块，$g-C_3N_4$ 的比表面积仅为 $10\sim15\ m^2/g$ 左右，这进一步使得 $g-C_3N_4$ 具有高载流子复合效率和低量子效率。基于二维/二维组装的工作，即 $g-C_3N_4$/高岭石正逐渐得到广泛关注。通过采用简单的机械化学方法制备了新型高岭石/$g-C_3N_4$ 复合材料，其对罗丹明 B 的降解性能得到改善，这意味着高岭石层和 $g-C_3N_4$ 纳米片之间的界面组装具有强键合和相互作用[36]。机械作用会导致高岭石和 $g-C_3N_4$ 的局部晶格畸变和位错，进而导致晶格中粒子排列的周期性丧失。晶格缺陷的形成和晶格中能量的增加将有助于增强表面改性和反应活性[37]。很明显，在与 g-C$_3$N$_4$ 纳米片复合后，层状硅酸盐矿物变得粗糙并被紧紧包裹（图 10-4）。此外，理论计算还证明，层状高岭石与 g-C$_3$N$_4$ 结合后，带隙明显减小，电子轨道的连续性显著增加，这将有利于载流子的激发和迁移[38]。一般而言，二维杂化结构、独特的电子性质和富含缺陷的表面基团有助于二元 g-C$_3$N$_4$/高岭石的优异氧化能力。

图 10-4　(a)高岭石、(b)g-C$_3$N$_4$/高岭石复合材料的 FESEM 图像；(c)g-C$_3$N$_4$/高岭石复合材料的 AFM 图像[38]

　　除了 TiO$_2$ 和 g-C$_3$N$_4$ 外，氧化锌（ZnO）也被认为是一种很有前途的半导体光催化剂。ZnO 的各种复杂纳米结构，如纳米粒子、纳米棒、纳米带、纳米板、空心球和微纳米结构，已在污染物的光催化降解中得到广泛的探索和研究[39]。在实际应用中，ZnO 中原子或离子的排列不完全规则，这将导致一些晶体缺陷，包括氧空位、锌填充、锌空位、氧填充和氧置换缺陷。其中，氧空位和锌间隙是两种最常见的缺陷。由于 ZnO 易溶于强酸和强碱溶液，需要采取一定的方法进行改性，即半导体耦合、聚合物敏化、染料敏化、元素掺杂等。在这些方法中，引入支撑基底（载体）是一个重要的改性方法。合适的载体材料可以提高光催化剂的机械强度和热稳定性，增加整体比表面积，降低光催化剂的生产和应用成本。考虑到其他参考支撑材料（泡沫、陶瓷、玻璃等）的成本相对较高，非金属矿物在大规模应用中更具优势。ZnO 纳米粒子与高岭石基质之间的强相互作用，并证明与吸附、氯化、臭氧氧化、过氧化等方法相比，光降解是一种相对有效且有前途的方法。

　　蒙脱石是一种在碱性介质中形成的外源矿物，在硅酸盐母岩（火山灰和凝灰岩）中风化，是斑岩或膨润土的主要成分。由于不同的成岩环境，晶格中的 Al^{3+} 可以被 Mg^{2+} 取代，这使得蒙脱石具有永久性结构负电荷，并且需要外部阳离子来平衡。蒙脱石吸附的这些阳离子可以是碱土金属离子、过渡金属离子、有机阳离子等，这种交换过程对于光催化降解过程中污染物的迁移和转化具有重要意义。柱撑黏土是最常用的微孔/介孔材料之一，特别是对于 Ti 柱撑黏土（Ti-PILCs），由于其强大的表面酸性、高热稳定性和良好的催化性能而具有吸引力。

在制备过程中，通过离子交换的方法取代蒙脱石层间的可交换离子，将聚合的羟基钛离子插入层间，形成金属氧化物柱，并通过热处理打开蒙脱石层间。通常，具有长烷基链的烷基铵以几纳米的间距进入蒙脱石的夹层，并且还可以获得疏水性夹层空间。在光催化过程中，所有反应组分(如 H_2O/O_2、活性催化组分和目标污染物)都可以整合在纳米范围内。

　　基于物理吸附和离子交换，纳米 TiO_2 可以固定在蒙脱石廊道内。钛前驱体在蒙脱石周围水解缩合形成中间相组装体。与流行的 P25 光催化剂相比，虽然 TiO_2 含量仅占样品质量的三分之一左右，但可以获得更好的亚甲基蓝降解性能。此外，TiO_2 柱撑蒙脱石也有利于处理 As(Ⅲ) 等重金属或具有不同疏水性的内分泌干扰物(邻苯二甲酸二丁酯、邻苯二甲酸二乙酯、邻苯二甲酸二甲酯和双酚A)。TiO_2 柱撑蒙脱石实体的 SEM 形态约为 100～120 排列层，TEM 观察还揭示了催化剂的层状结构，而选区电子衍射(SAED)呈现出同心衍射环，其可被标为锐钛矿。此外，与厌氧降解、电催化氢解、光化学分解和还原脱溴相比，TiO_2 柱撑蒙脱石促进了有机污染物的吸附和转移并表现出显著的光催化活性，这是因为蒙脱石良好的给电子性能可以介导电子转移到疏水性物质[40]。在将 TiO_2 柱撑蒙脱土与沥青基质结合后，通过模拟实际的汽车尾气，所获得的复合材料还具有优异的 NO 和 CO 降解能力。由于 TiO_2 柱撑蒙脱石的特性吸附，对不同染料的降解能力依次为：刚果红(22.6%) ＜甲基橙(36.1%) ＜罗丹明 B(79.8%) ＜亚甲基蓝(93.20%) ＜结晶紫(97.1%)。为了提高 TiO_2/蒙脱土的可见光响应性能，还采用了元素掺杂、碳材料复合或 SiO_2 等不同的改性策略。对于过渡金属离子掺杂，包括 Cu、Fe、Cr、V 等可以用来调节能带结构和整体吸收性能。通过在 TiO_2 柱撑蒙脱石中加入低掺杂含量的阳离子 Fe^{3+}、Cu^{2+}或 Cr^{3+}，有效地调节了 Ti 的聚合，基底间距从 18.60 Å 减小到 16～17 Å 左右。与未掺杂 TiO_2 的柱撑蒙脱石相比，比表面积(272～329 m^2/g)也大大提高(与 164 m^2/g 相比)[41]。此外，由于 TiO_2 和 SiO_2 共柱撑蒙脱石具有更高的吸附容量和更高的光催化性能，因此可以有效去除挥发性有机化合物(如甲苯、乙酸乙酯和乙硫醇等)。

　　由于 MoS_2 具有较低的固有带隙(1.3～1.9 eV)和良好的可见光吸收性能，也被认为是一种很有前景的光催化剂。由于夹层结构类似于三明治，一堆平面与共价键合层相连，而较弱的范德瓦耳斯相互作用将相邻平面结合在一起。与块状 MoS_2 相比，单层或少量 MoS_2 纳米片容易脱落，通常表现出特有的行为。此外，MoS_2 的暴露边缘具有不饱和 S 原子，在光催化反应期间可作为活性位点。值得一提的是，暴露 MoS_2 的高表面能容易导致团聚和性能下降。因此，将纳米片分散在一些尺寸较大的二维材料上是解决这些缺点的有效方法。通过建立蒙脱石与 MoS_2 之间的界面结构，在界面处形成了电子传输通道。通过在蒙脱石表面生长层状 MoS_2，制备了 MoS_2@MMTNS-HMS 复合材料(MoS_2@蒙脱石纳米片-

空心微球)，形成了具有独特形态结构的复合材料。由于垂直排列的 MoS_2 纳米片和独特的中空结构，制备的 MoS_2@MMTNS-HMS 复合材料具有丰富的边缘活性位点，并表现出较高的光利用效率[42]。新型 MoS_2/蒙脱土(MoS_2/MMT)复合材料对甲基橙表现出极大的催化活性，层状 MoS_2 纳米片均匀支撑在蒙脱石表面，这意味着在界面处形成氢键并建立了界面通道。为了进一步改善 MoS_2/蒙脱土复合材料的可见光驱动性能，探索了 MoS_2 与其他 2D 半导体或贵金属(如 WS_2、g-C_3N_4、CdS 和 NiCo)耦合成三元异质结构的有效策略，这是因为耦合界面的形成进一步为电子转移提供了直接路径[43]。通过在蒙脱石/MoS_2 异质结构上支撑 NiCo 纳米粒子，合成了一种无贵金属的光催化剂，该催化剂在水还原生成 H_2 方面表现出优异的性能[44]。此外，考虑到硫化镉(CdS)的高效光激发能力和合适的带隙(2.4 eV)，基于一步水热工艺设计并制备了 MMT@MoS_2/CdS 复合材料(即蒙脱石@MoS_2/CdS)，各种特征表明 MMT@MoS_2/CdS 复合材料具有较宽的光谱吸收范围和较强的可见光捕获效率，可在 45 分钟内去除 98.8% 的罗丹明 B[45]。

　　累托石是由八面体蒙脱石和八面体云母组成的 1:1 规则层间矿物，由规则的交替堆积而不是简单的叠加而成。蒙脱石层具有永久性负电荷和阳离子交换特性，使累托石能够与其他无机或有机阳离子(Na^+、K^+、Cu^{2+}、Ca^{2+}、季铵盐阳离子等)可逆交换。有趣的是，云母层赋予累托石耐高温性能。此外，累托石具有较大的亲水表面，在水中具有良好的分散性和膨胀性。例如，交联累托石可形成 1.5～4.0 nm 之间的大孔柱撑二维通道结构。

　　由于众所周知的 TiO_2 限制，合成的 TiO_2/累托石对广谱可见光区域的响应能力也有限。因此，关于 TiO_2/累托石的研究主要集中在扩大可见光区域的辐射吸收，改性方法包括晶型调控、掺杂某些元素(氮、硫、铜等)、贵金属沉积和半导体复合等。通常，TiO_2 可结晶为三种多晶型，即布鲁克石(正交)、金红石(四方)和锐钛矿(四方)。已经发现，与纯 TiO_2 相相比，TiO_2 的混合晶相通常具有更好的光催化活性。这可归因于混合相 TiO_2 内转移电子的能量较低，降低了光生载流子的复合效率，从而具有更高的催化活性。使用累托石作为催化剂载体负载混合相 TiO_2，TiO_2 的晶粒尺寸约为 5～10 nm，这有利于由于纳米尺寸效应而增强光活性，发现 TiO_2/累托石复合材料对酸性红 G 和 4-硝基苯酚具有优异的光催化活性，较高的光催化活性归因于复合材料的双峰孔结构和混合相 TiO_2 的特性[46]。虽然宽禁带和低可见光响应能力似乎是 TiO_2 的主要缺点，但研究者已经进行了大量的研究来改善这些缺点。通过某些非金属或金属掺杂或共掺杂是降低 TiO_2 能带隙的有效策略，并允许材料在更宽的光谱中吸收可见光。使用单元素(如 N 或 S)以及多元素(如 N 和 Cu)来改变 TiO_2/累托石复合结构，以实现有效的带隙缩小和可见光吸收。XPS 结果证实了 Ti—O—N 或 Ti—O—S 的形成，表明 O 被 N 或 S 元素取代，从而导致晶格畸变或氧空位的产生，从而提高了可见光响应能力。

10.2.2.4　摩擦领域

层状矿物特有的片层结构使得当有平行于片层的力作用于层状矿物时，由于片与片之间存在间隙，层间发生滑移受到的阻力极小，因此层状矿物可以用作摩擦材料或固体润滑油的填料。以白云母颗粒、草酸脱水物和六水硝酸铈按一定比例混合，然后以一定量的乙醇作为研磨剂在行星式球磨机上球磨，采用机械固相化学反应法在室温下制备了质量分数为 9%的 CeO_2 纳米粒子包覆白云母复合颗粒材料[47]。将白云母/Ce 复合粒子通过泵式过滤器过滤，并在 500℃下煅烧。之后为了提高颗粒在润滑脂中的分散能力，在石油醚中用油酸(质量分数 5%)对白云母/Ce 复合材料进行改性，并在 60℃的温度下超声 1 h。测试了样品的摩擦磨损性能，复合材料的摩擦系数比基本润滑脂低 0.01，且随着时间的增长，复合材料的摩擦系数十分稳定甚至出现降低的趋势。相比之下，基本润滑脂的摩擦系数在 1800 s 的长时间使用后增加了 0.02，这表明复合材料的摩擦磨损性能要明显优于基本润滑脂。

10.2.2.5　力学增强

层状矿物规则的片层使得其具有良好的力学性能，将其片层尽可能剥离并高度分散在溶液中，当作填充剂加入基体材料中，能够有效地增强复合材料的力学性能。将蒙脱石用高速搅拌器剪切剥层后得到了二维蒙脱石纳米片，并将分散后的蒙脱石纳米片加入用 2,2,6,6-四甲基哌啶氧自由基氧化法制备的纤维素纳米纤维悬浮液中，再用高速搅拌器使二者充分混合，然后，使用带有烧结玻璃装置的组件和孔径为 0.65 μm 的 PVDF 亲水膜过滤器对共分散体进行真空过滤，制得纤维素纳米纤维/纳米黏土复合材料。结果表明，将蒙脱石与纤维素纳米纤维结构一体化复合之后，随着蒙脱石含量的增加，复合材料的力学性能有明显的增加，其杨氏模量可以增加至 35～50 GPa，强度为 300～570 MPa[48]。但是由于各相性质不同，存在界面差异，单纯地将层状矿物分散在基体中会使得复合材料的韧性下降，但通过一定的技术将剥离后的片层定向排列，再用作填充剂，能够全方位地增强复合材料的力学性能。通过将蒙脱石分散在去离子水中搅拌七天并以差速离心的方式得到了蒙脱石纳米片，随后将蒙脱石纳米片与聚乙烯醇(polyvinyl alcohol，PVA)溶液充分混合，采用取向冷冻技术将蒙脱石纳米片和 PVA 混合物挤压成薄层，之后利用冻干使冰升华，得到蒙脱石/PVA 薄层，再向冰升华后留下的空隙中加入聚二甲基硅氧烷(polydimethylsiloxane，PDMS)并固化，得到了蒙脱石/PDMS 复合材料[49]，其复合过程如图 10-5 所示。通过该项结构一体化复合技术，得到的材料力学性质有了全方位的提高，与纯 PDMS 相比，层状纳米复合材料的杨氏模量和韧性分别由(2.2 ± 0.2)MPa 和(0.36 ± 0.05)kJ/m^{2}提升到了(52.3 ± 2.5)MPa 和(4.6 ± 0.4)kJ/m^2，分别提升了 23 倍和 12 倍。通过共焦荧光显微镜成像表明，复合材料力学性能的提升得益于引入蒙脱石的结构一体化技术形成的能量耗散和类珍珠层结构，蒙脱石的加入使得复合材料受到的外部应力作用分散在强度更高的蒙脱石上，使得聚合物基体在同样应力作用下应变减小，杨氏模量和强度增加；而独特的珍珠层结构，使得复合材料在拉伸时产生的裂纹发生偏转和桥接，极大延缓了材料的断裂和伸长，提高了断裂伸长率，增强了复合材料的韧性。

图 10-5　蒙脱石/PDMS 复合材料的结构一体化制备过程[49]

10.2.3　管状矿物结构/功能复合技术

管状矿物是指微观结构呈现出长径管状结构的矿物，其微观结构被称为纳米管。与层状矿物相比，管状矿物具有较好的孔道结构，有利于更好地负载小分子物质且具有较好的定向离子传输能力，其特有的微观管道结构能够形成较强的空间限域能力，这使得管状矿物具有良好的吸附和固定能力。除此之外，弯曲的"管壁"能够暴露出更多的活性位点，使得其具有比别的天然矿物更好的催化能力和固定催化剂的能力。因此，管状矿物在吸附、催化等领域都有较广阔的应用。

埃洛石是一种典型的具有独特性质的天然管状矿物。埃洛石纳米管(halloysite nanotubes，HNTs) 由于高比表面积(184.9 m^2/g)和大孔容(高达 0.353 cm^3/g)，常被用作药物递送、吸附剂、光催化剂等的有效载体，在各种工业应用中具有极好的潜力。未经处理的天然埃洛石由于尺寸不均匀性和表面易形成氢键，会导致埃洛石纳米管对其他材料的亲和力降低以及促进团聚体的形成，对结构/功能复合过程产生阻碍，限制了其应用。研究表明，HNTs 的外硅氧烷表面具有孔活性，且由于负表面电荷的存在，可以借助一些阳离子对纳米管的外表面进行修饰。在pH=11 时，在 600～900℃退火后，外表面上的硅氧烷基团可以部分或完全被 OH 基团取代，并且这些羟基可以与硅有机化合物形成共价键。由于这些羟基具有离子交换相互作用和引入硅基反应的能力，因此它们可能扮演与功能分子结合的活性中心的角色。此外，用有机化合物修饰退火纳米管的外表面是一种灵活的方法，可以增加退火埃洛石与"埃洛石-聚合物"纳米复合材料中的聚合物的亲和力。埃洛石纳米管内表面的铝醇基团相对于有机硅等有机分子具有更高的化学活性。内表面的修饰可以通过其与官能团的共价结合来实现。

10.2.3.1　吸附领域

HNTs 基纳米复合材料由于其管状结构和多孔表面有利于污染物的去除，在吸附过程中显示出巨大的潜力。通过硅烷基团对 HNTs 外表面进行改性并将 Fe_3O_4 嵌入其内部球体，得到了新的复合吸附剂[50]。在初始 Cr(Ⅵ)浓度小于 40 mg/L 时，经苯胺基甲基三乙氧基硅烷改性的 m-HNTs/Fe_3O_4 纳米复合材料对 Cr(Ⅵ)的去除效率最高能达到 100%。此外，纳米复合材料证明溶液中 Sb(Ⅴ)的去除效率为 67.0%。研究发现，溶液中 Cr(Ⅵ)离子的存在会产生协同效应，效率提高到 98.9%。这意味着 Cr(Ⅵ)的存在改善了 Sb(Ⅵ)的吸附。ATR-FTIR 和 XPS 数据显示了在纳米管表面形成 N—O—Cr 键的可能性，这解释了 m-HNTs/Fe_3O_4 具有良好的吸附能力。由于 Cr(Ⅵ)-Sb(Ⅵ)的同时存在，揭示了 Cr—O—Sb 络合物存在的可能性，因此在 m-HNTs/Fe_3O_4 纳米复合材料上同时吸附 Cr(Ⅵ)和 Sb(Ⅵ)会产生协同效应。将埃洛石和 Fe_3O_4 纳米颗粒固定在聚乙烯氧化物/壳聚糖复合纤维上，合成了磁性非织造布，并测试了它们对重金属的去除效果[51]。有机-无机杂化的结合使吸附剂具有大的比表面积、均匀的结构和超顺磁性。所得材料对重金属的去除效率很高，由于吸附量的增加，其顺序可能为：Cr(Ⅵ)<Cd(Ⅱ)<Cu(Ⅱ)<Pb(Ⅱ)，该吸附剂具有良好的稳定性，可以被多次重复使用。

此外，HNTs 最突出的特征之一是与空间位置相关的铝硅酸盐化学性质，这意味着外表面、内腔表面和层间表面的反应活性彼此有很大不同，这种独特的表面特性赋予了根据特定需求和目标应用进行预处理改性的多种可能性。基于特定的功能化，HNTs 原来对外源离子(或基团)的弱亲和力(即离子交换、氢键)可以显著增强。利用 HNTs 内表面的 Al—OH 基团对许多有机化合物(如有机硅烷)具有很高的化学活性，通过 Fe(Ⅲ)和 Fe(Ⅱ)物种的原位共沉淀制备了 m-HNTs/Fe_3O_4 纳米复合材料，以在内腔表面生成 Fe_3O_4，并通过缩合反应在 HNTs 的外表面接枝硅烷偶联剂[52]，如图 10-6(a)所示。所制备的 HNTs 基吸附剂充分利用了管状埃洛石纳米管的内部空间，并对其外表面进行了同步功能化，表现出对 Cr(Ⅵ)的高吸附能力以及对 Cr(Ⅵ)和 Sb(Ⅴ)的同时吸附能力。在双溶质体系中，部分 Cr(Ⅵ)离子首先吸附在 m-HNTs/Fe_3O_4 上，然后形成 Cr(Ⅵ)—O—Sb(Ⅴ)，部分 Cr(Ⅵ)—O—Sb(Ⅴ)通过络合吸附在 m-HNTs/Fe_3O_4 上[图 10-6(b)]。

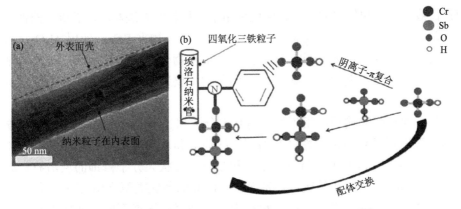

图 10-6　对 HNTs 的内表面和外表面进行了特殊改性[52]

10.2.3.2　催化领域

埃洛石纳米管是一种在酸碱过程和氧化还原反应中具有催化活性的纳米材料，被广泛用作各种工业过程中的催化剂载体。埃洛石/CeO₂/AgBr 纳米复合材料具有不同的 CeO₂ 与 AgBr 摩尔比，由于 AgBr 的掺入使光谱响应从紫外转移到可见光区域，在阳光下光催化降解甲基橙[53]。CeO₂/AgBr 体系的光降解受埃洛石吸附性能和增强的电子转移的影响，埃洛石/CeO₂/AgBr 纳米复合材料可以在 8 个光降解循环中重复使用。采用低温方法合成了多相聚苯胺-TiO₂-埃洛石纳米复合材料[54]，并将其用作罗丹明 B 染料光降解的光催化剂，所得样品在可见光下使用 4 个循环周期而不丧失光催化活性。HNTs 在去除废水中的各种污染物方面有着广泛的实际应用。埃洛石对水中苯胺光降的激活需要两个条件：它吸附在埃洛石表面，以及随后被嵌入纳米管结构中的 TiO₂ 降解，并通过样品（P25、TiO₂ 和 HNTs）用于评估复合光活性。光活性依次降低：P25＞TiO₂＞活化 HNTs＞HNTs。这项研究表明，含有活性 HNTs 的二氧化钛可用于从水溶液中去除苯胺，几乎不低于商业氧化钛基光催化剂。以异丙醇钛为前驱体，在 65℃ 下通过水热法合成了 TiO₂-埃洛石纳米复合材料。以氢氧化铁为前驱体通过溶胶-凝胶法制备了 Fe₂O₃-埃洛石纳米复合材料方法。在紫外线照射下，苯胺、2-氯代苯胺和 2,6-二氯苯胺的分解被用于光催化活性测定。与商用 P25 相比，TiO₂-埃洛石和 Fe₂O₃-埃洛石中苯胺的光降解速率显著更高。

10.2.3.3　生物医学领域

由于 HNTs 具有良好的生物相容性和止血性能，表现出良好的生物医学特性，广泛应用于生物医学领域。在实际应用中，掺入 HNTs 的生物医用材料可以促进血液的凝固和伤口的愈合，因此采用了一种新的方法对埃洛石进行改性。药物释放行为是通过产生荧光素的 H_2O_2 反应性化合物来追踪，使用 H_2O_2、药物和含有两个反应性芳基硼酸基团的荧光素衍生物合成埃洛石基水凝胶。通过对埃洛石纳米管复合药物进行表征，证明药物主要装载在空腔中，而不是附着在外表面。

为了改善药物输送，用聚酰胺树状大分子和 3-氨丙基三甲氧基硅烷对埃洛石纳米管进行了功能化改性。布洛芬、绿原酸和水杨酸被用作模型药物，树状大分子的存在有利于所有药物的吸附和缓释，树状大分子修饰的埃洛石释放绿原酸和水杨酸的速度非常缓慢。然而，布洛芬的释放类似于用 3-氨丙基三甲氧基硅烷功能化的纳米管的情况，树状大分子功能化埃洛石的主要优点是其良好的生物相容性。由于在生物体内没有任何不良影响，这些杂化纳米管被认为是有前途的医疗应用材料。通过使用微流体将埃洛石纳米管封装到羟丙基甲基纤维素醋酸酯琥珀酸聚合物中，开发了一种新的药物递送平台。所得微粒呈球形，粒径分布范围小，溶解速率依赖于 pH 值。这种聚合物复合物在 pH≤6.5 值下不会释放药物，但在 pH 值为 7.4 时将快速释放药物。将混合姜黄素金（CUR-Au）纳米颗粒作为抗肿瘤药物沉积在 HNTs 表面和空腔中，并用壳聚糖包覆，混合纳米颗粒在酸性介质中对癌细胞具有细胞毒性的 pH 控制药物具有良好的递送能力[55]。

HNTs 具有长期稳定性、无毒性和高生物相容性的特点，这使其成为一种很有前途的组织工程材料。此外，HNTs 外表面和内表面上羟基的分布允许通过各种有机和无机化合物的表面功能化来控制生物材料的活性。甘油可以改善水凝胶的黏度和机械性能，向水凝胶中添加 HNTs 可改善生物相容性，降低 30%～35%的吸水率，并可根据水凝胶复合材料中 HNTs 的含量改变机械性能；人成纤维细胞在含 25% HNTs 的水凝胶下表现出最高的代谢活性，细胞存活时间长达 7 天。所得水凝胶可用于模拟自然微环境，以研究细胞在体外的行为和相互作用。机械性能允许在组织工程中使用三组分水凝胶，用于胰腺、肝脏和皮肤的再生。填充 HNTs 的聚癸二酸甘油酯（PGS）纳米复合材料，降解性能和机械性能得到改善，符合作为组织工程材料的基本要求[56]。HNTs 的加入会影响材料的延伸率，即撕裂伸长率，从 PGS 的 110%增加到 HNTs 含量为 20%的复合材料的 225%。HNTs 含量（质量分数）为 1%～5%的复合材料的主要特点是机械性能随时间的延长而逐渐稳定，在愈合过程中为受损组织提供机械支持。与纯 PGS 相比，含 3%～5% HNTs 的复合材料表现出更高的延伸率、稳定的力学性能和良好的柔顺性，使其成为组织工程中很有前途的材料。HNTs 作为增强机械、形态和物理化学性质的成分，与海藻酸盐复合制备了含多孔结构的海藻酸盐/HNTs 复合材料[57]，孔径在 100～200 μm 之间，孔隙率约为 96%。海藻酸盐加入到 HNTs 中可提高复合材料的密度、抗酶降解性和降低海藻酸盐溶胀率，而且 HNTs 提高了海藻酸钠的耐热性。与纯海藻酸钠相比，小鼠成纤维细胞对海藻酸钠/HNTs 复合物的黏附性更强。结果表明，海藻酸盐/HNTs 复合材料具有很高的细胞相容性，在组织工程中具有很大的应用潜力。

基于透明质酸(HA)和 HNTs 的生物相容性冷冻凝胶复合材料用于组织工程[58]，HNTs 在 HA 中成核生长会影响杨氏模量，基于 HA：HNTs 复合材料的冷冻凝胶以 1：2 的比例显示出与血液的高度生物相容性。此外，HA/HNTs 冷冻凝胶复合材料在大鼠间充质干细胞(MSCs)和人类结肠癌细胞(HCT116)增殖的研究中显示了优异的效果。结果表明，制备的冷冻凝胶复合材料 HA/HNTs 具有良好的大孔结构和血液相容性，是一种很有前途的组织工程材料。这种复合材料通过促进细胞活力和再生作用在生物医学领域中应用广泛。

10.2.3.4　多功能化领域

HNTs 具有管状纳米结构、自然可及性、丰富功能性和高机械强度，用 γ-氨丙基三乙氧基硅烷修饰纳米管表面的方法，在 Si—OH 和 Al—OH 基团的参与下，有机硅烷的接枝发生在外表面缺陷上。位于纳米管空腔中的铝醇基团也参与了硅烷的化学吸附，纳米管和涂层之间的键的高度增强证实了化学相互作用，这是通过 HNTs 表面的羟基参与实现的。研究还表明，羟基的数量取决于 HNTs 的形态(长度、内径和外径)。HNTs 的表面改性会影响其在环氧树脂/埃洛石纳米管(E-HNT)纳米复合材料中的分散[59]，HNTs 的活化是通过碱处理和两种氨基硅烷进行改性来完成的：N-(2-氨基乙基)-3-氨基丙基三甲氧基硅烷(S1)和(3-氨基丙基)-三甲氧基硅烷(S2)，氨基硅烷对 HNTs 的改性导致填充混合物的弹性模量急剧增加。结果还表明，S1 分子的接枝率高于 S2 分子，分别为 2.4% 和 0.9%。然而，在 E-S2HNT 复合材料(10.8%)和 E-S1HNT 复合材料(5.5%)的情况下，机械弯曲性能得到改善，呈现出更刚性的复合结构。E-S1HNT 和 E-S2HNT 的机械拉伸性能值相差近两倍，HNTs 表面的改性依赖于硅烷的取代，从而改善了 E-HNT 环氧纳米复合材料的性能。

10.2.4　棒状矿物结构/功能复合技术

棒状矿物即微观结构呈现出细长的棒状结构的天然矿物，其分子结构和微观图像如图 10-7 所示[60,61]。与其他矿物相比，棒状矿物由于其独特的结构使其不易团聚和堵塞孔道，在环境领域有着良好的前景。凹凸棒石(attapulgite，ATP)/坡缕石(palygorskite，Pal)是典型的棒状矿物。

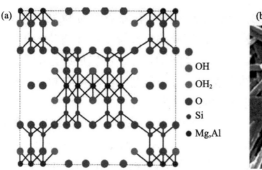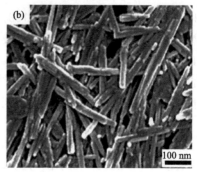

OH
OH₂
O
Si
Mg,Al

图 10-7　(a)凹凸棒石的晶体结构示意图[60]；(b)凹凸棒石的微观图像[61]

Fe₃O₄ 纳米材料由于无毒、理化性质稳定、易于分离等优点，在许多领域得到了发展。特别是，在环境修复中去除污染物时，磁场可以有效分离性能良好的磁性纳米复合材料。在化学共沉淀过程中，带负电的 ATP 通过吸附与阳离子铁结合，在添加碱性溶液后，Fe₃O₄ 随后在 ATP 纳米棒表面生长，Fe₃O₄ 小于 50 nm，并均匀沉积在 ATP 表面。ATP/Fe₃O₄ 纳米复合材料被直接用作一系列重金属离子或有机污染物的吸附剂。在吸附过程中，ATP 通常确保吸附活性位点，Fe₃O₄ 对外部磁场作出反应，使其分离并操作方便，无需复杂的离心或过滤过程。用磁性 ATP 吸附剂来捕获 Eu(Ⅲ)离子[62]，由于不同的 Eu(Ⅲ)物种，在不同的 pH 值下吸附机理明显不同。在低 pH 值条件下，当存在带正电的 Eu(Ⅲ)类物质[Eu^{3+}、$Eu(OH)^{2+}$、$Eu(OH)^{2+}$或 $EuCO_3^+$]时，吸附机制归因于离子交换或外球面络合。在高 pH 值条件下，由于 $Eu(CO_3)_2$ 和 $Eu(CO_3)_3^{3-}$的存在，Eu(Ⅲ)的去除主要归因于表面复合或表面共沉淀。此外，高饱和磁化强度能够方便地通过磁场对复合材料进行收集。

从吸附容量或效率的角度来看，这种纯 ATP/Fe₃O₄ 纳米复合材料的吸附容量较低，不适合在实际应用中使用。因此，对原有的 ATP/Fe₃O₄ 纳米复合材料进行改性，调整吸附容量或提高吸附效率，以满足实际应用的要求，具有重要意义。在这种情况下，关键点主要包括两个方面：①选择性去除污染物的表面印迹技术；②通过离子交换、静电吸引或螯合作用进行官能团表面修饰以吸附污染物。在表面压印过程中，模板(例如有机分子或金属离子)首先在聚合物网络中印刷，然后去除以形成压印空腔，从而实现选择性吸附。使用 2,4-二氯苯酚(2,4-DCP，有机分子)作为模板的分子印迹技术用于合成磁性 ATP 基聚合物吸附剂[63]，磁性 ATP 纳米复合材料在复杂条件下选择性识别和去除 2,4-DCP，在 298 K 下可吸附 145.8 mg/g。经 5 次循环后，使用甲醇和乙酸的混合溶液作为洗脱剂时，2,4-DCP 的吸附性能下降约 7.5%，表明循环性能良好。值得注意的是，还可以设计一种表面压印方法来选择性地去除金属离子。非磁性 Cu(Ⅱ)-印迹壳聚糖(CTS)/凹凸棒石吸附剂去除 Cu(Ⅱ)[64]，对于 Cu(Ⅱ)/Pb(Ⅱ)和 Cu(Ⅱ)/Cd(Ⅱ)二元混合物的竞争吸附，制备的吸附剂表现出良好的去除 Cu(Ⅱ)的特异性。主要原因是 Cu(Ⅱ)空穴在大小、形状和作用位点的空间排列上与 Pb(Ⅱ)和 Cd(Ⅱ)不同。经过 10 个连续的吸附/解吸循环后，它们仍保持 86%的吸附性能，并显示出良好的循环再生性能。

对于实际废水中的混合无机/有机成分，液体处理通常需要许多步骤，更重要的是应开发多功能吸附剂，以同时去除有机/无机污染物。同时，还应保证绿色、简便的制备工艺和超强的吸附能力。通过水热方法合成了磁性羧基功能化凹凸棒土/碳(COOH-ATP/C)纳米复合材料，用于去除金属离子和染料[65]。作为还原剂的柠檬酸钠的浓度是一个重要参数，它在水热过程中对确定 Fe_3O_4 的生长起着至关重要的作用。只有当柠檬酸钠浓度较低时，部分 Fe(Ⅲ)通过氧化还原反应还原为 Fe(Ⅱ)，然后生成的 Fe(Ⅱ)与残余 Fe(Ⅲ)反应生成 Fe_3O_4。傅里叶变换红外光谱(FTIR)分析表明，功能基团可通过形成静电吸引、氢键和 π 键促进吸附剂与 MB 之间的相互作用，而 Pb(Ⅱ)吸附主要涉及静电吸引、表面络合物和离子交换。这对于提高吸附性能尤其重要，因此，这些带有官能团的吸附剂可以最大限度地吸附 MB(254.8 mg/g)和 Pb(Ⅱ)(312.7 mg/g)等污染物。除了前面提到的改性方法外，大量研究为功能化 ATP 以增加吸附容量提供了新的见解，尽管这些材料很难回收。一般来说，提高吸附能力的主要方法有五种：①物理和化学预处理(如热处理或酸处理)；②Si 和 Mg 或 Zn 比率的控制；③通过高压均化分解晶体束；④表面涂层(如壳聚糖或碳)；⑤官能团尤其是氨基或羧基的接枝。在五种方法中，物理和化学预处理是最简单的方法，但吸附性能总是不令人满意。就 ATP/Fe_3O_4 的制备方法而言，共沉淀法相对简单且成本低廉，但其明显缺点是碱性溶液具有腐蚀性。水热法主要涉及环境友好的制备工艺和简单的合成方法，但需要大量的溶剂，从而增加了生产成本。总之，所有这些重要的研究为可能的吸附机理和制备方法提供了新的见解。值得注意的是，磁性材料可以通过磁铁方便地回收和再循环，允许其在水中重复使用，并使其成为未来液体处理的一个有希望的候选者。

目前，传统 ATP 纳米复合材料在污染物去除方面的直接应用因其可回收性差而受到严重限制。高温煅烧固化粉质黏土是制备毫米级整体柱的较好方法，用于液体净化可简化分离过程。这种整体材料本质上具有多孔结构，也可以通过不同的表面修饰对其进行功能化，以满足不同的实际需要。多孔 ATP 颗粒(1~2 mm)通过简单的铁盐溶液浸渍法进行后处理，以提高砷吸附性能[66]。As-Fe 修饰的 ATP 颗粒在 pH 为 5~9 的大范围内带正电荷，这有利于通过络合机制捕获砷。重要的是，使用 0.5 mol/L 的 NaOH 作为洗脱剂后，所得吸附剂很容易循环再生，五次吸附后，吸附效率保持在 75%以上。ATP 整体柱也被通过表面修饰改性为去除有机污染物的吸附剂。根据相同的原理，使用聚二甲基硅氧烷（PDMS）在 240℃下通过化学气相沉积（CVD）赋予其疏水性[67]，疏水性通过热处理（400℃）可逆地转变为亲水性[图 10-8(a)]，因此它选择性地吸附油和非极性或极性染料。图 10-8(b)显示，饱和 ATP 整体在空气中燃烧很容易恢复，因为其具有优异的热稳定性，证明其具有优异的再生性能。虽然吸附效率相对较低，但这些工作为设计多功能 ATP 基整体吸附污染物提供了一些新策略。低成本的全无机吸附剂可以通过镊子、筛子或过滤器从水介质中回收和分离，而不是复杂的离心方法，在实际应用中显示出良好的前景。

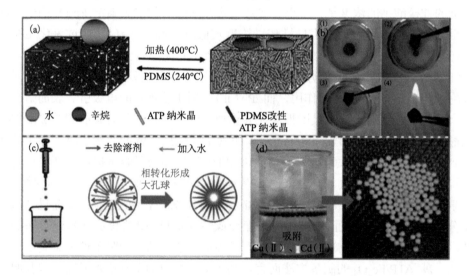

图 10-8　(a)通过热处理实现 ATP 整体的表面润湿可逆性；(b)油吸附过程的光学图像和在空气中燃烧 ATP 整体以供再次使用[67]；(c)通过相转化制备聚合物微球的过程[68]；(d)ATP/PES 珠漂浮在水面上，并使用筛子进行分离[69]

相转化法通常适用于各种基底，但不限于制备不对称膜。在这种策略中，将吸附剂 ATP 直接添加到聚合物前体溶液中，然后通过传统注射器在室温下将其注入水中，是制备大孔吸附剂的有效方法[图 10-8(c)][68]。毫米级多孔 ATP/聚醚砜（PES）微球在去除金属离子方面的应用[69]：ATP 作为吸附活性位点被锚定在载体的聚合物网络中，ATP 在内孔结构中分布良好，吸附过程中 ATP 的损失减少。合成的微球对 Cu(Ⅱ)和 Cd(Ⅱ)具有良好的吸附能力(25.3 mg/g 和 32.7 mg/g)和优异的化学、物理稳定性。值得注意的是，这种多孔微球可以漂浮在水面上，由于其毫米大小和浮力，很容易回收和分离[图 10-8(d)]。如前所述，含有大量含氧基团的 ATP 可通过简单的表面接枝反应进一步功能化，以获得更广泛的应用。通过原子转移自由基聚合(ATRP)用二乙烯基苯(DVB)修饰 ATP，然后通过简单的相转化方法制备聚合物微胶囊[70]。水接触角(WCA)约为 140°，证明微胶囊从超亲水性转变为疏水性。结果表明，所制备的微胶囊对原油 (17.1 g/g) 具有优异的吸附效率和优异的可回收性能。由于海藻酸钠(SA)或壳聚糖也可以很容易地形成不同的本体结构，因此它们被用作 ATP 固定化的载体。连续泵送多糖浆液，随后在凝固溶液(NaOH、CaCl₂)中凝固。当吸附剂被设计为通过离子交换、静电吸引和络合反应去除金属离子或有机污染物时，多糖取代聚醚砜可以进一步提高吸附能力。

在前体溶液中添加耐久性聚合物可以构建坚固的超疏水环氧树脂/ATP 网格用于油/水分离，通过喷枪将含有环氧树脂、固化剂(聚酰胺)和 ATP 悬浮液的前体直接喷涂到不锈钢网上。之后，表面光滑的原始网格变得粗糙，产生了微/纳米结构层面上的变化，并赋予其超疏水性。当将油/水混合物倒入筛网上时，油很容易通过筛网，同时被烧杯收集，表明其优异的疏水性和亲油性。更重要的是，在机械划痕和潮湿的环境中，ATP/网格在极端现实的条件下仍然具有较高的分离效率，使其成为选择性油水分离的一种有希望的材料。由于 ATP 固有的亲水性，这些改性网格允许水相在重力的驱动下快速流过，同时保留油相。而且 ATP 无毒且对环境友好，因此它也有可能作为装饰聚合物海绵的涂层材料。

参 考 文 献

[1] ARORA B, SHARMA S, DUTTA S, et al. A sustainable gateway to access 1,8-dioxo-octahydroxanthene scaffolds via a surface-engineered halloysite-based magnetically responsive catalyst. New Journal of Chemistry, 2022, 46(11): 5405-5418.

[2] SEID-MOHAMMADI A, ASGARI G, RAHMANI A, et al. Synthesis and application of iron/copper bimetallic nanoparticles doped natural zeolite composite coupled with ultrasound for removal of arsenic (Ⅲ) from aqueous solutions. Desalination and Water Treatment, 2019, 161: 343-353.

[3] SUAZO-HERNáNDEZ J, SEPúLVEDA P, MANQUIáN-CERDA K, et al. Synthesis and characterization of zeolite-based composites functionalized with nanoscale zero-valent iron for removing arsenic in the presence of selenium from water. Journal of Hazardous Materials, 2019, 373: 810-819.

[4] LIU X, LIU Y, LU S, et al. Performance and mechanism into TiO₂/Zeolite composites for sulfadiazine adsorption and photodegradation. Chemical Engineering Journal, 2018, 350: 131-147.

[5] MOSA A, EL-GHAMRY A, TOLBA M. Biochar-supported natural zeolite composite for recovery

and reuse of aqueous phosphate and humate: Batch sorption-desorption and bioassay investigations. Environmental Technology & Innovation, 2020, 19: 100807.

[6] DINU M V, DRAGAN E S. Evaluation of Cu^{2+}, Co^{2+} and Ni^{2+} ions removal from aqueous solution using a novel chitosan/clinoptilolite composite: Kinetics and isotherms. Chemical Engineering Journal, 2010, 160(1): 157-163.

[7] HUMELNICU D, DINU M V, DRĂGAN E S. Adsorption characteristics of UO_2^{2+} and Th^{4+} ions from simulated radioactive solutions onto chitosan/clinoptilolite sorbents. Journal of Hazardous Materials, 2011, 185(1): 447-455.

[8] LIN J, ZHAN Y. Adsorption of humic acid from aqueous solution onto unmodified and surfactant-modified chitosan/zeolite composites. Chemical Engineering Journal, 2012, 200-202: 202-213.

[9] NAKAMOTO K, OHSHIRO M, KOBAYASHI T. Mordenite zeolite: Polyethersulfone composite fibers developed for decontamination of heavy metal ions. Journal of Environmental Chemical Engineering, 2017, 5(1): 513-525.

[10] TANYOL M, KAVAK N, TORĞUT G. Synthesis of poly (AN-*co*-VP)/zeolite composite and its application for the removal of brilliant green by adsorption process: Kinetics, isotherms, and experimental design. Advances in Polymer Technology, 2019, doi: 10.1155/2019/8482975.

[11] JANSSON I, KOBAYASHI K, HORI H, et al. Decahedral anatase titania particles immobilized on zeolitic materials for photocatalytic degradation of VOC. Catalysis Today, 2017, 287: 22-29.

[12] JANSSON I, SUáREZ S, GARCíA-GARCíA F J, et al. ZSM-5/TiO_2 hybrid photocatalysts: Influence of the preparation method and synergistic effect. Topics in Catalysis, 2017, 60(15): 1171-1182.

[13] MAGDZIARZ A, COLMENARES J C, CHERNYAYEVA O, et al. Insight into the synthesis procedure of Fe^{3+}/TiO_2-based photocatalyst applied in the selective photo-oxidation of benzyl alcohol under sun-imitating lamp. Ultrasonics Sonochemistry, 2017, 38: 189-196.

[14] GOMEZ S, LERICI L, SAUX C, et al. Fe/ZSM-11 as a novel and efficient photocatalyst to degrade Dichlorvos on water solutions. Applied Catalysis B: Environmental, 2017, 202: 580-586.

[15] TONG Y, CHEN L, NING S, et al. Photocatalytic reduction of CO_2 to CO over the Ti-highly dispersed HZSM-5 zeolite containing Fe. Applied Catalysis B: Environmental, 2017, 203: 725-730.

[16] PHAN T T N, NIKOLOSKI A N, BAHRI P A, et al. Enhanced removal of organic using $LaFeO_3$-integrated modified natural zeolites via heterogeneous visible light photo-Fenton degradation. Journal of Environmental Management, 2019, 233: 471-480.

[17] AANCHAL, BARMAN S, BASU S. Complete removal of endocrine disrupting compound and toxic dye by visible light active porous g-C_3N_4/H-ZSM-5 nanocomposite. Chemosphere, 2020, 241: 124981.

[18] ZHANG T T, WANG W, ZHAO Y L, et al. Removal of heavy metals and dyes by clay-based adsorbents: From natural clays to 1D and 2D nano-composites. Chemical Engineering Journal, 2021, 420: 127574.

[19] WANG H, JI X F, AHMED M, et al. Hydrogels for anion removal from water. Journal of

Materials Chemistry A, 2019, 7(4): 1394-1403.

[20] KIM Y-H, YANG X, SHI L, et al. Bisphosphonate nanoclay edge-site interactions facilitate hydrogel self-assembly and sustained growth factor localization. Nature Communications, 2020, 11(1): 1365.

[21] QIN L, ZHAO Y, WANG L, et al. Preparation of ion-imprinted montmorillonite nanosheets/chitosan gel beads for selective recovery of Cu(II) from wastewater. Chemosphere, 2020, 252: 126560.

[22] WANG W, ZHAO Y L, YI H, et al. Preparation and characterization of self-assembly hydrogels with exfoliated montmorillonite nanosheets and chitosan. Nanotechnology, 2018, 29(2): 025605.

[23] KANG S, ZHAO Y, WANG W, et al. Removal of methylene blue from water with montmorillonite nanosheets/chitosan hydrogels as adsorbent. Applied Surface Science, 2018, 448: 203-211.

[24] WANG W, BAI H, ZHAO Y, et al. Synthesis of chitosan cross-linked 3D network-structured hydrogel for methylene blue removal. International Journal of Biological Macromolecules, 2019, 141: 98-107.

[25] WANG W, ZHAO Y, BAI H, et al. Methylene blue removal from water using the hydrogel beads of poly(vinyl alcohol)-sodium alginate-chitosan-montmorillonite. Carbohydrate Polymers, 2018, 198: 518-528.

[26] ZHAO Y J, WANG Y. Tailored solid polymer electrolytes by montmorillonite with high ionic conductivity for lithium-ion batteries. Nanoscale Research Letters, 2019, 14(1): 1-6.

[27] LV R X, KOU W J, GUO S Y, et al. Preparing two-dimensional ordered $Li_{0.33}La_{0.557}TiO_3$ crystal in interlayer channel of thin laminar inorganic solid-state electrolyte towards ultrafast Li^+ transfer. Angewandte Chemie-International Edition, 2022, 61(7): e202114220.

[28] SCHNEIDER J, MATSUOKA M, TAKEUCHI M, et al. Understanding TiO_2 photocatalysis: Mechanisms and materials. Chemical Reviews, 2014, 114(19): 9919-9986.

[29] QU Y Q, DUAN X F. Progress, challenge and perspective of heterogeneous photocatalysts. Chemical Society Reviews, 2013, 42(7): 2568-2580.

[30] MA Y, WANG X, JIA Y, et al. Titanium dioxide-based nanomaterials for photocatalytic fuel generations. Chemical Reviews, 2014, 114(19): 9987-10043.

[31] JIANG D, LIU Z, FU L, et al. Interfacial chemical-bond-modulated charge transfer of heterostructures for improving photocatalytic performance. ACS Applied Materials & Interfaces, 2020, 12(8): 9872-9880.

[32] CHONG M N, JIN B, LAERA G, et al. Evaluating the photodegradation of Carbamazepine in a sequential batch photoreactor system: Impacts of effluent organic matter and inorganic ions. Chemical Engineering Journal, 2011, 174(2): 595-602.

[33] CHONG M N, JIN B, SAINT C P. Bacterial inactivation kinetics of a photo-disinfection system using novel titania-impregnated kaolinite photocatalyst. Chemical Engineering Journal, 2011, 171(1): 16-23.

[34] VIMONSES V, JIN B, CHOW C W K, et al. An adsorption-photocatalysis hybrid process using

multi-functional-nanoporous materials for wastewater reclamation. Water Research, 2010, 44(18): 5385-5397.

[35] LI C, SUN Z, DONG X, et al. Acetic acid functionalized TiO_2/kaolinite composite photocatalysts with enhanced photocatalytic performance through regulating interfacial charge transfer. Journal of Catalysis, 2018, 367: 126-138.

[36] SUN Z, YAO G, ZHANG X, et al. Enhanced visible-light photocatalytic activity of kaolinite/g-C_3N_4 composite synthesized via mechanochemical treatment. Applied Clay Science, 2016, 129: 7-14.

[37] JAMES S L, ADAMS C J, BOLM C, et al. Mechanochemistry: Opportunities for new and cleaner synthesis. Chemical Society Reviews, 2012, 41(1): 413-447.

[38] SUN Z, LI C, DU X, et al. Facile synthesis of two clay minerals supported graphitic carbon nitride composites as highly efficient visible-light-driven photocatalysts. Journal of Colloid and Interface Science, 2018, 511: 268-276.

[39] LEE K M, LAI C W, NGAI K S, et al. Recent developments of zinc oxide based photocatalyst in water treatment technology: A review. Water Research, 2016, 88: 428-448.

[40] AN T, CHEN J, LI G, et al. Characterization and the photocatalytic activity of TiO_2 immobilized hydrophobic montmorillonite photocatalysts: Degradation of decabromodiphenyl ether (BDE 209). Catalysis Today, 2008, 139(1): 69-76.

[41] GONZáLEZ-RODRíGUEZ B, TRUJILLANO R, RIVES V, et al. Structural, textural and acidic properties of Cu-, Fe- and Cr-doped Ti-pillared montmorillonites. Applied Clay Science, 2015, 118: 124-130.

[42] CHEN P, ZENG S, ZHAO Y, et al. Synthesis of unique-morphological hollow microspheres of MoS_2@montmorillonite nanosheets for the enhancement of photocatalytic activity and cycle stability. Journal of Materials Science & Technology, 2020, 41: 88-97.

[43] XIAO W-Z, XU L, RONG Q-Y, et al. Two-dimensional H-TiO_2/MoS_2 (WS_2) van der Waals heterostructures for visible-light photocatalysis and energy conversion. Applied Surface Science, 2020, 504: 144425.

[44] XU J, GAO J, WANG W, et al. Noble metal-free NiCo nanoparticles supported on montmorillonite/MoS_2 heterostructure as an efficient UV-visible light-driven photocatalyst for hydrogen evolution. International Journal of Hydrogen Energy, 2018, 43(3): 1375-1385.

[45] PENG K, WANG H, LI X, et al. One-step hydrothermal growth of MoS_2 nanosheets/CdS nanoparticles heterostructures on montmorillonite for enhanced visible light photocatalytic activity. Applied Clay Science, 2019, 175: 86-93.

[46] ZHANG Y, DENG L, ZHANG G, et al. Facile synthesis and photocatalytic property of bicrystalline TiO_2/rectorite composites. Colloids and Surfaces A: Physicochemical and Engineering Aspects, 2011, 384(1): 137-144.

[47] DU P F, CHEN G X, SONG S Y, et al. Tribological properties of muscovite, CeO_2 and their composite particles as lubricant additives. Tribology Letters, 2016, 62(2): 1-9.

[48] LI L W, MADDALENA L, NISHIYAMA Y, et al. Recyclable nanocomposites of well-dispersed 2D layered silicates in cellulose nanofibril (CNF) matrix. Carbohydrate Polymers,

2022, 279: 119004.

[49] PENG J S, TOMSIA A P, JIANG L, et al. Stiff and tough PDMS-MMT layered nanocomposites visualized by AIE luminogens. Nature Communications, 2021, 12(1): 1-9.

[50] ZHU K C, DUAN Y Y, WANG F, et al. Silane-modified halloysite/Fe₃O₄ nanocomposites: Simultaneous removal of Cr(Ⅵ) and Sb(Ⅴ) and positive effects of Cr(Ⅵ) on Sb(Ⅴ) adsorption. Chemical Engineering Journal, 2017, 311: 236-246.

[51] LI L, WANG F J, LV Y Y, et al. Halloysite nanotubes and Fe₃O₄ nanoparticles enhanced adsorption removal of heavy metal using electrospun membranes. Applied Clay Science, 2018, 161: 225-234.

[52] ZHU K, DUAN Y, WANG F, et al. Silane-modified halloysite/Fe₃O₄ nanocomposites: Simultaneous removal of Cr(Ⅵ) and Sb(Ⅴ) and positive effects of Cr(Ⅵ) on Sb(Ⅴ) adsorption. Chemical Engineering Journal, 2017, 311: 236-246.

[53] LI X Z, YAO C, LU X W, et al. Halloysite-CeO₂-AgBr nanocomposite for solar light photodegradation of methyl orange. Applied Clay Science, 2015, 104: 74-80.

[54] LI C P, WANG J, GUO H, et al. Low temperature synthesis of polyaniline-crystalline TiO₂-halloysite composite nanotubes with enhanced visible light photocatalytic activity. Journal of Colloid and Interface Science, 2015, 458: 1-13.

[55] RAO K M, KUMAR A, SUNEETHA M, et al. pH and near-infrared active; chitosan-coated halloysite nanotubes loaded with curcumin-Au hybrid nanoparticles for cancer drug delivery. International Journal of Biological Macromolecules, 2018, 112: 119-125.

[56] CHEN Q Z, LIANG S L, WANG J, et al. Manipulation of mechanical compliance of elastomeric PGS by incorporation of halloysite nanotubes for soft tissue engineering applications. Journal of the Mechanical Behavior of Biomedical Materials, 2011, 4(8): 1805-1818.

[57] LAZZARA G, CAVALLARO G, PANCHAL A, et al. An assembly of organic-inorganic composites using halloysite clay nanotubes. Current Opinion in Colloid & Interface Science, 2018, 35: 42-50.

[58] SUNER S S, DEMIRCI S, YETISKIN B, et al. Cryogel composites based on hyaluronic acid and halloysite nanotubes as scaffold for tissue engineering. International Journal of Biological Macromolecules, 2019, 130: 627-635.

[59] SANCHEZ M, UICICH J F, ARENAS G F, et al. Chemical reactions affecting halloysite dispersion in epoxy nanocomposites. Journal of Applied Polymer Science, 2019, 136(38): 47979.

[60] LI J, YAN L, LI H Y, et al. Underwater superoleophobic palygorskite coated meshes for efficient oil/water separation. Journal of Materials Chemistry A, 2015, 3(28): 14696-14702.

[61] WANG W B, WANG A Q. Nanocomposite of carboxymethyl cellulose and attapulgite as a novel pH-sensitive superabsorbent: Synthesis, characterization and properties. Carbohydrate Polymers, 2010, 82(1): 83-91.

[62] LU Z H, HAO Z Q, WANG J, et al. Efficient removal of europium from aqueous solutions using attapulgite-iron oxide magnetic composites. Journal of Industrial and Engineering Chemistry, 2016, 34: 374-381.

[63] PAN J M, XU L C, DAI J D, et al. Magnetic molecularly imprinted polymers based on attapulgite/Fe₃O₄ particles for the selective recognition of 2,4-dichlorophenol. Chemical Engineering Journal, 2011, 174(1): 68-75.

[64] LI Z H, KOU W, WU S, et al. Solid-phase extraction of chromium(Ⅲ) with an ion-imprinted functionalized attapulgite sorbent prepared by a surface imprinting technique. Analytical Methods, 2017, 9(21): 3221-3229.

[65] TANG J, MU B, ZONG L, et al. Facile and green fabrication of magnetically recyclable carboxyl-functionalized attapulgite/carbon nanocomposites derived from spent bleaching earth for wastewater treatment. Chemical Engineering Journal, 2017, 322: 102-114.

[66] YIN H B, KONG M, GU X H, et al. Removal of arsenic from water by porous charred granulated attapulgite-supported hydrated iron oxide in bath and column modes. Journal of Cleaner Production, 2017, 166: 88-97.

[67] LIANG W D, LIU Y, SUN H X, et al. Robust and all-inorganic absorbent based on natural clay nanocrystals with tunable surface wettability for separation and selective absorption. RSC Advances, 2014, 4(24): 12590-12595.

[68] LI L X, YAO J F, XIAO P, et al. One-step fabrication of ZIF-8/polymer composite spheres by a phase inversion method for gas adsorption. Colloid and Polymer Science, 2013, 291(11): 2711-2717.

[69] FENG Y, WANG Y Q, WANG Y Y, et al. Simple fabrication of easy handling millimeter-sized porous attapulgite/polymer beads for heavy metal removal. Journal of Colloid and Interface Science, 2017, 502: 52-58.

[70] PAN Y N, WANG J J, SUN C Y, et al. Fabrication of highly hydrophobic organic-inorganic hybrid magnetic polysulfone microcapsules: A lab-scale feasibility study for removal of oil and organic dyes from environmental aqueous samples. Journal of Hazardous Materials, 2016, 309: 65-76.